新世纪普通高等教育土木工程类课程规划教材

招投标与合同管理

ZHAOTOUBIAO YU HETONG GUANLI

总主编　李宏男

主　编　张明媛　李春保

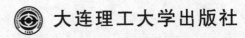
大连理工大学出版社

图书在版编目(CIP)数据

招投标与合同管理 / 张明媛,李春保主编. — 大连:
大连理工大学出版社,2017.9(2020.7 重印)
新世纪普通高等教育土木工程类课程规划教材
ISBN 978-7-5685-1067-7

Ⅰ.①招… Ⅱ.①张… ②李… Ⅲ.①建筑工程—招
标—高等学校—教材②建筑工程—投标—高等学校—教材
③建筑工程—经济合同—管理—高等学校—教材 Ⅳ.
①TU723

中国版本图书馆 CIP 数据核字(2017)第 206699 号

大连理工大学出版社出版
地址:大连市软件园路 80 号 邮政编码:116023
发行:0411-84708842 邮购:0411-84708943 传真:0411-84701466
E-mail:dutp@dutp.cn URL:http://dutp.dlut.edu.cn
大连日升彩色印刷有限公司印刷 大连理工大学出版社发行

幅面尺寸:185mm×260mm	印张:20.25	字数:493 千字
2017 年 9 月第 1 版		2020 年 7 月第 2 次印刷

责任编辑:王晓历	责任校对:施萧萧
封面设计:张 莹	

ISBN 978-7-5685-1067-7 　　　　　　　　　　定 价:46.50 元

本书如有印装质量问题,请与我社发行部联系更换。

新世纪普通高等教育土木工程类课程规划教材编审委员会

主任委员：

李宏男　大连理工大学

副主任委员（按姓氏笔画排序）：

于德湖　青岛理工大学

牛狄涛　西安建筑科技大学

年廷凯　大连理工大学

范　峰　哈尔滨工业大学

赵顺波　华北水利水电大学

贾连光　沈阳建筑大学

韩林海　清华大学

熊海贝　同济大学

薛素铎　北京工业大学

委员（按姓氏笔画排序）：

马海彬　安徽理工大学

王立成　大连理工大学

王海超　山东科技大学

王崇倡　辽宁工程技术大学

王照雯　大连海洋大学

卢文胜　同济大学

司晓文　青岛恒星学院

吕　平　青岛理工大学

朱伟刚　长春工程学院

朱　辉　山东协和学院

任晓崧　同济大学

刘　明　沈阳建筑大学

刘明泉　唐山学院

刘金龙　合肥学院

许成顺　北京工业大学

苏振超　厦门大学

李伙穆　闽南理工学院

李素贞　　同济大学
李　哲　　西安理工大学
李晓克　　华北水利水电大学
李帼昌　　沈阳建筑大学
何芝仙　　安徽工程大学
张玉敏　　济南大学
张金生　　哈尔滨工业大学
张　鑫　　山东建筑大学
陈长冰　　合肥学院
陈善群　　安徽工程大学
苗吉军　　青岛理工大学
周广春　　哈尔滨工业大学
周东明　　青岛理工大学
赵少飞　　华北科技学院
赵亚丁　　哈尔滨工业大学
赵俭斌　　沈阳建筑大学
郝冬雪　　东北电力大学
胡晓军　　合肥学院
秦　力　　东北电力大学
贾开武　　唐山学院
钱　江　　同济大学
郭　莹　　大连理工大学
唐克东　　华北水利水电大学
黄丽华　　大连理工大学
康洪震　　唐山学院
彭小云　　天津武警后勤学院
董仕君　　河北建筑工程学院
蒋欢军　　同济大学
蒋济同　　中国海洋大学

前　言

　　《招投标与合同管理》是新世纪普通高等教育编审委员会组编的土木工程类课程规划教材之一。

　　我国工程建设领域的各项法律、法规是随着建设市场的形成而逐步建立和完善起来的。从发展背景上，工程项目建设经历了一个漫长的发展过程，遵循工程项目的特点和我国经济的发展，正在潜移默化地进步和深化。从发展趋势上，工程项目建设招投标应用领域还在继续拓宽，合同规范化程度也在进一步提高。为了满足高等学校教材建设的需要，培养从事建设工程招投标和工程施工合同管理人才，在参阅现行工程建设相关规范、法律、法规，结合编者多年的教学、科研及招投标、评标、合同管理等工作实践经验的基础上，我们组织编写了本教材。其目的是使读者掌握实用、完整的工程招投标与合同管理的理论和方法，具有相关理论知识应用能力、实际工程项目招投标操作能力和合同管理能力。

　　本教材对建设工程项目招投标及合同管理的知识体系、理论、方法和应用进行全面的论述，本教材共11章，涵盖了建设工程项目招投标和合同管理的关键性环节和内容，主要包括建设工程招投标的相关知识、招标、投标、合同管理的相关知识、建设工程施工索赔管理及争议处理。

　　本教材注重实务性、可操作性和理论的系统性，反映学科前沿进展；力求体现以理论知识为基础，重在实践能力、动手能力的培养的编写宗旨。通过案例导入、案例解析、知识链接、技能训练，让读者掌握相关知识和技能。读者通过学习本教材，可以学会招投标文件的编制及解决招投标过程中遇到的实际问题的方法。

　　本教材由大连理工大学张明媛、北京理工大学珠海学院李春保任主编，大连海洋大学曹菲、山西工商学院车金枝和韩丽英参与了编写。具体编写分工如下：张明媛编写第4章、

新世纪

第 6 章、第 9 章和第 10 章,李春保编写第 1 章、第 5 章和第 11 章,曹菲编写第 2 章和第 3 章,车金枝编写第 8 章,韩丽英编写第 7 章。

本教材可作为高等学校土木工程类相关专业的教学用书,也可作为工程管理类各专业岗位的培训用书。

在编写本教材的过程中,编者参考、引用和改编了国内外出版物中的相关资料以及网络资源,在此表示深深的谢意!相关著作权人看到本教材后,请与出版社联系,出版社将按照相关法律的规定支付稿酬。

限于水平,书中仍有疏漏和不妥之处,敬请专家和读者批评指正,以使教材日臻完善。

编 者

2017 年 9 月

所有意见和建议请发往:dutpbk@163.com

欢迎访问高教数字化服务平台:http://hep.dutpbook.com

联系电话:0411-84708445 84708462

目 录

第1章

绪 论

学习目标 >>>

本章以建设市场及其管理为核心。主要内容包括建设市场的概念、建设市场管理体制和主要内容、市场三大主体与客体、从业单位和专业技术人员的资质管理、市场管理主要法律政策等。

1.1 建设市场

1.1.1 建设市场概述

(一)建设市场的概念

建设市场又称建设工程市场、建筑市场,它是以建设工程发承包交易活动为主要内容,围绕发包方、承包方和工程咨询服务方(市场主体)就建设产品的生产、运营和流通(市场客体)达成有竞争性的市场价格及其系列活动而展开的。

我国市场经济体制是在经济全球化大背景下逐步建立和完善形成的,建设市场的发展也不例外。改革开放以前,建设工程任务由行政管理部门分配,建设产品的价格由国家规定,建设市场尚未形成。1984 年,国务院颁发《关于改革建筑业和基本建设管理体制的若干问题的暂行规定》,其核心是引进市场竞争机制,将建设工程的任务分配和价格确定由计划分配改为市场公平竞争确定。这项改革的一项直接成果是以农村建筑队为代表的非国有建筑企业得到了迅速的发展壮大,同时,促进了建设领域效率和效益的双效提高。随着党的十四大明确提出把建立社会主义市场经济体制作为经济体制改革的目标,我国建设市场改革逐步深入,工程监理制、招标投标制、项目法人制等一系列建设法律、法规相继出台。目前,我国已基本形成了依法管理建设市场的局面。

建设市场有广义和狭义之分。狭义的建设市场是指有固定交易场所(如建设工程交易中心)的有形建设市场。广义的建设市场包括有形建设市场和无形建设市场,如图 1-1 所示。

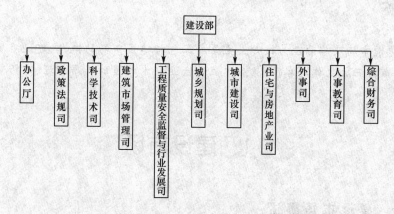

图 1-1　建设市场体系

(二)建设市场管理体制和管理内容

世界上不同国家的社会制度、国情不同,建设市场的管理体制和管理内容也各不相同,且各具特色。例如,美国没有专门的建设行政主管部门,相应的职能由其他各部设立的专门机构来解决,管理并不针对具体的行业,如《公司法》《合同法》《破产法》《反垄断法》等并不限于建设市场管理。我国和日本则明确设置了专门的建设行政主管部门,如图 1-2、图 1-3 所示,并制定了针对性较强的建设法规,如我国的《建筑法》《城乡规划法》,日本的《建筑基准法》《建设业法》等。

图 1-2　中华人民共和国住房和城乡建设部的组织结构图

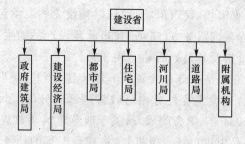

图 1-3　日本建设省的组织结构图

虽然各国政体、国情不同,但人类追求美好生活的愿望是相同的,并就建设市场管理体制变革达成如下基本共识：良好的人类生活环境不单取决于住宅、交通、环境等因素的任何一个，而是三者之和。为此，英国早在 1996 年就完成了环境与交通部的合并，组建了"环境、交通和区域部"（Department of the Environment，Transport and the Regions）负责国家的综合建设。

建设项目根据资金来源可分为公共投资项目和私人投资项目两类。前者是代表公共意愿的政府行为，政府既是投资人也是管理者，以不损害纳税人利益和保证公务员廉洁为出发点，通常规定必须公开招投标和实施工程监理。后者则是个人或群体行为，但必须遵守有关规划、安全生产、环境保护、不损害公众利益等方面的法律规定。

综合各国情况，在建设市场管理内容方面有如下共性：

（1）制定相关法律、法规；

（2）制定相关规范、标准（国外大多由行业协会或专业组织编制）；

（3）对从业单位及人员的资质、资信进行管理；

（4）安全和质量管理（国外主要通过专业人士或机构进行监督检查）；

（5）行业资料统计；

（6）公共工程管理；

（7）国际合作和开拓国际市场。

通过多年的学习和实践，我国现已摸索出一套符合市场经济规律并与国情相适应的建设市场管理模式，随着国际化进程的加快和改革的深入，该模式还将与时俱进、不断完善。

1.1.2 建设市场主体和客体

（一）建设市场主体

建设市场主体是指参与建设市场承发包交易活动、依法享受权利并承担义务的当事人或参与者，包括法人、自然人和其他组织。主要有发包人、承包人、咨询服务机构等。

1. 发包人

发包人是指有权发包建设工程任务的当事人。既可以是拥有该工程建设资金和各种准建手续的建设单位、投资方、开发商或业主，也可以是经依法委托获得授权的代建人、项目总承包管理单位等。发包人依法选定承包人并签订合同，监督合同落实并支付合同款。在我国推行的项目法人责任制就是由发包人对其项目建设的全过程负责。

"业主"一词译为"owner"，《牛津高级英汉双解词典》中的解释是：a person who owns something，即物主、所有权人。在我国，业主有两种具体含义：一是指建设工程项目的投资人或其设立、组建、委托的负责项目建设实施的独立法人，也称建设单位、项目法人、代建单位等；二是指建设工程项目竣工后获得了该项目产权的买家（物业的主人）及其选举产生的业主委员会。本书的业主是指第一种含义。

业主是建设工程项目生产过程的总集成者和总组织者，包括与工程建设有关的所有人力资源、物质资源和知识的综合管理。因此，人们也将业主称为推进工程建设的"发动机"。

业主对建设工程项目的综合管理往往贯穿项目决策阶段（DM）、实施阶段（PM）和使用阶段（FM），即建设工程全寿命管理（Building Lifecycle Management，简称 BLM），如图 1-4 所示。

	实施阶段				
	决策阶段	准备	设计	施工	使用阶段
投资方	DM				
开发方	DM				
设计方			PM		
施工方				PM	
供货方				PM	
使用期的管理方					FM

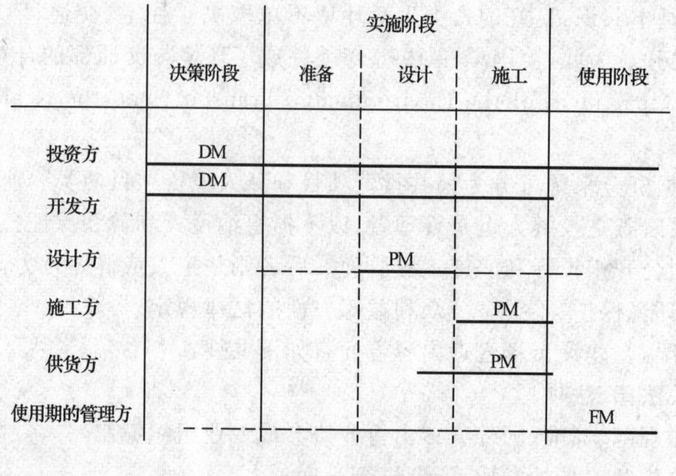

图 1-4　建设工程全寿命管理

2. 承包人

承包人是指有资格参与竞争并最终与发包人签订承包合同的当事人。承包人主要依靠其技术和管理人员的数量及能力、技术装备、资本、业绩和信誉等参与建设市场竞争,依据承包合同完成工程任务并获得相应的合同价款。

建设工程承包包括总承包、共同承包和分包三种基本模式,相应的单位称为总承包商、联合体或合作体、分包商。

承包人是建设市场主体中的主要当事人,对所承担工程的安全、质量负主要责任。

3. 咨询服务机构

第二次世界大战后,世界上大多数国家的发展速度和建设规模都达到了历史上的最高水平,出现了许多大型和特大型建设工程,其技术和管理难度大幅度提高,对工程建设管理者的水平和能力要求亦相应提高。在这种形势下,专门为业主提供建设项目管理服务的咨询公司迅速发展壮大,成为工程建设领域一个专业化方向。

工程咨询是指适应现代经济发展和社会进步的需要,集中专家群体或个人的智慧和经验,运用现代科学和工程技术以及经济、管理、法律等方面的理论知识,为建设工程决策和管理提供的智力服务。国际上,一般把工程咨询分为技术咨询和管理咨询两类。工程设计属于技术咨询,项目管理属于管理咨询。由于绝大多数咨询工程师都是以公司的形式开展工作,所以,咨询工程师一词在很多场合也用于指工程咨询公司。

世界上许多国家(尤其是发达国家)的工程咨询业已相当成熟,相应地制定了许多行业和职业道德规范,以指导和规范咨询工程师的执业行为。这些众多的咨询行业规范和职业道德规范虽然各不相同,但基本上大同小异,其中,在国际上最具普遍意义和权威性的是FIDIC合同条件以及道德准则。

工程咨询公司的业务范围很广泛,其服务对象可以是业主、承包商、国际金融机构和贷款银行,工程咨询公司也可以与承包商联合投标承包工程。

(二)建设市场客体

建设市场客体是指建设市场的交易对象。从工程项目全寿命的角度来看,在不同的阶段其表现形态不同,如投资决策阶段的编制项目建议书、可行性研究报告,建设实施阶段的工程勘察、三阶段设计、工程施工、工程监理、工程造价咨询,运营维护阶段的设施管理、产品交易等。所以,建设市场客体既包括有形的建设产品(建筑物、构筑物),也包括无形的建设产品(各类工程咨询服务)。

建设市场客体不同于工业产品,应从以下三个方面全面理解:

1. 建设产品的特点

建设产品具有单件性、生产的不可逆性、产品的整体性和分部分项工程的相对独立性、产品的社会性、巨大风险性等明显的特点。

2. 建设产品的商品属性

改革开放前,我国实行的是计划经济体制,建设工程任务由政府行政部门分配,工程建设由工程指挥部管理,产品价格也由国家规定,抹杀了建设产品的商品属性。改革开放以后,我国逐步推行并完善了社会主义市场经济体制。建设投资由国家拨款转变为多渠道筹融资,市场公平竞争代替了行政分配建设任务,产品价格也采用市场定价加指导价格的双轨制,建设产品的商品属性已为公众所接受,成为建设市场发展的基础。房地产市场的蓬勃发展和 PPP 模式(Public-Private-Partnership,公共私营合作制)的大力推进皆得益于观念的转变和建设商品市场的日趋完善。

3. 工程建设标准的法定性

建设产品的社会性决定了其质量标准必须以统一的标准、规范(技术法规)等形式来贯彻实施,并写入合同条款。从事建设产品的生产需要遵循这些技术法规的规定,违反相关技术法规即构成违约或违法。

工程建设标准的对象主要是工程建设实施阶段的勘察、设计、施工、验收、质量检验和评定等各个环节中需要统一的技术要求,包括如下五方面的内容:

(1)工程建设的术语、符号、代号、计量与单位、建筑模数和制图方法;

(2)与工程建设有关的安全、卫生、环境保护的技术要求;

(3)工程建设勘察、设计、施工及验收等的质量要求和方法;

(4)工程建设的试验、检验和评定方法;

(5)工程建设的信息技术要求。

1.1.3　建设市场资质管理

建设活动具有投资大、工期长、技术复杂、风险高等特点,为保证建设工程的质量和安全,有必要对从事建设活动的单位和专业人士实行从业资格审查,即资质管理制度。

在建设市场资质管理方面,世界各国差异较大。我国既注重对从业企业的资质管理,也注重对从业专业人士的执业资格管理;欧美发达国家则偏重对从业专业人士的从业资格管理。未来,对专业人士的从业资格管理将得到进一步的加强,这符合以人为本的发展理念。

(一)从业企业资质管理

建设市场三大主体是发包方、承包方和工程咨询服务方。我国《建筑法》明确规定,对从事工程勘察、设计、施工和监理的企业实行资质管理。资质管理是指建设行政主管部门对从事建设活动的相关企业,按照其拥有的注册资本、专业技术人员、技术装备和工程业绩,划分为不同的资质等级,经资质审查合格,取得相应等级的资质证书后,方可在其资质等级许可的范围内从事建设活动的一种管理制度。

1. 施工承包商资质管理

对于建设工程施工承包商的资质管理，亚洲国家和欧美国家存在很大不同。中国、日本、韩国、新加坡等国均对施工承包商资质的评定有着明确的规定。按照其注册资本、专业技术人员、技术装备和业绩、信誉等资质条件，分专业划分为不同的资质等级。承包商承担工程必须与其专业范围和资质等级相吻合。

例如，我国香港特别行政区按工程性质将承包商分为建筑、道路、土石方、水务和海事五类专业。A级企业可承担2 000万元以下的工程；B级企业可承担5 000万元以下的工程；C级企业可承担任何价值的工程。日本将承包商分为总承包商和分包商两个等级。总承包商分为建筑工程和土木工程两个专业，分包商则分为几十个专业。

欧美国家没有对承包商资质的评定制度，工程发包时由业主对承包商的人力资源、技术能力、财务状况和施工经验等进行审查。例如，英联邦地区的工程招标，在对承包商进行资格预审时，要求其提交一份表明其财务状况、技术和组织能力、一般工作经验和履行合同的记录等内容详情的资料。

我国的建筑业企业资质分为施工总承包、专业承包和劳务分包三个序列。施工总承包企业又按工程性质分为房屋建筑、公路、铁路、港口、水利、电力、矿山、冶金、化工石油、市政公共、通信和机电等12个类别以及特级、一级、二级、三级共四个等级；专业承包划分为60个类别，三个等级；劳务分包按技术特点划分为13个类别，两个等级。我国建筑业企业资质等级划分和承包工程范围见表1-1。

表1-1　　　　　　　　　我国建筑业企业资质等级划分和承包工程范围

企业类别	等级	承包工程范围
施工总承包企业（12类）	特级	(以房屋建筑工程为例)可承担各类房屋建筑工程的施工
	一级	(以房屋建筑工程为例)可承担单项建安合同额不超过企业注册资本金5倍的下列房屋建筑工程的施工：(1)40层及以下、各类跨度房屋建筑工程；(2)高度240 m及以下的构筑物；(3)建筑面积20万 m^2 及以下的住宅小区或建筑群体
	二级	(以房屋建筑工程为例)可承担单项建安合同额不超过企业注册资本金5倍的下列房屋建筑工程的施工：(1)28层及以下、单跨度36 m以下的房屋建筑工程；(2)高度120 m及以下的构筑物；(3)建筑面积12万 m^2 及以下的住宅小区或建筑群体
	三级	(以房屋建筑工程为例)可承担单项建安合同额不超过企业注册资本金5倍的下列房屋建筑工程的施工：(1)14层及以下、单跨跨度24 m以下的房屋建筑工程；(2)高度70 m及以下的构筑物；(3)建筑面积6万 m^2 及以下的住宅小区或建筑群体
专业承包企业（60类）	一级	(以土石方工程为例)可承担各类土石方工程的施工
	二级	(以土石方工程为例)可承担单项合同额不超过企业注册资本金5倍且60万 m^2 及以下的石方工程的施工
	三级	(以土石方工程为例)可承担单项合同额不超过企业注册资本金5倍且15万 m^2 及以下的石方工程的施工
劳务分包企业（13类）	一级	(以木工作业为例)可承担各类工程木工作业分包业务，但单项合同额不超过企业注册资本金的5倍
	二级	(以木工作业为例)可承担各类工程木工作业分包业务，但单项合同额不超过企业注册资本金的5倍

2. 工程咨询单位资质管理

我国对工程咨询单位也实行资质管理。目前，已明确资质等级评定条件的有：工程勘察、工程设计、工程监理、工程招标代理、工程造价咨询。

（1）工程勘察

我国建设工程勘察资质分为工程勘察综合资质、工程勘察专业资质和工程勘察劳务资质。其中，工程勘察综合资质只设甲级；工程勘察专业资质设甲级、乙级，根据工程性质和技术特点，部分专业可以设丙级；工程勘察劳务资质不分等级。

（2）工程设计

我国建设工程设计资质分为工程设计综合资质、工程设计行业资质、工程设计专业资质和工程设计专项资质。其中，工程设计综合资质只设甲级；工程设计行业资质、工程设计专业资质、工程设计专项资质设甲级、乙级，根据工程性质和技术特点，个别行业、专业、专项资质可以设丙级；建筑工程专业资质可以设丁级。

我国取得建设工程勘察、设计资质的企业，可以承接的业务范围参见表1-2的有关规定。国务院建设行政主管部门及各地建设行政主管部门负责工程勘察、设计企业资质的审批、晋升和处罚。

表 1-2　　　　我国勘察、设计企业的资质等级划分和业务范围

企业类别	资质分类	等级	承担业务范围
勘察企业	综合资质	不分级	承担工程勘察业务范围和地区不受限制，并可承担劳务类业务
	专业资质（分专业设立）	甲级	承担本专业工程勘察业务范围和地区不受限制
		乙级	可承担本专业工程勘察中、小型工程项目，承担工程勘察业务的地区
		丙级	可承担本专业小型工程项目，承担工程勘察业务限定在省、自治区、直辖市所辖行政区范围内
	劳务资质	不分级	只能承担岩石工程治理、工程钻探、凿井等工程勘察劳务工作，承担工程勘察劳务工作的地区不受限制
设计企业	综合资质	不分级	承担工程设计业务范围和地区不受限制
	行业资质（分行业设立）	甲级	承担相应行业建设项目的工程设计范围和地区不受限制，并可承担相应的咨询业务
		乙级	承担相应行业的中、小型建设项目的工程设计任务，承担任务的地区不受限制，并可承担相应的咨询业务
		丙级	承担相应行业的小型建设项目的工程设计任务，地区限定在省、自治区、直辖市所辖行政区范围内
	专项资质（分专业设立）	甲级	承担大、中、小型专项工程设计的项目，承担任务的地区不受限制，并可承担相应的咨询业务
		乙级	承担中、小型专项工程设计的项目，承担任务的地区不受限制

（3）工程监理

工程监理企业按照其拥有的注册资本、专业技术人员和工程监理业绩等资质条件申请资质，经审查合格，取得相应等级的资质证书后，方可在其资质等级许可的范围内从事工程监理活动。

工程监理企业资质等级分为综合资质、专业资质和事务所资质。其中专业资质分为甲级、乙级和丙级三个级别。丙级监理单位的业务范围只能是本地区、本部门的三级建设工程项目的监理业务及相应类别建设工程的项目管理、技术咨询等相关服务；乙级监理单位的业务范围是本地区、本部门的二、三级建设工程项目的监理业务及相应类别建设工程的项目管理、技术咨询等相关服务；甲级监理单位可以跨地区、跨部门监理一、二、三级建设工程。

（4）工程招标代理

《工程建设项目招标代理机构资格认定办法》明确指出，工程建设项目招标代理是指工程招标代理机构接受招标人的委托，从事工程的勘察、设计、施工、监理以及与工程建设有关的重要设备（进口机电设备除外）、材料采购招标的代理。

工程招标代理机构资格分为甲级、乙级和暂定级。甲级工程招标代理机构可以承担各类工程的招标代理业务，工程的范围和地区不受限制；乙级工程招标代理机构只能承担工程总投资 1 亿元人民币以下的工程招标代理业务，地区不受限制；暂定级工程招标代理机构，只能承担工程总投资 6 000 万元人民币以下的工程招标代理业务，地区不受限制。

（5）工程造价咨询

工程造价咨询企业是指接受委托，对建设项目投资、工程造价的确定与控制提供专业咨询服务的企业。从事工程造价咨询活动，应当遵循公开、公正、平等竞争的原则，不得损害社会公共利益和他人的合法权益。任何单位和个人不得分割、封锁、垄断工程造价咨询市场。

工程造价咨询企业资质等级分为甲级和乙级两类。工程造价咨询企业应当依法取得工程造价咨询企业资质，并在其资质等级许可的范围内从事工程造价咨询活动。工程造价咨询企业依法从事工程造价咨询活动，不受行政区域限制。其中，甲级工程造价咨询企业可以从事各类建设项目的工程造价咨询业务，乙级工程造价咨询企业可以从事工程造价 5000 万人民币以下的各类建设项目的工程造价咨询业务。

发达国家的工程咨询单位具有民营化、专业化、小规模的特点。许多工程咨询单位都是以专业人士个人名义进行注册。由于工程咨询单位一般规模很小，很难承担错误咨询造成的经济风险，所以国际上通行的做法是让其购买专项责任保险，在管理上则通过实行专业人士执业制度实现对工程咨询从业人员管理，一般不对咨询单位实行资质管理制度。

（二）专业人士执业资格管理

在建设市场中，具有从事工程咨询资格的专业工程师称为专业人士。政府对建设市场的管理，一方面要靠完善的建设法规，另一方面要依靠专业人士。英国、日本、新加坡等国家的法规中明确指出，业主和承包商向政府申报建设许可、施工许可、使用许可等手续，必须由专业人士提出。专业人士承担合同民事责任的方式，国际上通行的做法如同工程咨询单位的资质管理，即购买专业责任保险。

在西方发达国家，对专业人士的执业行为进行监督管理是专业人士组织（学会或协会）的主要职能之一。专业学会对专业人士的执业行为规定了严格的职业道德标准，专业人士的行为如果违背了这些准则，将受到严厉制裁。所以，发达国家有"小政府，大协会"之称。政府、专业人士组织和专业人士在建设市场中的关系如图 1-5 所示。

我国在学习借鉴发达国家成功经验的基础上，从 1995 年起逐步建立和完善了建设市场专业人士注册执业资格管理制度，明确从事建设活动的专业技术人员应当依法取得相应的执业资格证书和注册证书，并在其许可的范围内从事相关建设活动。

目前，我国建设领域的执业资格有：注册建筑师、注册建造师、注册监理工程师、注册结构工程师、注册土木工程师、注册造价工程师、注册城市规划师、注册咨询师、注册安全师、注册房地产估价师等。

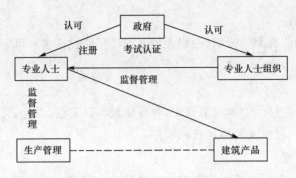

图 1-5 政府、专业人士组织和专业人士在建设市场中的关系

1.1.4 建设工程交易中心

建设工程从投资性质上可分为两大类:一类是国家投资项目,另一类是私人投资项目。在西方发达国家中,私人投资占了绝大多数,项目管理是业主自己的事情,政府只是监督他们是否依法建设。我国是以社会主义公有制为主体的国家,国有投资在现阶段社会投资中占有主导地位,由于建设市场发育尚不成熟,有关部门监管尚有缺位,较易造成工程发包中的不正之风和腐败现象。就此,2002 年 3 月国务院办公厅转发建设部国家计委监察部《关于健全和规范有形建筑市场的若干意见》,全国各地相继建立起各级有形建设市场——建设工程交易中心,把所有代表国家或国有企、事业单位投资的业主请进中心集中进行项目报建、招标采购、施工图审查、施工许可、质量监督、验收备案等,设置专门的监督机构。经过多年的运行,中国特色的建设工程交易中心在规范建设市场交易行为、提高工程质量和方便市场主体等方面已取得了一定的积极成效。

1. 建设工程交易中心的性质

建设工程交易中心是综合服务性机构,它不是政府管理部门,也不是政府授权的监督机构。其设立需满足相应条件并得到政府或政府授权主管部门的批准。建设工程交易中心按照信息服务、场所服务和集中办公三大功能进行构建,它不以营利为目的,经批准可以收取一定的服务费。

2. 建设工程交易中心的基本功能

按照有关规定,现阶段全部使用国有资金投资以及国有资金投资占控股或主导地位的房屋建筑和市政工程建设项目都要在建设工程交易中心内履行项目报建、开展招投标、进行合同授予、申领施工许可证等,接受政府有关部门的监督。

3. 建设工程交易中心运作的一般程序

按照有关规定,建设项目进入建设工程交易中心后,一般按下列程序运行:

(1)报建备案

拟建工程得到计划管理部门立项(或计划)批准后,到中心办理报建备案手续。工程建设项目的报建内容主要包括:工程名称、建设地点、投资规模、资金来源、当年投资额、工程规模、工程筹建情况、计划开工和竣工日期等。

（2）确认招标方式

报建工程由招标监督部门依据《中华人民共和国招标投标法》（以下简称《招标投标法》）和有关规定确认招标方式。

（3）招投标程序

招标人依据《招标投标法》和有关规定，履行建设项目勘察、设计、施工、监理以及与工程建设有关的重要设备、材料等的招标投标程序。

（4）书面报告、备案

招标程序结束后，招标人或招标代理机构按我国《招标投标法》及有关规定向招投标监管部门提交招标投标情况的书面报告，招投标监管部门对招标人或招标代理机构提交的招标投标情况的书面报告进行备案。

（5）缴纳费用

招标人、中标人需缴纳相关服务费用。

（6）其他手续

招标人、中标人还应向进驻有形建设市场的有关部门办理合同备案、质量监督、安全监督等手续，并且，招标人或招标代理机构应将全部交易资料原件或复印件在有形建设市场备案一份。

（7）办理施工许可证

招标人向进驻有形建设市场的建设行政主管部门办理施工许可证。

1.2 招投标与合同管理相关法律制度

1.2.1 建筑法

建筑法有狭义和广义之分。狭义的建筑法是指 1997 年 11 月 1 日由第八届全国人民代表大会常务委员会第二十八次会议通过的，于 1998 年 3 月起施行的《中华人民共和国建筑法》（以下简称《建筑法》）。该法是调整和规范我国建筑活动的基本法律，包括总则、建筑许可、建筑工程发包与承包、建筑工程监理、建筑安全生产管理、建筑工程质量管理、法律责任和附则等共八章八十五条。整部法律内容以建筑市场管理为中心，以建筑工程质量和安全为重点，以建筑活动行为监督管理为主线。广义的建筑法是指包含《建筑法》在内的所有调整建设工程活动的法律规范的总称。本书以下介绍的是狭义的建筑法。

（一）总则

《建筑法》总则一章，是对整部法律的纲领性规定。内容包括：立法目的、调整对象和适用范围、建筑活动基本要求、建筑业的基本政策、建筑活动当事人的基本权利和义务、建筑活动监督管理主体。

（1）立法目的是加强对建筑活动的监督管理，维护建筑市场秩序，保证建筑工程的质量和安全,促进建筑业健康发展。

(2)《建筑法》调整的地域范围是中华人民共和国境内,调整的对象包括从事建筑活动的单位和个人以及监督管理的主体,调整的行为是各类房屋建筑及其附属设施的建造和与其配套的线路、管道、设备的安装活动。建筑法中关于施工许可、建筑施工企业资质审查和建筑工程发包、承包、禁止转包,以及建筑工程监理、建筑工程安全和质量管理的规定,也适用于其他专业工程的建筑活动。

(3)建筑活动基本要求是确保建筑工程质量和安全,符合国家的建筑工程安全标准;任何单位和个人从事建筑活动应当遵守法律、法规,不得损害社会公共利益和他人合法权益。任何单位和个人不得妨碍和阻挠依法进行的建筑活动。

(4)国务院建设行政主管部门对全国的建筑活动实施统一监督管理。

(二)建筑许可

建筑许可一章是对建筑工程施工许可制度和从事建筑活动的单位和个人从业资格的规定。

1. 建筑工程施工许可制度

建筑工程施工许可制度是建设行政主管部门根据建设单位的申请,依法对建筑工程所应具备的施工条件进行审查,符合规定条件的,准许该建筑工程开始施工,并颁发施工许可证的一种制度。具体内容包括:

(1)施工许可证的申领时间、申领程序、工程范围、审批权限以及施工许可证与开工报告之间的关系;

(2)申请施工许可证的条件和颁发施工许可证的时间规定;

(3)施工许可证的有效时间和延期的规定;

(4)领取施工许可证的建筑工程中止施工和恢复施工的有关规定;

(5)取得开工报告的建筑工程不能按期开工或中止施工以及开工报告有效期的规定。

2. 从事建筑活动的单位及个人的资质管理规定

(1)从事建筑活动的建筑施工、勘察、设计、监理等单位应有符合国家规定的注册资本,有与其从事的建筑活动相适应的具有法定执业资格的专业技术人员,有从事相关建筑活动所应有的技术装备,以及法律、行政法规规定的其他条件;

(2)从事建筑活动的单位应根据资质条件划分不同的资质等级,经资质审查合格,取得相应的资质等级证书后,方可在其资质等级许可的范围内从事建筑活动;

(3)从事建筑活动的专业技术人员,应当依法取得相应的执业资格证书,并在执业资格证书许可的范围内从事建筑活动。

(三)建筑工程发包与承包

1. 关于建筑工程发包与承包的一般规定

内容包括:发包单位和承包单位应当签订书面合同,并依法履行合同义务;招标投标活动的原则;发包和承包行为约束;合同价款约定和支付的规定等。

2.关于建筑工程发包

内容包括：建筑工程发包方式；公开招标程序和要求；建筑工程招标的行为主体和监督主体；发包单位应将工程发包给依法中标或具有相应资质条件的承包单位；政府部门不得滥用权力限定投标单位；禁止将建筑工程肢解发包；发包单位在承包单位采购方面的行为限制等。

3.关于建筑工程承包

内容包括：承包单位资质管理的规定；关于联合承包方式的规定；禁止转包；有关分包的规定等。

（四）建筑工程监理

（1）国家推行建筑工程监理制度。国务院可以规定实行强制性监理的工程范围。

（2）实行监理的建筑工程，由建设单位委托具有相应资质条件的工程监理单位进行监理。建设单位与其委托的工程监理单位应当订立书面委托监理合同。

（3）建筑工程监理应当依据法律、行政法规及有关的技术标准、设计文件和工程承包合同，对承包单位在施工质量、建设工期和建设资金使用等方面，代表建设单位实施监督。

（4）实施建筑工程监理前，建设单位应当将委托的工程监理单位、监理的内容及监理权限，书面通知被监理的建筑施工企业。

（5）工程监理单位应当在其资质等级许可的范围内承担工程监理业务，并客观、公正地执行监理任务。工程监理单位不得转让工程监理业务。工程监理单位不按照委托监理合同的约定履行监理义务，对应当监督检查的项目不检查或者不按照规定检查，给建设单位造成损失的，应当承担相应的赔偿责任。

（6）工程监理单位与承包单位串通，为承包单位谋取非法利益，给建设单位造成损失的，应当与承包单位承担连带赔偿责任。

（五）建筑安全生产管理

本章内容包括：建筑安全生产管理的方针；建设单位应办理施工现场特殊作业申请批准手续的规定；建筑工程设计应当保证工程的安全性能；施工现场安全由建筑施工企业负责的规定；建筑施工企业在施工现场应采取的安全防护措施；建设单位和建筑施工企业关于施工现场地下管线保护的义务；建筑施工企业在施工现场应采取保护环境措施的规定；建筑安全生产行业管理和国家监察的规定；建筑施工企业安全生产管理和安全生产责任制的规定；安全生产培训的规定；建筑施工作业人员有关安全生产的义务和权利；建筑施工企业为有关职工办理意外伤害保险的规定；涉及建筑主体和承重结构变动的装修工程设计、施工的规定；房屋拆除的规定；施工中发生事故应采取紧急措施和报告制度的规定。

（六）建筑工程质量管理

（1）建筑工程勘察、设计、施工质量必须符合有关建筑工程安全标准的规定；

（2）国家对从事建筑活动的单位推行质量体系认证制度的规定；

（3）建设单位不得以任何理由要求设计单位和施工企业降低工程质量的规定；

（4）关于总承包单位和分包单位工程质量责任的规定；

（5）关于勘察、设计单位工程质量责任的规定；

（6）设计单位对设计文件选用的建筑材料、构配件和设备不得指定生产厂、供应商的规定；

（7）施工企业质量责任；

（8）施工企业对进场材料、构配件和设备进行检验的规定；

（9）关于建筑物合理使用寿命内和工程竣工时的工程质量要求；

（10）关于工程竣工验收的规定；

（11）建筑工程实行质量保修制度的规定；

（12）关于工程质量实行群众监督的规定。

（七）法律责任

对下列行为规定了法律责任：

（1）未经法定许可，擅自施工的；

（2）将工程发包给不具备相应资质的单位或者将工程肢解发包的；无资质证书或者超越资质等级承揽工程的；以欺骗手段取得资质证书的；

（3）转让、出借资质证书或者以其他方式允许他人以本企业名义承揽工程的；

（4）将工程转包，或者违反法律规定进行分包的；

（5）在工程发包与承包中索贿、受贿、行贿的；

（6）工程监理单位与建设单位或者建筑施工企业串通，弄虚作假、降低工程质量的；转让监理业务的；

（7）涉及建筑主体或者承重结构变动的装修工程，违反法律规定，擅自施工的；

（8）建筑施工企业违反法律规定，对建筑安全事故隐患不采取措施予以消除的；管理人员违章指挥、强令职工冒险作业，因而造成严重后果的；

（9）建设单位要求设计单位或者施工企业违反工程质量、安全标准，降低工程质量的；

（10）设计单位不按工程质量、安全标准进行设计的；

（11）建筑施工企业在施工中偷工减料，使用不合格材料、构配件和设备的，或者有其他不按照工程设计图纸或者施工技术标准施工的行为的；

（12）建筑施工企业不履行保修义务或者拖延履行保修义务的；

（13）违反法律规定，对不具备相应资质等级条件的单位颁发该等级资质证书的；

（14）政府及其所属部门的工作人员违反规定，限定发包单位将招标发包的工程发包给指定的承包单位的；

（15）有关部门及其工作人员对不符合施工条件的建筑工程颁发施工许可证的，对不合格的建筑工程出具质量合格文件或按合格工程验收的。

目前，《建筑法》的有些条款已经不适应市场经济的发展需要，该法正在修订之中。

1.2.2　招标投标法

《中华人民共和国招标投标法》（以下简称《招标投标法》）由第九届全国人民代表大会常务委员会第十一次会议于 1999 年 8 月 30 日通过，自 2000 年 1 月 1 日起施行。该法是规范招标投标活动的基本法律，包括总则、招标、投标、开标评标和中标、法律责任和附则等共六章六十八条。制定《招标投标法》的目的在于规范中华人民共和国境内的招投标采购行为，保护国家利益、社会公共利益和招标投标活动当事人的合法权益不受侵害,提高投资效益和经济效益,保证项目质量。

（一）总则

《招标投标法》总则共七条,内容如图1-6所示。

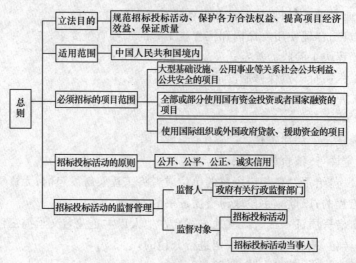

图1-6 《招标投标法》总则内容

招标投标活动应遵循公开、公平、公正和诚实信用的基本原则,具体要求是:

1. 公开原则

首先要求招标信息公开。依法必须进行招标的项目的招标公告,应当通过国家指定的报刊、信息网络或者其他媒介发布;无论是招标公告、资格预审公告还是投标邀请书,都应当载明招标人的名称和地址、招标项目的性质、数量、实施地点和时间以及获取招标文件的办法等事项。其次要求招标投标过程公开。开标时招标人应当邀请所有投标人参加;招标人在招标文件要求提交截止时间前收到的所有投标文件,开标时都应当当众予以拆封、宣读;中标人确定后,招标人应当在向中标人发出中标通知书的同时,将中标结果通知所有未中标的投标人。

2. 公平原则

要求给予所有投标人平等的机会,使其享有同等的权利,履行同等的义务。招标人不得以任何理由排斥或者歧视任何投标人。依法必须进行招标的项目,其招标投标活动不受地区或者部门的限制,任何单位和个人不得违法限制或者排斥本地区、本系统以外的法人或者其他组织参加投标,不得以任何方式非法干涉招标投标活动。

3. 公正原则

要求招标人在招标投标活动中应当按照统一的标准衡量每一个投标人的优劣。招标人应当按照资格预审文件或招标文件中载明的资格审查的条件、标准和方法进行资格审查,不得改变载明的条件或者以没有载明的资格条件进行资格审查。评标委员会应当按照招标文件确定的评标标准和方法,对投标文件进行评审和比较。评标委员会成员应当客观、公正地履行职责,遵守职业道德。

4. 诚实信用原则

诚实信用是我国民事活动所应当遵循的一项重要基本原则。我国《民法通则》第四条规定："民事活动应当遵循自愿、平等、等价有偿、诚实信用的原则。"《合同法》第六条也明确规定："当事人行使权利、履行义务应当遵循诚实信用原则。"招标投标活动作为订立合同的一种特殊方式,同样应当遵循诚实信用原则。例如,在招标过程中,招标人不得发布虚假的招标信息,不得擅自终止招标;在投标过程中,投标人不得以他人名义投标,不得与招标人或其他投标人串通投标;中标通知书发出后,招标人不得擅自改变中标结果,中标人不得擅自放弃中标项目。

(二)招标

《招标投标法》第二章招标共十七条,主要内容如图 1-7 所示。

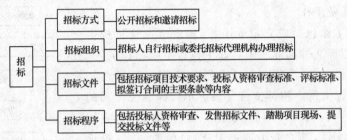

图 1-7 《招标投标法》招标主要内容

1. 招标方式

招标分为公开招标和邀请招标。

(1)公开招标

公开招标是指招标人以招标公告的方式邀请不特定的法人或其他组织参与投标。采用公开招标方式可以为所有符合投标条件的潜在投标人提供一个平等参与和充分竞争的机会,符合招标投标活动的基本原则,有利于招标人选择到最佳的中标人。但这种方式也常常会造成潜在投标人较多,招标人因组织招标活动成本支出较大,时间较长等问题。不适宜公开招标的,可以采用邀请招标。

(2)邀请招标

邀请招标也称有限竞争招标,是指招标人以投标邀请书的方式邀请特定的法人或者其他组织参与投标。采用这种招标方式,由于被邀请参加竞争的潜在投标人数量有限,而且事先已经对投标人进行了调查了解,因此不仅可以节省招标人的招标成本,而且能提高投标人的中标概率,潜在投标人的投标积极性会较高。但由于邀请招标的对象被限定在特定范围内,可能使其他优秀的潜在投标人被排斥在外。

根据《招标投标法实施条例》和《工程建设项目施工招标投标办法》的规定,有下列情形之一的,经批准可以进行邀请招标:项目技术复杂或有特殊要求,只有少量几家潜在投标人可供选择的;受自然地域环境限制的;涉及国家安全、国家秘密或者抢险救灾,适宜招标但不宜公开招标的;采用公开招标方式的费用占项目合同金额的比例过大;法律、法规规定不宜公开招标的。

2. 招标组织

招标人具有编制招标文件和组织评标能力的,可以自行办理招标事宜,但应当向有关行政监督部门备案;招标人也可以自行选择招标代理机构,委托其办理招标事宜。

招标代理机构是依法设立、从事招标代理业务并提供相关服务的专业化社会中介组织,应具备下列条件：

(1)有从事招标代理业务的营业场所和相应资金；

(2)有能够编制招标文件和组织评标的相应专业力量；

(3)有符合条件的、可以作为评标委员会成员人选的技术、经济等方面的专家库。招标代理机构的资格由相关行业的省级行政主管部门认定。

3.招标程序

无论招标的标的物是工程、货物或者服务，其基本程序是类似的，如图1-8所示。

(1)招标的准备工作

招标的准备工作包括成立招标组织、向政府主管机构提交招标申请、编制招标文件和标底等。业主自行组织招标的，一般由其自行准备招标文件；委托招标代理公司招标的，一般由招标代理机构准备招标文件。招标文件是投标单位编制投标书的主要依据。招标的内容(标的)不同，其招标文件的内容也有所区别。对施工招标文件，其主要内容一般有：投标邀请书；投标人须知；合同主要条款；投标文件格式；采用工程量清单招标的，应当提供招标工程量清单；技术条款；设计图纸；评标标准和方法；投标辅助材料等。

(2)发布招标公告或发出投标邀请书

及时发布招标公告或发出投标邀请书，传达有关信息。

(3)对投标单位进行资质审查，并将审查结果通知各潜在投标人

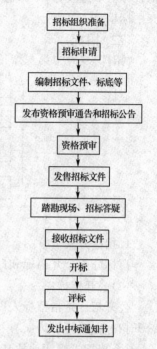

图1-8 工程施工招标采购程序

审查投标单位资格按时间可以分为资格预审和资格后审两种，分别在购买招标文件前和开标后进行。资格预审文件一般应当包括资格预审申请书格式、申请人须知，以及需要潜在投标人提供的企业资质、业绩、技术装备、财务状况和拟派出的项目经理与主要技术人员的简历、业绩等证明材料。《工程建设项目施工招标投标办法》第十九条规定："经资格预审后，招标人应当向资格预审合格的潜在投标人发出资格预审合格通知书，告知获取招标文件的时间、地点和方法，并同时向资格预审不合格的潜在投标人告知资格预审结果。资格预审不合格的潜在投标人不得参加投标。经资格后审不合格的投标人的投标应做废标处理。"

(4)发售招标文件

关于招标文件的发售期限，虽然法律法规没有对公开招标和邀请招标做区别性规定，但是这两种投标方式面向的供应商不同，招标文件的发售期限的要求是有很大区别的。

(5)组织投标单位踏勘现场，并对招标文件答疑

招标人根据招标项目的具体情况，可以组织所有潜在投标人踏勘项目现场。踏勘现场对投标人了解工程现场和周围环境情况、获取必要的信息、合理编制投标文件具有重要意义。投标人拿到招标文件后，应对其进行全面细致的学习、分析和研究，然后有针对性地拟订出踏勘现场提纲，积极参加现场踏勘，若有疑问或不清楚的问题需要招标人予以澄清和解答的，应在收到招标文件后一定期限内以书面形式向招标人提出。招标人收到投标人提出

的疑问或有不清楚的问题后,应当书面给予解释和答复,并将解答同时发给所有获取招标文件的投标人。

(6)投标人编制投标文件

招标人应当确定投标人编制投标文件所需要的合理时间;依法必须进行招标的项目,自招标文件开始发售之日起至投标人提交投标文件截止之日止,最短不得少于 20 日。

(7)签收投标文件

投标人应当在招标文件要求提交投标文件的截止时间前,将投标文件密封送达投标地点。招标人收到投标文件后,应当向投标人出具标明签收人和签收时间的凭证,在开标前任何单位和个人不得开启投标文件。未密封的或在截止时间后送达的投标文件,招标人应当拒收。提交投标文件的投标人少于三个的,不得开标,招标人应当依法重新招标。重新招标后投标人仍少于三个的,属于必须审批的建设工程项目,报经原审批部门批准后可以不再进行招标;其他建设工程项目,招标人可自行决定不再进行招标。

(8)开标

开标应当在招标文件确定的提交投标文件截止时间的同一时间公开进行;开标地点应当为招标文件中确定的地点;开标应该在投标人代表到场的情况下公开进行;开标会应该有开标纪录。采用单信封法投标,应该检查标书格式、技术资料、工程量清单报价或者总报价单、投标担保等。采用双信封法投标,即将技术和财务标书分别放在两个信封中,评标时分两个步骤:首先,开技术标书的信封(而且只打开技术标书的信封),审查并确定技术的响应性;其次,才打开那些技术响应的投标书的财务标书,而那些技术不响应的投标书将被退回,根本不需要打开。有的采购招标本身就分两步,所以叫作两步法招标。两步法招标适用于那些具有不同的技术解决方案的项目,如工艺设备、大型桥梁、信息技术系统开发等。对这类项目招标,第一步,可以要求投标人提出技术建议书,业主与投标人讨论并确定技术规格;第二步,可以根据修改过的技术规格,要求投标人提出报价。

(9)评标

评标分为评标准备与初步评审、详细评审、编写评标报告等过程,由依法组建的评标委员会依据评标标准独立进行。评标委员会推荐的中标候选人应当限定在 1~3 人,并标明排列的顺序。

(10)中标

招标人依据评标委员会的推荐一般应在 15 日内确定中标人,最迟在投标有效期结束日前 30 个工作日内确定,并发出中标通知书。招标人和中标人应当自中标通知书发出之日起 30 日内,按照招标文件和中标人的投标文件订立书面承包合同。中标人应按照招标人要求提供履约担保,招标人也应当同时向中标人提供工程款支付担保。招标人与中标人签订合同后 5 个工作日内,应当向中标人和未中标的投标人退还投标保证金。

依法必须进行招标的项目,招标人应当自发出中标通知书之日起 15 日内,向有关行政监督部门提交招标投标情况的书面报告,书面报告应包括:招标范围;招标方式和发布招标公告的媒介;招标文件中投标人须知、技术条款、评标标准和方法、合同主要条款等内容;评标委员会的组成和评标报告;中标结果。

(三)投标

《招标投标法》第三章投标共九条,内容如图 1-9 所示。

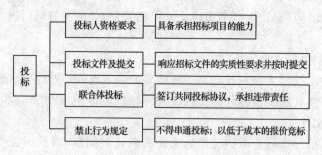

图 1-9 《招标投标法》投标主要内容

1. 投标人资格要求

投标人应当具备承担招标项目的能力;国家有关规定对投标人资格条件或者招标文件对投标人资格条件有相关规定的,投标人应当具备规定的资格条件。

2. 投标文件

投标人应当按照招标文件的要求编制投标文件。投标文件应当对招标文件的实质性要求做出响应。招标项目属于建设施工的,投标文件的内容应当包括拟派出的项目负责人与主要技术人员的简历、业绩和拟用于完成招标项目的机械设备等。

3. 工程分包

投标人根据招标文件载明的项目的实际情况,拟在中标后将中标项目的部分非主体、非关键性工作进行分包的,应当在投标文件中载明。

工程分包在国内外均很常见,但存在合法分包与违法分包的问题。根据《建设工程质量管理条例》的规定,违法分包是指具备以下任一条件的分包:

(1)将投标项目的主体、关键工作进行分包;

(2)没有获得监理工程师或业主的同意;

(3)分包人不具备相应的资质条件和能力;

(4)分包单位将承包的工程再分包。

工程分包可以发挥分包队伍的专业优势,保证工程质量、加快工程进度,提高生产效率和效益,但同时也加大了总包单位及业主和工程咨询单位对分包合同界面管理的难度,易产生纠纷,增加工程风险。

4. 联合体投标

无论是国内或国外,有一些规模较为庞大、技术较为复杂的工程项目不是一家承包商能够完成的,需要两家或两家以上的承包商共同完成,其主要模式有联合体与合作体。

(1)联合体

联合体即英文中的 joint venture,它的应用很广,可以用于联合承担设计任务、施工任务、供货任务、项目管理任务以及其他工程咨询服务等。两个以上同专业不同资质等级的单位实行联合共同承包的,应当按照资质等级较低的单位的业务许可范围承揽工程。

联合体是一种临时性组织,是为承担某个建设工程项目或某项特定工程任务而成立的,工程任务结束后,联合体自动解散。为此,《招标投标法》第三十一条专门规定,联合体各方应当具备承担招标项目的相应能力,联合体各方应当在投标前经协商一致签订共同投标协议,明确约定各方可以承担的工作和责任,并将共同招标协议连同投标文件一并提交招标人。联合体中标的,联合体各方应当共同与招标人签订合同,就中标项目向招标人承担连带责任。

（2）合作体

合作体即英文中的 consortium，即合作、合伙、联合的意思。施工合作体在形式上和合同结构上与施工联合体一样，但是实质有所区别，主要体现在以下几个方面：

①参加合作体的施工单位都没有足够的力量完成工程，都想利用合作体，他们之间既有合作的愿望，但彼此又不够信任。

②各成员公司都投入完整的施工力量，每家单位都有人员、机械、资金、管理人员等。

③其分配办法相当于内部分别独立承包，按照各自承担的工程内容核算，自负盈亏。

④根据内部合同，某一家公司倒闭了，其他成员单位不承担其经济责任风险，而由业主负责。

⑤由于是一个合作体，所以能够互相协调。

⑥适用于那些工作范围可以明确界定的工程项目。

5. 禁止投标人实施不正当竞争行为的规定

根据《招标投标法》第三十二条、第三十三条的规定，投标人不得实施以下不正当竞争行为：投标人相互串通投标；投标人与招标人串通投标；以向招标人或者评委会成员行贿的手段谋取中标；以低于成本的报价竞标；以他人名义投标或以其他方式弄虚作假，骗取中标。

（四）开标、评标和中标

《招标投标法》开标、评标和中标共十五条，内容如图 1-10 所示。

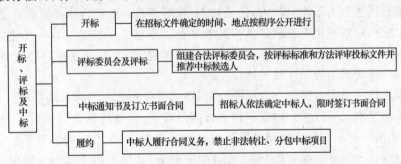

图 1-10 《招标投标法》开标、评标和中标的主要内容

（五）招标投标活动中的投诉与处理

《招标投标法实施条例》中对招标投标活动中出现的投诉和如何处理进行了专门的规定。

（1）投标人或者其他利害关系人认为招标投标活动不符合法律、行政法规规定的，可以自知道或者应当知道之日起 10 日内向有关行政监督部门投诉。投诉应当有明确的请求和必要的证明材料。

（2）投诉人就同一事项向两个以上有权受理的行政监督部门投诉的，由最先收到投诉的行政监督部门负责处理。行政监督部门应当自收到投诉之日起 3 个工作日内决定是否受理投诉，并自受理投诉之日起 30 个工作日内做出书面处理决定，需要检验、检测、鉴定、专家评审的，所需时间不计算在内。投诉人捏造事实、伪造材料或者以非法手段取得证明材料进行投诉的，行政监督部门应当予以驳回。

（3）行政监督部门处理投诉，有权查阅、复制有关文件、资料，调查有关情况，相关单位和人员应当予以配合。必要时，行政监督部门可以责令暂停招标投标活动。

行政监督部门的工作人员对监督检查过程中知悉的国家秘密、商业秘密,应当依法予以保密。

1.2.3 合同法

（一）合同的概念

合同泛指一切确立权利义务关系的协议。但《合同法》中所规定的合同仅指民法意义上的财产合同,"婚姻、收养、监护等有身份关系的协议,适用其他法律规定。"根据这一规定,合同具有以下特点:

(1)合同是当事人协商一致的协议,是双方或多方的民事法律行为;

(2)合同的主体是自然人、法人和其他组织等民事主体;

(3)合同的内容是有关设立、变更和终止民事权利义务关系的约定,通过合同条款具体体现出来;

(4)合同须依法成立,只有依法成立的合同对当事人才具有法律约束力。

《中华人民共和国合同法》(以下简称合同法)于 1999 年 3 月 15 日九届全国人大第二次会议顺利通过,1999 年 10 月 1 日起正式实施。

（二）合同法的基本原则

(1)合同当事人的法律地位平等,一方不得将自己的意志强加给另一方。当事人法律地位平等,是指合同当事人不论自然人,还是法人,也不论其经济实力和经济成分如何,其法律地位无高低之分,即享有民事权利和承担民事义务的资格是平等的。这一原则既是商品经济的客观规律的体现,又是民法的平等原则的具体表现,当事人只有在平等的基础上,才有可能经过协商,达成意思表示一致的协议。

(2)当事人依法享有自愿订立合同的权利,任何单位和个人不得非法干预。当事人自愿订立合同,是指当事人有订立合同或不订立合同的权利,以及选择合同相对人、确定合同内容和合同形式的权利。自愿原则和平等原则是相辅相成的,有着密切的联系。在平等原则下,一方不得将自己的意志强加给对方,在自愿原则下,其他民事主体乃至国家机关不得对当事人订立合同进行非法干预。当然,当事人自愿订立合同时,必须遵守法律、行政法规,不得损害他人的合法权益,不得扰乱社会经济秩序。

(3)当事人应当遵循公平原则确定各方的权利和义务。遵循公平原则确定各方权利和义务,是指当事人订立和履行合同时,应根据公平的要求约定各自的权利和义务,正当行使合同权利和履行合同义务,兼顾他人利益。对于显失公平的合同,当事人一方有权请求人民法院或仲裁机构变更或撤销。

(4)当事人行使权利、履行义务应当遵循诚实信用原则。诚实信用,是指合同当事人在订立合同时要诚实,真实地向对方当事人介绍与合同有关的情况,不得有欺诈行为;合同生效后,要守信用,积极履行合同义务,不得擅自变更和解除合同,也不能违约。

(5)当事人订立合同、履行合同,应当遵守法律、行政法规,尊重社会公德,不得扰乱社会经济秩序,损害社会公共利益。国家法律、行政法律与社会公德在调整当事人的合同关系时,是相互补充、不可或缺的,这与民法的基本原则一致。合同法既要保护合同当事人的合法权益,也要维护社会经济秩序和社会公共利益,因此,当事人在订立和履行合同时,不仅要合法,也要尊重社会公德,不得扰乱社会经济秩序,损害社会公共利益。

（三）《合同法》内容简介

《合同法》共二十三章四百二十八条,分为总则、分则和附则三个部分。其中,总则部分共八章,将各类合同所涉及的共性问题进行了统一规定,包括一般规定、合同的订立、合同的效力、合同的履行、合同的变更和转让、合同的权利义务终止、违约责任和其他规定等内容。分则部分共十五章,分别对买卖合同、供用电、水、气、热力合同、赠予合同、借款合同、租赁合同、融资租赁合同、承揽合同、建设工程合同、运输合同、技术合同、保管合同、仓储合同、委托合同、经纪合同和居间合同进行了具体规定。附则部分仅一条,规定了《合同法》的施行日期。

本章小结 >>>

建设市场是建设工程发包人与承包人就工程、货物或服务达成合理价格以及系列活动而形成的各种关系的总和。世界各国均普遍重视建设市场管理。为此,我国已经形成了基本完善的管理体系。从组织结构到管理内容,由从业企业的资质管理到专业人员的资格管理,从建筑法、招标投标法到合同法以及相关条例、办法,从程序设置到建设工程交易中心等等。目的就是保证建设工程质量和安全,保护相关方合法权益,维护合理的市场秩序,促进建设市场健康发展。

复习思考题 >>>

1.什么是建设市场?

2.建设市场的主体和客体有哪些?

3.建设市场管理的主要内容有哪些?

4.什么是资质管理?为什么要实行资质管理?

5.我国对施工企业的资质等级是如何划分的?

6.在我国,建设领域的专业人员有哪些执业资格?

7.建筑法的立法目的是什么?

8.建筑法关于工程质量和工程安全方面有哪些规定?

9.建筑法关于工程监理方面有哪些规定?

10.在我国,建设工程招标的范围和规模标准有哪些规定?

11.在我国,建设工程招标的方式有哪些?它们之间的联系和区别是什么?

12.简述招标程序。

13.合同法的主要内容有哪些?

14.合同法的基本原则是什么?

第2章

建设工程招标

通过对建设工程招标具体业务的学习,了解招标的概念、招标条件等相关内容。熟悉强制招标的范围与招标方式,招标的前期工作内容,开标、评标、定标的工作程序。掌握资格预审文件、标底文件、招标文件的内容、编制方法,资格审查的方法和步骤,评标的基本方法。

2.1 建设工程招标概述

2.1.1 建设工程招标的概念和作用

（一）建设工程招标的概念

建设工程招标是指招标人将拟建工程项目和要求用文件表明,邀请潜在投标人参与竞争,按照法定程序优选承包单位的法律活动。

（二）建设工程招标投标的作用

建设工程推行招投标制度是我国建设工程承发包体制改革与市场经济发展的需要,理论上也符合商品经济及价值规律的原理,具有以下作用:

（1）督促建设单位重视并做好工程建设的前期工作,从根本上改正"边勘察、边设计、边施工"的做法,促进落实征地、设计、筹资等工作。

（2）有利于节约建设资金,提高投资的经济效益。建筑市场的竞争,迫使建筑企业降低工程成本,进而降低工程投标报价。同时,明确了承发包双方的经济责任,也促使建设单位加强建设管理,控制投资总额。

（3）增强了设计单位的经济责任,促使设计人员注意设计方案的经济性。设计方案不仅要考虑技术上可行,还要考虑经济上合理。设计方案已从建设工程的量上规定了建设工程的建造成本。

（4）增强了监理单位的责任感。建设工程质量实行设计、施工、监理终身责任制,在承发包合同中做了明确规定。

（5）促使建筑企业改善经营管理,在市场竞争中求得生存和发展。竞争,既要注意经济效益,又应重视社会效益和企业信誉。致力于提高工程质量、缩短工期、降低成本、提高劳动生产率,加强售后服务,是建筑企业在竞争中取胜的法宝。

（6）使建筑产品交换走上商品化轨道,确立了建筑产品是商品的地位。

2.1.2　建设工程招标的范围和规模标准

（一）建设工程招标的范围

在中华人民共和国境内进行下列工程建设项目,包括项目勘察、设计、施工、监理以及与工程建设有关的重要设备、材料等的采购,必须依法进行招标。

（1）关系社会公共利益、公众安全的基础设施项目。包括如下内容:

①煤炭、石油、天然气、电力、新能源等能源项目。

②铁路、公路、管道、水运、航空以及其他交通运输业等交通运输项目。

③邮政、电信枢纽、通信、信息网络等邮电通信项目。

④防洪、灌溉、排涝、引(供)水、滩涂治理、水土保持、水利枢纽等水利项目。

⑤道路、桥梁、地铁和轻轨交通、污水排放及处理、垃圾处理、地下管道、公共停车场等城市设施项目。

⑥生态环境保护项目。

⑦其他基础设施项目。

（2）关系社会公共利益、公众安全的公用事业项目。包括如下内容:

①供水、供电、供气、供热等市政工程项目。

②科技、教育、文化等项目。

③体育、旅游等项目。

④卫生、社会福利等项目。

⑤商品住宅,包括经济适用住房。

⑥其他公用事业项目。

（3）使用国有资金投资的项目。包括如下内容:

①使用各级财政预算资金的项目。

②使用纳入财政管理的各种政府性专项建设基金的项目。

③使用国有企业事业单位自有资金,并且国有资产投资者实际拥有控制权的项目。

（4）使用国家融资的项目。包括如下内容:

①使用国家发行债券所筹资金的项目。

②使用国家对外借款或者担保所筹资金的项目。

③使用国家政策性贷款的项目。

④国家授权投资主体融资的项目。

⑤国家特许的融资项目。

(5)使用国际组织或者外国政府贷款、援助资金的项目。包括如下内容：

①使用世界银行、亚洲开发银行等国际组织贷款资金的项目。

②使用外国政府及其机构贷款资金的项目。

③使用国际组织或者外国政府援助资金的项目。

（二）建设工程招标的规模标准

建设工程项目的勘察、设计、施工、监理和重要建设物资的采购，达到下列标准之一必须进行招标：

(1)施工单项合同估算价在 200 万元人民币以上的项目。

(2)重要设备、材料等货物的采购，单项合同估算价在 100 万元以上的项目。

(3)勘察、设计、监理等服务，单项合同估算价在 50 万元以上的项目。

(4)单项合同估算价低于第(1)、第(2)、第(3)项规定的标准，但总投资额在 3 000 万元人民币以上的项目也必须进行招标。

各省可以根据实际情况自行规定本地区必须进行工程招标的具体范围和规模标准，但不得缩小国家规定的必须进行工程招标的范围和规模标准。

2.1.3 建设工程招标方式

我国《招标投标法》明确规定了招标方式有两种，即公开招标和邀请招标。这两种招标方式都具有竞争性，体现了招标投标本质特点的客观要求。

（一）公开招标

公开招标，也叫开放型招标，是一种无限竞争性招标。采用这种形式，由招标单位利用指定报刊、网站、电台等公开发布招标公告，宣布招标项目的内容和要求。符合要求并有投标意向的承包商不受地区、行业限制均可参加投标资格预审，审查合格的承包商都有权利购买招标文件，参加投标活动。招标单位则可在众多的承包商中优选出理想的承包商为中标单位。

1. 公开招标方式的优点

公开招标方式为承包商提供公平竞争的平台，同时使招标单位有较大的选择余地，有利于降低工程造价、缩短工期和保证工程质量。

2. 公开招标方式的缺点

采用公开招标方式时，投标单位多且良莠不齐，不但招标工作量大，所需时间较长，而且容易被不负责任的单位抢标。因此采用公开招标方式时对投标单位进行严格的资格预审就特别重要。

3. 公开招标方式的适用范围

全部使用国有资金投资，或国有资金投资占控制地位或主导地位的项目，应当实行公开招标。一般情况下，投资额度大、工艺或结构复杂的较大型建设项目，实行公开招标较为合适。

（二）邀请招标

邀请招标又称有限竞争性招标、选择性招标，是由招标单位根据工程特点，有选择地邀请若干个具有承包该项工程能力的投标人前来投标。它是招标单位根据见闻、经验和情报资料而获得这些承包商的能力、资信状况,加以选择后,以发投标邀请书来进行的。一般邀请 5～10 家承包商参加投标,最少不得少于 3 家。

这种招标方式目标明确,经过选定的投标单位,在施工经验、施工技术和信誉上都比较可靠,基本上能保证工程质量和进度。邀请招标整个组织管理工作比公开招标相对简单一些,但是前提是对于承包商充分了解,同时,报价也可能高于公开招标方式。

1. 邀请招标方式的优点

招标所需的时间较短,工作量小,目标集中,且招标花费较省;被邀请的投标单位的中标概率高。

2. 邀请招标方式的缺点

不利于招标单位获得最优报价,获得最佳投资效益;投标单位的数量少,竞争性较差;招标单位在选择邀请人前所掌握的信息不可避免地存在一定的局限性,招标单位很难了解市场上所有承包商的情况,常会忽略一些在技术、报价方面更具竞争力的企业,使招标单位不易获得最合理的报价,有可能找不到最合适的承包商。

3. 邀请招标方式的适用范围

有下列情形的,经批准可以进行邀请招标:

(1)项目技术复杂或有特殊要求,只有少量几家潜在投标人可供选择的。

(2)受自然地域环境限制的。

(3)涉及国家安全、国家秘密或者抢险救灾,适宜招标但不宜公开招标的。

(4)拟公开招标的费用与项目的价值相比,不值得的。

(5)法律、法规不宜公开招标的。

所有适合邀请招标的项目都必须报经主管部门审批,说明采取邀请招标的理由,经批准后方可实施。

(三)公开招标和邀请招标方式的区别

公开招标和邀请招标的区别如下:

(1)发布信息的方式不同。公开招标是招标单位在国家指定的报刊、电子网络或其他媒体上发布招标公告。邀请招标采用投标邀请书的形式发布。

(2)竞争的范围或效果不同。公开招标是所有潜在的投标单位竞争,范围较广,优势发挥较好,易获得最优效果。邀请招标的竞争范围有限,易造成中标价不合理,遗漏某些技术和报价有优势的潜在投标单位。

(3)时间和费用不同。邀请招标的潜在投标单位一般 3～10 家,同时又是招标单位自己选择的,从而缩短招标的时间和费用。公开招标的资格预审工作量大,时间长,费用高。

(4)公开程度不同。公开招标必须按照规定程序和标准运行,透明度高。邀请招标的公开程度相对要低些。

(5)招标程序不同。公开招标必须对投标单位进行资格审查,审查其是否具有工程要求的资质条件,而邀请招标对投标单位不进行资格预审。

(6)适用条件不同。

2.1.4　建设工程招标程序

建设工程招标程序,是指建设工程招标活动应遵循的先后顺序,一般要经以下阶段:

（一）招标前准备工作

（1）确定招标范围。可以选择工程建设总承包招标、设计招标、工程施工招标、工程建设监理招标、设备材料供应招标。

（2）工程项目报建。工程项目的立项批准文件或年度投资计划下达后，规划与设计审批已经完成，建设单位须按规定及时向政府主管机构或建设工程交易中心报建。

（3）招标备案。招标人发布招标公告或投标邀请书之前，向主管部门提交备案资料，接受主管部门依法实施的监督。

（4）选择招标方式。确定发包范围、招标次数、每次招标的内容及依法选定公开招标或邀请招标方式。

（5）组建招标工作机构，或者委托具有相应资质的招标代理机构。

（6）编制招标有关文件和标底。招标有关文件包括资格审查文件、招标公告、招标文件、合同协议条款、评标办法等。

（二）招标投标阶段

在招标投标阶段，招标投标双方分别或共同做好下列工作：

（1）招标单位发布招标公告或发出投标邀请书。实行公开招标的工程项目，招标人发布招标公告；实行邀请招标的工程项目，向三家以上符合条件的承包商发出投标邀请书。招标公告或投标邀请书应写明招标单位的名称和地址，招标工程的性质、规模、地点以及获取招标文件的办法等事项。

（2）投标单位申请投标。投标单位通过各种途径了解到招标信息，结合自身实际情况，做出是否投标的决定。决定投标，则向项目招标单位提出投标申请。

（3）审查投标人资质，告知审查结果。招标单位收到投标申请后，进行资格审查。审查投标企业的资质等级、承包任务的能力、财务赔偿能力及保证人资信等，确定投标企业是否具有投标的资格，并向投标申请人发出资质审查结果。

（4）向合格投标人发售招标文件及有关技术资料。招标文件的内容必须准确，原则上不能修改或补充。如果必须修改或补充的，报招投标主管部门备案，并在投标截止前15天，以书面形式通知每一个投标单位。

（5）组织投标人踏勘现场并对招标文件进行答疑。招标单位应当组织投标单位进行现场勘察，了解工程场地和周围环境情况，收集有关信息，使投标单位能结合现场提出合理的报价，现场勘查可安排在招标预备会议前进行，以便在会上解答现场勘查中提出的疑问。

投标人收到招标文件后，若有疑问或不清楚的问题需澄清解释，应在收到招标文件后以书面形式向招标人提出，招标人应以书面形式或招标预备会形式予以解答。

（6）建立评标组织，制定评标、定标办法。

（7）接收投标文件。投标人应将投标文件的正本和所有副本按照招标文件的规定进行密封和标记，并在投标截止时间前按规定递交投标文件到规定的地点。在投标截止时间前，招标人应做好投标文件的接收工作和保密保管工作，在接收中应注意核对投标文件是否按招标文件的规定进行密封和标记，做好接收时间的记录并出具收条等工作。

（三）定标签约阶段

（1）召开开标会议，审查投标书。开标是指招标人按招标文件规定的时间、地点在有效投标人、建设项目主管部门或法定公证人的参与下，由工作人员当众拆封投标书，宣读投标人名称、投标价格和投标文件的主要内容的活动。招标人在招标文件要求提交的截止时间前收到的所有投标文件,开标时都应当众予以拆封、宣读。

(2)组织评标,决定中标人。招标人根据工程规模和评标工作需要,在招投标管理机构监督下,于开标前从专家库中随机抽取5～7名所需专业的评委,组成评标委员会。评标委员会应当本着公正、科学、合理、竞争、择优的原则,按照招标文件确定的评标标准和办法,对实质上响应招标文件要求的投标文件的报价、工期、质量、主要材料用量、施工方案或施工组织设计等方面进行评审和比较,推荐中标候选人,并对评标结果签字确认。

(3)向中标人发出中标通知书。招标单位根据评标委员会推荐顺序确定中标人。中标人确定后,招标人将招投标情况书面报告建设行政主管部门备案。建设行政主管部门无异议后,招标人应当向中标人发出中标通知书,并同时将中标结果通知所有未中标的投标人。

中标通知书对招标人和投标人具有法律效力,中标通知书发出后,招标人改变中标结果的,或者中标人放弃中标项目的,应当依法承担法律责任。

(4)签订承发包合同。建设单位与中标人应当自中标通知书发出后30天内,按照招标文件和中标人的投标文件订立书面的建设工程承发包合同。招标人和投标人不得订立违背合同实质性内容的其他协议。

2.2 招标的前期工作

2.2.1 建设工程招标应具备的条件

依法必须招标的工程建设项目,应当具备下列条件才能进行工程招标:
(1)建设项目已正式列入国家、部门或地方年度固定资产投资计划或经有关部门批准。
(2)已经办理建设用地批准手续。
(3)已经取得建设工程规划许可证。
(4)初步设计及概算已经批准。
(5)招标范围、招标方式和招标组织形式等应当履行核准手续的已经核准。
(6)有相应资金或资金来源已经落实。
(7)有能够满足招标所需的设计图纸及技术资料。
(8)法律法规和规章规定的其他条件。

建设工程招标的内容不同,招标条件亦有些变化。建设项目勘察设计招标条件侧重于:设计任务书或可行性研究报告已获批准;具有设计所需的可靠的基础资料。建设工程施工招标条件侧重于:建设项目已列入年度投资计划;建设资金已按规定存入银行;施工前期工作基本完成;有施工图纸和有关设计文件。建设监理招标条件侧重于:设计任务书或初步设计已获批准;工程建设的主要技术工艺要求已确定。建设工程材料设备招标条件侧重于:建设项目已列入年度投资计划;建设资金已经到位;具有批准的设计所需的设备清单,专用、非标准设备的设计图纸和技术资料。建设工程总承包招标条件侧重于:计划文件或设计任务书已获批准;建设资金和建设地点已经落实。

2.2.2 工程建设项目的报建

（一）建设工程报建范围

建设工程报建是实施建设项目招投标的重要前提条件,它是指即将实施工程施工的建设单位在工程开工前一定期限内向建设行政主管部门或招投标管理机构依法办理项目登记手续。凡未办理施工报建的建设项目,不得办理招投标的相关手续和发放施工许可证。

建设工程报建的范围包括各类房屋建筑、土木工程、设备安装、管道线路敷设、装饰装修等新建、扩建、改建、恢复建设的基本建设与技改项目。投资金额超过一定数额或建筑面积超过一定数额的施工项目都必须到建设行政主管部门依法报建。

（二）建设工程报建内容

报建内容主要包括工程名称、建设地点、投资规模、资金来源、当年投资额、工程规模、结构类型、发包方式、计划开竣工日期、工程筹建情况等。

建设单位报建时应填写建设工程报建登记表,连同应交验的立项批文、建设资金证明、规划许可证、土地使用权证等文件资料,一并报招投标管理机构审批。

2.2.3 建设单位自行组织招标应具备的条件

根据《招标投标法》规定,招标人可自行办理招标事宜,但应当具备编制招标文件和组织评标的能力,具体包括:

（1）具有法人资格或是依法成立的其他组织。

（2）具有与招标项目规模和复杂程度相适应的工程技术、概预算、财务和工程管理等方面的专业技术力量。

（3）有从事同类工程建设项目招标的经验。

（4）设有专门招标机构或者拥有3名以上专职招标业务人员。

（5）熟悉和掌握招标投标法及有关法律、法规和规章。

招标人自行办理招标事宜,应当在向项目审批部门上报可行性研究报告时申请核准,并向当地县级以上建设行政主管部门备案。

2.2.4 招标代理

招标人不具备自行招标条件的,可以委托具有相应资格的工程招标代理机构组织招标。工程招标代理机构是自主经营、自负盈亏的社会中介组织,依法在建设行政主管部门取得工程招标代理资质证书,在资质证书许可的范围内从事工程招标代理业务并提供相关服务,享有民事权利、承担民事责任。工程招标代理机构资格分为甲、乙两个等级。

（1）申请工程招标代理机构资格应当具备下列基本条件:

①有从事招标代理业务的营业场所和相应资金。

②有能够编制招标文件和组织评标的相应专业力量。

③有可以作为评标委员会成员的技术、经济等方面的专家库。

④与国家机关不得有隶属及利害关系。

⑤有健全的组织机构和内部管理的规章制度。

⑥法律、行政法规规定的其他条件。

（2）甲级工程招标代理机构资格由省级建设行政主管部门初审，报国务院建设行政主管部门认定，除具备上述基本条件外，还应当具备下列条件：

①取得乙级工程招标代理资格满三年。

②近三年内累计工程招标代理中标金额在 8 亿元人民币以上。

③具有中级以上职称的工程招标代理机构专职人员不少于 20 人，其中具有工程建设类注册执业资格人员不少于 10 人（其中注册造价工程师不少于 5 人），从事工程招标代理业务三年以上的人员不少于 10 人。

④技术经济负责人为本机构专职人员，具有 10 年以上从事工程管理的经验，具有高级技术经济职称和工程建设类注册职业资格。

⑤注册资本金不少于 200 万元。

（3）乙级工程招标代理机构只能承担投资额（不含征地费、大市政配套和拆迁补偿费）1 亿元以下的工程招标代理业务。乙级工程招标代理机构资格由省级建设行政主管部门认定，报建设部备案。除具备基本条件外，还应当具备下列条件：

①取得暂定级工程招标代理资格满一年。

②近三年内累计工程招标代理中标金额在 16 亿元人民币以上（以中标通知书为依据，下同）。

③具有中级以上职称的工程招标代理机构专职人员不少于 12 人，其中具有工程建设类注册执业资格人员不少于 6 人（其中注册造价工程师不少于 3 人），从事工程招标代理业务三年以上的人员不少于 6 人。

④技术经济负责人为本机构专职人员，具有 8 年以上从事工程管理的经验，具有高级技术经济职称和工程建设类注册职业资格。

⑤注册资本金不少于 100 万元。

（4）新成立的工程招标代理机构的业绩未能满足上述条件的，建设部可以根据市场需要设定暂定资格。新设立的工程招标代理机构具备基本条件和乙级工程招标代理机构的第③、第④、第⑤项条件，可以申请暂定级工程招标代理资格。

工程招标代理机构应当与招标人签订书面委托代理合同，并在合同委托的范围内办理招标事宜，维护招标人的合法利益，对于提供的工程招标方案、招标文件、工程标底等的科学性、准确性负责，并不得向外泄漏可能影响公正、公平竞争的有关情况。

工程招标代理机构不应同时接受同一招标工程的招标代理和投标咨询业务，工程招标代理机构与被代理工程的投标人不应有隶属关系或者其他利害关系。

政府招标主管部门对招标代理机构实行资质管理，工程招标代理机构必须在资质证书许可的范围内开展业务活动，超越自己业务范围进行代理行为得不到法律的保护。

2.2.5　招标方式的选择

（一）确定分标方式

业主根据自身的管理能力，设计的进展情况，建设项目本身的特点，外部环境条件等因素，经过充分考虑比较后，首先决定分标方式和合同类型，然后再确定公开招标方式或邀请招标方式。

建设项目的招标可以是全部工作内容一次性发包，也可以通过分标将工程项目分成几个单独招标的部分,如单位工程招标、土建工程招标、安装工程招标、设备订购招标等,对工程招标的这几个部分都编制独立的招标文件进行招标。

若采用全部工作内容一次性发包,业主只与一个承包商签订合同,建设项目的合同相对简单,但有能力承包的投标人相对较少。如果业主有足够的管理能力,最好将整个工程分成几个单位工程或单项工程,采取分别招标方式比较有利。一方面,可以发挥不同承包人的专业特长;另一方面,每个分项合同比总的合同更容易落实,从而减少了不可预见成分,可以减轻合同实施过程中的风险。即使出现问题也是局部性的,容易纠正或补救。对投标人来说,多发一个合同包,每个投标人就增加了一个中标机会。因此,分标对业主和承包人来说都有好处,但也要考虑到招标和发包数量的多少要适当,因为合同太多也会给招标工作及项目施工阶段的合同管理工作带来麻烦或不必要的损失。分标时应考虑的因素有:

(1)工程特点。如工程场地集中、工程量不大、技术不太复杂,则由一家承包商总包易于管理,因而一般不分标。但是,如工程场地分散、工程量大、有特殊技术要求,则应考虑分标。

(2)对工程造价的影响。一般情况下,一个工程由一家承包商总包易于管理,同时便于人力、材料、设备的调剂和调度,因而可降低造价。但一个大型、复杂的工程项目对承包商的施工能力、施工经验、施工设备等有很高要求,在这种情况下,如不分标就可能使有资格参加此项工程投标的承包商大大减少,而竞争对手的减少必定导致报价的上涨,反而得不到较合理的报价。

(3)有利于发挥承包商专长。建设项目是由单位工程、单项工程或专业工程组成的,在考虑发包数量时,既要考虑不会产生施工的交叉干扰,又要注意各分包间的空间衔接和时间衔接。

(4)工地管理。从工地管理角度来看,分标时应考虑两方面问题:一是工程进度的衔接,二是工地现场的布置和干扰。工程进度的衔接很重要,特别是关键路线的项目一定要选择施工水平高、能力强、信誉好的承包商,以防止影响其他承包商的进度。从现场布置的角度看,承包商越少越好,分标时要对几个承包商在现场的施工场地进行细致周密的安排。

(5)其他因素。除上述因素外,还有许多因素影响分标,如资金问题、设计图纸完成时间等。

总之,分标是选择招标方式和正式编制招标文件前一项很重要的工作,必须对上述因素综合考虑,可拟定几个方案,综合比较后再确定。

(二)选择合同类型

建设项目承包合同的形式繁多、特点各异。业主应综合考虑以下因素来确定合同类型:

(1)项目的复杂程度。规模大且技术复杂的工程项目,承包风险大,各项费用不易准确估算,因而不宜采用固定总价合同。最好是对有把握的部分采用固定总价合同,估算不准的部分采用单价合同或成本+酬金合同。有时,在同一工程中采用不同的合同形式,是业主和承包人合理分担风险因素的有效办法。

(2)项目的设计深度。施工招标时所依据的项目设计深度,经常是选择合同类型的重要因素。招标图纸和工程量清单的详细程度能否让投标人进行合理报价,决定于已完成的设计深度。

(3)施工技术的先进程度。如果施工中有较大部分采用新技术和新工艺,当业主和承包人在这方面都没有经验,且在国家颁布的标准、规范、定额中又没有可作为依据的标准时,为了避免投标人盲目地提高承包价款,或由于对施工难度估计不足而导致承包亏损,不宜采用固定总价合同,而应选用成本＋酬金合同。

(4)施工工期的紧迫程度。公开招标和邀请招标对工程设计虽有一定的要求,但在招标过程中,一些紧急工程(如灾后恢复工程等)要求尽快开工且工期较紧,此时可能仅有实施方案,还没有施工图纸,因此不可能让承包人报出合理的价格,宜采用成本＋酬金合同。

对一个建设项目而言,究竟采用何种合同形式,不是固定不变的。在一个项目中各个不同的工程部分或不同阶段,可以采用不同形式的合同。制订合同的分标、分包规划时,必须依据实际情况,权衡各种利弊,然后再做出最佳决策。

2.2.6　编制招标有关文件和标底

(一)编制招标公告

实行公开招标的,招标人通过国家指定的报刊、信息网络或其他媒介发布工程"招标公告",也可以在中国工程建设和建筑业信息网络上及有形建筑市场内发布。发布的时间应达到规定要求,如有些地方规定在建设网上发布的时间不得少于 72 小时。符合招标公告要求的施工单位都可以报名并索取资格审查文件。招标人不应以任何借口拒绝符合条件的投标人报名。

采用邀请招标的,招标人应向三个以上具备承担招标工程的能力、资信良好的施工单位发出投标邀请书。

招标公告和投标邀请书均应载明以下内容:招标人的名称和地址,招标工程的性质、规模、地点、质量要求、开工竣工日期,对投标人的要求,投标报名时间和报名截止时间,获取资格预审文件和招标文件的办法等。

(二)编制资格审查文件

招标单位或招标代理机构根据招标项目的要求对潜在的投标单位进行的资格审查分为资格预审和资格后审两种。资格预审在发放招标文件前进行,资格后审在评标时进行。通常公开招标采用资格预审方法,邀请招标采用资格后审方法。

招标人利用资格预审程序可以较全面地了解申请投标人各方面的情况,并将不合格或竞争能力较差的投标人淘汰,以节省评标时间。一般情况下,招标人只通过资格预审文件了解申请投标人的各方面情况,不向投标人当面了解,所以资格预审文件编制水平直接影响后期招标工作。资格预审文件包括资格预审公告、申请人须知、资格预审办法、资格预审格式和建设项目概况五部分内容。对于需要进行资格预审的招标项目可发布资格预审公告以代替招标公告。

(三)编制招标文件

招标文件是全面反映招标单位建设意图的技术经济文件,又是投标单位编制标书的主要依据,主要包括投标须知、技术要求和设计文件、工程量清单、投标文件的格式及附录、拟签订合同的主要条款、合同格式及合同条件、评标办法等内容。

(四)编制标底

标底是招标单位编制的招标项目的预期价格。在设立标底的招标投标过程中,它是一个十分敏感的指标。编制标底时,首先要保证其准确,应当由具有资格的机构和人员依据国家规定的技术经济标准定额及规范编制。其次要做好保密工作,对于泄露标底的有关人员应追究其法律责任。为了防止泄露标底,有些地区规定投标截止后编制标底。一个招标工程只能编制一个标底。

2.2.7　办理招标备案手续

按照法律法规的规定,招标单位自行办理招标或委托代招标,均应在发布招标公告(或投标邀请书)的 5 日前向工程所在地县级以上建设行政主管部门备案,接受建设行政主管部门依法实施的监督。建设行政主管部门在审查招标单位的资格、招标工程的条件和招标文件的过程中,发现有违反法律法规内容的,应当责令招标单位改正。

备案时需报送下列材料:

(1)按照国家规定办理审批手续的各项批准文件。

(2)编制招标文件和组织评标等能力的证明材料,包括专业技术人员的名单及其职务证书或执业资格证书,以及工作经验的证明材料;或招标代理机构的资格资质证件。

(3)法律法规和规章规定的其他材料。

2.3　招标文件的编制

招标文件是招标过程中最重要的法律文件,它不仅规定了完整的招标程序,而且提出了各项具体的技术标准和交易条件,规定了拟订立合同的主要内容,是投标人准备投标文件和参加投标的依据,是评标委员会评标的依据,也是订立合同的基础。《招标投标法》规定,招标人应根据招标项目的特点和需要编制招标文件。

2.3.1　招标文件的编制原则

招标文件的编制必须系统、完整、准确、明了,即目标明确,使投标单位一目了然。编制招标文件一般应遵循以下原则:

(1)招标单位、招标代理机构及建设项目应具备招标条件。对建设单位、招标代理机构及建设项目的招标条件做明确规定,其目的在于规范招标单位的行为,确保招标工作有条不紊地进行,稳定招投标市场秩序。

(2)必须遵守国家的法律、法规及贷款组织的要求。招标文件是中标人签订合同的基础,也是进行施工进度控制、质量控制、成本控制及合同管理等的基本依据。按《合同法》规定,凡违反法律、法规和国家有关规定的合同属无效合同。如果建设项目是贷款项目,必须按该组织的各种规定和审批程序来编制招标文件。

(3)公平、公正处理招标单位和承包商的关系,保护双方的利益。在招标文件中过多地将招标单位风险转移给投标单位一方,势必使投标单位风险费加大,提高投标报价,最终使招标单位反而增加支出。

(4)招标文件的内容要力求统一,避免文件之间的矛盾。招标文件涉及多项内容,当项目规模大、技术构成复杂、合同段较多时,编制招标文件应重视内容的统一性。如果各部分之间矛盾多,就会增加投标工作和履行合同过程中的争议,影响工程施工,造成经济损失。

(5)详尽地反映项目的客观和真实情况。只有客观、真实的招标文件才能使投标单位的投标建立在可靠的基础上,减少签约和履约过程中的争议。

(6)招标文件的用词应准确、简洁、明了。招标文件是投标文件的编制依据,投标文件是工程承包合同的组成部分,客观上要求在编写中必须使用规范用语、本专业术语,做到用词准确、简洁和明了,避免歧义。

(7)尽量采用行业招标范本格式或其他贷款组织要求的范本格式编制招标文件。

2.3.2 招标文件的主要内容

一般情况下,各类建设工程招标文件的内容大致相同,但组卷方式可能有所区别。此处以《中华人民共和国标准施工招标文件》(以下简称《标准施工招标文件》)为范本介绍建设工程招标文件的内容和编写要求。

《标准施工招标文件》包括封面格式和四卷八章的内容,其目录如下:

第一卷 第一章 招标公告(投标邀请书)

第二章 投标人须知

第三章 评标办法

第四章 合同条款及格式

第五章 工程量清单

第二卷 第六章 图纸

第三卷 第七章 技术规范和要求

第四卷 第八章 投标文件格式

一般由以下几部分内容组成:

(一)投标人须知

投标人须知也称投标须知,是招标人对投标人的所有实质性要求和条件,是指导投标人正确地进行投标报价的文件,告知他们所应遵循的各项规定,以及编制标书和投标时应注意和考虑的问题,避免投标人对招标文件内容的疏忽和错误理解。投标须知中首先应列出前附表,将项目招标主要内容列在表中,便于投标单位了解招标基本情况。

投标须知所列条目内容应清晰、明确,一般应包括以下内容:

1. 总则

(1)项目概况。介绍的目的是保证投标人对项目整体有个轮廓性了解,即使招标项目可能只是某一部分,投标人也有必要对整个工程情况、拟招标部分工程与整体工程的关系以及现场的地形、地质、水文等条件有所了解,以便投标人正确掌握招标工程的特点。

(2)招标项目的资金来源。

(3)对投标人的资格要求,资格审查标准。

(4)承包方式是总价合同承包,还是单价合同承包或其他方式承包。

(5)组织投标人到工程现场勘察和召开标前会议解答疑问的时间、地点及有关事项。

2. 招标文件

(1)招标文件的组成。

(2)招标文件的澄清。投标单位提出的疑问和招标单位自行的澄清,应规定什么时间以书面形式说明,并向各投标单位发送。投标单位收到以后以书面形式确认。澄清是招标文件的组成部分。

（3）招标文件的修改。指招标单位对招标文件的修改。修改的内容应以书面形式发送至每一投标单位；修改的内容为招标文件的组成部分；修改的时间应在招标文件中明确。

3. 对投标文件的编制要求

（1）投标文件的组成。投标文件由投标函、商务和技术三部分组成，如采用资格后审还包括资格审查文件。

投标函主要包括法定代表人身份证明书、投标文件签署授权委托书、投标函以及其他投标资料（包括营业执照、企业资质等级和安全生产许可证等）。

商务部分包括投标报价说明、投标报价汇总表、主要材料报价表、设备清单报价表、工程量清单报价表、措施项目报价表、其他项目报价表等。

技术部分主要包括下列内容：施工规划（包括施工方案、拟投入的主要施工机械设备表、劳动力计划表、计划开工竣工日期、施工进度网络图和施工总平面图）、项目管理机构配备情况（包括项目管理机构配备情况表、项目经理简历表、项目技术负责人简历表和项目管理机构配备情况辅助说明资料）和拟分包项目情况表。

（2）投标文件的语言及度量衡单位。招标文件应规定投标文件适用何种语言；国内项目投标文件使用中华人民共和国法定的计量单位。

（3）投标担保。招标人可以在招标文件中要求投标人提交投标担保。投标担保是为了保护招标人免遭投标人的行为而造成的损失。投标担保可以采用投标保函或者投标保证金的方式。投标保函应为在中国境内注册银行出具的银行保函，投标保函的格式应按照招标文件中规定的格式提供，投标保函的有效期应在招标文件规定的投标有效期满后 28 天内继续有效；投标保证金可以使用现金、支票、银行汇票等，一般不得超过投标总价的 2%。

投标人未中标的，其提交的投标担保于中标通知书发出后 7 日内退还（按活期利率计息）；投标人中标的，其提交的投标担保于签订合同并按招标文件规定提交履约担保后 3 日内退还（按活期利率计息）。

投标人在招标文件规定的投标有效期内撤回其投标文件；投标人未参加开标会议；投标人在中标后逾期或者拒绝签订合同以及未能在规定期限内提交履约担保的，其提交的投标担保不予退回，给招标人造成的损失超过投标保证金数额的，应当对超过部分予以赔偿；招标人无正当理由不与中标人签订合同的，应当向中标人返还双倍保证金并赔偿有关损失。

（4）投标单位的备选方案。如果业主允许投标人按照招标文件的基本要求，对工程的布置、设计或技术要求等方面进行局部的、甚至全局性的改动，以达到优化设计方案、有利于施工及降低造价的目的。投标单位除提交正式投标文件外，还可提交备选方案。备选方案应包括设计计算书、技术规范、单价分析表、替代方案报价书、所建议的施工方案等资料。一般只允许投标人提供一个替代方案，以减少评标工作量。

4. 投标文件的递送

包括以下内容：

（1）投标文件的送达地点和截止日期。截止之日后送达的标书均为无效投标。如果因为修改招标文件而推迟了截止日期或开标日期，招标单位应以书面形式将顺延日期通知所有投标人。

（2）投标文件的密封和印记。投标文件的正本和每一副本都应分别包装、密封、并加盖印记，如果未按规定书写或密封，由此引起的后果自负。

(3)投标文件的签署。投保文件应由投标单位正式授权代表签字确认,并附上投标授权书。每一文件及修改部分均应有其签字,有时投标文件中某些页内不需要填写任何内容,也应在其上签字表示愿意承担该页所规定的义务。

(4)投标文件的修改或撤销。投标人自发售招标文件之日到投标截止日期以前的任何时间递送投标书均有效,而且在投标截止日期以前,可以书面形式修改或撤销已提交的投标文件。要求修改投标文件的信函也应按照递交投标文件的规定编制、密封、标记和发送。撤销投标文件的通知书可以通过电报、电传或传真发送,随后再及时向招标单位递交一份投标人授权确定的证明信,但到达日期不得迟于投标截止日期。

5.开标和评标

主要告知投标人开标的形式、时间和地点;开标程序;评标的原则和方法等事项。如怎样进行价格评审,价格以外其他条件的评审等。

6.合同的授予

说明授予合同的标准及通知方法、签订合同及提交履约担保的有关规定。

(二)评标办法

建设工程施工招标评标办法应在招标文件中明确,各地建设行政主管部门都制定了统一施工招标评标办法,招标人应遵照执行,不应另行制定评标标准。

(三)合同条款及格式

招标文件中包括合同条款和格式,目的是告之投标人中标后将与业主签订施工合同的有关权利和义务,以便其在编制报价时充分考虑。招标文件包括的合同条款是双方签订承包合同的基础,但经过多年的不断改进和完善,适用于不同项目的合同文本都已规范化,基本可直接采用。为了便于招投标双方明确各自的职责范围,业主一般固定好合同的格式,只待填入一些具体内容即成为合同。

合同内容因不同的招标项目还应包括各自的特殊条款,应当注意,招标文件列明的合同条款对招标人来说虽然只是要约邀请,但实际上已构成投标人对项目提出要约的全部合同基础,因此,合同条款的拟定必须尽可能详细、准确。

(四)工程量清单

采用工程量清单招标的,招标人应当根据施工图纸及有关资料,按国家颁布的统一工程项目划分、统一计量单位和统一的工程量计算规则计算出实物量后,向投标人提供未标价工程量清单。编制工程量清单与报价表时应注意:

(1)按工程的施工要求将工程项目分解。注意将不同性质的工程分开,不同等级的工程分开,不同部位的工程分开,不同报价的工程分开,单价、合价分开。

(2)尽可能不遗漏招标文件规定需施工并报价的项目。

(3)既便于报价,又便于工程进度款的计算与支付。

(4)工程量清单应与投标须知、合同条件、技术规范和图纸一并理解使用。

(5)工程量清单中的工程量是暂定工程量,仅为报价使用。施工时支付工程款以监理工程师核实的实际完成的工程量为依据。

(6)工程量清单的单价、合价已经包括了人工费、材料费、施工机械费、管理费、利润、税金、风险等全部费用。

(7)工程量清单中的每一项目必须填写,未填写项目不予支付。因为此项费用已包含在工程量清单中的其他单价和合价中。

（五）图纸

图纸是投标者拟定投标方案、确定施工方法、提出替代方案、计算投标报价必不可少的资料。图纸的详细程度取决于设计的深度与合同的类型。

（六）技术规范和要求

在拟定技术规范时，既要满足设计要求，保证工程的施工质量，又不能过于苛刻，因为过于苛刻的要求必然导致投标者抬高报价。编写规范时一般可引用国家、部委正式颁布的规范，但一定要结合本工程的具体环境和要求来选用，同时往往还需要由监理工程师编制一部分具体适用于本工程的技术规定和要求。规范一般包括以下内容：

（1）工程的全面描述。

（2）工程所采用材料的技术要求。

（3）施工质量要求。

（4）工程记录、计量方法和支付的有关规定。

（5）验收标准和规定。

（6）其他不可预见因素的规定。

（七）投标文件格式

投标书是由投标人授权的代表签署的一份投标文件，是对承包商具有约束力的合同的重要组成部分。投标书应附有投标书附录，投标书附录是对合同条件中重要条款的具体化，如列出条款号并列出下述内容：履约保证金、误期赔偿费、预付款、竣工时间、保修期等。

总之，招标文件的内容必须符合国家有关法律、法规，做到内容齐全、要求明确。招标文件一经招标投标办事机构批准，招标单位不得擅自变更其内容或增加附加条件；确需变更和补充的，报招标投标办事机构批准，在投标截止日期前 7 日内通知所有单位。

2.3.3 《标准施工招标文件》范本

《标准施工招标文件》范本见附录1。

2.4 招标标底与招标控制价的编制

2.4.1 标底的作用

标底是工程项目的预期价格，通常由业主委托设计单位或监理单位，根据国家公布的统一的工程项目划分、计量单位、计算规则以及施工图纸、招标文件，参照国家规定的技术标准、经济定额等资料所编制的工程价格。在建设工程招投标中，标底的作用主要体现在以下几个方面：

（1）标底是控制、核实预期投资的重要手段。在工程建设实践中，突破预期工程投资是一个带有一定普遍性的问题。招标单位事先编制一个标底，就可以减少在选择承包商时的盲目性，有效地控制工程投资或费用总额，也有利于在预期投资的范围内，促使承包商保证工程质量。

（2）标底是衡量投标单位报价的准绳。投标单位报价若高于标底，就失去了竞争性。投标单位的报价若低于标底过多，招标单位有理由怀疑报价的合理性，并进一步分析报价低于标底的原因。若发现低价的原因是由于分项工料估算不切实际、技术方面片面、节减费用缺乏可靠性或故意漏项等，则可认为该报价不可信。若投标单位通过优化技术方案、节约管理费用、节约各项物资消耗而降低工程造价，则可认为这种报价是合理可信的。

（3）标底是评标的重要尺度。招标工程必须以严肃认真的态度和科学的方法编制标底。只有编出科学、合理、准确的标底，定标时才能做出正确的选择，否则评标就是盲目的。当然，报价不是选择中标单位的唯一依据，要对投标单位的报价、工期、企业信誉、协作配合条件和企业的其他资质条件进行综合评价，才能选择出适合的中标单位。

2.4.2　编制标底应遵循的原则

标底必须控制在合适的价格水平。标底过高造成招标单位资金浪费；标底过低难以找到合适的工程承包人，项目无法实施。所以在确定标底时，一定要详细地进行大量工程承包市场的行情调查，掌握较多的该地区及条件相近地区同类工程项目的造价资料，经过认真研究与计算，将工程标底的水平控制在低于社会同类工程项目的平均水平。

（1）根据设计图纸及有关资料、招标文件，参照国家规定的技术、经济标准定额及规范，确定工程量和编制标底。

（2）标底价格应由成本、利润、税金组成，一般应控制在批准的总概算及投资包干的限额内。标底的计价内容、计价依据应与招标文件一致。

（3）标底价格作为建设单位的期望计划价格，应力求与市场的实际变化吻合，要有利于实现竞争和保证工程质量。

（4）标底应考虑人工、材料、机械台班等变动因素，还应包括施工不可预见费、包干费和措施费等。

（5）根据我国现行的工程造价计算方法，并考虑到向国际惯例靠拢，提倡优质优价。

（6）一个工程只能编制一个标底。

（7）标底必须经招标投标办事机构审定。

（8）标底审定后必须及时妥善封存、严格保密、不得泄露。

2.4.3　编制标底的依据

（1）经有关方面审批的初步设计和概算投资等文件。

（2）已经批准的招标文件。

（3）全部设计图纸，包括符合设计深度的施工图及相配套的各种标准、通用图集，有关的设计说明，工程量计算规则。

（4）施工现场的地质、水文、地上情况的资料。

（5）施工方案或施工组织设计。

（6）现行的工程预算定额、工期定额、工程项目计价类别及取费标准、国家或地方有关价格调整的文件规定。

2.4.4 标底文件的主要内容

（一）标底报审表

标底报审表是招标文件和工程标底主要内容的综合摘要，主要供招标人主管部门从宏观上审核标底之用。其主要内容如下：

（1）招标工程综合说明。包括招标工程名称、建筑面积、招标工程的设计概算或修正概算金额、工程项目质量要求、定额工期、计划工期天数、计划竣工日期等。

（2）招标工程一览表。包括单项工程名称、建筑面积、钢材、木材、水泥总用量及单方用量。

（3）招标工程总造价中所含各项费用的说明。包括包干系数、不可预见费用的说明和工程特殊技术措施费的说明。

（二）标底正文

标底正文是详细反映招标单位对工程价格、工期等的预期控制数据和具体要求的部分，一般包括以下内容：

（1）标底编制单位名称、主要编制人（分土建、水暖、通风空调、电气等专业）及证书号。

（2）标底综合编制说明。主要说明编制依据、标底包括和不包括的内容、其他费用（如包干费、技术费、分包工程项目交叉作业费用）的计算依据、需要说明的其他问题等。

（3）标底汇总表。包括单项工程、单位工程、室外工程、其他费用、建筑面积、标底造价及单方造价、工程总造价以及单位造价。

（4）主要材料用量。包括钢材、木材、水泥的总用量及单方用量。其中，钢材应分钢筋、钢管、钢板等计算；木材应分松木及硬杂木并均折成原木计算。

（5）单位工程概预算表。包括部分分项直接费、其他直接费、工资及主要材料的调价、企业经营费、利润等。

（6）"暂估价"清单。包括设备价及土建工程材料价、工料费等。

2.4.5 标底的计价模式

（一）定额计价编制标底

定额计价是传统的计价方式，此法首先要选定预算定额，然后根据预算定额要求计算工程量，确定分部分项工程单价、计算间接费用，最后计算税金、利润，并汇总直接费、间接费、利润、税金得到工程标底和主要材料耗用量。

（二）工程量清单计价编制标底

此法仅考虑人工、材料、机械消耗和市价，然后结合招标人或招标人委托具有资质的中介机构编制反映工程实体消耗和措施消耗的工程量清单确定分部分项工程单价。其主要编制步骤是：确定标底的计价内容，编制总说明、施工方案或施工组织设计，编制或审查确定工程量清单、临时设施布置及临时用地表、材料设备清单、包干费、取费标准等；确定材料、设备的市价；测算施工周期内人工、材料、机械设备台班价格波动的风险系数；进行分部分项工程计费；计算利润、税金、工程总价和单方造价；分析主要材料耗用量。

2.4.6 招标控制价

招标控制价是招标人根据国家或省级、行业建设行政主管部门颁发的有关计价依据和办法,按设计施工图纸计算的,对招标工程限定的最高工程造价。招标控制价是招标人在工程招标时能接受投标人报价的最高限价。

我国对国有资金投资项目的投资控制实行的是投标概算审批制度,国有资金投资的工程原则上不能超过批准的投资概算。因此,在工程招标发包时,当编制的招标控制价超过批准的概算,招标人应当将其报原概算审批部门重新审核。

2.5　资格预审

资格预审是指招标人根据招标项目本身的特点和需求,要求潜在投标人提供其资格条件、业绩、信誉、技术、设备、人力、财务状况等方面的情况,审查其是否满足招标项目所需,进而决定投标申请人是否有资格参加投标的一系列工作。一般的做法是在规定的时间内,愿意参加投标者向招标单位购买资格预审书,填写后在规定的期限内报送招标单位,接受审查。

2.5.1　资格预审的目的

招标人对潜在投标人进行资格预审要达到以下目的:

(1)了解投标人的财务能力、技术状况及类似工程的施工经验。

(2)选择在财务、技术、施工经验等方面优秀的投标者参加投标。

(3)淘汰不合格的投标者。

(4)缩短评标阶段的工作时间、减少评审费用。

(5)为不合格的投标者节约购买招标文件、现场考察及投标等费用。

2.5.2　资格审查文件的主要内容

1.资格预审公告

资格预审公告的作用,一是发布某项目将要招标,二是发布资格预审的具体细节信息。一般包括以下内容:

(1)资金的来源,资金投向的投资项目名称和合同名称。

(2)对申请预审人的要求,主要写明投标人应具备类似的经验和设备、人员、资金等方面完成本工作的能力要求。有的还对投标人本身的政治地位提出要求。

(3)业主的名称和邀请投标人完成的工作,包括工程概述和所需劳务、材料、设备和主要工程量清单。

(4)获取进一步信息和资料预审文件的办公室名称和地址、负责人姓名、购买资格预审文件的时间和价格。

(5)资格预审申请递交的截止日期、地址和负责人姓名。

(6)向所有参加资格预审的投标人公布入选名单的时间。

资格预审公告的标准样式如下:

_____（项目名称）_____标段施工招标

资格预审公告

1. 招标条件

本招标项目_____（项目名称）已由_____（项目审批、核准或备案机关名称）以_____（批文名称及编号）批准建设，项目业主为_____，建设资金来自_____（资金来源），项目出资比例为_____，招标人为_____。项目已具备招标条件，现进行公开招标，特邀请有兴趣的潜在投标人（以下简称申请人）提出资格预审申请。

2. 项目概况与招标范围

_____（说明本次招标项目的建设地点、规模、计划工期、招标范围、标段划分等）。

3. 申请人资格要求

3.1 本次资格要求申请人具备_____资质，_____业绩，并在人员、设备、资金等方面具备相应的施工能力。

3.2 本次资格预审_____（接受或不接受）联合体资格预审申请。联合体申请资格预审的，应满足下列要求：_____。

3.3 各申请人可就上述标段中的_____（具体数量）个标段提出资格预审申请。

4. 资格预审方法

本次资格预审采用_____（合格制/有限数量制）。

5. 资格预审文件的获取

5.1 请申请人于___年___月___日至___年___月___日（法定公休日、法定节假日除外），每日上午___时至___时，下午___时至___时（北京时间，下同），在_____（详细地址）持单位介绍信购买资格预审文件。

5.2 资格预审文件每套售价_____元，售后不退。

5.3 邮购资格预审文件的，需另加手续费_____（含邮费）元。招标人在收到单位介绍信和邮购款（含手续费）后_____日内寄送。

6. 资格预审申请文件的递交

6.1 递交资格预审申请文件截止时间（申请截止时间，下同）为___年___月___日___时___分，地点为_____。

6.2 逾期送达或者未送达指定地点的资格预审申请文件，招标人不予受理。

7. 发布公告的媒介

本次资格预审公告同时在_____（发布公告的媒介名称）上发布。

8. 联系方式

招 标 人：_____	招标代理机构：_____
地　　址：_____	地　　址：_____
邮　　编：_____	邮　　编：_____
联 系 人：_____	联 系 人：_____
电　　话：_____	电　　话：_____
传　　真：_____	传　　真：_____
电子邮件：_____	电 子 邮 件：_____

网　　址：＿＿＿＿＿＿＿＿＿　　网　　址：＿＿＿＿＿＿＿＿＿

开户银行：＿＿＿＿＿＿＿＿＿　　开 户 银 行：＿＿＿＿＿＿＿＿＿

账　　号：＿＿＿＿＿＿＿＿＿　　账　　号：＿＿＿＿＿＿＿＿＿

　　　　　　　　　　　　　　　　　　＿＿年＿＿月＿＿日

2. 申请人须知

申请人须知是指导申请人按招标人对资格审查的要求,正确编制资格预审材料的说明,主要包括以下内容:

(1)申请人须知前附表

前附表编写内容及要求:

①招标人及招标代理机构的名称、地址、联系人电话。

②工程建设项目基本情况。包括项目名称、建设地点、资金来源、出资比例、资金落实情况、招标范围、标段划分、计划工期、质量要求。

③申请人资格条件。告知申请人必须具备的工程施工资质、近年类似业绩、财务状况、拟投入人员、设备等技术力量和近年发生诉讼、仲裁等履约信誉情况以及是否接受联合体投标等要求。

④时间安排。明确申请人提出澄清资格预审文件要求的截止时间,招标人澄清、修改资格预审文件的时间,申请人确认收到资格预审文件澄清和修改文件的时间,使申请人知悉资格预审活动的时间安排。

⑤申请文件的编写要求。明确申请文件的签字和盖章要求、申请文件的装订及文件份数,使申请人知悉资格预审申请文件的编写格式。

⑥申请文件的递交规定。明确申请文件的密封和标识要求、申请文件递交的截止时间及地点、资格审查结束后资格预审申请文件是否退还,以使投标人能够正确递交申请文件。

⑦简要写明资格审查采用的办法,资格预审结果的通知时间及确认时间。

(2)总则

总则编写要把招标工程建设项目概况、资金来源和落实情况、招标范围和计划工期及质量要求叙述清楚,声明申请人资格要求,明确申请文件编写所用的语言,以及参加资格预审过程的费用承担者。

(3)资格预审文件

资格预审文件包括资格预审文件的组成、澄清及修改。

①资格预审文件由资格预审公告、申请人须知、资格审查办法、资格预审申请文件格式、项目建设概况以及对资格预审文件的澄清和修改组成。

②资格预审文件的澄清。要明确申请人提出澄清的时间、澄清问题的表达形式,招标人的回复时间和回复方式,以及申请人对收到答复的确认时间及方式。

③资格预审文件的修改。明确招标人对资格预审文件进行修改、通知的方式及时间,以及申请人确认的方式及时间。

④资格预审申请文件的编制。招标人应在本处明确告知申请人,资格预审申请文件的组成内容、编制要求、装订及签字盖章要求。

⑤资格预审申请文件的递交。招标人一般在这部分明确资格预审申请文件应按统一的规定要求进行密封和标识,并在规定的时间和地点递交。对于没有在规定地点、截止时间前

递交的申请文件,应拒绝接受。

⑥资格审查。国有资金占控股或者主导地位的依法必须进行招标的项目,由招标人依法组建的资格审查委员会进行资格审查;其他招标项目可由招标人自行进行资格审查。

⑦通知和确认。明确审查结果的通知时间及方式,以及合格申请人的回复方式及时间。

⑧纪律与监督。对资格预审期间的纪律、保密、投诉以及对违纪的处置方式进行规定。

3. 资格审查办法

实行资格预审,招标人应当在招标公告或投标邀请书中明确对投标人资格预审的条件和获取资格预审文件的办法,并按照规定的条件和办法对报名或邀请投标人进行资格预审。

对投标人的资格预审分为合格制审查和评审制审查。

4. 资格预审申请文件格式

为了让资格预审申请者按统一的格式递交申请书,在资格预审文件中按通过资格预审的条件编制成统一的表格,让申请者填报,以便进行评审。申请书的表格通常包括以下格式内容:

①资格预审申请函。

②法定代表人身份证明或其授权委托书。

③联合体协议书。

④申请人基本情况。

⑤近年财务状况。

⑥近年完成的类似项目情况。

⑦拟投入技术和管理人员状况。

⑧未完成和新承接项目情况。

⑨近年发生的诉讼及仲裁情况。

⑩其他材料。

5. 工程建设项目概况

(1)工程概况

工程概况分别介绍工程地理位置、自然条件、开发目标或建设对象、工程规模、各单项工程的特性、对外交通与通信条件、动力供应、生活与医疗设施以及与实施本项目有关的各方面情况与条件。

(2)合同段情况

主要介绍各合同段划分及合同段主要工程数量。

2.5.3 资格预审的程序

一般来说,建设工程项目招标的资格预审按下列程序进行:

(1)招标人或招标代理机构准备资格预审文件。资格预审文件的主要内容为资格预审公告、申请人须知、资格预审办法、资格预审格式、工程概况和合同段简介。

(2)公开发布资格预审公告。资格预审公告应刊登在国内外有影响的、发行面较广的报纸或刊物上,可随招标公告在指定媒介同时发布(或合并发布)。内容应包括:工程项目名称、资金来源、工程规模、工程量、工程分包情况、投标者的合格条件;购买资格预审文件的日期、地点和价格;递交资格预审文件的日期、时间、地点等。

(3)出售资格预审文件。在指定时间、地点出售资格预审文件,售价以文件的成本费为准。

(4)对资格预审文件的答疑。在资格预审文件发售后,购买者可能会对文件提出各种疑问,投标者会以书面形式(包括信件、传真、电报、电传)等提交业主,业主以书面文件向所有投标者解答疑问。

(5)报送资格预审文件。业主在报送截止时间之后,不再接受任何迟到的资格预审文件。业主可以找投标者澄清文件中的各种疑问,投标者不得再对文件实质内容进行修改。

(6)评审资格预审文件。首先组成资格评审委员会,委员会由招标单位、业主代表及财务、技术方面的专家等人员组成。评审内容由以下几项组成:

①法人地位。审查企业的资质等级、批准的营业范围、机构及组织等是否与招标工程相适应。若为联合体投标,对合伙人也要审查。

②商业信誉。主要审查在建设承包活动中完成过哪些工程项目、资信如何、是否发生过严重违约行为、施工质量是否达到业主满意的程度、获得过多少施工荣誉证书等。

③财务能力。财务审查主要为确保投标方能顺利地履行合同,另外,通过财务审查也可以看出该企业经营管理水平的高低。财务审查除了要关注投标人的注册资本、总资产之外,重点应放在近三年经过审计的报表中所反映的实有资金、流动资产、总负债和流动负债,以及正在实施而尚未完成的工程的总投资额、年均完成投资额等。着重看其可用于本工程的纯流动资金能否满足要求,或施工期间资金不足的解决办法。

④技术能力。这方面的评审主要是评价投标人实施工程项目的潜在技术水平,包括人员能力和设备能力两方面。在人员能力方面,又可以进一步划分为管理人员和技术人员的能力评价两个方面。管理人员能力主要评定管理的组织机构、管理施工的计划、与本项目相适应的工作经验等因素;技术能力主要评审技术负责人的施工经验、组成人员的专业覆盖面等是否满足工程要求。这些内容可以通过投标人所报的人员情况调查表来反映。

⑤施工经验。不仅要看投标人最近几年已完成工程的数量、规模,更要看与招标项目相类似的工程的施工经验。因此,在资格预审须知中往往规定强制性合格标准,但要注意施工经验的强制性标准应合理、分寸适当。由于资格预审是要选取一批有资格的投标人参与竞争,同时还要考虑被批准的投标人不一定都来投标这一因素,所以标准不应定得过高。但为确保工程质量,强制性标准也不能定得过低,尤其是对一些专业性强的工程。

(7)通知评审结果。经过评审,确定合格投标单位名单。评审结果要由业主或上级主管部门批准,批准后按名单发出通过资格预审合格通知。投标者在规定时间内回函,确认参加投标,如不愿参加,可由候补投标人递补,并补发咨询意向,通知所有通过评审的投标人在规定时间、地点购买招标文件。

2.5.4 资格预审的方法

(一)合格制审查

合格制审查是指投标报名截止后,招标人按照招标公告规定的资格条件和资格审查时限,对报名的投标申请人基本的资格条件进行审查。

1.合格条件内容

①营业执照。准许承接业务的范围符合招标工程的要求。

②资质等级和类别。达到或超过招标工程的技术要求。

③财务状况和流动资金。资金信用良好。

④以往履约情况。无毁约或被驱逐的历史。

⑤安全生产许可证。

⑥分包计划合法。

2. 适用范围

对于具有通用技术、性能、标准或者招标人对其技术、性能没有特殊要求的招标项目,招标人对投标申请人的资格实行合格制审查。

经合格制审查,凡符合招标公告规定的资格条件要求的投标申请人,即为合格的投标申请人。

(二)评审制审查

评审制审查是指招标人编制资格预审文件发布招标公告后,按照招标公告规定的时限,在建设工程交易中心接收投标申请人递交的资格预审申请书,并按照《招标投标法》组成资格审查委员会,在招标公告规定的资格预审申请书送达截止后,组织对资格预审申请文件进行审查评分,通过评分排名的方式择优选择和确定规定数量的合格投标申请人。

1. 评审步骤

(1)淘汰资格预审文件达不到要求的公司。

(2)对各投标者进行综合评分。选定用于资格预审的评价因素,确定各因素在评价中所占比例,从而得到权重值,对每项分别打分,用分值乘以权重得到每个投标者的综合得分。

(3)淘汰总分低于及格线的投标者。

(4)对总分达到及格线以上的投标者进行分项审查。为了将施工任务交给可靠的承包商完成,不仅要对它的综合能力评分,还要评审它的各项是否满足最低要求。

资格预审的评分标准必须考虑到评标的标准,一般凡属评标时考虑的因素,资格预审评审时可不考虑。反过来,也不应该把资格预审中包括的标准再列入评标的标准。

评分法将预审应考虑的因素分类,并确定其在评审中应占的比分。例如:

总分为	(100分)
机构及组织	(10分)
人员	(15分)
设备、机械	(15分)
经验、信誉	(30分)
财务状况	(30分)

一般申请人所得总分在70分以下,或其中有一类的得分不足最高分的50%者,应视为不合格。各类因素的权重应根据项目性质以及它们在项目实施中的重要性而定。如复杂的工程项目,人员素质与施工经验应占更大的比重;一般的港口疏浚项目,则工程设施和设备应占更大的比重。

2. 适用范围

对于技术特别复杂或者具有特殊专业技术要求以及政府部门有特殊要求的工程建设项目,招标人可对投标申请人的资格进行评审制审查。

2.6 开标、评标和定标

2.6.1 开标

招标人在规定的时间和地点,在要求投标人参加的情况下,当众公开拆开投标资料,宣布各投标人的名称、投标报价、工期等情况,这个过程叫开标。

公开招标和邀请招标均应举行开标会议,体现招标工作的公平、公开和公正原则。

(一)开标前的准备工作

开标会是招标投标工作中一个重要的法定程序。开标会上将公开各投标单位标书、当众宣布标底、宣布评定方法等,这表明招投标工作进入一个新的阶段。开标前应做好下列各项准备工作:

(1)成立评标委员会,制定评标办法。

(2)委托公证,通过公证人的公证,从法律上确认开标是合法有效的。

(3)按招标文件规定的投标截止日期密封标箱。

(二)开标的时间和地点

开标时间是招标文件规定的投标截止日期后的某一时间。有的在投标截止日的当天就开标,有的是在投标截止日后的2~3天内开标。如果发生了下列情况,可以推迟开标时间:

(1)招标文件发布后对原招标文件做了变更或补充。

(2)开标前发现有影响招标公正情况的不正当行为。

(3)出现突发事件等。

开标的地点也应在招标文件中规定。鉴于某种原因,招标机构有权变更开标日期和地点,但必须以书面的形式通知所有的投标者。

(三)开标的程序

开标、评标、定标活动应在招标投标办事机构的有效管理下进行,由招标单位或其上级主管部门主持进行,公证机关当场公证。开标的一般程序如下:

1. 招标人签收投标人递交的投标文件

在开标当日且在开标地点,递交的投标文件的签收应当填写投标文件报送签收一览表,招标人专人负责接收投标人递交的投标文件。提前递交的投标文件也应当办理签收手续,由招标人携带至开标现场。在招标文件规定的截止投标时间后递交的投标文件不得接受,由招标人原封退还给有关投标人。

在截标时间前递交投标文件的投标人少于三家的,招标无效,开标会即告结束,招标人应当依法重新组织招标。

2. 投标人出席开标会的代表签到

投标人授权出席开标会的代表本人填写开标会签到表,招标人专人负责核对签到人身份,应与签到的内容一致。

3. 开标会主持人宣布开标会开始,主持人宣布开标人、唱标人、记录人和监督人员

主持人一般为招标人代表,也可以是招标人指定的招标代理机构的代表。开标人一般为招标人或招标代理机构的工作人员,唱标人可以是投标人的代表或招标人或招标代理机构的工作人员,记录人由招标人指派,有形建筑市场工作人员同时记录唱标内容,招标办监管人员或招标办授权的有形建筑市场工作人员进行监督。记录人按开标会记录的要求开始记录。

4. 开标会主持人介绍主要与会人员

主要与会人员包括到会的招标人代表、招标代理机构代表、各投标人代表、公证机构公证人员、见证人员及监督人员等。

5. 主持人宣布开标会程序、开标会纪律和当场废标的条件

投标文件有下列情形之一的,应当场宣布为废标:

(1)逾期送达的或未送达指定地点的。

(2)未按招标文件要求密封的。

6. 核对投标人授权代表的身份证件、授权委托书及出席开标会人数

投标人代表出示法定代表人委托书和有效身份证件,同时招标人代表当众核查投标人授权代表的授权委托书和有效身份证件,确认授权代表的有效性,并留存授权委托书和身份证件的复印件。法定代表人出席开标会的要出示其有效证件。主持人还应当核查各投标人出席开标会代表的人数,无关人员应当退场。

7. 主持人介绍招标文件、补充文件或答疑文件的组成和发放情况,投标人确认

主要介绍招标文件组成部分、发放时间、答疑时间、补充文件或答疑文件组成、发放和签收情况。可以同时强调主要条款和招标文件中的实质性要求。

8. 主持人宣布投标文件截止和实际送达时间

宣布招标文件规定的递交投标文件的截止时间和各投标单位实际送达时间。在截止时间后送达的投标文件应当场宣布为废标。

9. 招标人和投标人的代表共同(或公证机关)检查各投标书密封情况

密封不符合招标文件要求的投标文件应当场宣布为废标,不得进入评标。

10. 主持人宣布开标和唱标次序

一般按投标书送达时间逆顺序开标、唱标。

11. 唱标人依唱标顺序依次开标并唱标

开标由指定的开标人在监督人员及与会代表的监督下当中拆封,拆封后应当检查投标文件组成情况并记入开标会记录,开标人应将投标书和投标书附件以及招标文件中可能规定需要唱标的其他文件交唱标人进行唱标。唱标内容一般包括投标报价、工期和质量标准、质量奖项等方面的承诺、替代方案报价、投标保证金、主要人员等,在递交投标文件截止时间前收到的投标人对投标文件的补充、修改同时宣布,在递交投标文件截止时间前收到投标人撤回其投标的书面通知的投标文件不再唱标,但须在开标会上说明。

12. 公布标底

招标人设有标底的,唱标人必须公布标底。

13. 开标会记录签字确认

开标会记录应当如实记录开标过程中的重要事项,包括开标时间、开标地点、出席开标会的各单位及人员、唱标记录、开标会程序、开标过程中出现的需要评标委员会评审的情况,有公证机构出席公证的还应记录公证结果;投标人的授权代表应当在开标会记录上签字确认,对记录内容有异议的可以注明,但必须对没有异议的部分签字确认。

14. 投标文件、开标会记录等送封闭评标区封存

实行工程量清单招标的,招标文件约定在评标前先进行清标工作的,封存投标文件正本,副本可用于清标工作。

15. 开标会结束

主持人宣布开标会议结束,转入评标阶段。

(四)无效投标文件的认定

在开标时,如果投标文件出现下列情形之一,应当场宣布为无效投标文件,不再进入评标。

(1)投标文件未按照招标文件的要求予以标志、密封、盖章。合格的密封标书,应将标书装入公文袋内,除袋口粘贴外,在缝口处用白纸条贴封并加盖骑缝章。

(2)投标文件中的投标函未加盖投标人的企业及企业法定代表人印章,或者企业法定代表人委托代理人没有合法、有效的委托书(原件)及委托代理人印章。

(3)投标文件未按照招标文件规定的格式、内容和要求填报,投标文件的关键内容字迹模糊、无法辨认。

(4)投标人在投标文件中对同一招标项目报有两个或多个报价,且未书面声明以哪个报价为准。

(5)投标人未按照招标文件的要求提供投标保证金或者投标保函。

(6)组成联合体投标的,投标文件未附联合体各方共同投标协议。

(7)投标人与通过资格审查的投标申请人在名称和法人地位上发生实质性改变。

(8)投标人未按照招标文件的要求参加开标会议。

2.6.2 评标

评标是指根据招标文件确定的标准和方法,对每个投标人的标书进行评价比较,以便最终确定中标人,评标是招投标的核心工作。投标的目的也是中标,而决定目标能否实现的关键是评标。

(一)评标委员会

1. 成立评标委员会

为确保评标的公正性,评标不能由招标人或其委托的代理机构独自承担,应依法组成一个评标委员会。评标委员会由招标人组建,由招标人或其委托的招标代理机构熟悉相关业务的代表以及有关技术、经济等方面的专家组成,成员人数为 5 人以上单数,其中技术、经济等方面的专家不得少于成员总数的三分之二。评标委员会设负责人的,负责人由评标委员会成员推举产生或由招标人确定,评标委员会的负责人与评标委员会的其他成员有同等的表决权。

2. 评标委员会成员条件

为了保证评标工作的科学性和公正性,评标委员会必须具有权威性,评标委员会的专家成员应当从省级以上人民政府有关部门提供的专家名册或者招标代理机构专家库内的相关专家名单中确定。确定评标专家,一般招标项目可以采取随机抽取方式,技术特别复杂、专业性要求特别高或者国家有特殊要求的招标项目,采取随机抽取方式确定的专家难以胜任

的,可以由招标人直接确定。评标委员会成员名单在开标前确定,在中标结果确定前应当保密。评标委员会成员应符合以下条件:

(1)从事相关专业领域工作满8年,并具有高级职称或者具有同等专业水平的工程技术、经济管理人员、并实行动态管理。

(2)熟悉有关招标投标的法律法规,并具有与招标项目相关的实践经验。

(3)能够认真、公正、诚实、廉洁地履行职责。

(4)有下列情形之一的人员,应当主动提出回避,不得担任评标委员会成员:

①投标人主要负责人的近亲属。

②项目主管部门或者行政监督部门的人员。

③与投标人有经济利益关系,可能影响投标公正评审的。

④曾因在招标投标有关活动中从事违法行为而受到行政处罚或刑事处罚的。

3. 评标委员会的主要任务

(1)开标前制定评标办法。为贯彻"合法、合理、公正、择优"的评标原则,应在开标前制定评标办法,并告知各投标单位,有条件时可将评标办法作为招标文件的组成部分,与招标书同时发出。

(2)对投标书进行分析、评议;组织投标单位答辩,对标书中不清楚的问题要求投标单位予以澄清和确认;按评标办法考核投标文件。

(3)完成评标后,应当向招标人提出书面评标报告,并推荐合格的按名次排列的中标候选人1~3人,也可以按照招标人的委托直接确定中标人。

(二)评标步骤

开标会结束后,投标人退出会场,开始评标。小型工程由于承包工作内容较为简单、合同金额不大,可以采用即开、即评、即定的方式,可由评标委员会直接确定中标人。大型工程项目的评审因评审内容复杂、涉及面宽,通常分为初步评审和详细评审两个阶段进行。

1. 初步评审

初步评审也称对投标书的响应性审查,此阶段不是比较各投标书的优劣,而是以投标须知为依据,检查各投标书是否为响应性投标,确定投标书的有效性。初步评审从投标书中筛选出符合要求的合格投标书,剔除所有无效投标和严重违法的投标书,以减少详细评审的工作量,保证评审工作的顺利进行。初步评审主要包括以下内容:

(1)投标文件的符合性审查

一般包括下列内容:

①投标人的资格。核对是否为通过资格预审的投标人。

②投标文件的有效性。主要是指投标保证的有效性,即投标保证的格式、内容、金额、有效期,开具单位是否符合招标文件要求。

③投标文件的完整性。投标文件中是否包括招标文件规定应递交的全部文件,如工程量清单、报价汇总表、施工进度计划、施工方案、施工人员和施工机械设备的配备等,以及应该提供的必要的支持文件和资料。

④与招标文件的一致性。即投标文件是否实质响应招标文件的要求,具体是指与招标文件的条件和规定相符,对招标文件的任何条款、数据或说明是否有修改、保留和附加条件。

（2）技术评估

技术评估的目的在于确认备选投标人完成招标项目的技术能力以及其所提供方案的可靠性。评审的重点在于评审投标人怎样实施招标项目。评估的主要内容如下：

①施工方案的可行性。对施工方法、施工人员和施工机械设备的配备、施工现场的布置和临时设施的安排、施工顺序及其相互衔接等方面进行评审，特别是对该项目的关键工序的施工方法进行可行性论证，应审查其技术的最难点、先进性和可靠性。

②施工进度计划的可靠性。审查施工进度计划是否满足对竣工时间的要求，并且是否科学、合理、切实可行，同时还要审查保证施工进度计划的措施。

③施工质量保证。审查投标文件中提出的质量控制和管理措施，包括质量管理人员的配备、质量检验仪器的配置和质量管理制度。

④工程材料和机器设备的技术性能。审查投标文件中关于主要材料和设备的样本、型号、规格和制造厂家名称、地址等，判断其技术性能是否达到设计标准。

⑤分包商的能力。如果投标人拟在中标后将中标项目的部分工作分包给他人完成，应当在投标文件中载明。应审查拟分包的工作必须是非主体、非关键性工作；审查分包商是否具有足够的能力和经验来保证项目的实施和顺利完成。

⑥对建议方案的评估。如果招标文件中规定可以提交建议方案，则应对投标文件中的建议方案的技术可行性与技术经济价值进行评估，并与原招标方案进行对比分析。

（3）商务与经济评审

商务评审的目的在于从成本、财务和经济分析等方面评定投标报价的合理性和可靠性，并估量授标给各投标人后的不同经济效果。参加商务评审的人员通常要有成本财务方面的专家，有时还要有估价以及经济管理方面的专家。商务评审的主要内容如下：

①审查全部报价数据计算的正确性。通过对投标报价数据进行全面审核，看其是否有计算上或累计上的错误，如果有应按"投标者须知"中的规定改正和处理。

②分析报价构成的合理性。通过与标底价对比，分析工程报价中直接费、间接费、利润和其他采用价的比例关系，主体工程各专业工程价格的比例关系等，判断报价是否可靠合理。

③审查投标人对支付条件有何要求或给投标人以何种优惠条件。

④分析投标人提出的财务和付款方面建议的合理性。

（4）响应性审查

评标委员会应当对投标书的技术评估部分和商务评估部分做进一步的审查，审查投标文件是否响应了招标文件的实质性要求和条件，并逐项列出投标文件的全部投标偏差。投标文件对招标文件实质性要求和条件响应的偏差分为重大偏差和细微偏差两类。

①重大偏差的投标文件是指对招标文件的投标担保、授权代表签字盖章、项目完成期限、技术标准等关键条文有偏离、保留或反对，所有存在重大偏差的投标文件都属于初评阶段应淘汰的投标书。

②细微偏差的投标文件是指投标文件基本上符合招标文件要求，但在个别地方存在漏项或者提供了不完整的技术信息和数据等，并且补正这些遗漏或者不完整不会对其他投标人造成不公正的结果。对招标文件的响应存在细微偏差的投标文件仍属于有效投标书。属于存在细微偏差的投标书，可以书面要求投保人在评标结束前予以澄清、说明或者补正。拒

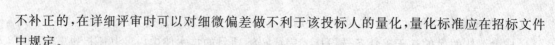

不补正的,在详细评审时可以对细微偏差做不利于该投标人的量化,量化标准应在招标文件中规定。

2. 详细评审

详细评审指在初步评审的基础上,对经初步评审合格的投标文件,按照招标文件确定的评标标准和方法,对其技术部分和商务部分进一步审查,评定其合理性,分析若将合同授予该投标人在履行过程中可能带来的风险。在此基础上再由评标委员会对各投标书分项进行量化比较,从而评定出优劣次序。

3. 投标文件的澄清

在必要时,为了有助于投标文件的审查、评价和比较,评标委员会可以约见投标人,对其投标文件中含义不明确的内容做必要的澄清或者说明。投标人的澄清要注意以下几点:

(1)澄清内容和范围的把握

只对投标文件中含义不明确的内容做必要的澄清或者说明,或同类问题表述不一致或者有明显文字和计算错误的内容可以进行澄清。如果投标文件前后矛盾,评标委员会无法认定以哪个为准,或者投标文件正本和副本不一致,投标人可以进行澄清。但是,澄清或说明问题的文件不允许变更投标价格或对原投标文件进行实质性修改。

(2)澄清的方式

澄清过程中,评标委员会可以口头或书面提出问题,澄清资料一定要采用书面形式,由授权代表正式签字,并声明将其作为投标文件的组成部分。投标人拒不按照要求对投标文件进行澄清的,招标人将否决其投标,并没收其投标保证金。

4. 评标报告

评标委员会在完成评标后,应向招标人提出书面评标结论性报告,并抄送有关行政监督部门。评标报告应当如实记载以下内容:

(1)本招标项目情况和数据表。

(2)评标委员会成员名单。

(3)开标记录。

(4)符合要求的投标一览表。

(5)废标情况说明。

(6)评标标准、评标方法或者评标因素一览表。

(7)经评审的价格或者评分比较一览表。

(8)经评审的投标人排序。

(9)推荐的中标候选人名单与签订合同前要处理的事宜。

(10)澄清、说明、补正事项纪要。

评标报告由评标委员会全体成员签字。对评标结论持有异议的评标委员会成员可以书面方式阐述其不同意见和理由。评标委员会成员拒绝在评标报告上签字且不陈述其不同意见和理由的,视为同意评标结论。评标委员会应当对此做出书面说明并记录在案。评标委员会推荐的中标候选人应当限定在1~3人,并标明排列顺序。

向招标人提交书面评标报告后,评标委员会即告解散。评标过程中使用的文件、表格及其他资料应当即使归还招标人。

依法必须进行招标的项目,招标人应当自收到评标报告之日起3日内公示中标候选人。

5.废标的认定

废标是评标委员会在履行评标职责过程中,对投标文件依法做出的取消中标资格,不再予以评审的处理决定。

(1)废标时应注意的问题

①废标一般是由评标委员会依法做出的处理决定。其他相关主体,如招标人或招标代理机构,无权对投标做废标处理。

②废标应符合法定条件。评标委员会不得任意废标,只能根据法律规定及招标文件的明确要求对投标文件进行审查决定是否予以废标。

③被做废标处理的投标,不再参加投标文件的评审,也完全丧失中标的机会。

(2)废标情况

①在评标过程中,评标委员会发现投标人以他人的名义投标、串通投标、以行贿手段谋取中标或者以其他弄虚作假方式投标的,该投标人的投标应做废标处理。

②在评标过程中,评标委员会发现投标人的报价明显低于其他投标人的报价或者在设有标底时明显低于标底,使得其投标标价可能低于成本的,应当要求该投标人做出书面说明并提供相关证明材料。投标人不能合理说明或者不能提供相关证明材料的,由评标委员会认定该投标人以低于成本标价竞争,其投标应做废标处理。

③投标人的资格不符合国家有关规定和招标文件要求的,或者拒不按照要求对投标文件进行澄清、说明或者补正的,评标委员会可以否决其投标。

④未能在实质上响应招标文件的要求。

6.否决所有投标的情况

(1)评标委员会经评审,认为所有投标都不符合招标文件要求的,可以否决所有投标。

(2)有效投标不足三个,使得投标明显缺乏竞争的,评标委员会可以否决全部投标。

依法必须进行招标的项目的所有投标被否决的,招标人应当依法重新招标。

(三)评标方法

建设工程评标的方法很多,我国目前常用的评标方法有经评审的最低投标价法和综合评估法等。

1.经评审的最低投标价法

经评审的最低投标价法是指对符合招标文件规定的技术标准,满足招标文件实质性要求的投标,根据招标文件规定的量化因素及量化标准进行价格折算,按照经评审的投标价由低到高的顺序推荐确定中标候选人,但投标报价低于其成本的除外。经评审的投标价相等时,投标报价低的优先;投标报价相等的,由招标人自行确定。

(1)适用情况

一般适用于具有通用技术、性能标准或者招标人对其技术、性能没有特殊要求的招标项目。

(2)评标程序及原则

①评标委员会根据招标文件中评标办法规定对投标人的投标文件进行初步评审。有一项不符合评审标准的,做废标处理。

②评标委员会应当根据招标文件中规定的评标价格调整方法,对所有投标人的投标报价及投标文件的商务部分做必要的价格调整。

③根据经评审的最低投标价法完成详细评审后,评标委员会应当拟定一份"标价比较表",连同书面评标报告提交招标人。"标价比较表"应当注明投标人的投标报价、对商务偏差的价格调整和说明以及经评审的最终投标价。

④除招标文件中授权评标委员会直接确定中标人外,评标委员会按照经评审的价格由低到高的顺序推荐中标候选人。

2.综合评估法

综合评估法是对投标报价、施工组织设计、项目经理的资历和业绩、质量、工期、信誉和业绩等各方面因素进行综合评价,从而确定中标人的评标定标方法。它是适用最广泛的评标定标方法。

综合评估法按其具体分析方式的不同,可分为定性综合评估法和定量综合评估法。

(1)定性综合评估法

定性综合评估法又称为评估法,是由评标委员会对投标报价、工期、质量、施工组织设计、主要材料消耗、安全保障措施、业绩、信誉等评审指标分项进行定性比较分析,综合考虑,经评估后选出其中被大多数评标委员会成员认为各项条件都比较优良的投标人为中标人,也可用记名或无记名投票表决的方式确定中标人。定性综合评估法的特点是不量化各项评审指标,而是一种定性的比选。采用定性综合评估法,一般要按从优到劣的顺序,对各投标人排列名次,排序第一名的即为中标人。

采用定性综合评估法,有利于评标委员会成员之间的直接对话和交流,能充分反映不同意见,在广泛深入地开展讨论、分析的基础上,集中大多数人的意见,一般也比较简单易行。但这种方法评估标准弹性较大,衡量的尺度不具体,各人的理解可能会相去甚远,造成评标意见差距过大,会使评标决策左右为难,不能让人信服。

(2)定量综合评估法

定量综合评估法又称为打分法、百分制计分评估法。通常的做法是,事先在招标文件或评标办法中对评标的内容进行分类,形成若干评价因素,并确定各项评价因素所占的权重比例和评分标准,开标后由评标委员会的每位成员按照评分规则,采用无记名方式打分,最后统计投标人的得分,按照得分高低顺序推荐中标人。

定量综合评估法的主要特点是要量化各评审因素。多项评审因素的量化是一个比较复杂的问题,各地的做法不尽相同。从理论上讲,评审因素指标的设置和评分标准的分配,应充分体现企业的整体素质和综合实力,准确反映公开、公平、公正的竞标原则,使质量好、信誉高、价格合理、技术强、方案优的企业能中标。

2.6.3 定标

定标也叫决标,是指招标人最终确定中标的单位。招标人根据评标委员会提出的书面评标报告和推荐的中标候选人确定中标人,也可以授权评标委员会直接确定中标人。使用国有资金投资或者国家融资的项目,招标人应当确定排名第一的中标候选人为中标人。排名第一的中标候选人放弃中标、因不可抗力提出不能履行合同,或者招标文件规定应当提交履约保证金而在规定的期限内未能提交的,招标人可以确定排名第二的中标候选人为中标人。排名第二的中标候选人因前款规定的同样原因不能签订合同的,招标人可以确定排名第三的中标候选人为中标人。

在确定中标人之前,招标人不得与投标人就投标价格、投标方案等实质性内容进行谈判。

(一)中标人的投标应满足的条件

中标人的投标应当符合下列条件之一:

(1)能够最大限度地满足招标文件中规定的各项综合评价标准。

(2)能够满足招标文件的实质性要求,并且经评审的投标价格最低;但是投标价格低于成本的除外。

招标人在评标委员会推荐的中标候选人以外确定中标人的,或依法必须进行招标的项目在所有投标被评标委员会否决后自行确定中标人的,中标无效,责令改正;可以处中标项目金额 0.5%~1%的罚款;对单位直接负责的主管人员和其他责任人员依法给予处分。

招标人应当自确定中标人之日起 15 日内,向招投标管理机构提交招投标情况的书面报告。

(二)中标通知书

招投标管理机构自收到书面报告之日起 5 日内未通知招标人在招标投标活动中有违法行为的,招标人可以向中标人发出中标通知书,并将中标结果通知所有未中标的投标人。中标通知书的实质性内容应与中标人的投标文件内容相一致。

中标通知书发出后,招标人改变中标结果或中标人放弃中标项目的,应当依法承担法律责任。

(三)签订合同

招标人和中标人应当在中标通知书发出 30 日内,按照招标文件和中标人的投标文件订立书面合同。招标人与中标人不得再行订立背离合同实质性内容的其他协议。

招标人与中标人签订合同后 5 个工作日内,应当向中标人和未中标的投标人退还投标保证金及银行同期存款利息。中标人不与招标人订立合同的,投标保证金不予退还并取消其中标资格,给招标人造成的损失超过投标保证金数额的,应当对超过部分予以赔偿;没有提交投标保证金的,应当对招标人的损失承担赔偿责任。

招标文件要求中标人提交履约保证金或履约保函的,中标人应当提交。若中标人不能按时提供履约保证,可以视为投标人违约,没收其投标保证金,招标人再与下一位候选中标人签订合同。履约保函的常见格式如下:

履约保函

_____(建设单位全称):

鉴于_____(下称"承包单位")已保证按

____(下称"建设单位")_____工程施工承包合同承包该工程(下称"合同");

鉴于你方在上述合同中要求承包单位向你方提交下述金额的银行开具的保函,作为承包单位履行本合同责任的保证金;

本银行同意为承包单位出具保函。

本银行在此代表承包单位向你方承担支付人民币_____元整,承包单位在履行合同中,由于资金、技术、质量或非不可抗力等原因给你方造成经济损失时,在你方书面提出要求得到上述金额内的任何付款时,本银行即予支付,不挑别、不争辩,也不要求你方出具证明或说明背景、理由。

本银行放弃你方应先向承包单位要求赔偿上述金额然后再向本银行提出要求的权利。

本银行进一步同意在你方和承包单位之间的合同条件、合同项下的工程或合同发生变化、补充或修改后,本银行承担本保函的责任也不改变,有关上述变化、补充和修改也无须通知本银行。

本保函直至保修责任证书发出后28天内有效。

银行名称:(盖章)

银行法定代表人:(签字、盖章)

地址:

邮政编码:

日期:　　年　　月　　日

本章小结 >>>

建设工程招标是建设领域公开竞价的一种承发包方式,有公开招标和邀请招标两种方式。国家招投标法和部门规章规定了强制招标的范围和规模标准,建设单位执行招标必须经过批准。建设单位组织招标活动必须具备一定的条件,不具备实施条件的可委托招标代理机构实施。招标过程中的主要工作有编制相关的招标文件与标底、发布招标公告、对投标人进行资格审查、组织招标会、发放招标文件和图纸、带领投标人进行现场勘查、组织答疑会、开标会、评标与定标、发出中标通知书等。

招标文件与标底是招标过程中两个重要的技术文件,招标文件内容和编制要求都有严格的规定,且应报主管部门审批。建设单位应加强对标底的管理,不得对任何投标人泄露标底。

复习思考题 >>>

1.招标工程和招标人各应具备哪些条件?

2.招标都有哪些方式?各有什么特点?

3.招标文件包括哪些基本内容?

4.资格预审应评审哪些方面?申请人应提交哪些材料?

5.招标人如何向投标人介绍施工现场的条件?

6.招标人为什么要组织答疑会?

7.什么是标底?其作用是什么?

8.评标的工作内容有哪些?评标可采用哪些方法?

9.如何对投标文件进行响应性审查?

10.废标的认定条件是什么?

第3章

建设工程投标

学习目标 >>>

通过对建设工程投标相关业务的学习,了解投标的准备工作和投标文件的格式。熟悉投标工作的程序和投标文件的组成,并具备编制投标文件的能力。掌握投标报价的费用组成、计算方法、报价技巧。

3.1 建设工程投标概述

3.1.1 投标的基本知识

(一)建设工程投标基本概念

建设工程投标是投标单位针对招标单位的要约邀请,以明确的价格、期限、质量等具体条件,向招标单位发出要约,通过竞争获得经营业务的活动。建设工程招标与投标,是承、发包双发合同管理的第一环节。

投标人在响应招标文件的前提下,对项目提出报价,填制投标函,在规定的期限内报送招标单位,参与该项工程竞争及争取中标。此处的"投标人"指法人,根据法律规定参与各种建设工程咨询、设计、监理、施工及建设工程所需设备和物资采购的竞争。

建设工程投标,是各投标单位实力的较量。在激烈的投标竞争形成的巨大压力下,各投标单位必须致力于自身综合实力的提高。企业实力包括技术实力、经济实力、管理实力和信誉实力。

(二)建设工程的投标人

建设工程的投标人是建设工程招投标活动中的另一方当事人,它是指响应招标,并按照招标文件的要求参与工程任务竞争的法人或者其他组织。

投标人必须具备以下基本条件：

（1）必须有与招标文件要求相适应的人力、物力、财力。

（2）必须有符合招标文件要求的资质等级和相应的工作经验与业绩证明。

（3）符合法律、法规、规章和政策规定的其他条件。

建设工程投标单位主要有：勘察设计单位、施工企业、建筑装饰企业、工程材料设备供应（采购）单位、工程总承包单位以及咨询、监理单位等。

3.1.2　投标人应具备的条件

为保证建设工程的顺利完成，《招标投标法》第二十六条规定："投标人应当具备承担招标项目的能力；国家有关规定对投标人资格条件或者招标文件对投标人资格条件有规定的，投标人应当具备规定的资格条件。"

投标人在向招标人提出投标申请时，应附带有关投标资格的资料，以供招标单位审查，这些资料应表明自己存在的合法地位、资质等级、技术与装备水平、资金与财务状况、近期经营状况及以前所完成的与招标工程项目有关的业绩等。

3.1.3　投标联合体

大型建设工程项目，往往不是一个投标单位所能完成的，所以，法律允许几个投标单位组成一个联合体，共同参与投标，并对联合体投标的相关问题做出了明确规定。

（一）联合体的法律地位

联合体是由多个法人或经济组织组成的，但它在投标时是作为一个独立的投标单位出现的，具有独立的民事权利能力和民事行为能力。

（二）联合体的资格

《招标投标法》规定，组成联合体各方均应具备相应的投标资格；由同一专业的单位组成的联合体，按照资质等级较低的单位确定资质等级。这是为了促使资质优秀的投标单位组成联合体，防止以高等级资质获取招标项目，而由资质等级低的投标单位来完成的行为。

（三）联合体各方的责任

联合体各方应签订共同投标协议，明确约定各方在拟承包的工程中所承担的义务和责任。

（四）投标单位的意思自治

投标时，投标单位是否与他人组成联合体，与谁组成联合体，都由投标单位自行决定，任何人不得干涉，《招标投标法》规定，招标单位不得强制投标单位组成联合体共同投标，不得限制投标单位之间的竞争。

（五）联合体的特点

（1）可增强融资能力。大型建设项目需要巨额履约保证金和周转资金，资金不足则无法承担这类项目。采用联合体可以增强融资能力，减轻每一家公司的资金负担，实现以最少资金参加大型建设项目的目的，其余资金可以再承包其他项目。

（2）可分散风险。大型建设项目的风险因素很多，诸多风险如果由一家公司承担是很危险的，所以有必要依靠联合体来分散风险。

(3)弥补技术力量的不足。大型建设项目需要很多专门技术,而技术力量薄弱和经验不足的企业是不能承担的,即使承担了也要冒很大的风险。技术力量雄厚、经验丰富的企业联合成立联合体,各个公司的技术专长可以互相取长补短,就可以解决这类问题。

(4)可互相检查报价。有的联合体报价是每个合伙人单独制定的,要想算出正确、适当的价格,必须互查报价,以免漏报和错报。有的联合体报价是合伙人之间互相交流、检查后制定的,这样可以提高报价的可靠性,提高竞争力。

(5)确保项目按期完工。对联合体合同的共同承担提高了项目完工的可靠性,对业主来说也提高了项目合同、各项保证、融资贷款等的安全度和可靠性。

(6)但是也要看到,联合体是几个公司的临时合伙,因此有时难以迅速做出判断,如协作不好则会影响项目的实施,这就需要在制定联合体时明确各自的职责、权利和义务,组成一个强有力的领导班子。

(7)联合体一般在资格预审前即开始组织,并制定内部合同与规划,如果投标成功,则贯彻于项目实施全过程;如果投标失败,则联合体立即解散。

3.1.4 投标要求

(一)投标文件的内容要求

《招标投标法》规定,投标文件应当对招标文件提出的实质性要求和条件做出响应。实质性要求和条件,是指招标项目的价格、项目进度计划、技术规范、合同的主要条款等。投标文件必须对其做出响应,不得遗漏、回避,更不能对招标文件进行修改或提出任何附带条件。对于建设工程施工招标,投标文件还应包括拟派出的项目负责人与主要技术人员的简历、业绩和拟用于完成工程项目的机械设备等内容。投标人拟在中标后将中标项目的部分非主体、非关键性工作进行分包的应在投标文件中载明。

根据契约自由原则,我国法律也规定,投标文件送交后,投标单位可以进行补充、修改或撤回,但必须以书面形式通知招标单位。补充、修改的内容亦为投标文件的组成部分。

(二)投标时间的要求

《招标投标法》规定,投标文件应在招标文件中规定的截止时间前,送达指定地点,在截止时间后送达的投标文件,招标单位应拒收。因此,以邮寄方式送交投标文件的,投标单位应留出足够的邮寄时间,以保证投标文件在截止时间前送达,另外,如发生地点方面的送错、误送,其后果皆由投标单位自行承担。

投标单位对投标文件的补充、修改和撤回通知,也必须在所规定的截止时间前送至规定地点。

(三)投标行为的要求

对于投标中各方的行为,《招标投标法》也有明确的规范要求。

(1)保密要求。由于投标是一次性的竞争行为,为保证其公正性,就必须对当事人各方提出严格的保密要求。投标文件及其修改、补充的内容都必须以密封的形式送达,招标单位签收后必须原样保存,不得开启。对于标底和潜在投标单位的名称、数量以及可能影响公平竞争的其他有关招标投标的情况,招标单位都必须保密,不得向他人透漏。

(2)合理报价。《招标投标法》规定,投标人不得以低于成本的价格报价、竞标。

投标单位以低于成本的价格报价,是一种不正当的竞争行为,它一旦中标,必然会采取偷工减料、以次充好等非法手段来避免亏损,以求得生存。这将严重破坏市场经济秩序,给社会带来隐患,必须予以禁止。但投标单位从长远利益出发,放弃近期利益,不要利润,仅以成本价投标,这是合法的竞争手段,法律是予以保护的。这里所说的成本,是以社会平均成本和企业个别成本来计算的,并要综合考虑各种价格差别因素。

(3)诚实信用。从诚实信用的原则出发,《招标投标法》规定,投标人不得相互串通投标;也不得与招标人串通投标,损害国家利益、社会公共利益和他人合法利益;还不得向招标人或评标委员会成员行贿以谋取中标;同时,还不得以他人名义投标或以其他方式弄虚作假、骗取中标。

(4)投标人数量的要求。《招标投标法》规定,投标人少于三个的,招标人应当依照本法重新招标。当投标单位少于三个时,就会缺乏有效竞争,投标单位可能会提高承包条件,损害招标单位利益,从而与招标目的相违背,所以必须重新组织招标,这也是国际上的通行做法。在国外,这种情况称为"流标"。

3.1.5　建设工程投标单位的权利和义务

(一)建设工程投标单位的权利

建设工程投标单位在建设工程招标投标活动中,享有下列权利:

(1)有权平等地获得利用招标信息。招标信息是投标决策的基础和前提。投标人不掌握招标信息,就不可能参加投标。招标人掌握的招标信息是否真实、准确、及时、完整,对投标工作具有非常重要的作用。投标单位对招标信息主要通过招标单位发布的招标公告获悉,也可以通过政府主管部门公布的工程报建登记获悉。保证投标单位平等地获取招标信息,是招标单位和政府主管部门的义务。

(2)有权按照招标文件的要求自主投标或组成联合体投标。为了更好地把握投标竞争机会,提高中标率,投标单位可以根据招标文件的要求和自身的实力,自主决定是独自参加投标还是与其他投标单位组成一个联合体,以一个投标单位的身份共同投标。投标单位组成投标联合体是一种联营方式,与串通投标是两个性质完全不同的概念。组成联合体投标,联合体各方均应当具备承担招标项目的相应能力和相应资质条件,并按照共同投标协议的约定,就中标项目向招标单位承担连带责任。

(3)有权委托代理机构进行投标。专门从事建设工程中介服务活动(包括投标代理业务)的机构,通常具有社会活动广、技术力量强、工程信息灵等优势。投标单位委托它们代替自己进行投标活动,常常会取得意想不到的效果,获得更多的中标机会。

(4)有权要求招标单位或招标代理人对招标文件中的有关问题进行答疑。投标单位参加投标,必须编制投标文件。而编制投标文件的依据,就是招标文件。正确理解招标文件,是正确编制投标文件的前提。对招标文件中不清楚的问题,投标单位有权要求予以澄清,以利于准确领会、把握招标意图。对招标文件进行解释、答疑,既是招标单位的权利,也是招标单位的义务。

(5)根据自己的经营情况和掌握的市场信息,有权确定自己的投标报价。投标单位参加投标,是一场重要的市场竞争。投标竞争是投标单位自主经营、自负盈亏、自我发展的强大动力。因此,招标投标活动,必须按照市场经济的规律办事。对投标单位的投标报价,由投标单位依法自主确定,任何单位和个人不得非法干预。投标单位根据自身经营状况、利润方针和市场行情,科学合理地确定投标报价,是整个投标活动中最关键的环节。

(6)根据自己的经营情况有权参与投标竞争或放弃参与竞争。在市场经济条件下,投标单位参加投标竞争的机会应当是均等的。参加投标是投标单位的权利,放弃投标也是投标单位的权利。对投标单位来说,是否参加投标,是否参加到底,完全是自愿的。任何单位或个人不能强制、胁迫投标人参加投标,更不能强迫或变相强迫投标单位"陪标",也不能阻止投标单位中途放弃投标。

(7)有权要求优质优价。价格(包括取费、税金、酬金等)问题,是招标投标中的一个核心问题。为了保证工程安全和质量,必须防止和克服只为争得项目中标而不切实际地盲目降级压价现象,实行优质优价,避免投标单位之间的恶性竞争。允许优质优价,有利于真正信誉好、实力强的投标单位多中标、中好标。

(8)有权控告、检举招标过程中的违法、违规行为。投标单位和其他利害关系人认为招标投标活动不合法的,有权向招标单位提出异议或者依法向有关行政监督部门投诉。招标的原则在于公开、公正、公平竞争,招标过程中的任何违法、违规行为,都会背离这一根本原则和宗旨,损害其他投标单位和切身利益。赋予投标单位控告、检举、投诉权,有利于监督招标单位的行为,防止和避免招标过程中的违法、违规现象,更好地实现招标投标制度的宗旨。

(二)建设工程投标单位的义务

建设工程投标单位在建设工程招标投标活动中,负有下列义务:

(1)遵守法律、法规、规章和方针、政策。建设工程投标单位的投标活动必须依法进行,违法或违规、违章的行为,不仅不受法律监管,而且还要承担相应的责任。遵纪守法是建设工程投标人的首要义务。比如,法律赋予投标单位有自主决定是否参加投标竞争的权利,同时也规定了投标单位不得串通投标,不得以行贿手段谋取中标,不得以低于成本的报价竞标,也不得以他人名义投标或以其他方式弄虚作假,骗取中标。投标单位必须对自己的行为负责,不能妨碍招标单位依法组织的招标活动,侵犯招标单位和其他投标单位的合法权益,扰乱正常的招标投标秩序。

(2)接受招标投标管理机构的监督管理。为了保证建设工程招标投标活动公开、公正、公平竞争,建设工程招标投标活动必须在招标投标管理机构的监督管理下进行。接受招标投标管理机构的监督管理,是建设工程投标单位必须履行的义务。

(3)保证提供的投标文件的真实性,提供投标保证金或其他形式的担保。投标文件是投标单位投标意图、条件和方案的集中体现,是投标单位对招标文件进行回应的主要方式,也是招标单位评价投标单位的主要依据。因此,投标单位提供的投标文件必须真实、可靠,并对此予以保证。让投标单位提供投标保证金或其他形式的担保,目的在于使投标单位的保证落到实处,使投标活动保持应有的严肃性,促使投标单位审慎从事,提高投标的责任心,建立和维护招标投标活动的正常秩序。

(4)按招标单位或招标代理机构的要求对投标文件的有关问题进行答疑。投标文件是以招标文件为主要依据编制的。正确理解投标文件,是准确判断投标文件是否实质性响应招标文件的前提。对投标文件中不清楚的问题,招标单位或招标代理机构有权要求投标单位予以澄清。投标单位对投标文件进行解释、答疑,也是进一步推销自己、维护自身投标权益的一个重要方面。

(5)中标后与招标单位签订合同并履行合同,不得转包合同,未经招标单位同意不得分包合同。投标单位参加投标竞争,意在中标。中标以后与招标单位签订合同,并实际履行合同约定的全部义务,是实行招标投标制度的意义所在。中标的投标单位必须亲自履行合同,不得将其中标的工程任务转给他人承包。投标单位根据招标文件载明的项目实际情况,拟在中标后将中标项目的部分非主体、非关键性工作进行分包的,应当在投标文件中载明。在总承包的情况下,除了总承包合同中约定的分包外,未经招标单位认可不得再进行分包。

(6)履行依法约定的其他各项义务。在建设工程招标投标过程中,投标单位与招标单位、招标代理机构等可以在合法的前提下,经过互相协商,约定一定的义务。

例如,投标单位委托投标代理机构进行投标时,负有下列义务:

①投标单位对投标代理机构在委托授权的范围内所办理的投标事务的后果直接接受并承担民事责任。对于投标代理机构办理受委托事务超出委托权限的行为,投标单位不承担民事责任;但投标单位知道而又不否认或者同意的,则投标单位仍应承担民事责任。

②投标单位应向投标代理机构提供投标所需的有关资料,提供或者补偿为办理受托事务所必需的费用。

③投标单位应向投标代理机构支付委托费或报酬。支付委托费或报酬的标准和期限,依法律规定或合同的约定。如合同无特别约定,应在事务办理完结后支付。当非因投标代理机构的原因致使受托事务无法继续办理时,投标单位应就事先已完成的部分,向投标代理机构支付相应的委托费或报酬。

④投标单位应向投标代理机构赔偿投标代理机构在执行受托任务中非因自己过错所造成的损失。投标单位应对自己的委托负责,如因指示不当或其他过错致使投标代理机构受损失的,应予赔偿。投标代理机构在执行受托事务中非因自己过错发生的损失,由于为投标单位办理事务造成的,亦应由投标单位赔偿。

这些依法约定的义务,是投标单位必须履行的,否则就要承担相应的违约责任。

3.1.6 投标的准备工作

随着我国市场经济体制的逐步完善,建筑施工企业作为建筑市场竞争的主体之一,积极参与招标投标活动是其生存与发展的重要途径,是施工企业在激烈的竞争中,凭借本企业的实力和优势、经验和信誉以及投标水平和技巧获得工程项目承包任务的过程。因此,掌握投标工作内容,做好投标工作准备,运用恰当投标技巧,编制科学、合理、具有竞争力的投标文件是施工企业投标成功的关键因素。

正式投标前积极做好各项投标准备工作,有助于投标成功。投标前期准备工作主要包括获取投标信息,调查投标环境与前期投标决策等工作内容。

(一)查证信息

建设工程施工投标中首先是获取投标信息,为使投标工作有良好的开端,投标人必须做好查证信息工作。随着信息技术的不断进步,获取投标信息的渠道也越来越多。多数公开招标的工程,在报刊等媒体刊登招标公告或资格预审公告。但是经验告诉我们,如果等看到招标公告再开始做投标准备工作,往往时间仓促,投标也处于被动。因此,投标人要注意提前进行资料积累和项目跟踪。获取投标项目信息的方法如下:

(1)根据我国国民经济建设规划和投资方向,从近期国家的财政、金融政策所确定的中央和地方重点建设项目、企业技术改造项目计划收集项目信息。

（2）了解中华人民共和国国家发展和改革委员会立项的项目,可从投资主管部门获取建设银行、金融机构的具体投资规划信息。

（3）跟踪大企业新建、扩建和改建项目计划信息。

（4）收集同行业其他投标单位对工程建设项目的意向。

（5）注重从报纸、杂志、网络获取招标信息。

（二）调查投标环境

投标人要认真研究获取的投标信息,对建设工程项目是否具备招标条件及项目业主的资信情况、偿付能力进行必要的调查研究,确认其信息的可靠性。查询招标信息的可靠性可以通过与招标单位直接面谈、电话沟通,查阅招标项目的立项批准文件、招标审批文件等方法来核查。

另外,投标人还需对该项目的一些外部情况和项目内部情况进行调查,以便为后期投标决策做准备,具体可以从以下两方面着手调查分析:

1. 投标项目的外部环境因素

（1）政治环境。国际项目要调查所在地的政治、社会制度;政局状况,发生政变、内乱的风险概率;项目所在国的风俗习惯、与周边国关系等。国内项目主要分析地区经济政策宽松度、稳定程度;当地基本建设的宏观政策,是否属于经济开发区、特区等。

（2）经济环境。项目所在地的经济发展状况,科学技术发展水平,自然资源状况,交通、运输、通信等基础设施条件。

（3）市场环境。项目所在地建筑材料、施工机械、燃料、动力等供应情况,价格水平,劳务市场情况,金融市场情况,工程承包市场状况等。

（4）法律环境。对于国内工程承包,我国的法律、法规具有统一或基本统一的特点,但投标所涉及的地方法规在具体内容上仍有所不同。因而对外地项目的投标,除研究国家颁布的相关法律、法规外,还应研究地方性法规。进行国际工程承包时,则必须考虑法律适用的原则。

（5）自然环境。项目所在地的地质、地貌、水文、气象、交通运输情况部分决定了项目实施的难度,因而会影响项目建设成本。

2. 投标项目的内部环境因素

（1）建设单位情况。主要包括建设单位的合法地位、支付能力及履约信誉等。如果建设单位的支付能力差,履约信誉不好都将损害承包商的利益。

（2）竞争对手情况。竞争对手的数量和实力直接决定了竞争的激烈程度,竞争越激烈,中标概率越小,投标的费用风险越大;竞争越激烈,一般来说中标价越低,对承包商的经济效益影响越大。

（3）项目自身情况。项目自身特征决定了项目的建设难度,也部分决定了项目获利的丰厚程度,因此是投标决策的影响因素。主要包括项目规模、标段划分、发包范围;工程技术难度;施工场地地形、地质、地下水位;工程项目资金来源、工程价款支付方式;监理方的工作业绩、工作作风等。

（三）投标前期决策

投标人在获取招标信息,购买招标人资格预审资料前,首先应对是否参加投标竞争进行分析、论证,并做出抉择。

1. 投标决策的含义

承包商通过投标获得工程项目是市场经济的必然要求。对于承包商而言,经过前期的调查研究后,针对实际情况做出决定。首先,要针对项目基本情况确定是否投标。然后,确定如果投标,投什么性质的标,是要选择盈利,还是保本。最后,要根据确定的策略选择恰当的投标报价方法。

2. 影响投标决策的内部因素

投标人自己的条件,是投标决策的决定性因素,主要从技术、经济、管理、企业信誉等方面去衡量,是否达到招标文件的要求,能否在竞争中取胜。

(1)技术实力

技术实力主要包括:是否有精通本行业的估价师、工程师、会计师和管理专家组成的组织机构;是否有工程项目施工专业特长,能解决各类工程施工中的技术难题;是否具有同类工程的施工经验;是否有一定技术实力的合作伙伴,如实力强大的分包商、合营伙伴和代理人等。

技术实力不但决定了承包商能承揽工程的技术难度和规模,而且是实现较低的价格、较短的工期、优良的工程质量的保证,直接关系到承包商在投标中的竞争能力。

(2)经济实力

经济实力主要包括:是否具有充裕的流动资金;是否具有相应数量的固定资产和机具设备;是否具备必要的办公、仓储、加工场所;承揽涉外工程时,是否具有筹集承包工程所需外汇的能力;是否具有支付各种保证金的能力;是否有承担不可抗力带来风险的财力。

经济实力决定了承包商承揽工程规模的大小,因此,投标决策时应充分考虑这一因素。

(3)管理实力

管理实力主要包括:成本管理、质量管理、进度控制的水平;材料资源及供应情况;合同管理及施工索赔的水平。

管理实力决定着承包商承揽项目的复杂性,也决定着承包商能否根据合同的要求高效率地完成项目管理的各项目标,通过项目管理活动为企业创造较好的经济效益和社会效益,因此在投标决策时不能忽略这一因素。

(4)信誉实力

承包商的信誉是其无形的资产,是企业竞争力的一项重要内容。企业的履约情况、获奖情况、资信情况和经营作风都是建设单位选择承包商的条件,因此投标决策时应正确评价自身的信誉实力。

3. 投标决策的类型

投标人应对投标项目的环境和影响投标决策的内部因素充分分析考虑后,基于对于风险的不同态度,可以选择保险标、风险标、盈利标。

(1)企业投标是为了取得业务,满足企业生存的需要

这是经营不景气或者各方面都没有优势的企业的投标目标。在这种情况下,企业往往选择有把握的项目投标,采取低利或保本策略争取中标。

(2)企业投标是为了创立和提高企业的信誉

能够创立和提高企业信誉的项目,是大多数企业志在必得的项目,竞争必定激烈,投标人必定采取各种有效的策略和技巧去争取中标。

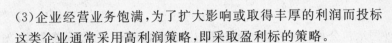

（3）企业经营业务饱满，为了扩大影响或取得丰厚的利润而投标

这类企业通常采用高利润策略，即采取盈利标的策略。

（4）企业投标是为了实现企业的长期利润目标

建筑企业为了实现利润目标，承揽经营业务就成为头等大事。特别是在竞争十分激烈的情况下，都把投标作为企业的经常性业务工作，采取薄利多销策略以积累利润，必要时甚至采用保本策略占领市场，为今后积累利润创造条件。

4. 应放弃投标的项目

承包商决定是否参加投标，通常要综合考虑各方面的情况，如承包商当前的经营状况和长期目标、参加投标的目的、影响中标机会的内部和外部因素等。一般说来，有下列情形之一的招标项目，承包商不宜选择投标：

（1）工程规模超过企业资质等级的项目。

（2）超越企业业务范围和经营能力之外的项目。

（3）本企业当前生产任务饱满，而招标工程的盈利水平较低或风险较大。

（4）企业劳动力、机械设备和周转材料等资源不能保证的项目。

（5）竞争对手在技术、经济、信誉和社会关系等方面具有明显优势的项目。

（四）办理注册手续

承包国际工程的企业要在国外参加投标或承包工程项目，通常需要在工程所在地国的有关部门登记注册，取得合法地位后，才能开展有关的业务活动。某些国家如沙特阿拉伯等，对外国公司注册规定较严，未经登记注册取得承包工程许可证的外国公司，不允许开展有关业务和承揽工程；也有的国家如伊拉克、叙利亚等，对于大型国际招标工程只要求投标人在中标后的规定期限内办理注册登记手续。

申请注册时，一般要求递交的文件有：本公司章程或有关本公司基本情况的备忘录，公司注册地国政府颁发的营业证书，公司在世界各地的分支机构，董事会成员，申请注册机构名称、地址及正、副经理委任证书等。有的国家如伊拉克，还要求申请人递交国家有关部门开具的互惠证明。上述文件须经申请人注册地国外交部、公证处及工程所在地国驻申请法人注册地国使馆认证后生效。

（五）投标经营准备

1. 寻求代理人、担保人及合伙人

某些国家如科威特、沙特阿拉伯等规定，外国公司在该国参加投标和开展承包业务时，均需有当地的合法代理人、担保人及合伙人。

（1）代理人

代理人指受雇主（承包商）委托办理有关投标及承包商业务或其他事物的个人、公司或集团。代理人可依规定向委托人提供以下服务：

①提供有关的信息和咨询服务。诸如提供当地法律、规章制度、市场行情、经济信息以及商业活动经验等。

②协助办理有关投标事宜。

③协助办理出入境签证、居留、劳工证、物资进出口许可证及进出关手续等。

④协助租用土地、房屋及建立通信网络设施等。

（2）担保人

某些国家还要求外国承包公司必须有当地的担保人，它可以是个人、公司或集团，对所担保的外国公司在法律、财务和工程业务方面向政府承担责任。聘用在当地有威望的担保人有利于承包业务的开展。

（3）合伙人

有些国家规定，外国公司必须与本国公司组成联合体或联营公司才能共同承包工程项目、共享利益和共担风险。有的国家规定，外国公司与本国公司联合可享受优惠条件。但实际上有些国家的合伙人并不入股，只是帮助外国公司招揽工程和办理有关业务，而收取一定的佣金。也有的国家规定，外国公司必须有一个以上的本国籍股东，且其拥有股份要在51％以上，即必须采取联营方式。有时承包商为增强竞争力，也选择适当的合伙人（不一定是当地公司）联合投标。

2. 与银行建立业务联系

与银行的业务联系有：贷款、存款，提请银行开具保函、信用证、资信证明及代理调查。

3.1.7 建设工程投标的基本程序

投标的工作程序应与招标程序相配合、相适应。为了取得投标的成功，已经具备投标资格并愿意进行投标的投标人，应首先了解投标的基本工作程序及其各个阶段的工作步骤。

（一）投标的前期工作

投标的前期工作包括获取投标信息与前期投标决策，即从众多招标信息中确定选取哪个作为投标对象。企业在获得工程项目招标信息后，要注意对招标信息的准确性，工程项目的政治因素、经济因素、市场因素、地理因素、法律因素、人员因素，以及项目业主的情况、工程项目情况、其他潜在投标人情况做认真全面的调查和研究分析，为项目投标决策提供依据。

（二）申请投标和递交资格预审书

投标单位在获悉招标公告或投标邀请书后，应当按招标公告或投标邀请书中所提出的资格审查要求，向招标单位申报资格审查。资格审查是投标单位投标过程中的第一关。

1. 投标单位应提交的资格预审资料

为了证明自己符合资格预审须知规定的投标资格和合格条件要求，具备履行合同的能力，参加资格预审的投标单位应当提供下列资料：

（1）确定投标单位法律地位的原始文件。要求提交营业执照和资质证书的副本。

（2）履行合同能力方面的资料。要求提供以下资料：

①管理和执行本合同的管理人员及主要技术人员的情况。

②为完成本合同拟采用的主要技术装备情况。

③为完成本合同拟分包的项目及分包单位的情况。

（3）项目经验方面的资料。过去三年完成的与本合同相似项目的情况和现在履行合同的情况。

（4）财务状况的资料。近两年经审计的财务报表和下一年度的财务预算报告。

（5）企业信誉方面的资料。例如，目前和过去几年参与或涉及仲裁和诉讼案件的情况，过去几年中发包人对投标人履行合同的评价等。

投标单位申报资格审查,应当按招标公告或投标邀请书的要求,向招标人提供有关资料。经招标单位审查后,招标单位应将符合条件的投标单位的资格审查资料,报建设工程招标投标管理机构复查。经复查合格的,就具有了参加投标的资格。

2. 投标单位准备和提交资格预审资料的注意事项

资格预审能否通过是承包商投标过程中的第一关。承包商申报资格预审申请文件时应注意如下事项:

(1)注意日常积累。平时注意收集整理与一般资格预审有关的资料,将其储存在计算机内,到针对某个项目填写资格预审调查表时再将有关资料调出来,并加以补充完善。如果平时不积累资料,完全靠临时填写,往往会达不到业主要求而失去机会。

(2)加强填表时的分析。既要针对工程特点认真填好重点部分,又要反映出本公司的施工经验、施工水平和施工组织能力,这往往是业主考虑的重点。

(3)注意收集信息。在投标决策阶段,研究并确定今后本公司发展的地区和项目时,注意收集信息,如果有合适的项目,及早动手做好资格预审的申请准备。如果发现某个方面的缺陷(如资金、技术水平、经验年限等)不是本公司自身可以解决的,则应考虑寻找适宜的伙伴组成联营体参加资格预审。

(4)做好递交资格预审表后的跟踪工作。如果是国外工程可通过当地分公司或代理人,以便及时发现问题、补充资料。

每参加一个工程招标的资格预审,都应该全力以赴,力争通过预审,成为可以投标的合格投标人。

(三)购领招标文件和有关资料

投标单位经资格审查合格后,便可向招标单位申购招标文件和有关资料,同时要缴纳投标保证金。

投标保证金是在招标投标活动中,投标单位随投标文件一同递交给招标单位的一定形式、一定金额的投标责任担保。主要目的:一是对投标单位投标活动不负责任而设定的一种担保形式,担保投标单位在招标单位定标前不得撤销其投标;二是担保投标单位在被招标单位宣布为中标人后即受合同成立的约束,不得反悔或者改变其投标文件中的实质性内容,否则其投标保证金将被招标单位没收。

(四)组织投标班子

投标单位在通过资格审查、购领了招标文件和有关资料后,就要按招标文件确定的投标准备时间着手开展各项投标准备工作。投标准备时间是指从开始发放招标文件之日起至投标截止时间为止的期限,它由招标单位根据工程项目的具体情况确定。为了按时进行投标,并尽最大可能使投标获得成功,投标单位在购领招标文件后就需要有一个强有力的、内行的投标班子,以便对投标的全部活动进行通盘筹划、多方沟通和有效组织实施。投标单位的投标班子一般都是常设的,但也有的是针对待定项目临时设立的。

投标单位参加投标,是一场激烈的市场竞争。这场竞争不仅比报价的高低,而且比技术、质量、经验、实力、服务和信誉。特别是随着现代科技的快速发展,越来越多的是技术密集型项目,势必要求承包商具有现代先进的科学技术水平和组织管理能力,能够完成高、新、尖、难工程,能够以较低价中标,靠管理和索赔获利。因此,投标单位组织什么样的投标班子,对投标成败有直接影响。

为迎接技术和管理方面的挑战,在竞争中取胜,承包商的投标班子应该由如下三种类型的人才组成:经营管理类人才、技术专业类人才、商务金融类人才。

1. 经营管理类人才

经营管理类人才是指专门从事工程承包经营管理、制定和贯彻经营方针与规划、负责工作的全面筹划和安排、具有决策水平的人才,这类人才应具备以下基本条件:

(1)知识渊博、视野广阔。经营管理类人才必须在经营管理领域有相当的造诣,对其他相关学科也应有一定的了解。只有这样,才能全面系统地观察和分析问题。

(2)具备一定的法律知识和实际工作经验。这类人才应了解我国和国际上有关法规和国际惯例,并对开展投标业务应遵循的各项规章制度有充分了解。同时,丰富的阅历和实际工作经验可以使投标人员具有较强的预测能力和应变能力,对可能出现的各种问题进行预测并采取相应措施。

(3)勇于开拓,有较强的思维能力和社会活动能力。渊博的知识和丰富的经验只有和较强的思维能力相结合,才能保证经营管理类人才对各种问题进行综合、概况、分析,并做出正确的判断和决策。此外,该类人才还应具备较强的社会活动能力,积极参加有关的社会活动,扩大信息交流,不断吸收投标业务工作所必需的新知识和情报。

(4)掌握一套科学的研究方法和手段,如科学的调查、统计、分析、预测。

2. 技术专业类人才

技术专业类人才主要指工程设计及施工中的各类技术人员,如建筑师、土木工程师、电气工程师、机械工程师等各类专业技术人员。他们应掌握本学科前沿的专业知识,具备熟练的实际操作能力,以便在投标时能从本公司的实际技术水平出发,考虑各项专业实施方案。

3. 商务金融类人才

商务金融类人才是指具有金融、贸易、税法、保险、采购、保函、索赔等专业知识的人才,要懂得税收、保险、涉外财会、外汇管理和结算等方面的知识。

以上是对投标班子三类人才个体素质的基本要求。一个投标班子仅仅做到个体素质良好往往是不够的,还需要各方面的共同参与、协同作战,充分发挥群体的力量。

除上述关于投标班子的组成和要求外,还须注意保持投标班子成员的相对稳定,不断提高其素质和水平,这对于提高投标的竞争力至关重要。同时,应逐步采用或开发有关投标报价的软件,使投标报价工作更加快速、准确。如果是国际工程投标,则应配备懂得专业合同管理的翻译人员。

(五)勘察施工现场

勘察施工现场主要是指去工地现场进行考察,招标单位一般在招标文件中会注明现场考察的时间和地点,在文件发出后就应安排投标者进行现场考察的准备工作。

勘察施工现场是投标者必须经过的投标程序。按照国际惯例,投标者提出的报价单一般被认为是在现场考察的基础上编制报价的。一旦报价单提出之后,投标者就无权因为现场考察不周、情况了解不细或因素考察不全而提出修改投标、调整报价或提出补偿要求。

在考察之前应先仔细研究招标文件,特别是文件中的工作范围、专用条款以及设计图纸和说明,然后拟定出调研提纲,确定重点要解决的问题,做到事先有准备。

现场考察费用均由投标者自行承担。现场考察一般主要包括如下内容:

（1）工程范围、性质以及与其他工程之间的关系。

（2）投标单位参与投标的那一部分工程与其他承包商或分包商之间的关系。

（3）现场地貌、地质、水文、气候、交通、电力、水源等情况，有无障碍等。

（4）进出现场的方式、现场附近有无食宿条件、料场开采条件、其他加工条件、设备维修条件等。

（5）现场附近治安情况。

（六）分析招标文件，研究施工图纸，校核工程量

招标文件是投标的主要依据，因此应该仔细地分析研究。研究招标文件，重点应放在投标人须知、合同条件、设计图纸、工程范围及工程量表上，最好由专人或小组研究技术规范和设计图纸，弄清其特殊要求。

对于招标文件中的工程量清单，投标者一定要进行校核，因为它直接影响投标报价及中标机会。如发现有漏误或不实之处，应及时提请有关部门澄清。一般情况下，招标文件中已给定工程量，而且规定对工程量不做增减。在这种情况下，只需复核其工程量即可。若发现所列工程量与调查及核实结果不符，可在编制标价时采取调整单价的策略，即提高工程量可能增加的项目单价，而对某些项目工程量估计会减少的，可以降低单价。这项工作直接关系到工程计价及报价策略，必须做好。如招标文件中仅有图纸，而工程量需逐项计算时，则应先搞清招标文件，熟悉图纸和工程量计算规则，合理地划分项目。在计算工程量时应注意按有关国家和地区的惯用方法进行。例如，有的招标文件中规定混凝土的分项内包括了模板，模板就不应再单独列项。有的国家对基坑挖方量是按基础接触土壤的实际面积计算，不留操作面，也不放坡，我们在计量及计价时，就应按实际情况考虑留操作面、放坡或加支撑，其附加费用应摊加于单价中。

如发现工程量有重大出入的，特别是漏项的，必要时可找招标人核对，要求招标人认可并给予书面证明，这对于合同尤为重要。

（七）投标的后期决策

1. 施工方案决策

施工方案的选择不但关系到工程质量的好坏、进度的快慢，而且最终都会直接或间接影响到工程造价。因此，施工方案的决策不是纯粹的技术问题，也是造价决策的重要内容。

有的施工方案能够提高工程质量，虽然成本要增加，但能减低返工率，又会减少返工损失。反之，在满足招标文件要求的前提下选择适当的施工方案，控制质量标准不要过高，虽然有可能降低成本，但返工率也可能因此提高，从而可能增加费用。增加的成本和减少的返工损失之间如何权衡，需要进行详细的分析和决策。

有的施工方案能加快工程进度，虽然需要增加抢工费，但进度加快能节约施工的固定成本。反之，适当放慢进度，也不会发生抢工费用，但工期延长引起固定成本增加，总成本又会增加。因此，必须进行详细的分析和决策，选择合理可行的施工方案。

2. 投标报价决策

投标报价决策分为宏观决策和微观决策，应先进行宏观决策，之后进行微观决策。

(1)报价的宏观决策

报价的宏观决策就是根据竞争环境,宏观上采取报高价还是报低价的决策。

①报高价的项目:建设单位对投标人特别满意,希望发包给本承包商;竞争对手较弱,投标人与之相比有明显得技术、管理优势;投标人在建任务虽然饱满,但招标利润丰厚,值得并能够承受超负荷运转。

②报保本价的项目:招标工程竞争对手较多,投标人无明显优势,而投标人有一定的市场或信誉方面的目的;投标人在建任务少,无后继工程,可能出现或已经出现部分窝工。

③报亏损价的项目:招标项目的强劲竞争对手众多,但投标人处于发展的目的志在必得;投标人企业已出现大量窝工,严重亏损,继续寻求支撑;招标项目属于投标人的新市场领域,本承包商渴望参与进入;招标工程属于投标人垄断的领域,而其他竞争对手强烈希望插足。必须注意,我国有关建设法规都对低于成本价的恶意竞争进行了限制,因此对于国内工程来说是不能报亏损价的。

(2)报价的微观决策

报价的微观决策就是根据工程的实际情况与报价技巧具体确定每个分项工程是报高价还是报低价,以及报价的高低幅度。

(八)编制施工规划

投标过程中必须编制全面的施工规划,但其深度和广度都比不上施工组织设计(施工组织设计在中标后编制)。制定施工规划的主要依据是施工图纸,编制的原则是在保证工程质量和工期的前提下,使成本最低,利润最大。其主要内容如下:

(1)选择和确定施工方法。根据工程类型研究可以采用的施工方法。对于一般的土方工程、混凝土工程、房建工程、灌溉工程等比较简单的工程,可结合已有施工机械及工人技术水平来选定施工方法,努力做到节约开支,加快速度。对于复杂的大型工程则要考虑几种施工方案,进行综合比较。如水利工程中的施工导流对工程造价及工期均有较大影响,投标人应结合施工进度计划及能力研究确定。又如地下工程要进行地质资料分析,确定开挖方法,确定支洞、斜井、竖井数量和位置及出渣方法、通风方式等。

(2)选择施工设备和施工设施。一般与研究施工方法同时进行。在工程估价过程中还要不断比较施工设备和施工设施,确定利用旧设备还是采购新设备,在国内采购还是在国外采购。需对设备的型号、配套、数量进行比较,还应研究哪些类型的机械可以租赁使用。对于特殊的、专用的设备折旧率需单独考虑。订货设备清单中还应考虑辅助和修配机械、备用零件,尤其是订购外国机械时应特别注意这一点。

(3)编制施工进度计划。编制施工进度计划应紧密结合施工方法和施工设备,需提出各时段应完成的工程量及限定日期。施工进度计划是采用网络进度计划还是采用线条进度计划应根据招标文件的要求确定。

(九)计算和确定投标报价

根据工程价格构成进行工程估价,确定利润方针,技术和确定报价。投标报价是投标的一个核心环节,投标人要根据工程价格构成对工程进行合理估价,确定切实可行的利润方针,正确计算和确定投标报价。投标单位不得以低于成本的报价竞标。

（十）编制投标文件

投标文件应完全按照招标文件的各项要求编制。投标文件应当对招标文件提出的实质性要求和条件做出响应,一般不能带任何附加条件,否则将导致投标无效。

（十一）报送投标文件

报送投标文件是指投标单位在招标文件要求提交投标文件的截止时间前,将所有准备好的投标文件密封送达投标地点。招标单位收到投标文件后,应当签收保存,不得开启。投标单位在递交投标文件以后、投标截止时间之前,可以对所递交的投标文件进行补充、修改或撤回,并书面通知招标单位,但所递交的补充、修改或撤回通知必须按招标文件的规定编制、密封和标志。补充、修改的内容为投标文件的组成部分。

（十二）出席开标会议

投标单位在编制、递交了投标文件后,要积极准备出席开标会议。参加开标会议对投标单位来说,既是权利也是义务。按照国际惯例,投标单位不参加开标会议的,视为弃权,其投标文件将不予启封,不予唱标,不允许参加评标。投标单位参加开标会议,要注意其投标文件是否被正确启封、宣读,对于被错误地认定为无效的投标文件或唱标出现的错误,应当场提出异议。

在评标期间,评标委员会要求澄清投标文件中不清楚问题的,投标单位应积极予以说明、解释、澄清。澄清投标文件一般可以采用向投标单位发出书面询问,由投标单位书面做出说明或澄清的方式,也可以采用召开澄清会的方式。所说明、澄清和确认的问题,经招标单位和投标单位双方签字后,作为投标书的组成部分。

（十三）接受中标通知书

经评标,投标单位被确定为中标人后,应接受招标单位发出的中标通知书。未中标的投标单位有权要求招标单位退还其投标保证金。中标人收到中标通知书后,应在规定的时间和地点与招标单位签订合同。在合同正式签订之前,应先将合同草案报招标投标管理机构审查。经审查后,中标人与招标单位在规定的期限内,依据招标文件、投标文件签订合同。同时,按照招标文件的要求,提交履约保证金或履约保函,招标单位同时退还中标人的投标保证金。中标人如拒绝在规定的时间内提交履约担保和签订合同,招标单位报请招标投标管理机构批准同意后取消其中标资格,并按规定不退还其投标保证金,并考虑在其余投标单位中重新确定中标人,与之签订合同,或重新招标。中标人与招标单位正式签订合同后,应按要求将合同副本分送有关主管部门备案。

3.2 投标文件的编制

投标文件是投标活动的一个书面成果,它是投标人能否通过评标、决标而签订合同的依据。因此,投标人应对投标文件的编制给予高度重视。

3.2.1 建设工程投标文件的组成

建设工程投标文件,是建设工程投标单位单方面阐述自己响应招标文件要求,旨在向招标单位提出愿意订立合同的意思表示。一般包括以下几个方面的内容：

(1)投标函及其附表。招标文件中一般附有规定格式的投标函，投标人只需按要求在相应的空格处填写必要的内容和数据，并在最后位置签字盖章，以表明对填写内容的确认。

投标函的内容一般包括：

①投标者在熟悉了招标文件的全部内容和所提出的条件之后，愿意承担该项施工任务，并保证在招标文件规定的日期内完工并移交。

②承包总报价。

③愿意按要求提供银行保函或其他履约担保作为履约保证金。

(2)法定代表人资格证明书和法定代表人的授权委托书。

(3)投标保证金或保函。

(4)具有标价的工程量清单和计价表。

(5)计划投入的主要施工设备表、项目经理与主要施工人员表；钢材、木材、水泥、混凝土、特材和其他需要甲方供应的材料的用量，所需人工的总工日数等。

(6)施工规划，包括主要的施工方法、技术措施、工程投入的主要施工机具进场计划及劳动力安排计划、质量保证体系及措施、工期进度安排及保证措施、安全生产及文明施工措施、施工平面布置图等。项目管理班子配备，包括项目管理班子配备情况表、项目经理简历表、技术负责人简历表。

(7)拟分包项目情况表。

(8)对于招标文件中合同协议条款内容的确认和响应，该部分内容往往并入投标书或投标书附录。

(9)资格预审资料(如经过资格审查，则不需要提供)。

(10)按投标文件要求提交的其他资料等。

投标人必须使用招标文件提供的投标文件表格格式，但表格可以按相同样式扩展。招标文件中拟定的供投标人投标时填写的一套投标文件的格式，主要有投标书及投标书附录、工程量清单报价表、辅助资料表等。

3.2.2　编制投标文件的准备工作

经过现场踏勘和投标预备会后，投标单位可以着手准备编制投标文件。需要进行以下准备工作：

(1)组织投标班子，确定人员的分工。

(2)仔细阅读招标文件中的投标须知、投标书及其附录表、工程量清单、技术规范等部分，发现需要业主澄清的问题应组织讨论。需要提交业主组织的标前会的问题，应书面寄交业主。标前会后发现的问题随时函告业主，切勿进行口头商讨。来往信函邮编号应存档备查。

(3)投标人应根据图纸审核工程量清单中分项、分部工程的内容和数量。发现错误则应在招标文件规定的期限内向业主提出。

(4)收集现行定额、综合价单、取费标准、市场价格信息和各类有关标准图集，并熟悉政策性调价文件。

(5)准备好有关计算机软件系统,力争投标文件全部用计算机打印,包括网络进度计划。

3.2.3 编制投标文件应注意的事项

(1)投标文件必须采用招标文件规定的文件表格格式。填写表格应符合招标文件的要求,否则在评标时就会被认为放弃此项要求。重要的项目和数据,如质量等级、价格、工期等如未填写,将作为无效或作废的投标文件处理。

(2)所编制的投标文件正本只有一份,副本则按招标文件附表要求的份数提供。正本与副本若不一致,以正本为准。

(3)投标文件应打印清楚、整洁、美观。所有投标文件均应由投标人的法定代表人签字,加盖印章以及法人单位公章。

(4)应核对报价数据,消除计算错误。各分项、分部工程的报价及单方造价、全员劳动生产率、单位工程一般用料、用工指标、人工费和材料费等的比例是否正常等,应根据现有指标和企业内部数据进行宏观审核,防止出现大的错误和漏项。

(5)全套投标文件应当没有涂改和行间插字,如投标人造成涂改或行间插字,则所有这些地方均应由投标文件签字人签字并加盖印章。

(6)当招标文件规定投标保证金为合同总价的某一百分比时,投标人不宜过早开具投标保函,以防止泄露自己一方的报价。

(7)投标文件必须严格按照招标文件的规定进行编写,切勿对招标文件要求进行修改或提出保留意见,如果投标人发现招标文件确有不少问题,应将问题归纳为以下三类,区别对待处理:

①对投标人有利的,可以在投标时加以利用或在以后提出索赔要求,这类问题投标者在投标时一般不提。

②发现的错误明显对投标人不利的,如总价包干合同工程项目漏项或工程量偏少的,这类问题投标人应及时向业主提出质疑,要求业主更正。

③投标者企图通过修改招标文件的某些条款或希望补充某些规定,以使自己在合同实施时能处于主动地位的问题。

在准备投标文件时,以上问题应单独写成一份备忘录摘要。但这份备忘录摘要不能附在投标文件中提交,只能自己保存,留待合同谈判时使用。这就是说,当招标人对该投标书感兴趣,邀请投标人谈判时,投标人再根据当时的情况,把这些问题一个个地拿出来谈判,并将谈判结果写入合同协议书的备忘录中。

(8)在编制投标文件的过程中,投标人必须考虑开标后如果成为评标对象,其在评标过程中应采取的对策。如果情况允许,投标人也可向业主致函,表明投送投标文件后考虑到同业主长期合作的诚意,决定降低标价百分之几。如果投标文件中采用了替代备选方案,函中也可阐明此方案的优点。也可在函中明确表明,将在评标时与业主招标机构讨论,使此报价更为合理等。应当指出,投标期间来往信函要写得简短、明确,措辞要委婉、有说服力。来往信函不单用于招标与投标双方交换意见与澄清问题,也是使业主对致函的投标人加深了解、建立信任的重要手段。

(9)投标文件中每项要求填写的空格都必须填写,不得空着不填,否则被视为放弃意见;重要数字不填写,可能被作为废标处理。

(10)填报文件应反复校核,保证分项和汇总计算均准确无误。

(11)所有投标文件的装帧应美观大方,投标商要在每一页上签字,较小工程可以装成一册,大、中型工程可分为下列几部分封装:

①有关投标者资历的文件。如投标委任书,证明投标者资历、能力、财力的文件,投标保函,投标人在项目所在地国的注册证明,投标附加说明等。

②与报价有关的技术规范文件。如施工规划、施工机械设备表、施工进度表、劳动力计划表等。

③报价表。包括工程量表、单价、总价等。

④建议方案的设计图样及有关说明。

⑤备忘录。

总之,要避免因细节的疏忽和技术上的缺陷而使标书无效。

3.2.4　投标文件的格式

投标文件必须使用招标文件中提供的格式或大纲,除另有规定外,投标人不得修改投标文件格式,如果原有的格式不能表达投标意图,可另附补充说明。不要复制、抄写或复印,要用计算机打印。

投标文件格式示例见附录2。

3.3　建设工程投标报价的测算

3.3.1　投标报价概述

(一)投标报价的计算依据

招标工程标底按定额编制,反映行业平均水平。投标报价即标价,是企业自定的价格,反映企业的水平。建筑施工企业的管理水平、装备能力、技术力量、劳动效率和技术措施等均影响工程报价。因此,对同一工程,不同企业做出的报价是不同的。计算标价的主要依据有:

(1)招标文件,包括工程范围和内容、技术质量和工期的要求等。

(2)施工图纸和工程量清单。

(3)现行的企业定额、单位估价表及取费标准。

(4)材料预算价格、采购地点及供应方式等。

(5)施工组织设计或施工方案。

(6)招标文件及设计图纸等不明确事项经咨询后由招标单位答复的有关资料。

(7)影响报价的市场信息及企业内部的相关因素。

在标价的计算过程中,对于不可预见费用的计算必须慎重考虑,不要遗漏。

(二)投标报价的步骤

投标报价的步骤一般如下:

(1)研究招标文件。投标单位报名参加或接受邀请参加某一工程的投标,通过了资格审查,取得招标文件后,首要的工作就是认真仔细研究招标文件,充分了解其内容和要求,以便有针对性地安排投标工作。

(2)调查投标环境。所谓投标环境,就是招标工程实施的自然、经济和社会条件,这些条件都是工程实施的制约因素,必然会影响到工程成本,是投标单位报价时必须考虑的,所以在报价前要尽可能了解清楚。

(3)制订施工方案。施工方案是投标报价的一个前提条件,也是招标单位评标时要考虑的因素之一。施工方案应由投标单位的技术负责人主持制订,主要考虑施工方法、主要施工机具的配置、各工种劳动力的安排及现场施工人员的平衡、施工进度及分批竣工的安排、安全措施等。施工方案的制订应在技术和工期两方面对招标单位有吸引力,同时又有助于降低施工成本。

(4)计算投标报价。投标报价是投标单位对承建招标工程所需发生的各种费用的计算。在进行投标报价计算时,必须首先根据招标文件复核或计算工程量,并按照确定的施工方案及采用的合同形式报出相应的价格。报价是投标的关键性工作,报价是否合理直接关系到投标的成败。

(5)确定报价技巧。正确的报价技巧对提高中标率并获得较高的利润有重要作用。

(6)编制、投送标书。投标报价完成后,即应编制正式投标书。投标单位应按招标单位的要求编制投标书,并在规定时间内将投标文件送到指定地点。

3.3.2　投标报价的计算方法

(一)定额计价法和工程量清单计价法

投标报价的方法一般有定额计价法和工程量清单计价法两种。

(1)定额计价法。即以定额为依据,按定额规定的分部分项子目逐项计算工程量,套用定额基价确定直接费,然后按规定取费标准确定构成工程价格的其他费用和利税,由此获得建筑安装工程造价的一种计价模式。这种投标报价准确性较高,适用于招标单位已经提供了施工图纸的工程,也被叫作传统计价模式。

(2)工程量清单计价法。即由招标人按照国家统一的《建设工程工程量清单计价规范》(GB 50500—2013)要求及施工图提供工程量清单,由投标人对工程量清单进行核定,并依据工程量清单、施工图、企业定额以及市场价格自主报价、取费,从而获取建筑安装工程造价的一种计价模式。这种投标报价有利于竞争,有利于促进施工生产技术发展。全部使用国有资金投资或国有资金投资为主的项目必须采用工程量清单计价。

工程量清单是表现拟建工程的分部分项工程项目、措施项目、其他项目名称及相应工程数量的明细清单。工程量清单应由具有编制招标文件能力的招标人,或受其委托具有相应资质的中介机构进行编制,它是招标文件的重要组成部分之一,随招标文件发至投标人。

工程量清单中分部分项工程量清单为不可调整的闭口清单,投标人对招标文件提供的分部分项工程量清单必须逐一计价,对清单所列内容不允许做任何变动。投标人如果认为清单内容有不妥或遗漏,只能通过质疑的方式由清单编制人做统一的修改更正。清单编制人应将修正后的工程量清单发往所有投标人。措施项目清单为可调整清单,投标人对招标文件中所列项目可根据企业自身特点做适当的变更增减。投标人要对拟建工程可能发生的措施项目和措施费用通盘考虑。清单一经报出,即被认为包括了所有应该发生的措施项目的全部费用。其他项目清单由招标人部分和投标人部分组成。当投标人认为招标人列项不全时,投标人可自行增加列项。

(二)定额计价法和工程量清单计价法的区别

(1)项目划分。定额计价法中以工序为划分项目;工程量清单计价法中以工程实体为划分项目,综合了相关的工序,而且实体项目与措施项目分离。

(2)施工工艺、方法。定额计价法中是按照大多数企业采用的常规施工工艺、方法取定的;工程量清单计价法中则由企业自主决定施工工艺、方法。

(3)人工、材料、机械消耗量。定额计价法中按照社会平均水平计取;工程量清单计价法中则由企业自主决定。

(4)取费标准。定额计价法的取费标准是按照不同地区水平平均测算的;工程量清单计价法中管理费、利润、风险及相关费用的取定由企业自主决定。

(5)工程量计算规则。定额计价法中中工程量计算规则要考虑一定的施工方法;工程量清单计价法中计算规则是按设计图示尺寸工程实体的数量进行计算的,不考虑施工方法的影响。

3.3.3 投标报价的费用组成

为了深化工程计价改革的需要,根据国家有关法律、法规及相关政策,在原《建筑安装工程费用项目组成》(建标〔2003〕206 号)执行情况的基础上,修订完成了《建筑安装工程费用项目组成》(建标〔2013〕44 号),并于 2013 年 7 月 1 日开始施行。建筑安装工程费的组成分别按照费用构成要素和工程造价形成来划分。

(一)按照费用构成要素划分

建筑安装工程费按照费用构成要素由人工费、材料(包含工程设备,下同)费、施工机具使用费、企业管理费、利润、规费和税金组成。其中人工费、材料费、施工机具使用费、企业管理费和利润包含在分部分项工程费、措施项目费、其他项目费中。

(二)按照工程总价形成划分

按照工程造价形成划分,建筑安装工程费由分部分项工程费、措施项目费、其他项目费、规费、税金组成(图 3-1),分部分项工程费、措施项目费、其他项目费包含人工费、材料费、施工机具使用费、企业管理费和利润。

(1)分部分项工程费。指各专业工程的分部分项工程应予列支的各项费用。各类专业工程的分部分项工程划分见现行国家或行业计量规范。

(2)措施项目费。指为完成建设工程施工,发生于该工程施工前和施工过程中的技术、生活、安全、环境保护等方面的费用。

(3)其他项目费。

①暂列金额。指建设单位在工程量清单中暂定并包括在工程合同价款中的一笔款项。

用于施工合同签订时尚未确定或者不可预见的所需材料、工程设备、服务的采购,施工中可能发生的工程变更、合同约定调整因素出现时的工程价款调整以及发生的索赔、现场签证确认等的费用。

②计日工。指在施工过程中,施工企业完成建设单位提出的施工图纸以外的零星项目或工作所需的费用。

③总承包服务费。指总承包人为配合、协调建设单位进行的专业工程发包,对建设单位自行采购的材料、工程设备等进行保管以及施工现场管理、竣工资料汇总整理等服务所需的费用。

(4)规费。指按国家法律、法规规定,由省级政府和省级有关权力部门规定必须缴纳或计取的费用。

(5)税金。指国家税法规定的应计入建筑安装工程造价内的营业税、城市维护建设税、教育费附加以及地方教育费附加。

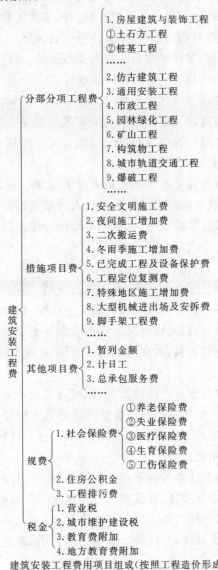

图 3-1 建筑安装工程费用项目组成(按照工程造价形成划分)

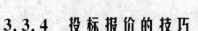

3.3.4　投标报价的技巧

投标报价技巧研究的实质是在保证质量与工期的前提下,寻求一个好的报价。承包商为了中标并获得期望的效益,在投标程序的全过程中几乎都要研究投标报价的技巧问题。常用的报价技巧主要有以下几种:

1. 不平衡报价法

不平衡报价法是指一个工程项目在投标报价总价基本确定后,调整内部各个项目的报价,既不提高总价,又不影响中标,同时结算时能得到更理想的经济效益。一般可以考虑不平衡报价法的情况有:

(1)对能早日结账收款的项目(如土方开挖、基础工程、桩基工程等)可适当提高报价,这样有利于资金周转、存款利息也较多;而后期项目的报价可适当降低。

(2)估计今后工程量会增加的项目,单价可适当提高;将工程量减少的项目单价降低。

上述两种情况要统筹考虑,即对于工程量有错误的早期工程,如果实际工程量可能小于工程量表中的数量,则不能盲目抬高单价,要具体分析后再定。

(3)图纸不明确或有错误,估计修改后工程量要增加的,可以提高单价;而工程内容解说不清楚的,则可适当降低单价,待澄清后可再要求提价。

(4)暂定项目,又叫任意项目或选择项目,对这类项目要具体分析。因为这类项目要在开工后再由业主研究是否实施以及由哪家承包人实施。如果工程不分标,则其中肯定实施的项目单价可高些,不一定实施的项目则应低些;如果工程分标,该暂定项目也可能由其他承包人施工时,则不宜报高价,以免抬高总报价。

采用不平衡报价法一定要建立在对工程量表中工程量仔细核对分析的基础上,特别是报低单价的项目,如工程量执行时增多将造成承包人的重大损失;不平衡报价过多或过于明显,可能会引起业主反对,甚至导致废标,因此不平衡报价法的运用应控制在合理的范围内,一般为 8%～10%。

2. 多方案报价法

若业主拟定的合同条件过于苛刻,为使业主修改合同,可准备"两个报价",并阐明,若按原合同规定,投标报价为某一数值,但倘若合同做某些修改,则投标报价为另一数值,即比前一数值的报价低一定的百分点,以此吸引对方修改合同。但必须先报按招标文件要求估算的价格而不能只报备选方案的价格,否则可能会被当作"废标"来处理。

3. 增加建议方案法

有时招标文件规定可以提出一个建议方案,即可以修改原设计方案而提出投标者的方案。投标者这时应抓住机会,组织一批有经验的设计施工工程师,对原招标文件的设计和施工方案仔细研究,提出更合理的方案,促成自己的方案中标。这种新建议方案可以降低总造价或缩短工期,或使工程运用更为合理。

运用增加建议方案法时要注意的问题:

(1)对原招标方案一定也要报价,这反映了对原招标文件内容的响应。

(2)建议方案一定要比较成熟,有很好的可操作性。

(3)建议方案不要写得太具体,要保留方案的关键技术,防止业主将此方案交给其他承包人。

4. 费用构成调整报价

(1)计日工单价的报价

如果是单纯报价计日工单价,而且不计入总价时,可以报高些,以便在业主额外用工或使用机械时多盈利。但如果计日工单价要计入总报价时,则需具体分析是否报高价,以免抬高总报价。

(2)暂定工程量的报价

暂定工程量的报价主要有下列三种情况:

①业主规定了暂定工程量的分项内容和暂定总价款,规定所有投标人都必须在总报价中加入这笔固定金额,但由于分项工程量不很准确,允许将来按投标人所报单价和实际完成的工程量付款。由于这种情况暂定总价款是固定的,对总报价水平竞争力没有任何影响,因此,投标时应将暂定工程量的单价适当提高,这样既不会因为今后工程变更而吃亏,也不会削弱投标报价的竞争力。

②业主列出了暂定工程量的项目和数量,但并没有限制这些工程量的估价总价款,要求投标人既列出单价,也应按暂定项目的数量计算总价,当将来结算付款时可按实际完成的工程量和所报单价支付。这种情况投标人必须慎重考虑,如果单价定高了会增大总报价,影响投标报价的竞争力,如果单价定低了,将来这类工程量增加会影响收益,一般来说,这类工程可以采用正常价格。

③只有暂定工程的一笔固定总金额,至于金额将来的用途由业主确定。这种情况对投标竞争没有实际意义,投标人按招标文件要求将规定的暂定金额列入总报价即可。

(3)阶段性报价

对于大型分期建设工程,在一期工程投标时,可以将部分间接费分摊到二期工程,少计利润争取中标。这样在二期工程招标时,凭借第一期工程的经验、临时设施以及创立的信誉,比较容易中标。但应注意分析二期工程实现的可能性,如开发前景不明确、后续资金来源不明确,实施二期工程可能性不大,则不宜考虑此种报价技巧。

(4)无利润报价

缺乏竞争优势的承包人在某些不得已的情况下,为了中标其报价不能考虑自身利润。这种报价一般在处于以下情况时采用:

①有可能在得标后,将大部分工程包给索价较低的分包商。

②分期建设的项目,先以低价获得首期工程,而后赢得机会创造二期工程中的竞争优势,在以后的工程中获取利润。

③承包人长时期没有在建的工程项目,如果再不中标,企业难以维持生存。

5. 突然降价法

这是针对竞争对手采取的一种报价技巧,其运用的关键在于突然性。先按一般情况报价或表现出自己对该工程兴趣不大,到快要截止投标时再突然降价。要注意降价幅度应控制在自己的承受能力范围以内,且降价报出的时间一定要在投标截止时间之前,否则降价无效。

6. 许诺优惠条件

投标报价时附带优惠条件是行之有效的一种手段。招标人评标时,一般除了考虑报价和技术方案外,还要分析其他条件,如工期、支付条件等。因此,投标人可主动提出提前竣工、低息贷款、赠予施工设备、免费转让某项新技术、免费技术协作、代为培训人员等,这些均是吸引业主、利于中标的辅助手段。

3.4 投标中应注意的问题

3.4.1 明确投标目标

为了创造经济效益,投标前应详细计算成本、开支、利润等,对大的项目、时间将拖延的项目,还应将风险计算进去。全面考虑不利因素之后,决定是否投标。若为打开局面、占领市场、创立品牌,则可不考虑利润。

3.4.2 投标操作中应注意的问题

(一)商务方面

(1)应从多渠道获得信息,包括概算、所需产品的主要指标、是否需进口等。

(2)开标前与项目单位、招标单位进行必要的接触,了解他们的需要。

(3)要正式购买招标书,并按购到的招标书中的指示来准备投标。

(4)在开具保函方面,开户行级别、金额、有效期等应符合要求。世界银行范本专门规定应由一家信誉好的银行出具保函。日元贷款项目还要求各地银行开出的保函必须在中国银行总行进行验证。

(5)若是代理商,则应尽早从制造商那里拿到正式委托书。制造商应提供如下资料:制造商对代理商的授权信;制造商的资格证明;报价单;货物简介;详细的技术应答表;印刷的产品样本;产品的批准或注册文件、获奖文件等。

(6)投保人应严格按照招标文件规定,做出合格的投标书。

(二)技术方面

技术方面应做到以下几点:

(1)应达到招标文件中各项指标的要求。

(2)争取邀请用户进行考察。

(3)招标文件中的特殊要求应得到满足。

(4)应交代零配件供应及维修点设置的情况。

(5)按要求写明质量保修期期限。

3.4.3 计算标价时应注意的问题

我国一些承包公司在分析标价和决策最终标价时,为了争取中标,常常无根据地压低报价。这种压低标价增加风险的做法是不可取的。我们应该在计算标价时实事求是。

编标人员在计算标价时,对一些工程部位的单价层层加码,多留余地,而在计算另一些工程部位时,却无根据地压低报价,常常由于标价计算不合理、不准确,连编标人自己都不知道工程的真正成本费用是多少,究竟有多少利润,从而使标价计算混乱,决策不准确,造成失误。在标价计算过程中,编标人应实事求是地计算工程成本,计算标价,以免做出不准确的判断,导致投标或经营失败。

3.4.4　对投标风险的处理

一些承包公司习惯用意外费用承担投标报价中的风险,应付投标中无把握的因素,这种做法也是不可取的。既然投标人认为有风险和无把握因素,正说明投标人心中无底,难以判断风险的大小,也就无法准确地算出意外风险费用的多少。如果意外风险费用算少了,工程承包必然因风险过多而出现亏损;如果风险费用算多了,势必导致标价过高而失去中标的机会。

对于承包工程中可能出现的风险,承包人应设法分清风险的种类及程度,并将风险责任转移。在投标承包中,属于设计变更、自然地质条件变化等因素造成的损失,应由业主负责;另有一部分风险可通过保险来解决,如水灾、火灾、地震等,承包人应通过保险把尽可能多的风险转移到保险公司身上。

对于一些风险因素较多且难以预先估计其风险程度的工程,特别是技术不落实的工程,是否用意外费用来承担其风险,承包人应慎重分析决定。对于这种工程,最稳妥的处理办法是不投标。

3.4.5　其他应注意的问题

(1)世界银行及亚洲发展银行等国际金融机构贷款的工程项目,对个别方面要求比较严格,编制投标文件应符合标书要求,越是大项目越应该严格要求。

(2)单价合同项目的单价不能出错,包干价项目的总价也不能算错。投标文件出现这种错误是不允许更正的,而其他错误一般是可以更正的。

(3)编标过程应保密,最后确定的标价的知情人应限定在一定的范围之内,不允许周围的人包括代理人对投标价格摸底。有关编标的计算方法、施工组织和取费标准等均是商业秘密,应注意保密。

(4)为保证投标竞争力,应分析对手的标价水平。应尽量搜集对手材料并加以分析。除研究对手正常业务水平以外,还应研究对方可能采取的策略。

(5)任何时候均不能相信业主或其代理人等的亲昵表示,决不能向其透漏自己的标价,也不能吐露自己的报价策略。

(6)承包公司为打入新市场或为维持公司经营,可采用投亏损标策略。但采用这种策略必须慎之又慎,应有弥补亏损的措施,并对市场前景、自身经营状况等方面加以认真分析,不宜轻易效仿外国公司的这种经营策略。

(7)编标时间较紧,可不对报价表中的全部项目做详细计算。在工程项目不是很复杂的前提下,投标人可以只详细计算主要的工程报价项目,对次要的报价项目进行评估。但对于国际承包工程经验少、不熟悉国际市场行情的承包公司,不宜采用此办法,特别是在某国第一次参与投标。

(8)标价的高低不损害承包公司的声誉,但投标之后,切记标价大起大落,这种波动对投标公司的信誉是有损害的。世界银行及亚洲发展银行等贷款的工程项目开标后不允许再降价,以降价争取中标是完全行不通的。业主出资的项目,开标后往往要求降价,这时承包人可视情况做些调整,但不宜大幅度调整标价,更不能在业主压力下一降再降,影响正常施工和承包收益。

本章小结 >>>

投标是承包商目前承揽施工任务最普遍、最行之有效的方式,关系到企业的兴衰存亡,因此施工企业必须重视投标的组织工作,应选聘经营管理、施工技术与工程预算三个方面的专门人才来组建投标班子。

进行工程投标必须严格遵守投标的程序。企业投标阶段的主要工作内容有:认真细致地按业主要求编写资格预审文件;进行业主情况、市场材料价格行情、施工现场条件等方面的调查;根据自身实力进行投标决策;研究招标文件;会审施工图纸和校核工程量清单;编写施工规划与工程报价书;报送投标文件、参加开标会议等。

投标文件一般包括三方面内容:综合标部分,主要包括投标函及附表、各种资格证明文件、企业业绩及项目经理部的配备情况与投入设备情况;技术标部分,主要是项目施工的施工规划文件;商务标部分,主要是工程报价表及详细的工程预算书等。

为了防止盲目投标,投标前应进行投标决策,内容有项目选择决策、施工方案决策,投标报价决策等。为了提高中标概率,企业可采用组建联营体投标、低报价投标等策略。

复习思考题 >>>

1. 投标经营人员应满足哪些要求?

2. 简述投标的基本工作程序。

3. 投标前应做好哪些准备工作?

4. 施工现场勘查应了解哪些内容?

5. 简述投标文件的组成。

6. 编制投标文件应注意哪些问题?

7. 在什么情况下,施工企业应放弃投标?

8. 组建联营体承包项目有哪些优势?

9. 确定报价水平(高、中、低)应考虑哪些方面的因素?

10. 什么是投标决策?投标决策涉及哪几个方面?

11. 报价过程中都有哪些技巧?

建设工程勘察设计招投标

通过本章学习,掌握建设工程勘察设计招投标的含义,熟悉建设工程勘察设计招标文件的基本组成,熟悉招标的范围和标准、招标文件的编制,了解建设工程勘察设计招标的流程,投标人和投标人资格以及投标文件的编制,了解建设工程勘察设计的开标、评标、中标。

4.1 建设工程勘察设计招投标概述

4.1.1 建设工程勘察设计招标的含义

建设工程勘察设计不仅能够提高建设工程勘察、设计活动的管理水平,并且能够对保证建设工程勘察、设计质量和保护人民生命财产安全起到非常重要的作用。因此,为了使建设工程勘察设计能够适应社会、经济的发展水平,使经济效益、社会效益和环境效益相统一,我国于 2000 年 9 月 25 日颁布《建设工程勘察设计管理条例》,并于 2015 年 6 月 12 日进行修订。《建设工程勘察设计管理条例》要求:建设工程勘察、设计单位必须依法进行工程勘察、设计,严格执行工程建设强制性标准,并对建设工程勘察、设计的质量负责。

建设工程勘察、设计应当与社会、经济发展水平相适应,做到经济效益、社会效益和环境效益相统一。从事建设工程勘察、设计活动,应当坚持先勘察、后设计、再施工的原则。为了促进建设工程勘察设计行业的发展,国家鼓励在建设工程勘察、设计活动中采用先进技术、先进工艺、先进设备、新型材料和现代管理方法。

(一)建设工程勘察

建设工程勘察,是指根据建设工程的要求,查明、分析、评价建设场地的地质地理环境特

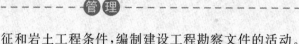

征和岩土工程条件,编制建设工程勘察文件的活动。

建设工程勘察的基本内容是工程测量、水文地质勘查和工程地质勘查。勘察任务在于查明工程项目建设地点的地形地貌、地层土壤岩性、地质构造、水文条件等自然地质条件资料,做出鉴定和综合评价,为建设项目的选址、工程设计和施工提供科学可靠的依据。

（二）建设工程设计

建设工程设计,是指根据建设工程的要求,对建设工程所需的技术、经济、资源、环境等条件进行综合分析、论证,编制建设工程设计文件的活动。

设计是基本建设的重要环节。在建设项目的选址和设计任务书已定的情况下,建设项目是否技术上先进和经济上合理,设计将起着决定作用。按我国现行规定,一般建设项目按初步设计和施工图设计两个阶段进行。对于技术复杂而又缺乏经验的项目,经主管部门指定,需增加技术设计阶段,对一些大型联合企业、矿区和水利枢纽,为解决总体部署和开发问题,还需进行总体规划设计或总体设计。

（三）建设工程勘察设计招标

建设工程勘察设计招标是指招标人在实施勘察设计工作之前,以公开或邀请书的方式提出招标项目的指标要求、投资限额和实施条件等,由愿意承担勘察设计任务的投标人按照招标文件的条件和要求,分别报出工程项目的构思方案和实施计划,然后由招标人通过开标、评标确定中标人的过程。

建设工程勘察招标和设计招标,既可以单独发包给具有相应资质的单位来实施,又可以作为一个整体来发包。但是,勘察工作所取得的基础资料,是建设工程项目设计所需的依据,并且应该最大限度满足设计的需要。因此,勘察设计进行总承包的项目较为普遍,这样不仅便于进行协调管理工作,而且勘察工作可以直接根据设计需要,更加有针对性、目的性地进行。

建设工程勘察设计招标,与一般的施工招标存在着一定的区别,具体表现在招标文件内容、开标形式和评标原则等方面,例如,招标人在招标文件中并不会对勘察和设计的工作量提出具体的要求;开标时,与施工招标有所不同,是由投标人来说明方案基本构思、意图和其他内容;评标时,标的的报价,即设计费,不是最关键的因素,而设计方案的合理性、特色性、工艺技术的先进性,整体的经济性等方面是更加重要的考察因素。

4.1.2 建设工程勘察设计招标

（一）建设工程勘察设计招标的范围与条件

为了提高经济效益、保证工程质量,建设工程勘察设计招标投标活动必须依照国家制定的相关规范来实施和管理。我国国家发展和改革委员会等部门根据《招标投标法》《招标投标法实施条例》,于2003年制定并实施《工程建设项目勘察设计招标投标办法》,并于2013年进行修正。

建设工程勘察设计的招标范围,应符合《工程建设项目招标范围和规模标准规定》（国家计委令第3号）规定的范围和标准。按照法律规定,如果项目必须进行招标,则招标人不可以通过化整为零或因其他任何方式来规避招标,并且招投标活动不可被任何方式非法干涉。

1. 招标范围

按照国家的规定,建设工程勘察设计不仅需要办理项目审批、核准等手续,并且必须要进行招标。但是,在一些特殊情形下,经过项目审批、核准部门的审批、核准之后,项目的勘察设计可以不进行招标。具体的特殊情形包括以下几种:

(1)涉及国家安全、国家秘密、抢险救灾或者属于利用扶贫资金实行以工代赈、需要使用农民工等特殊情况。

(2)主要的工艺和技术,采用不可替代的专利或者专有技术,或者其建筑艺术造型有特殊要求。

(3)依照法律法规,采购人能够自行勘察、设计。

(4)通过招标方式来选定的特许经营项目投资人,投资人依法能够自行勘察、设计。

(5)技术复杂或专业性强,能够满足条件的勘察设计单位少于三家,不能形成有效竞争。

(6)已建成项目需要改、扩建或者技术改造,由其他单位进行设计影响项目功能配套性。

(7)国家规定其他特殊情形。

2. 招标条件

根据国家相关法规,建设工程勘察设计,在招标时应当具备一定的基本条件,如果不具备招标条件的项目进行招标,可能导致招标无效,并产生相应的法律后果和纠纷。招标时应当具备的具体条件如下:

(1)招标人已经依法成立。如果招标人是国家机关或者事业单位,则不存在此问题。但是,如果是公司等企业形式就必须已经依法成立。因为招标人属于合同的一方,应当独立承担民事责任,如果企业尚在筹备中,或者仅是企业或者其他单位的一个部门并且没有获得单位授权,则一般不能进行项目招标。

(2)按照国家有关规定需要履行项目审批、核准或者备案手续的,已经审批、核准或者备案。项目已经审批通过,包括项目本身已经通过立项审批,同时,如果国家规定该招标项目的招标需要审批,还必须经过招标审批。《招标投标法实施条例》第七条进一步细化了审批的内容,规定,"按照国家有关规定需要履行项目审批、核准手续的依法必须进行招标的项目,其招标范围、招标方式、招标组织形式应当报项目审批、核准部门审批、核准。项目审批、核准部门应当及时将审批、核准确定的招标范围、招标方式、招标组织形式通报有关行政监督部门。"

(3)勘察设计有相应资金或者资金来源已经落实。建设工程勘察设计所需的资金或其来源已经落实,即招标人应当有进行招标项目勘察设计的相应资金或者资金来源已经落实,并应当在招标文件中如实载明。当然,对于以 BOT、PPP 等融资项目的招标,则不需要具备该条件。如《市政公用事业特许经营管理办法》第八条规定,对于市政公用事业特许经营项目,呈报直辖市、市、县人民政府批准后,即可以向社会公开发布招标条件,受理投标。

(4)所必需的勘察设计基础资料已经收集完成。招标人须为投标人提供勘察设计工作所必需的基础资料,因此在基础资料收集完成的情况下才可以进行招标。

(5)法律、法规规定的其他条件。对于招标项目需要其他条件的,应当由法律、法规或者规章予以具体规定,但是,规定条件时,应当坚持平等与公平原则,不能以不合理的条件限制部分投标人投标,实施歧视待遇。

(二)建设工程勘察设计的招标方式

建设工程勘察设计的招标,可依据工程项目的自身特点,在保证项目完整性、连续性的前提下,选择一次性总体招标或按照技术要求实行分段或分项招标。

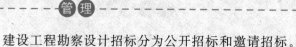

建设工程勘察设计招标分为公开招标和邀请招标。

如果项目的技术复杂、有特殊要求或者受自然环境限制,以致只有少量潜在投标人可供选择,或者是项目采用公开招标方式,招标所需的费用占项目合同金额的比例过大,可以由相关部门做出认定,进行邀请招标。在采用邀请招标方式的情况下,招标人应保证有三个以上具备承担招标项目勘察设计的能力的投标人,并且投标人应该是具有相应资质的特定法人或者其他组织。

除上述可以进行邀请招标的项目外,国有资金投资占控股或者主导地位的工程建设项目,以及国务院发展和改革部门确定的国家重点项目和省、自治区、直辖市人民政府确定的地方重点项目,应当公开招标。

(三)建设工程勘察设计的招标流程

1.办理招标登记

招标人具备招标条件后,应持项目审批部门批准的立项文件(包括对工程项目招标范围、招标方式和招标组织形式的核准意见书)和规划部门批准的规划意见书,及其他有关文件在发布招标公告或邀请书5个工作日之前,到所在地规划委员会招标投标办公室进行招标登记。

2.组建规模相适应的工作班子或委托招标代理机构

(1)招标人需要自行办理招标的相关事宜,并且应当具有编制招标文件和组织评标的能力,具体包括:具有项目法人资格(或者法人资格);具有与招标项目规模和复杂程度相适应的工程技术、概预算、财务和工程管理等方面专业技术力量;有从事同类工程建设项目招标的经验;设有专门的招标机构或者拥有三名以上专职招标业务人员;熟悉和掌握《招标投标法》及有关法规规章。如果招标人符合自行招标的有关条件,应该委托招标代理机构办理招标的相关事宜。

(2)确定招标组织形式应提交的有关材料,具体包括:招标组织机构和专职招标业务人员的证明材料,专业技术人员名单、职称证书或者执业资格证书及其工作经历的证明材料,同时应提交办理此项目设计招标相关事宜的法人代表委托书,委托招标的需提供招标方与委托代理机构签订的委托合同,并提供委托代理机构的资质证明材料。

3.发布招标公告

如果项目依法应该进行招标,那么招标人在发出招标公告,或招标邀请书5个工作日前,需要向所在地的规划委员会进行备案。

项目如果进行公开招标,应当发布勘察设计招标公告,招标人可在所在地建设工程发包承包交易相关指定的信息网站上向社会公布招标信息,此信息将同时在国家批准的招标信息发布指定媒体"中国采购与招标网"与"中国建设报电子版"显示。国际招标应由《中国日报》登载。

招标人应当按招标公告或者投标邀请书规定的时间、地点出售招标文件或者资格预审文件。自出售之日起至停止出售之日止,最短不得少于5个工作日。

招标公告的内容,一般包括:项目基本情况、投资人资质要求、资格审查方式、招标文件的获取、投标保证金、设计补偿、设计费、投标文件的提交等。

4.编制发售资格预审文件

如果招标人需要对投标人进行资格预审,那么招标人应当根据建设工程的性质、特点和要求,编制资格预审的条件和方法,并在招标公告中写明。

公开招标的招标人如果需要限制投标人的数量,则需要在招标公告中写明预审后的投标人数量。如果招标公告中没有写明,招标人则不可以限制符合资格预审条件的投标人投标。

5. 确定合格投标人

公开招标经资格预审之后,应该选择不少于三个合格的投标人参加投标;邀请招标可直接邀请不少于三个具有相应资质的投标人参加投标。

6. 编制发售招标文件

招标人或者招标代理机构应当根据招标项目的特点和需要编制招标文件。

招标文件编制完毕后,招标人应将招标文件报送招标办审核。审核后,如果招标办没有提出异议,招标人可以发出招标文件。如果审核发现存在问题,那么招标人应该对招标文件进行修改,在经过招标办的确认之后才能发出。招标人在发出招标文件之前,必须提供一份合格或修改后合格的招标文件送招标办备案。

编制投标文件的时间长短,是由招标人来确定的。招标人应当确定潜在投标人编制投标文件所需要的合理时间。根据相关规定,依法必须进行勘察设计招标的项目,自招标文件开始发出之日起至投标人提交投标文件截止之日止,最短不得少于 20 日。

如果招标人对已发出的招标文件需要进行必要的澄清或者修改,应当在提交投标文件截止日期 15 日前以书面形式通知所有招标文件的收受人。

7. 组织现场踏勘和答疑

对于潜在投标人在阅读招标文件和现场踏勘中提出的疑问,招标人可以书面形式或召开投标预备会的方式解答,但需同时将解答以书面形式通知所有招标文件收受人。该解答内容的书面形式则是招标文件的组成部分。

8. 接收投标文件

招标人在招标文件中规定的投标截止日期前接收投标人的投标文件,接收投标文件时,需要检查投标文件的密封情况。

9. 组织评标委员会

评标由招标人依法组建的评标委员会负责,评标委员会由招标人的代表和有关技术、经济等方面的专家组成,成员人数为 5 人以上单数,其中技术、经济等方面的专家不得少于成员总数的三分之二。评标专家应当从所在地的规划委员会和建设委员会确定的专家名册或者建设工程招标代理机构的专家库中随机抽取确定。特殊项目的评标专家选取方式按照国家和所在地的有关规定执行。

如果随机选取的专家存在以下的情形,则不可以担任评标委员会成员:投标人或者投标人主要负责人的近亲属;项目主管部门或者行政监督部门的人员;与投标人有经济利益关系,可能影响对投标公正评审的;曾因在招标、评标以及其他与招标投标有关活动中从事违法行为而受过行政处罚或刑事处罚的。

专家的抽取应在开标前两天进行。评标委员会成员的名单在中标结果确定前应当保密。

10. 开标、评标

(1)开标应当在招标文件确定的提交投标文件截止时间的同一时间公开进行;开标地点

应当为招标文件中预先确定的地点。招标人应当接受有关行政监督部门对开标过程的监督。

（2）评标工作由评标委员会负责。评标委员会应当按照招标文件确定的评标标准和方法，结合政府的有关批准文件，对投标人的业绩、信誉和勘察设计人员的能力以及勘察设计方案的优劣进行综合评定。

11. 确定中标人

评标委员会完成评标后，应当向招标人提出书面评标报告，推荐合格的中标候选人。评标委员会推荐的中标候选人应当限定在1～3人，并标明排列顺序。能够最大限度地满足招标文件中规定的各项综合评价标准的投标人，应当推荐为中标候选人。使用国有资金投资或国家融资的工程建设项目，招标人一般应当确定排名第一的中标候选人为中标人。

招标人应在接到评标委员会的书面评标报告后15日内，根据评标委员会的推荐结果确定中标人，或者授权评标委员会直接确定中标人。招标人应当在中标方案确定之日起7日内，向中标人发出中标通知，并将中标结果通知所有未中标人。招标人和中标人应当自中标通知书发出之日起30日内，按照招标文件和中标人的投标文件订立书面合同。

12. 招投标情况书面报告

依法必须进行勘察、设计招标的项目，招标人应当在确定中标人之日起15日内，向所在地规划委员会勘察设计招标投标管理办公室提交招标投标情况的书面报告。

（四）建设工程勘察设计招标文件

建设工程勘察设计招标文件发售之前，可先进行资格预审。发售资格预审文件或招标文件的时间和地点，应遵守资格预审公告、招标公告或投标邀请书中规定。进行资格预审的项目，招标人只向资格预审合格的潜在投标人发售招标文件，同时向不合格的投标人告知资格预审结果。

勘察设计招标文件应当包括下列内容：投标须知；投标文件格式及主要合同条款；项目说明书，包括资金来源情况；勘察设计范围，对勘察设计进度、阶段和深度要求；勘察设计基础资料；勘察设计费用支付方式，对未中标人是否给予补偿及补偿标准；投标报价要求；对投标人资格审查的标准；评标标准和方法；投标有效期（从提交投标文件截止日起计算）。

招标文件中，对项目设计提出明确要求的"设计要求"或"设计大纲"是最重要的文件部分，文件大致包括以下内容：

（1）设计文件编制的依据，包括设计文件编制的依据主要包括项目批准文件、城市规划、工程建设强制性标准和国家规定的建设工程勘察设计深度要求，铁路、交通、水利等专业建设工程，还应当以专业规划的要求为依据。

（2）国家有关行政主管部门对规划方面的要求，包括主要建筑设计内容，建筑间距应满足关于日照及消防规范的要求，绿化环境规划要求，建筑密度，退让用地红线，退让道路红线，交通规划要求，布置合理的停车位等。

（3）技术经济指标要求，主要是指单体建筑技术经济指标，包括建筑面积、平方米造价、建筑系数（面积系数、体积系数等）。

此外，还包括平面布局的要求，结构形式方面的要求，结构设计方面的要求，设备设计方面的要求，特殊工程方面的要求，以及其他有关方面的要求，如环境保护、消防等。

招标人负责提供与招标项目有关的基础资料，并保证所提供资料的真实性、完整性。涉及国家秘密的除外。对于潜在投标人在阅读招标文件和现场踏勘中提出的疑问,招标人可以书面形式或召开投标预备会的方式解答,但需同时将解答以书面方式通知所有招标文件收受人。该解答的内容为招标文件的组成部分。

4.1.3 建设工程勘察设计投标

(一)投标人

投标人是指响应招标、参加投标竞争的法人或者其他组织。

在我国注册登记,从事建筑、工程服务的国外设计企业参加投标的,必须符合中华人民共和国缔结或者参加的国际条约、协定中所做的市场准入承诺以及有关勘察设计市场准入的管理规定。投标人应当符合国家规定的资质条件。

(二)建设工程勘察设计投标人资格

建设工程勘察、设计单位应当在其资质等级许可的范围内承揽建设工程勘察、设计业务。建设工程勘察、工程设计资质标准和各资质类别、级别企业承担工程的具体范围由国务院建设行政主管部门商国务院有关部门制定。

国家对从事建设工程勘察、设计活动的专业技术人员,实行执业资格注册管理制度。未经注册的建设工程勘察、设计人员,不得以注册执业人员的名义从事建设工程勘察、设计活动。建设工程勘察、设计注册执业人员和其他专业技术人员只能受聘于一个建设工程勘察、设计单位;未受聘于建设工程勘察、设计单位的,不得从事建设工程的勘察、设计活动。

1. 工程勘察资质

工程勘察资质分为工程勘察综合资质、工程勘察专业资质、工程勘察劳务资质。

工程勘察综合资质只设甲级;工程勘察专业资质设甲级、乙级,根据工程性质和技术特点,部分专业可以设丙级;工程勘察劳务资质不分等级。

取得工程勘察综合资质的企业,可以承接各专业(海洋工程勘察除外)、各等级工程勘察业务;取得工程勘察专业资质的企业,可以承接相应等级相应专业的工程勘察业务;取得工程勘察劳务资质的企业,可以承接岩土工程治理、工程钻探、凿井等工程勘察劳务业务。

2. 工程设计资质

工程设计资质分为工程设计综合资质、工程设计行业资质、工程设计专业资质和工程设计专项资质。

工程设计综合资质只设甲级;工程设计行业资质、工程设计专业资质、工程设计专项资质设甲级、乙级。

根据工程性质和技术特点,个别行业、专业、专项资质可以设丙级,建筑工程专业资质可以设丁级。

取得工程设计综合资质的企业,可以承接各行业、各等级的建设工程设计业务;取得工程设计行业资质的企业,可以承接相应行业相应等级的工程设计业务及本行业范围内同级别的相应专业、专项(设计施工一体化资质除外)工程设计业务;取得工程设计专业资质的企业,可以承接本专业相应等级的专业工程设计业务及同级别的相应专项工程设计业务(设计施工一体化资质除外);取得工程设计专项资质的企业,可以承接本专项相应等级的专项工程设计业务。

3. 其他审查

除对投标人的资质进行审查之外,还需进行能力和经验审查。

能力审查是指判定投标人是否具备承担发包任务的能力,通常审查投标方人员的技术力量和所拥有的技术设备两方面。人员的技术力量主要考察设计负责人的资质能力,以及各类设计人员的专业覆盖面、人员数量、各级职称人员的比例等是否满足完成工程设计的需要。审查设备能力主要是审核开展正常勘察或设计所需的器材和设备,在种类、数量方面是否满足要求。

经验审查是指通过投标人报送的最近几年完成工程项目表,评定其设计能力和水平。经验审查侧重于考察已完成的设计项目与招标工程在规模、性质、形式上是否相适应。

(三)建设工程勘察设计投标文件编制

编制建设工程勘察文件,应当真实、准确,满足建设工程规划、选址、设计、岩土治理和施工的需要。编制方案设计文件,应当满足编制初步设计文件和控制概算的需要。编制初步设计文件,应当满足编制施工招标文件、主要设备材料订货和编制施工图设计文件的需要。编制施工图设计文件,应当满足设备材料采购、非标准设备制作和施工的需要,并注明建设工程合理使用年限。

大中城市建筑设计为三个阶段:方案阶段、初步设计阶段和施工图阶段。小型和技术简单的城市建筑,可以方案设计阶段代替初步设计阶段,对技术复杂而又缺乏经验的项目,需增加技术设计阶段。

前期准备阶段,应研究设计依据,收集原始资料,现场勘查及调查研究。具体包括:可行性研究报告,规划局核定的用地位置、界限、核发的建设用地规划许可证,有关的政策、法令、规范、标准,气象资料、地质条件、地理环境,市政设施供应情况,建设单位的使用要求及所提供的设计要求,设计合同等。

方案设计阶段,设计深度应符合建设部的相关规定。编制方案设计文件,应当满足编制初步设计文件和控制概算的需要。方案设计的内容主要有:设计说明书,包括设计依据、设计要求及主要技术经济指标,总平面设计说明,各专业设计说明(包括建筑设计说明、结构设计说明、建筑电气设计说明、给水排水设计说明、采暖通风与空气调节设计说明、热能动力说明等)以及投资估算等内容;总平面图以及建筑设计图纸;设计委托或设计合同中规定的透视图、鸟瞰图、模型等。方案设计的深度应能满足初步设计文件的编制以及控制概算的需要。

初步设计阶段,要以业主及有关主管部门的方案批准为依据,编制初步设计文件,满足编制施工招标文件、主要设备材料订货和编制施工图设计文件的需要。初步设计文件的内容有:设计说明书,包括设计总说明、各专业设计说明,有关专业的设计图纸,工程概算书。初步设计文件应包括主要设备或材料表,主要设备或材料表可附在说明书中,或附在设计图纸中,或单独成册。初步设计文件的深度应该能够满足以下的要求:设计文件的比选和确定,主要设备材料订货、土地征用、基建投资的控制、施工设计的编制、施工组织设计的编制、施工准备和生产准备等。

编制施工图设计文件时,设计深度也应该符合相关文件的规定。施工图设计应根据已批准的初步设计进行编制,内容以图纸为主,应包括:封面、图纸目录、设计说明(或首页)、图纸、工程预算书等。具体来说,施工图设计文件应该进一步完善、落实初步设计要求。施工图设计文件由设计说明书、施工图纸、施工图预算组成。图纸应该绘制正确、完整,避免错、漏,同时应该尽可能采用标准设计,为施工单位提供满足施工要求的建筑、结构、安装图纸与文件。施工图设计文件的深度应该满足以下几个方面:首先是能安排材料、设备的订货;其次是能进行施工图预算编制;最后是能进行土建施工和安装,并且能据此进行工程验收。

设计文件中选用的材料、构配件、设备,应当注明其规格、型号、性能等技术指标,其质量要求必须符合国家规定的标准。除有特殊要求的建筑材料、专用设备和工艺生产线等外,设计单位不得指定生产厂、供应商。

建设工程勘察设计投标文件应当按照招标文件或者投标邀请书的要求进行编制,在编制投标文件的过程中,应注意以下几个问题:

(1)编制投标文件前,应对招标文件的全部内容进行仔细研究,重点检查工程勘察设计过程中所需要的基础资料和工程设计依据,如发现资料不完整或存在其他问题,应及时以书面形式告知招标人。

(2)投标文件中的勘察设计收费报价,应当符合国务院价格主管部门制定的工程勘察设计收费标准。勘察设计费的报价,通常不能通过规定的工程量清单来填报单价和计算总价,而是根据具体的设计构思和初步方案来提出报价。在符合国家收费标准的基础上,投标人可选择适当下调价格来提高投标竞争力。

(3)按照国家规定,投标文件有关技术方案和要求中不得指定与工程建设项目有关的重要设备、材料的生产供应者,或者含有倾向或者排斥特定生产供应者的内容。

(4)建设单位、施工单位、监理单位不得修改建设工程勘察、设计文件;确需修改建设工程勘察、设计文件的,应当由原建设工程勘察、设计单位修改。经原建设工程勘察、设计单位书面同意,建设单位也可以委托其他具有相应资质的建设工程勘察、设计单位修改。修改单位对修改的勘察、设计文件承担相应责任。

施工单位、监理单位发现建设工程勘察、设计文件不符合工程建设强制性标准、合同约定的质量要求的,应当报告建设单位,建设单位有权要求建设工程勘察、设计单位对建设工程勘察、设计文件进行补充、修改。

建设工程勘察、设计文件内容需要做重大修改的,建设单位应当报经原审批机关批准后,方可修改。

(5)建设工程勘察、设计文件中规定采用的新技术、新材料,可能影响建设工程质量和安全,又没有国家技术标准的,应当由国家认可的检测机构进行试验、论证,出具检测报告,并经国务院有关部门或者省、自治区、直辖市人民政府有关部门组织的建设工程技术专家委员会审定后,方可使用。

(四)建设工程勘察设计投标应注意的问题

1. 投标保证金

招标文件要求投标人提交投标保证金的,保证金数额不得超过勘察设计估算费用的百分之二,最多不超过十万元人民币。

依法必须进行招标的项目的境内投标单位,以现金或者支票形式提交的投标保证金应当从其基本账户转出。

2. 投标文件的提交、补充、修改与撤回

在提交投标文件截止时间后到招标文件规定的投标有效期终止之前,投标人不得撤销其投标文件,否则招标人可以不退还投标保证金。投标人在投标截止时间前提交的投标文件,补充、修改或撤回投标文件的通知,备选投标文件等,都必须加盖所在单位公章,并且由其法定代表人或授权代表签字,但招标文件另有规定的除外。招标人在接收上述材料时,应检查其密封或签章是否完好,并向投标人出具标明签收人和签收时间的回执。

3. 以联合体形式投标

以联合体形式投标的,联合体各方应签订共同投标协议,连同投标文件一并提交招标人。联合体各方不得再单独以自己名义,或者参加另外的联合体投同一个标。招标人接受联合体投标并进行资格预审的,联合体应当在提交资格预审申请文件前组成。资格预审后联合体增减、更换成员的,其投标无效。

4.1.4 建设工程勘察设计的开标、评标和中标

(一)开标

开标应当在招标文件确定的提交投标文件截止时间的同一时间公开进行;除不可抗力原因外,招标人不得以任何理由拖延开标,或者拒绝开标。投标人对开标有异议的,应当在开标现场提出,招标人应当当场做出答复,并制作记录。

(二)评标

评标工作由评标委员会负责。评标委员会的组成方式及要求,按法律法规的有关规定执行。

勘察设计评标一般采取综合评估法进行。评标委员会应当按照招标文件确定的评标标准和方法,结合经批准的项目建议书、可行性研究报告或者上阶段设计批复文件,对投标人的业绩、信誉和勘察设计人员的能力以及勘察设计方案的优劣进行综合评定。招标文件中没有规定的标准和方法,不得作为评标的依据。

评标委员会可以要求投标人对其技术文件进行必要的说明或介绍,但不得提出带有暗示性或诱导性的问题,也不得明确指出其投标文件中的遗漏和错误。

1. 勘察投标书的主要评审内容

(1)勘察方案是否合理。

(2)勘察技术水平是否先进。

(3)各种所需勘察数据是否准确可靠。

(4)报价是否合理。

2. 设计投标书的主要评审内容

设计投标书相比于勘察投标书,需要评审的内容更多,但主要集中于以下几个方面:

(1)设计方案。设计方案的评审内容主要包括:设计指导思想正确与否;设计产品方案能否反应国内外同类工程项目较先进的水平;总体布置和场地利用是否合理;工艺流程是否先进;设备选型是否适用;主要建(构)筑物的结构是否合理;造型是否美观大方,能否与周围环境相协调;环境保护方案是否有效等相关问题。

(2)经济效益。经济效益方面主要考虑建筑标准的合理性,投资估算,可能的投资回报以及可能需要的外汇估算等。

(3)设计进度。设计进度应该满足招标人所制定的项目建设总体进度的要求。在大型复杂的工程中应尤其注重设计进度能否满足施工进度的要求,以免妨碍或延误施工。

（4）设计资历和社会信誉。

（5）报价。若投标人之间出现设计方案水平相近的情况,则需要比较报价,具体包括总报价和各分项的取费报价。

根据招标文件的规定,允许投标人投备选标的,评标委员会可以对中标人所提交的备选标进行评审,以决定是否采纳备选标。不符合中标条件的投标人的备选标不予考虑。

3. 评标委员会

依法必须进行招标的项目的招标人必须按照规定组建评标委员会,不得违规更换评标委员会成员,否则会受到有关行政监督部门的责令改正,并处 10 万元以下的罚款,单位直接负责的主管人员和其他直接责任人员依法受到处分;违法确定或者更换的评标委员会成员做出的评审结论无效,依法重新进行评审。

评标委员会应秉持公平、公正的原则履行职务,必须按照文件规定的评标标准和方法评标。评标过程中,不得应回避而不回避,不得擅离职守,不得私下接触投标人,不得向招标人征询确定中标人的意向或者接受任何单位或者个人明示或者暗示提出的倾向或者排斥特定投标人的要求,不得暗示或者诱导投标人做出澄清、说明或者接受投标人主动提出的澄清、说明。依法应当否决的投标,必须提出否决意见。

投标委员会成员如果违反相关规定,则会由有关行政监督部门责令改正;情节严重的,禁止其在一定期限内参加依法必须进行招标的项目的评标;情节特别严重的,取消其担任评标委员会成员的资格。

4. 废标

投标文件有下列情况之一的,评标委员会应当否决其投标:

（1）未经投标单位盖章和单位负责人签字。

（2）投标报价不符合国家颁布的勘察设计取费标准,或者低于成本,或者高于招标文件设定的最高投标限价。

（3）未响应招标文件的实质性要求和条件。

投标人有下列情况之一的,评标委员会应当否决其投标:

（1）不符合国家或者招标文件规定的资格条件。

（2）与其他投标人或者与招标人串通投标。

（3）以他人名义投标,或者以其他方式弄虚作假。

（4）以向招标人或者评标委员会成员行贿的手段谋取中标。

（5）以联合体形式投标,未提交共同投标协议。

（6）提交两个以上不同的投标文件或者投标报价,但招标文件要求提交备选投标的除外。

5. 重新招标

在下列情况下,依法必须招标项目的招标人在分析招标失败的原因并采取相应措施后,应当重新招标:

（1）资格预审合格的潜在投标人不足三个的。

（2）在投标截止时间前提交投标文件的投标人少于三个的。

（3）所有投标均被否决的。

（4）评标委员会否决不合格投标后,因有效投标不足三个使得投标明显缺乏竞争,评标委员会决定否决全部投标的。

(5)同意延长投标有效期的投标人少于三个的。

(三)中标

评标委员会完成评标后,应当向招标人提出书面评标报告,推荐合格的中标候选人。

若无其他特殊规定,评标委员会推荐的中标候选人应当限定在1~3人,并标明排列顺序。招标人可以授权评标委员会直接确定中标人。能够最大限度地满足招标文件中规定的各项综合评价标准的投标人,应当推荐为中标候选人。

国有资金占控股或者主导地位的依法必须招标的项目,招标人应当确定排名第一的中标候选人为中标人。

排名第一的中标候选人放弃中标、因不可抗力提出不能履行合同,不按照招标文件要求提交履约保证金,或者被查实存在影响中标结果的违法行为等情形,不符合中标条件的,招标人可以按照评标委员会提出的中标候选人名单排序依次确定其他中标候选人为中标人。依次确定其他中标候选人与招标人预期差距较大,或者对招标人明显不利的,招标人可以重新招标。

4.2 建设工程勘察设计招投标实例

案例 4-1

某市拟在城市中心区投资修建一个公园,由该市发展改革委员会批准立项,文号为××发改审批〔2008〕198号,项目业主为某市城市建设投资中心,项目管理单位(即招标人)为某工程项目管理有限公司。建设资金为自筹,景区总占地面积约为144.44万 m²,项目已具备招标条件,现进行公开招标,并采用资格后审方式。招标内容为工程勘察、深化方案调整、初步设计及全套施工图设计直至审查合格并出图,编制设计概算,本项目施工全过程现场技术服务等工作。要求设计能充分体现城市特点,具有较强的游玩观赏价值。本项目计划于2008年9月1日起发售招标文件。

要求投标人具有建设行政主管部门颁发的工程设计建筑工程甲级资质、市政公用行业(风景园林)甲级资质和工程勘察综合类甲级资质,具备类似项目的工程勘察设计的实际经验,本项目允许联合体投标。

【问题】

1.工程设计招标主要考察投标人哪几方面的资格能力要素?

2.针对本项目代招标人拟一份设计招标公告。

【分析与参考答案】

1.工程设计招标对投标人主要考察的资格能力要素包括以下几方面:

(1)投标人的资格。投标人应具有企业法人资格和从事相应工程设计的资质等级。

(2)投标人的类似项目业绩条件。投标人已完成与招标项目功能、规模、性质等相类似的工程设计项目数量和工程设计质量评定及获奖情况。

(3)投标人拟投入工程建设项目设计的主要技术和管理人员结构、资历、业绩状况,包括拟派总规划师、总设计师、总建筑师、总工艺师、总工程师等人员的职业资格、技术职务或职称、工作资历以及完成类似工程设计项目的业绩、获奖等情况。

（4）投标人的财务状况。主要是近几年企业主营业务的财务状况。

（5）投标人的履约信誉。

2.本项目招标公告如下：

某市公园工程勘察设计招标公告

招标编号：××××

××市城市中心区公园工程项目已由××市发展改革委员会×发改审批〔2008〕198 号文批准立项，经×发改审批〔2008〕198 号文核准招标。项目业主为某市城市建设投资中心，项目管理单位（即招标人）为某工程项目管理有限公司。建设资金为自筹，项目已具备招标条件，现进行公开招标，诚邀具有勘察设计经验的单位参加该项目工程勘察设计招标。公告如下：

（1）项目概况

某公园工程项目，景区总占面积约 144.44 万 m²。

（2）招标范围

工程勘察、深化方案调整、初步设计及全套施工图设计直至审查合格并出图，编制设计概算，本项目施工全过程现场技术服务等工作。

（3）招标方式

公开招标，资格审查采用资格后审方式。

（4）投标人的条件

①企业法人。

②具备建设行政主管部门颁发的工程设计建筑工程甲级资质、市政公用行业（风景园林）甲级资质和工程勘察综合类甲级资质。

③投标人近五年在国内完成过类似项目的勘察设计，具备类似项目的工程勘察设计的实际经验。

④本项目允许联合体投标。

（5）招标文件获取

①购买地点：××省××市××路××号××会议室。

②购买时间：2008 年 9 月 1 日至×年 X 月×日，每日上午×时×分至×时×分，下午×时×分至×时×分（公休日、节假日除外）

③购买勘察设计招标文件人民币：×元/份（售后不退）

（6）投标文件递送地点和时间

①递交地点：××省××市××路××号××会议室。

②递交截止时间：×年×月×日×时×分。

（7）开标时间地点

投标项目的开标会将于上述投标截止时间的同一时间在××省××市××路××号××会议室公开进行，要求投标人派代表人参加开标会议。

招标人名称、地址、联系人、电话、传真（此处略）。

> **案例 4-2**

某国家粮库工程设计采用国内公开招标方式确定设计单位，招标人按照相关规定在指

定媒体上发布了招标公告,其中的资格条件为:

(1)在中华人民共和国境内注册的独立法人,注册资本金不少于 2 000 万元人民币;

(2)具有建设行政主管部门颁发的工程设计商物粮行业工程设计甲级资质;

(3)近三年完成过仓储规模不少于本次粮库建设规模三项以上的设计业绩;

(4)通过了 ISO 9000 质量体系认证并成功运行两年以上。

招标公告发出 3 日后,已经有三个潜在投标人购买了招标文件,此时招标人感觉公布的资格条件中"注册资本金不少于 2 000 万元人民币"和"近三年完成过仓储规模不少于本次粮库建设规模三项以上的设计业绩"要求太高,可能影响潜在投标人参与竞争,于是决定将上面的注册资本金调整为 1 000 万元人民币,将近三年类似项目的业绩由三项调整为两项,但怎样实施存在三种意见,其中:

A.招标公告已经发出了 3 日,同时已有三个潜在投标人购买了招标文件,为了减少招标时间,可以直接在招标文件的澄清与修改中对上述两项资格条件进行调整,并在开标前 15 日通知所有购买招标文件的投标人,这样可以保证原开标计划如期进行。

B.不用告知投标人,仅需在投标过程中灵活掌握,这样既可以保证原开标计划如期实现,又不至于引起投标人对调整资格条件的各种猜疑,有利于投标人竞争。

C.重新发布招标公告,在公告和招标文件中同时调整资格条件,并通知已经购买招标文件的潜在投标人更换新的招标文件,开标时间相应顺延。

这当中,意见 A 和 B 可以保证原开标计划如期进行,而意见 C 则需要顺延开标时间。

【问题】

如果你是招标人,应采纳上述三种意见中哪一种?为什么?

【分析与参考答案】

选择 C。

依据《合同法》第十五条规定,招标公告属于订立合同过程中的要约邀请。招标文件属于在招标公告基础上的细化和补充,但不能修改招标公告中已经明确的内容,如本案例中的资格条件等。所以应重新发布招标公告,对资格条件进行调整,同时通知已经购买了招标文件的潜在投标人免费更换招标文件。

从实现招标人的采购目的来分析,意见 A 采用在招标文件中直接修改资格条件,除违反上述原则外,由于招标公告中没有更改资格条件,注册资本金在 600~1 000 万元人民币之间和近三年仅完成过两项类似项目设计业绩的潜在投标人不可能前来购买招标文件,参与项目竞争,投标人实际上仍是满足原公告规定资格条件的潜在投标人,不能实现既定扩大投标人范围的初衷。

意见 B 中,除存在意见 A 的缺陷外,还存在一个问题,就是招标人是否有权利在评标过程中要求评标委员会调整资格条件。依据《招标投标法》和相关规定,评标委员会按照招标文件中的评标标准和方法对投标文件进行评审和比较,招标文件中没有规定的标准和方法评标不得采用,所以招标人在评标时要求评标委员会调整资格条件的做法本身就违法。从评标委员会来说,也不能接受招标人修改资格条件的要求。这样,意见 B 也不能实现既定的扩大投标人范围的初衷。

所以,招标人须首先终止招标,然后重新发布招标公告,同时按照招标公告中招标文件的发售时间确定新的投标截止时间和开标时间,即按照意见 C 执行。

案例 4-3

某依法必须进行招标工程的工程建设勘察设计项目,招标人委托某招标代理机构于2016 年 9 月 30 日~2016 年 10 月 8 日出售招标文件,并要求投标人在 2016 年 10 月 15 日以前提交投标文件。在投标截止时间前,招标人收到了来自 A、B、C、D、E、F、G 七位投标人的投标文件。招标代理机构发现投标人 B 在投标函(正本)投标报价一栏中大写书写的报价,与其在投标报价书中工程量清单合计和投标报价汇总表中填写的报价不一致,招标人在开标会上要求投标人 B 立即予以改正,然后根据 B 改正后的数字进行唱标。同时,开标会上,主持人当场宣读评标办法,此评标办法与招标文件确定的评标办法部分内容不一致。开标后,招标人组建了评标委员会,其总人数为 5 人,其中招标人代表 1 人,招标代理机构代表人 1 人,政府组建的综合性评标专家库抽取 3 人。经评标委员会审查,按顺序推荐 D、C、A、B、E 五人为中标候选人,2016 年 10 月 25 日投标人 E 发现 C 公司与 D 公司有串通报价的行为,侵害了其合法权益,并于 2016 年 11 月 10 日向有关招标投标行政监督部门书面投诉。

【问题】

1.在此次招标投标程序中的时间安排有什么不妥之处?请说明理由。

2.如果投标人在投标文件中填写的报价大小写不一致,应如何处理?

3.本案例中招标人的行为有何不当之处?请说明理由。

4.评标委员会的组成和行为是否合法?请说明理由。

5.E 公司的投诉行为是否成立?请说明理由。如果对 C、D 两公司的串通报价行为查证属实,应如何处理?请说明理由。

【分析与参考答案】

1.(1)根据《工程建设项目勘察设计招标投标办法》,招标文件的出售时间应不少于 5 个工作日,因 2016 年 10 月 1 日~2016 年 10 月 7 日为法定假日。

(2)《招标投标法》中规定,招标人应当确定投标人编制投标文件所需要的合理时间,《工程建设项目勘察设计招标投标办法》中规定,依法必须进行勘察设计招标的项目,自招标文件开始发出之日起至投标人提交投标文件截止之日止,最短不得少于 20 日。因此要求投标人在 2016 年 10 月 15 日提交投标文件不妥。

2.根据《政府采购货物和服务招标投标管理办法》规定,投标文件上填写的报价大写与小写不一致,应以投标函(正本)上的大写数值为准。

3.(1)《招标投标法》中规定,评标委员会可以要求投标人对投标文件中含义不明确的内容做必要的澄清或者说明,但是澄清或者说明不得超出投标文件的范围或者改变投标文件的实质性内容。招标人在开标会现场,在书写错误是否属于含义不明确的内容或者是否为明显的文字错误尚无定论的情况下,就允许投标人 B 对错误立即予以改正,这种行为显然不符合法律、法规的规定。

(2)《招标投标法》中规定,招标人对已发出的招标文件进行必要的澄清或者修改的,应当在招标文件要求提交投标文件截止时间至少 15 日前,以书面形式通知所有招标文件收受人。该澄清或者修改的内容为招标文件的组成部分。本案例中,招标人在开标会现场宣读与招标文件不一致的评标办法有违法律规定。

4.(1)评标委员会的组成不合法。依法必须进行招标的项目,其评标委员会有招标人的代表和有关技术、经济等方面的专家组成,成员人数为 5 人以上单数,其中技术、经济等方面的专家不得少于成员总数的三分之二,招标人代表不能超过三分之一。在本案例中,招标人和招标代理机构各有 1 名代表参加了评标委员会,其所占比例超过了总人数的三分之一,而技术、经济方面的专家人数则少于总人数的三分之二,其组成不合法。

(2)评标委员会推荐的中标候选人人数超过了规定的人数,按照《工程建设项目勘察设计招标投标办法》规定,评标委员会推荐的中标候选人应当限定在 1~3 人,并标明排列顺序。本案中,评标委员会一共推荐了 5 名中标候选人,不符合规定。

5.E 公司的投诉行为不成立。根据《工程建设项目招标投标活动投诉处理办法》规定,投诉人应当在知道或者应当知道其权益受到侵害之日起 10 日内提出书面投诉。E 公司的投诉已经超过了投诉限期。根据规定,如果 C、D 两公司确实有串通报价的行为,招标人应将其投标做废标处理或者予以否决。

本章小结 >>>

本章从建设工程勘察、设计和勘察设计招投标的概念开始介绍,以便理解建设工程勘察设计招投标的含义。分别介绍了建设工程勘察设计的招标和投标,招标方面包括招标的范围和条件、招标方式、招标流程以及招标文件的内容,投标方面包括投标人、投标人的资格、投标文件的编制以及投标时所需注意的问题。还介绍了建设工程勘察设计的开标、评标以及中标的过程,并给出了建设工程勘察设计招投标的三个案例,从实际的角度来描述建设工程勘察设计招投标过程中可能遇到的问题。

复习思考题 >>>

1.建设工程勘察和建设工程设计的含义是什么?

2.建设工程勘察和建设工程设计的内容包括哪些?

3.建设工程勘察设计招标的含义是什么?

4.建设工程勘察设计可不进行招标的情形有哪些? 招标需要具备哪些条件?

5.建设工程勘察设计在什么条件下可以进行邀请招标?

6.建设工程勘察设计招标有哪些流程? 招标文件包含哪些内容?

7.建设工程勘察设计投标人的含义是什么? 投标人应具备哪些资格?

8.建设工程勘察设计投标文件应如何编制?

9.评标时,建设工程勘察和建设工程设计投标书分别应主要评审哪些内容?

10.建设工程勘察设计的投标在什么情况下会废标?

第5章

建设工程监理招投标

学习目标 >>>

　　本章以建设工程监理招投标为核心,内容包括建设工程监理的含义和监理范围、工程监理招投标的特点、潜在投标人资格审查、工程监理招标文件和评标办法、监理大纲、监理与相关服务收费、工程监理招标文件实例等。

5.1　建设工程监理招投标概述

5.1.1　建设工程监理

(一)建设工程监理的含义

　　建设工程监理简称工程监理,是指具有相应资质的工程监理单位受建设单位(业主)委托,依据法律法规、工程建设标准、勘察设计文件及合同,对工程建设施工阶段的造价、进度、质量进行控制,对安全、信息、合同进行管理,对工程建设相关方的关系进行协调的专业化服务活动。

　　实行建设工程监理制度,目的在于保证建设工程质量和安全,提高工程建设的投资效益和社会效益。

　　工程监理的工作性质有如下几个特点:

　　(1)服务性。工程监理单位受业主的委托进行工程建设的监理活动,它提供的是专业化的智力服务。工程监理单位将尽一切努力进行项目的目标控制,但它不可能保证项目的目标一定实现,它也不可能承担由于不是它的原因而导致的项目目标失控的责任。

(2)科学性。工程监理单位拥有从事工程监理工作的专业人士——监理工程师,他们将应用所掌握的工程管理和工程监理的科学的思想、组织、方法和手段从事专业化服务活动。

(3)独立性。工程监理单位及其派驻现场的机构和人员,在组织上和经济上不能依附于监理工作的对象(如承包商、供货商等),否则它就无法自主履行义务,实现监理工作的目标。

(4)公平性。监理单位受业主委托开展监理活动,但当业主和承包商发生利益冲突或矛盾时,项目监理机构应以事实为依据,以法律和有关合同为准绳,进行公平公正的调解,在维护业主合法权益同时,不损害承包商的合法权益。

(二)工程监理范围

在我国,下列建设工程项目必须实行工程监理:

1.国家重点建设工程

国家重点建设工程是指依据《国家重点建设项目管理办法》所确定的对国民经济和社会发展有重大影响的骨干项目。

2.大中型公用事业工程

大中型公用事业工程是指项目总投资额在 3 000 万元以上的下列工程项目:供水、供电、供气、供热等市政工程项目;科技、教育、文化等项目;体育、旅游、商业等项目;卫生、社会福利等项目;其他公用事业项目。

3.成片开发建设的住宅小区工程

建筑面积在 5 万平方米以上的住宅建设工程必须实行监理;5 万平方米以下的住宅建设工程可以实行监理,具体范围和规模标准由省、自治区、直辖市人民政府建设行政主管部门规定。为了保证住宅质量,对高层住宅及地基、结构复杂的多层住宅应当实行监理。

4.利用外国政府或者国际组织贷款、援助资金的工程

其范围包括:使用世界银行、亚洲开发银行等国际组织贷款资金的项目;使用国外政府及其机构贷款资金的项目;使用国际组织或者国外政府援助资金的项目。

5.国家规定必须实行监理的其他工程

国家规定必须实行监理的其他工程是指项目总投资额在 3 000 万元以上关系社会公共利益、公众安全的下列基础设施项目:煤炭、石油、化工、天然气、电力、新能源等项目;铁路、公路、管道、水运、民航以及其他交通运输业等项目;邮政、电信枢纽、通信、信息网络等项目;防洪、灌溉、排涝、发电、引(供)水、滩涂治理、水资源保护、水土保持等水利建设项目;道路、桥梁、地铁和轻轨交通、污水排放及处理、垃圾处理、地下管道、公共停车场等城市基础设施项目;生态环境保护项目;其他基础设施项目,包括学校、影剧院、体育场馆项目等。

5.1.2 工程监理招投标

(一)工程监理招投标的主体

工程监理招标的主体是建设单位,又称业主或招标人。招标人可以自行组织监理招标,也可以委托具有相应资质的招标代理机构组织招标。参加投标的工程监理单位应取得相应资质等级的工程监理资质证书,有能力承担工程监理任务。

(二)工程监理招投标的特点

工程监理属于工程项目管理中咨询服务的范畴,工程监理招投标在性质上属于工程咨询服务招投标,以选择能提供优质服务的投标人为目的。监理招投标考虑的内容主要是工程项目监理方案(管理规划)、监理单位的业绩和信誉、派驻施工现场监理人员的素质、检测手段、监理收费等方面。由于工程监理费在项目建设投资中所占比例较小,因此,应以监理单位的资质、信誉程度、人员素质、工程检测手段和监理方案的优劣为重点考察因素。

在工程、货物招标中,选择中标人的原则:在达到技术要求和标准的前提下,主要考虑价格的竞争性;工程咨询和工程监理招标中,则将投标人服务能力的选择放在第一位。因为当价格过低时,监理单位很难把招标人的利益放在第一位。为了维护自身的经济利益,监理单位往往采取减少监理人员数量或多派业务水平低、工资低的人员,其后果必然导致对工程项目的损害。另外,监理单位提供高质量的服务,往往能使招标人获得节约工程投资和提前投产的实际效益,所以过多考虑报价因素得不偿失。但从另一个角度来看,服务质量与价格之间应有相应的平衡关系,所以招标人应在能力相当的投标人之间再进行价格比较。

监理服务是监理单位的高智力投入,服务工作完成的好坏不仅依赖于执行监理业务是否遵循了规范化的管理程序和方法,更多地取决于监理人员的职业态度、业务能力、经验、判断力、创新以及风险意识。所以招标选择监理单位时,鼓励的是能力竞争,而不是价格竞争。若对监理单位的资质和能力不给予足够重视,只依据报价高低确定中标人,就忽视了高质量服务,报价最低的投标人往往不能顺利、优质完成监理工作。

(三)工程监理招标方式和招投标程序

1. 工程监理招标方式

根据《中华人民共和国招标投标法》《招标投标法实施条例》,工程监理招标方式分为公开招标和邀请招标,其含义和特点同前述。

2. 工程监理招投标程序

(1)业主确定委托监理的范围和招标方式,办理招标手续;若委托招标代理机构办理招标事宜,则需要招标选定代理机构;

(2)编制资格预审文件和招标文件;

(3)发布招标公告或发出投标邀请书;

(4)对潜在投标人进行资格预审;

(5)向通过资格审查的潜在投标人发售招标文件;

(6)组织必要的现场踏勘、答疑,编写答疑文件或补充招标文件;

(7)投标人编写投标文件;

(8)递送投标文件,招标人接受投标书;

(9)招标人组织开标、评标;

(10)确定中标单位后发出中标通知书,通知未中标单位并退还投标保证金;

(11)向招投标管理机构提交招投标情况的书面报告;

(12)招标人与中标人订立书面的委托监理合同;

(13)中标人提交履约保证金,招投标活动结束。

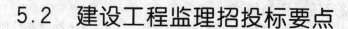

5.2 建设工程监理招投标要点

5.2.1 投标人资格审查

工程监理招投标中,对潜在投标人的资格审查也分为资格预审和资格后审两种,且一般采取资格后审的方法,即在开标后由评标委员会首先对各潜在投标人的投标资格进行审查,通过审查的投标人才能进入下一轮的标书评审。

(一)资格审查的内容

招标人依据工程项目特点、发包工作性质及要求,从投标人的法人地位、资质条件、业绩信誉、人员能力、设备和服务能力、财务状况等方面进行评审。

(二)资格审查合格的条件

投标人应满足招标文件中规定的各项资格条件,主要是:

1.投标人必须满足基本资格条件。招标文件中明确列出投标人必须满足的最基本条件,可分为必要合格条件和附加合格条件两类。

(1)必要合格条件通常包括监理单位的法人地位、资质等级、财务状况、拟派驻现场的主要人员资格、业绩和信誉等具体要求,是潜在投标人应满足的最低标准。

(2)附加合格条件视招标项目是否对潜在投标人有特殊要求而定。普通工程项目监理一般承包人均可完成,不设置附加合格条件。对于大型复杂项目尤其是需要有专门技术、设备或经验的监理人才能完成时,则应设置此类条件。招标人可以针对工程所需的特别措施或工艺专长、专业工程监理资质、环境保护和文明施工、同类工程监理经历、安全文明施工要求等方面设立附加合格条件。

2.投标人除需满足资格预审文件规定的必要合格条件和附加合格条件外,有时还要达到如下要求:

(1)限制合格者数量,减小评标的工作量,招标人按资格审查总分的得分高低次序向预定数量(如5家)的投标人发出资格审查合格证明并请他予以确认,如果某一家放弃投标则由下一家递补。

(2)不限制合格者数量,凡满足规定最低分值以上的潜在投标人均视为合格。这种方法的缺点是如果合格者数量较多时,增加评标的工作量。

不论采用哪种方法,招标人均不得向他人透露有权参与竞争的潜在投标人的数量、名称以及与招标投标有关的其他情况。

(三)资格审查的方法

工程监理招投标的资格审查除采用一般方法外,也可以首先以会谈的形式对监理单位的主要负责人或拟派驻的总监理工程师进行考查,然后再让其报送相应的资格材料。

与初选各家公司会谈后,再对各家的资格审查材料进行评审和比较,最终确定参加投标的监理公司名单。为了对监理单位有较深入全面的了解,可以通过以下方法进一步收集有关信息:索取监理公司的情况介绍资料;与其高级人员交谈;向其已监理过工程的发包人咨询;考查其已监理过的工程项目。

5.2.2　招标文件和评标办法

（一）工程监理招标文件

工程监理招标文件一般采用主管部门颁布的监理招标示范文本，并结合项目实际和业主的要求来制定，主要包括以下内容：投标须知前附表和投标须知；工程技术要求；评标办法；监理委托合同协议书、通用条款和专用条款；投标文件格式；附件。

以上内容虽然与施工招标文件的名称一致，但内容全部与工程监理密切相关，如工程监理涉及的技术要求除施工规范和标准外，主要是工程监理规范；此外，以上内容在招标文件中的编排顺序在不同行业和地区可能有所不同，但其实质相同。

（二）工程监理评标办法

《中华人民共和国招标投标法》规定，中标人的投标应符合下列条件之一：能够最大限度地满足招标文件中规定的各项综合评价标准；能够满足招标文件的实质性要求，并且经评审的投标报价最低，但低于成本的除外。这就是常说的综合评分法及合理低价法。工程监理评标中一般采用综合评分法，有时也会采用专家评审法。

1. 综合评分法

综合评分法是对参与投标的监理单位从资质、信誉、业绩、财务能力、派驻现场主要监理人员的资格、监理方案、监理费报价、质量保证等方面，按照评标办法中明确的权重和计分规则进行综合打分评定，根据综合得分由高到低排序确定中标候选人。这是一种定性和定量相结合的方法，能够比较合理、客观、全面地反映投标人的能力，达到监理招标目的。

2. 专家评审法

即评标专家对各个投标单位的监理大纲、报价、工程质量保证和安全措施等进行分析比较和综合评议，选择各项条件都比较优良者为中标单位。该方法当各专家意见不统一时，结果难定。专家评审法是一种定性的优选法，适用于标的金额较小的中小型工程项目。

【例 5-1】　某建筑工程施工监理招标采用综合评分法的评分内容及权重如下（满分 100 分）：

(1) 监理单位资质、业绩、信誉　　　20 分

(2) 监理大纲　　　　　　　　　　　20 分

(3) 总监理工程师资格及业绩　　　　20 分

(4) 各专业工程师资格及业绩　　　　15 分

(5) 检测仪器、设备　　　　　　　　15 分

(6) 监理取费　　　　　　　　　　　10 分

市场经济呼唤守法诚信，因此，建立健全建设工程参建企业的信用管理体系显得至关重要，这方面可以借鉴发达国家和地区的实践做法。广东省从 2016 年开始，对建设工程各参建主体进行动态的信誉管理——建立"企业诚信行为信息档案"，在建设工程施工和监理等招标文件中，给予投标企业一定的信誉得分。诚信档案的建立可以约束监理单位更加守法、守约经营，让建设工程监理招投标活动更趋理性。

【例 5-2】　某文化广场地下人防工程监理招标综合评分法规则（满分 100 分）

(1) 技术标书内容及评审细则　　　　40 分

(2) 业绩信誉标书内容及评审细则　　40 分

(3) 经济标书内容及评审细则　　　　20 分

5.2.3 监理大纲

监理大纲是监理单位为获得监理任务在投标阶段编制的项目监理方案性文件,是监理投标书的重要组成部分。其作用一是使建设单位相信,采用本单位的监理方案可以实现业主的建设目标;二是为项目监理机构今后开展监理工作制定基本的方案,指导监理规划的编制。监理大纲应根据业主发布的监理招标文件的要求而制定,一般包括如下主要内容:

1. 拟派驻施工现场的监理人员情况介绍

在监理大纲中,监理单位需要明确拟派往所投标工程项目的总监理工程师、总监代表、专业监理工程师等主要人员,并对他们的资格情况进行说明。其中,应该重点介绍总监理工程师的资格、业绩等情况,这对投标成败具有重要影响。

2. 拟采用的监理方案

监理单位应根据招标文件中所提供的项目资料,结合自己掌握的工程信息、企业自身条件、理论和经验等,由监理单位经营部门或技术管理部门人员结合拟派出的总监共同拟定项目监理实施方案,具体内容包括项目监理机构组织方案、建设工程三大目标初步控制方案、安全管理方案、各种建设工程合同管理方案、组织协调方案等。

3. 提供给业主的阶段性监理文件

为满足业主掌握工程建设过程的需要,监理大纲中应明确,在未来的监理工作中,项目监理机构将向业主提供哪些阶段性的监理文件,如监理月报等。

5.2.4 监理与相关服务收费

根据国家发改委、建设部颁发的《建设工程监理与相关服务收费管理规定》(发改价格〔2007〕670号),建设工程监理与相关服务收费实行政府指导价或市场调节价。依法必须实行监理的建设工程施工阶段的监理收费实行政府指导价,其他建设工程施工阶段的监理收费和其他阶段的监理与相关服务收费实行市场调节价。

铁路、公路、水运、水电、水库工程的施工监理服务收费按建筑安装工程费分档定额计费方式计算收费。其他工程的施工监理服务收费按建设项目工程概算投资额分档定额计费方式计算收费。

实行政府指导价的建设工程施工阶段监理收费,监理费计算公式为

$$施工监理服务收费 = 施工监理服务收费基准价 \times (1 \pm 浮动幅度值) \qquad (5-1)$$

$$施工监理服务收费基准价 = 施工阶段服务收费基价 \times 专业调整系数 \times$$

$$工程复杂程度调整系数 * 高程调整系数 \qquad (5-2)$$

式(5-1)、式(5-2)中的收费基价和调整系数根据《建设工程监理与相关服务收费标准》取值,浮动幅度为上下20%,由发包人和监理企业根据工程项目实际情况和优质优价的原则在规定的浮动幅度内协商确定。计费额处于两个取值中间时,采用直线内插法计算确定施工监理服务收费基价。

实行市场调节价的建设工程监理与相关服务收费,由发包人和监理企业协商确定收费额。按相关服务工作所需工日计费时,收费标准见表5-1:

表 5-1　　　　　　　　　建设工程监理与相关服务人员工日费用标准

建设工程监理与相关服务人员职级	工日费用标准（元）
高级专家	1 000～1 200
高级专业技术职称的监理与相关服务人员	800～1 000
中级专业技术职称的监理与相关服务人员	600～800
初级及以下专业技术职称的监理与相关服务人员	300～600

注：本表适用于提供短期服务的人工费用标准。

在保证工程质量的前提下，由于监理人提供的监理与相关服务为发包人节省投资、缩短工期，取得显著经济效益的，发包人可根据合同约定奖励监理人。由于非监理人原因造成建设工程监理与相关服务工作量增加或减少的，发包人应当按合同约定与监理人协商另行支付或扣减相应的监理与相关服务费用。由于监理人原因造成监理与相关服务工作量增加的，发包人不另行支付监理与相关服务费用。

5.3　建设工程监理招投标文件实例

5.3.1　工程监理招标文件实例（节选）

广东省某房建工程监理招标采用信用优先综合评分法的开标、资格后审与评标细则如下：

1.开标、评标工作原则

1.1　开标、评标会议在《招标议程安排表》规定的时间及地点公开进行。

1.2　开标、评标会议由招标人指定的工作人员主持，邀请所有投标人参加。

1.3　招标人或评标委员会可以推荐或选举一名评标委员会成员作为评标委员会负责人，负责有关评标事项的组织协调。

1.4　评标委员会成员名单及联系方式应当在中标结果确定之前保密。

1.5　评标活动应当封闭进行。评标结果公布之前，参与评标活动的单位或个人不得私下接触投标人，不得私下向投标人透露评标活动的任何信息。

1.6　评标委员会成员应当严格遵守评标工作纪律，各自独立按照招标文件确定的评审标准、方法对每一投标文件做出客观公正的评价。评标委员会成员对各自做出的评审意见承担个人责任。

1.7　评标过程当中需要就招标文件中含义不明确或表述不一致的评审标准、方法等可能影响对投标文件评价的事项进行讨论的，应当由评标委员会负责人组织评标委员会全体成员进行集体讨论。

1.8　评标委员会全体成员各自独立量化计分的评审事项，评标委员会成员为七人（包括七人）以上的，应当去掉一个最高分及一个最低分之后再进行算术平均或汇总。评标委员会成员的评审明显背离多数成员意见，幅度超过去掉一个最高分及一个最低分之后的算术平均值±30％的，应当做出书面说明，陈述理由。

1.9　需要评标委员会全体成员共同确认的重大评审事项应当进行表决，形成书面决议。决议经过评标委员会全体成员超过二分之一以上同意视为通过，决议不得违背法律、法规、规章及招标文件规定的基本原则，决议应当经过评标委员会全体成员签名确认。

1.10 评标委员会成员对书面决议或评标报告持有异议的,应当书面阐述不同意见。拒绝在书面决议或评标报告上签名并且拒绝书面阐述不同意见的,视为同意书面决议或评标报告,评标委员会应当在评标报告中做出说明。

1.11 招标文件没有规定的内容,开标、评标程序的相应环节将自动略过。

1.12 国家、广东省、××市相关法律、法规、规章中关于开标、资格后审、评标的规定,同样适用于综合评分评标办法。

2. 现场澄清、说明或补正

2.1 招标人工作人员认为(招标文件中存在含义不明确或表述不一致的内容)需要招标人对招标文件条款进行澄清的,可以要求招标人进行澄清,澄清不得背离招标文件的实质内容(不得超出招标文件的范围或改变招标文件的真实意思表示)。

2.2 招标人工作人员可以要求投标人对投标文件中含义不明确或表述不一致的内容进行必要的澄清、说明或补正,但澄清、说明或补正不得超出投标文件的范围或改变投标文件的真实意思表示。

2.3 澄清、说明或补正的每一次要求与答复将以书面方式进行记录。

3. 开标程序

3.1 开标由招标人委派的代表负责,邀请所有投标人参加,并组成开标小组。主持人宣读招标人、公共资源交易中心及监督部门工作人员名单及组成情况,宣读开标会议注意事项。

3.2 主持人请交易中心工作人员按照投标人签到顺序逐个检查、宣读所有投标人的投标保证金(银行转账)符合情况,请招标人工作人员记录投标保证金(银行转账)符合情况。

3.3 主持人请投标人代表按照投标人签到顺序逐个检查所有投标人的投标文件密封情况,记录、宣读检查情况。

3.4 主持人请招标人工作人员提交投标文件密封、投标保证金检查情况记录,宣读投标文件密封、投标保证金不符合招标文件规定的投标人名单。

3.5 由招标人工作人员查询各投标人的信用评价信息并录入电子辅助评标系统,由电子辅助评标系统计算各投标人信用评价得分。按照招标文件规定的信用评价分值和投标截止时间××市建筑业企业信用评价发布平台公布的信息,投标人综合信用评价 A 级得满分,B 级得满分的 80%,C 级得满分的 60%,D 级或无信用评价信息得 0 分。

3.6 不予受理的投标文件:

3.6.1 在投标截止时间以后逾期送达的或者未送达指定地点的;

3.6.2 未按本招标文件的规定进行密封、标记或违反暗标规定的;

3.6.3 投标人未按招标文件要求提交投标保证金的;

3.6.4 法律、法规规定的其他情形。

3.7 开标会议结束。

4. 资格后审程序

4.1 采用综合评分评标办法的建设工程招标,由评标委员会负责投标人资格审查。

4.2 主持人宣布资格后审会议开始,宣读资格审查会议注意事项、资格审查委员会或评标委员会组成及评委资格检查情况。资格审查委员会或评标委员会组成及评委资格符合规定的,由资格审查委员会或评标委员会推荐或选举一名资格审查委员会或评标委员会成员担任主任评委。

4.3 主持人介绍招标项目概况及资格评审细则。

4.4　主持人解答资格审查委员会或评标委员会疑问。

4.5　资格审查委员会或评标委员会逐个开启投标人递交的《资格函件》,并严格对照《投标人资格审查报告表》,审核判断投标人是否满足相关资格条件。

4.6　投标人应当按照招标文件规定准备相关原件以备查验。

4.7　审查过程中如出现疑问,资格审查委员会或评标委员会可以要求投标人进行澄清说明,并根据招标文件设置的条件要求进行判断;如出现投标人资格不符合招标文件设置条件的,应当向投标人说明情况,并允许投标人答辩。资格审查委员会或评标委员会应当书面记录有关情况。

4.8　进行资格审查澄清、答辩的代表必须是投标人的法定代表人或被授权委托人,澄清、答辩必须采用书面形式。澄清、答辩前须由招标人工作人员核对身份,该代表务必携带有效的身份证明材料。

4.9　资格审查委员会或评标委员会要求投标人进行澄清、答辩,但投标人在规定时间内未派出人员及时做出澄清、答辩的,视为投标人放弃澄清、答辩的权利,由此产生的后果由投标人承担。

4.10　全部投标人的资格审查材料审查完毕后,资格审查委员会或评标委员会应当出具《资格审查报告》,由全体资格审查委员会或评标委员会成员签名。

4.11　资格审查合格投标人参加下一阶段评标。资格审查合格投标人少于3家的,不再进行后续评标程序。

5. 评标程序

5.1　对技术标书初步评审(或分步骤对技术标书和其他标书初步评审)

5.1.1　监督人员在保密情况下开启技术标书(暗标部分)并进行匿名随机编号;

5.1.2　评标委员会对技术标书、绩信标书和经济标书进行初步评审(或分步骤初审其他标书),评定各投标文件是否实质上响应了招标文件的要求;

5.1.3　评标委员会对实质上响应招标文件要求的有效投标文件进行校核,审核是否有计算和表达上的错误。

5.2　评标委员会详细评审

5.2.1　评标委员会按招标文件规定的评分办法独立地对各投标人《技术标书》进行评审;

5.2.2　招标人(招标代理机构)的工作人员收回各评委对各投标人《技术标书》进行评审的《评分表》并进行复核。

5.3　评审项目负责人陈述及答辩

5.3.1　采取抽签或其他方式确定各投标人项目负责人的陈述及答辩顺序;

5.3.2　项目负责人陈述及答辩采用"项目负责人答辩内容及评审细则"确定的方式进行;

5.3.3　主持人依据确定的顺序,逐一安排项目负责人进行陈述及答辩;

5.3.4　评标委员会对项目负责人资格进行检查,宣布结果;

5.3.5　投标人项目负责人开始陈述,陈述时间一般控制在10分钟以内;

5.3.6　投标人项目负责人陈述之后,各评委向投标人项目负责人提问,由项目负责人答辩,评委也可推举主任评委集中提问,原则上应统一提问内容,评委单独或集中提问一般应控制在10分钟以内;

5.3.7　评委对各投标人项目负责人陈述及答辩逐一进行独立评分;

5.3.8　招标人(招标代理机构)工作人员收回评委对项目负责人陈述及答辩的《评分表》进行复核。

5.4　评审绩信标书

5.4.1　按招标文件确定的评分标准、审核方式,评委对投标人绩信标书逐一审核;

5.4.2　按招标文件确定的评分标准,评委对投标人项目负责人业绩、信誉逐一、逐项进行验证、统一评分;

5.4.3　招标人(招标代理机构)工作人员对统一评分的《评分表》进行复核。

5.5　投标人信用评价得分由招标人在开标时查询计算并提交评标委员会。

5.6　评审经济标书

5.6.1　主持人宣读招标文件载明的价格以及规定的投标报价(费率)上限等与判断投标文件是否有效的相关内容,请评标委员会进行《经济标书》评审;

5.6.2　评标委员会按照《经济标书内容及评审细则》评审《经济标书》,统一评分;

5.6.3　招标人(招标代理机构)工作人员收回评委对经济标书的《评分表》进行复核。

5.7　技术标书、项目负责人陈述及答辩、绩信标书、信用评用得分及经济评分汇总

5.7.1　由评标委员会主任评委对投标人技术标书的匿名编号进行还原,工作人员将对应的投标人全称在图板上报出;

5.7.2　招标人(招标代理机构)工作人员逐一计算各投标人得分,确定得分最高的投标人为第一中标候选人及其他中标候选人排名。

投标人得分为技术标书、项目负责人陈述及答辩、绩信标书、信用评价得分之和,如招标文件没有规定的内容,即忽略该项。

5.8　主持人请评标委员会主任评委撰写《评标报告》,由全体评标委员会成员签名。

5.9　主持人请招标人工作人员将开标评标记录、《评标报告》复印一份交给公共资源交易中心存档,将所有投标文件移交监督部门工作人员封存。

技术标书、业绩信誉标书及经济标书内容及评审细则见附录3。

5.3.2　工程监理投标文件实例(节选)

某工程监理大纲"三控"(进度、质量、投资)方案

第一章　进度控制的目标、方法及措施

×××工程项目总建筑面积73 110平方米。其中地上主要为6层,局部12层,建筑面积58 610平方米;地下1层,建筑面积14 500平方米,投资39 479万元。

为满足建设方对总进度目标的要求,结合本工程的特点,参考我公司以往类似工程的监理经验,在确保各阶段质量的前提下,编制总进度目标计划,采取有效措施对工程进度实施动态控制,并采取事前、事中控制、事后控制,进行控制点的设置,确保工程进度目标实现。

第一节　进度控制总目标

一、工程进度监理总目标

工程进度监理总目标:满足招标人对工期的要求 。

二、工程进度监理总目标的分解

1.以桩基础工程、基础工程、主体工程、装修工程、配套工程等为关键线路,结合非关键线路的工程特点,按总工期进行倒排工期、逐项分解落实进度计划,确保分解合理,实现进度的预控和全面控制。

106

2.确定各单位工程的开工、竣工时间及相互搭接关系：

(1)考虑因素：尽量做到同一时期施工的项目不宜过多,以避免人力、物力干扰。

(2)尽量做到均衡施工：使劳动力、施工机械和主要材料的供应在整个工期内达到平衡。

(3)注意季节对施工的影响：施工季节不利将导致工期拖延。

3.尽量压缩土建主体工程的持续时间,尽量提前精装修和各设备安装的最早时间。

4.制定工程进度计划表。根据建设单位工期要求,现拟定开工时间为 2017 年 5 月 30 日,2019 年 12 月 30 日为竣工日期,参照我公司以往类似项目经验,制定×××工程施工阶段总进度计划。

第二节　对影响本工程进度总目标控制的因素分析

1.场地内三通一平。

2.办理《建筑工程施工许可证》等报建手续。

3.桩基础工程、地下室土方开挖、基础施工过程中的地质因素影响。

4.钢筋混凝土结构：测量放线、模板、钢筋、浇灌混凝土。

5.台风、暴雨对施工过程造成影响,加强预防台风、暴雨措施。

6.教学仪器设备、变配电等设备进场。

7.水电、消防、配电工程设备进场时间、土建配合、专项验收时间。

8.分部分项工程验收。

9.地下管线(如电缆、煤气管道、给排水管道)。

10.其他因素(勘察、设计、自然环境、社会环境、材料设备及资金因素等)。

第三节　进度控制工作流程

1.发中标通知书,签订工程承包合同。

2.承包人提交施工组织设计。

3.监理审批。

4.监理下达开工令。

5.监理工程师监督执行进度计划 。

6.承包人月(周)进度报表。

7.监理工程师审查进度报表。

8.采取赶工措施、调整进度计划。

9.单位工程完成、竣工验收通过、工程移交。

第四节　施工阶段进度控制的方法及措施

针对×××工程规模较大、内容较多、建设工期紧、场地狭小紧凑等特点,为确保实现工期目标,拟采取以下对策：

一、施工阶段进度控制方法

1.监理工程师必须谨慎发出指令,所有指令均应充分考虑可能对工期的影响,减免打乱进度计划或造成工期延误。

2.建立以进度控制监理人员牵头、施工方生产计划人员为主、建设方工程管理人员协助的进度控制体系,加强三方的联络沟通,及时解决各种进度控制问题。

3.积极和建设方、设计方联络,尽早解决施工中急需解决的设计、技术、资金等方面的问题,主动控制进度。

4.以建设方确认的控制目标倒排施工进度计划,编写包括建设方、设计方、施工方、分包商、供应商工作在内的综合总进度计划,报建设方批准。

5.依据批准的综合总体进度计划,审查批准施工进度总计划以及年、季、月、周计划。

6.监理工程师要确定进度控制里程碑目标,坚持"抓日查时"的进度控制方法。

7.坚持每周一次的工程例会制度。每周例会要认真检查上周计划完成情况,并对完成下周计划需要协调解决的问题做出可靠的安排,落实到人,监督执行。

8.建立进度计划台账,将实际进度与计划进度进行动态比较。

9.发现进度受到影响时,要及时指令施工方采取有效措施予以补救。

10.配合施工方的技术人员及时解决技术问题,及时处理质量缺陷和质量事故。

11.通过工程款支付控制手段,将进度作为工程款的支付条件,确保施工阶段进度的实现。

二、施工阶段进度控制措施

影响工程进度的因素很多,如人为因素、技术因素、材料因素、机具因素、地基因素、资金因素、气候因素、环境因素等。对这些因素进行分析,采取主动控制措施,尽量缩小计划进度与实际进度的偏差,从而有效地进行总进度控制。进度控制方法主要有规划、控制和协调。所采取的措施包括组织措施、技术措施、合同措施、经济措施和信息措施等。

(一)采取综合技术、组织、经济、合同、信息措施

1.使用横道图倒排进度计划的方法,确定每项工作所需的必要时间及完成时间,督促施工方确保完成各项工作内容所需的相关劳动力、机械、设备、材料等资源。

2.严格控制每个工序的最迟完成时间,彻底避免因非关键工作延误工期时间的发生。

3.通过控制手段保证进度计划完成率。对施工方提报的周、月进度计划完成率进行评估,并将此评估结果与工程款支付挂钩。

4.利用计算机辅助动态控制网络计划,做到按日检查记录、按周统计分析、按月总结调整,保证关键线路实施,及时标注工程实际形象进度和前锋线,以便督促施工单位及时调整施工进度计划。

5.注重图纸会审,优化施工设计。对设计中存在的问题提出修改建议,避免因频繁的设计变更和工程更改带来的停工待料、返工、窝工等现象。

6.提供现金流量评估。监理工程师根据进度安排和合同付款方式,结合合同报价,及时编写现金流量估算表提供给业主,督促建设方及时落实资金,满足工程进度款的需求。

7.提供进度评估。在工程实施过程的不同阶段,适时向建设方提供进度完成情况、当前进度对以后的影响、实际进度与计划进度产生偏差的原因分析、今后进度安排的建议、需要改进的方面或采取的措施、当前落实或安排的工作等,为进度目标的实现提供保证。

(二)对施工单位设置施工进度控制点措施

1.审查施工组织设计中施工总进度计划是否符合目标要求,施工顺序是否合理,施工各工序的安排是否切实可行,施工方案、施工工艺、施工方法是否科学,切合实际,施工保证措施是否充分、可靠,施工管理体系是否健全、高效。

2.编制施工进度总控制计划:依据施工单位的施工进度计划,编制施工进度总控制计划,在实施过程中检查、监督各阶段施工进度,发现偏差及时做出调整。

3.检查监督施工月计划、周计划的实施。检查、监督施工单位按计划实施;并在实施过程中分析施工单位的管理体系、现场项目部组织能力、劳动力机械设备的投入、各工种施工效率的高低等方面对工程进度的影响,提出调整或改进要求,保证周、月计划的实现。

4.组织进度协调。对整个建设项目中各安装施工单位、总包与分包之间、分包与分包之间的进度搭接,在时间、空间交叉的进度关系上进行协调。对建设方单位、设计单位在影响

施工进度的关系上进行协调。

5.监督设备材料采购。协助在施工合同中明确设备材料供货协议,如设备材料选购要求、供货计划要求、报监理验收程序等,检查供货进度,组织现场验收,监督现场使用等。

6.组织竣工验收。做好竣工验收的准备工作、竣工验收的组织协调工作和竣工验收后的交接收尾工作。编制竣工验收计划书,从时间安排、工作内容、标准要求、执行单位,参加或协助单位等方面分阶段进行编制,并以此监督各方执行。

第二章　质量控制的目标、方法及措施

根据本工程项目使用功能要求多、建设规模大、工程内容多的特点,监理方确立以事前控制为主,结合事中、事后控制,使整个工程质量得到全面有效的控制。

第一节　本工程质量控制的总体目标

1.执行标准:执行国家、广东省、××市现行工程质量验评标准。

2.总质量控制目标:合格工程。

第二节　施工阶段质量控制的方法及措施

施工质量是工程进度的保证,促使承包方向项目建设方交付综合验收时达到施工招标质量要求的工程是工程监理方的基本职责。我们将以"事前策划、过程监督、检验认证"相结合,"以分部、分项工程为基础,以施工工序为环节,控制点旁站、全过程跟踪"的现场施工质量控制措施进行全面质量监理。

一、施工阶段质量控制的方法

质量控制的关键在于严格把好事前(预控)、事中(过程)和事后(验控)三个阶段质量关。同时,施工过程中若发生质量问题,监理方应采取有效的处理手段。

1.质量控制的一般方法

(1)事前控制(预控)

①审查承建方承担×××工程施工任务的施工队伍及人员资质与条件是否符合投标文件的要求,经监理工程师审查认可后方可进场施工,为质量控制打好基础。

②审查承建方组建的项目经理部的组织机构、职能分工、内部管理制度,审查项目部主要成员的资质、经验和能力,重点审查项目经理的资质、经验和能力。

③审查承建方在本施工项目上的质量保证体系,考察其质量自控能力。

④审查承建方提交的施工组织设计,重点审查工程质量保证措施和主要分部、分项工程的施工技术措施。

⑤对于一些关键部位和特殊过程的施工,承建方应严格按照经审批的施工方案施工。

⑥参加设计交底和图纸会审,及时发现施工图中存在的错误,避免在施工过程中因使用有误的图纸造成质量事故和不必要的经济、进度损失。

⑦检查承建方现场计量设施,其精度、性能除满足工程要求外,均需获合法部门校验认可。

⑧检查测量控制依据资料和测量标志,复核测量放线和标高。

⑨审查施工总承包方报批的分包单位。

⑩审验原材料、半成品、构配件和建筑设备的质量,对试验材料的取样、送样实行监理见证,审查承建方材料试验室的资质。

(2)事中控制(过程控制)

①以每一分项工程为对象,以其主控项目为重点,对分项工程施工过程实行全程监控。

②检查承建方执行技术法规(规范、规程、标准等)和设计的情况。

③对原材料采购、成品、半成品、设备等质量进行检查验收。

④对于进场的原材料按规定数量进行抽检(有见证送检),确定符合要求后才允许使用。合格材料、机电设备在场内应分类堆放,不合格材料要清退出场。

⑤对新材料、新工艺的使用要持科学、慎重态度,非经法定审批程序批准不可使用。

⑥对变更要求要认真进行审核,经建设方和设计方同意后办理。

⑦分项、分部工程进行认真、严格的验收,对隐蔽工程给予检验确认,对单位工程竣工进行质量评定。

⑧检查承建方各项施工记录、试验报告和自检记录等。

⑨对施工中的重点部位、关键分项进行全过程旁站;未经查验认可,不得进行隐蔽施工。

⑩坚持监理工程师对工序的见证、确认制度,上一道工序完成后未经监理工程师的确认,不得进行下一道工序,否则将拒绝计量支付,并保留追究质量责任的权利。

(3)事后控制(验控)

①每一分项工程完成并由承建方自检合格后,报监理工程师查验。若根据质量目标要求该分项工程必须优良,则应以达到优良标准作为查验认可的条件。

②每一分部工程完成并由承建方自评合格后,经监理工程师核查认可方为有效。结构性分部工程质量核查符合要求后,方可进行后续工程施工。

③监理工程师要运用"开展质量讲评活动"的办法,分析情况,总结经验,吸取教训,不断提高质量意识和质量管理水平。

④监理工程师要认真做好监理日记,及时收集质量方面的技术资料,按有关要求分类归档。

⑤对质量事故,监理工程师要组织专题会议,按照"四不放过"的原则,分清原因,接受教训,并认真审核承建方报送的事故处理方案。

2. 质量控制的具体方法

(1)见证取样与检测:由监理工程师根据需要指示取样办法,包括取样时间、地点、数量、样品分割等内容。

(2)工地检查和巡视:施工过程中,监理人员将有计划地巡视工地各部分,并做检查巡视的记录,对检查和巡视中发现可能存在质量问题的地方进行试验,以判定其质量是否合格。

(3)旁站监督:对工程的敏感部位或重要工程以及施工时易于形成缺陷、做起来很难且费用昂贵的部位实行旁站监督,以消除质量隐患。

(4)行检验:对材料、构配件和建设工程的工序、检验批、分项工程、隐蔽工程项目进行平行检验,对检验项目中的性能进行量测、检查、试验等,将结果与标准规定进行比较,确定每项性能是否合格。

(5)工序管理:对每道工序的开工和质量验收进行控制,这一程序全部用施工前准备好的质量管理表格记录下来并作为资料保存。

(6)抽查(检):总监及各专业监理工程师经常性的随机或带有目的性地到工地进行抽查。

(7)定期检查评比:会同业主定期对各施工单位进行工程进度、工程质量、现场管理、文明施工、安全生产、资料整理等方面的检查评比,激励先进,鞭策后进,以促进全线保质保量的施工热潮。

二、施工阶段质量控制的措施

1. 设置工程质量控制点、停止点、见证点。

2. 实行质量铭牌制度的措施。实行质量铭牌制度,增强监理和施工人员的质量意识,减少和避免质量检查监督和管理的疏漏,使参建各方对工程质量进行相互监督检查和管理,形成抓工程质量人人有责的良好管理氛围。

3.执行样板引路投放和样品验收制度的措施。

(1)工序样板制度:主要工序施工前,督促承包商做施工样板,样板经建设单位和监理确认后方可大面积实施,同时组织承包商进行现场样板交底。

(2)材料样板优选制:监理部组织承包商按设计图的要求进行材料样板选择,经建设单位确认后,将材料样板记录存档,监督承包商"按样采购"。

4.监理巡视检查的措施。

(1)监理部的监理人员保证白天正常工作时间内有 4 小时以上在施工工作面巡视。

(2)按照现行国家建筑工程施工质量验收规范和附表《工序检查一览表》要求进行巡视。

(3)巡视中对主控项目 100％检查,对一般项目不少于 90％的检查,对一般实测检查不少于 80％平行检测。

(4)记录检查的工序检验批、分部分项和隐蔽工程,检查位置,观测项目质量,描述包括存在的质量问题和数量、是否符合验收要求;实测项目有监理工程师亲自实测的数据。

(5)监理部根据工程进度要求,编制各专业简单易行的巡视检查表,每位监理人员将巡视情况真实地记录在监理日记之中。

第三章　投资控制的目标、方法及措施

×××工程总建筑面积 73 110 平方米,单体建筑。其中地上主要为 6 层,局部 12 层,建筑面积 58 610 平方米;地下 1 层,建筑面积 14 500 平方米,投资 39 479 万元。

第一节　本工程投资控制的总目标

一、投资控制总目标

×××工程建筑安装费投资为 31 583 万元,监理的投资控制目标:不超过项目总概算。

二、投资控制目标分解

详见施工承包合同后附工程量清单。

第二节　施工阶段投资控制的方法及措施

一、施工阶段投资控制的方法

在×××工程施工中,通过掌握承发包双方实际履约行为的第一手资料,经过动态纠偏,及时发现和解决施工中出现的问题,有效地控制工程造价。

1.投资的事前控制

(1)设立投资指标和投资结构,分别找出各单位工程、分部工程投资占总投资的比例,并在实施过程中控制其执行。

(2)熟悉设计图纸、设计要求及有关合同条款,分析合同价构成因素,确定工程费用最易突破的部分和环节,以明确投资控制的重点。

(3)预测工程风险及可能发生索赔的诱因,制定防范性对策,加强主动监理,以减少承包方向业主提出索赔的事件发生。

(4)工程开工前,审核施工组织设计和施工方案,按合同工期组织施工,避免增加赶工费用。

2.投资的事中控制

(1)现场签证:因特殊情况造成工程内容和工程量增加的,可以现场签证。现场签证必须由施工方提出并提供相关资料,在签证工程内容和工程量发生时由建设方、设计方、监理方、造价管理机构等共同确认,逾期补签的无效。

(2)设计变更:严格按照批准的设计进行施工。确实需变更设计的,经设计方同意并修

改后,由建设方报原批准部门审批,然后按项目管理程序进行变更。

(3)工程进度款审核方法:监理工程师应在3日内对施工方申报的月进度报表进行实地审核复验,确认无误后填写工程款支付证书,加盖监理方公章及工程总监印章后报建设方现场代表。建设方现场代表对施工方申报的月进度进行复核,确认无误后上报建设单位。

(4)定期采取适当的纠偏措施:监理工程师及时建立完成工程量和工作量统计台账,对实际完成量与计划完成量进行比较,当实际值偏离计划值时,分析产生偏差的原因,有针对性地采取纠偏措施,包括组织措施、经济措施、技术措施、合同措施。

3.投资的事后控制

(1)索赔控制的方法

①公平合理、实事求是。与建设方和承包商协商一致,迅速及时地处理问题。

②审查承包商的索赔报告。对索赔要求的合理性、合法性、计算的准确性、正确性进行审查,以反驳不合理的索赔要求或剔除其中不合理的部分。

③提出审查意见和解决方法,再递交建设方,由建设方做出处理决定。

④如果索赔要求与建设方的认可之间存在大的差异,监理工程师作为第一调解人,提出协调方案。

(2)工程竣工结算控制的方法

竣工结算的工程量应依据竣工图、设计变更单和现场签证等进行核算,结算单价应按合同约定或招标文件规定的计价办法与计价原则执行,并认真核算,防止各种计算误差。

二、施工阶段投资控制的措施

1.认真审查施工组织设计及施工方案,优化方案。

2.严格控制工程变更。施工前监理工程师须认真审核图纸,及时发现设计中的错误避免施工中进行修改。对设计及建设方提出的每一项工程变更,进行经济核算,计算出需追加或减少的投资,向建设方提出是否需做变更的建议。严格审核变更价款,包括工程计量及价格审核,坚持工程量属实,价格合理的原则。

3.严格工程计量、控制工程付款。对已完工程实物工程量的计量、支付,由监理投资控制组负责,合同管理人员协同进行。在工程计量审核过程中,监理工程师首先按照施工设计图,核对工程总量进展情况,并对分项工程的尺寸、材料和设备数量独立进行现场实测实量,做好月度工程量和阶段完工工程量的计量审核与分析,避免超前支付。

4.严把材料、价格关。根据合同的取费计价依据,许多材料、设备要按市场价格找差价。监理方依据价格信息制度,及时掌握国家调价的范围和幅度。

5.严格工程签证、处理索赔。监理工程师在处理索赔时,须以合同为依据,审查其取费的合理性,准确地确定索赔费用。

6.积极提出合理化建议、节省投资。在项目实施过程中,监理工程师凭着设计、施工经验丰富的优势,充分挖掘工程潜力,提出控制投资的合理化建议。

7.建立工程台账制度。根据合同条件、工程量清单及相应取费标准形成反映工程进度款各月度审定值和累计值的统计。

第三节 保修阶段投资控制目标、方法及措施

一、保修阶段投资控制的目标

根据《建设工程质量管理条例》等相关法规及合同,监理工程师应做到合理确定质量缺陷维修费用的数量及其责任主体的认定。

二、保修阶段投资控制的方法及措施

1. 在监理合同规定的保修条款承诺下,建立保修阶段的回访制度,并进行定期回访。

2. 在保修期内,凡属施工质量缺陷所发生的修补费用全部从承包方质量保修金中支付。

3. 保修期内对于建设方提出的工程改造,项目监理工程师应严格控制。

4. 保修期满后,监理工程师组织承包人、建设方对保修工程进行全面检查,当质量缺陷已全部处理完毕,得到建设方认可后,监理工程师签发保修责任终止证书,审核签发保修金退还手续。

本章小结 >>>

工程监理制度是一种特殊的工程项目管理制度,目的是发挥专业监理工程师的优势,助力业主实现项目管理的目标。由于工程监理提供的是智力服务,因此,工程监理招投标有其注重监理企业资质、信誉、人员构成和监理大纲优劣,淡化监理取费高低的特点。潜在投标人的资格审查、综合评分法的合理设置、监理大纲的拟定和监理收费的合理确定等均体现了这个特点。

复习思考题 >>>

1. 什么是建设工程监理? 工程监理的工作性质有何特点?

2. 在我国,必须实行监理的工程范围有哪些?

3. 简述工程监理招投标的特点。

4. 工程监理招标中,对投标人资格审查的内容和方法有哪些?

5. 简述工程监理评标的主要方法。

6. 什么是监理大纲?

7. 监理大纲的制定依据是什么? 监理大纲应包括哪些内容?

8. 简述工程监理与相关服务收费的计算方法。

第6章

建设工程施工招投标

学习目标 >>>

学习并掌握建设工程施工招投标的基本知识,包括建设工程施工招标的条件、施工招标文件的组成、施工招标的程序、施工投标的基本决策、施工投标常用技巧、施工投标的一般程序、施工投标文件的组成及施工投标文件的编制等。

6.1 建设工程施工招投标概述

6.1.1 建设工程施工招标

建设工程施工招标,是指招标人就拟建的工程发布公告或者邀请,以法定方式吸引建筑施工企业参加竞争,招标人从中选择条件优越者完成工程局建设任务的法律行为。

建设项目设计完成后,业主就开始选择施工承包单位,进行施工和安装工程招标。施工招标过程可粗略地划分为三个阶段,分别为招标准备阶段、招标阶段、决标成交阶段。

招标准备阶段:从招标准备开始,到发出招标公告或邀请招标时发出投标邀请函为止;

招标阶段:招标阶段也是投标单位的投标阶段。从发布招标公告之日起,到投标截止日止;

决标成交阶段:从开标之日起,到与中标单位签订施工承包合同为止。

(一)工程施工招标条件

按照《工程建设项目施工招标投标办法》的规定,必须依法进行招标的工程建设项目应当具备下列条件：

(1)招标人已经依法成立；

(2)初步设计及概算应当履行审批手续的，已经批准；

(3)招标范围、招标方式和招标组织形式等应履行核准手续的，已经核准；

(4)有相应资金或者资金来源已经落实；

(5)有招标需要的设计文件、图纸及其他技术资料。

工程建设项目施工招标由招标人依法组织实施。招标人不得以不合理条件限制或者排斥潜在投标人，不得对潜在的投标人实行歧视待遇，不得对潜在的投标人提出与招标项目实际要求不符的过高的资质等级要求和其他要求。

(二)工程项目施工招标程序

建设工程施工招标是一项非常规范的管理活动，以公开招标为例，一般可分为六个阶段，即招标准备阶段；编制资格预审文件和招标文件；发售招标文件；接受投标文件；开标；评标；定标与签订合同，具体流程如图6-1所示。

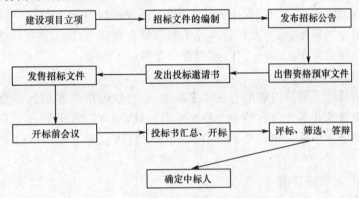

图 6-1　建设工程施工公开招标一般程序

(三)工程项目施工招标文件编制

建设工程招标文件，是建设工程招标人单方面阐述自己的招标条件和具体要求的意思表示，是招标人确定、修改和解释有关招标事项的各种书面表达形式的统称。

1.编制规则

(1)遵守法律、法规、规章和有关方针、政策的规定，符合有关贷款组织的合法要求；

(2)真实可靠、完整统一、具体明确、诚实守信；

(3)适当分标，兼顾招标人和投标人双方利益。

从合同订立过程分析，建设工程管理招标文件在性质上属于一种要约邀请(要约引诱)，其目的在于引起投标人的注意，希望投标人能按照招标人的要求向招标人发出要约。

2.编制前的准备工作

对于建设工程施工招标来说，编制招标文件前有许多准备工作，但是最重要的有两项：确定招标方式和标段的划分。

确定招标方式主要是公开招标和邀请招标两种方式。依照《工程建设项目施工招标投标办法》的规定，国务院发展与改革委员会确定的国家重点建设项目和各省、自治区、直辖市人民政府确定的地方重点项目，以及全部使用国有资金投资或者国有资金投资控股或者占主导地位的工程建设项目，应当公开招标。有下列情况之一的，经批准可以进行邀请招标：

（1）项目技术复杂或者有特殊要求，只有少数几家潜在投标人可供选择的；

（2）受自然地域环境限制的；

（3）涉及国家安全、国家秘密或者抢险救灾，适宜招标但不宜公开招标的；

（4）拟公开招标的费用与项目的价值相比，相差很大的；

（5）法律、法规规定不宜公开招标的。

国有资金控股或者占主导地位的，依法必须进行招标的项目，应当公开招标；但有下列情形之一的，可以邀请招标：

（1）技术复杂、有特殊要求或者受自然环境限制，只有少量潜在投标人可供选择的；

（2）采用公开招标方式的费用占项目合同金额的比例过大的。

建设工程施工招标项目需要划分标段的，招标人应当合理划分标段。一般情况下，一个项目应当作为一个整体进行招标。但是，对于大型的施工项目，作为一个整体进行招标将大大降低招标的竞争性，因此符合招标条件的潜在投标人数量太少，这样就应当将招标项目划分为若干个标段分别进行招标。但也不能将标段划分得太小，太小的标段将失去对实力雄厚的潜在投标人的吸引力。如建设工程施工招标，一般可以将一个项目分解为单位工程和特殊专业工程来分别招标，但不允许将单位工程肢解为分部、分项工程进行招标。标段的划分是招标活动中较为复杂的一项工作，应当综合考虑以下因素：

（1）招标项目的专业要求

如果招标项目的几部分内容的专业要求接近，则可以考虑将该项目作为一个整体进行招标。如果该项目的几部分内容的专业要求相距甚远，则可以考虑划分为不同的标段分别进行招标。如对于一个施工项目中的土建和设备安装两部分工程就可以考虑分别进行招标。

（2）招标项目的管理要求

有时一个项目的各部分内容相互之间干扰不大，方便招标人进行统一管理，这时就可以考虑对各部分内容进行分别招标。反之，如果各个独立的承包商之间的协调管理十分困难，则应当考虑将整个项目发包给一个承包商，由该承包商承包后进行分包，然后统一进行协调管理。

（3）对工程投资的影响

标段划分对工程投资也有一定的影响，这种影响是由多方面因素造成的。若一个项目作为一个整体招标，则承包商需要进行分包，一般情况下分包的价格要高于直接发包的价格；但一个项目作为一个整体招标，有利于承包商的统一协调管理，人工、机械设备、临时设施等可以统一使用，这可以降低费用。因此，应当具体情况具体分析。

（4）工程各项工作的衔接

在划分标段时还应当考虑到项目在建设过程中的时间和空间的衔接。如果建设项目各项工作的衔接、交叉和配合少，责任清楚，则可以考虑分别发包；反之，则应考虑将项目作为一个整体发包给一个承包商，因为此时由一个投标人进行协调管理容易做好衔接工作。

另外，在准备阶段应该进行合同类型的选择。施工承包合同的形式繁多、特点各异。业主应综合考虑以下因素来确定合同类型。

（1）项目的复杂程度。规模大且技术复杂的工程项目，承包风险较大，各项费用不易准确估算，因而不宜采用固定总价合同。最好是对有把握的部分采用固定价合同，估算不准的部分采用单价合同或成本补酬合同。有时,在同一工程中采用不同的合同形式,是业主和承包人合理分担施工风险的有效办法。

(2)项目的设计深度。施工招标时所依据的项目设计深度,经常是选择合同类型的重要因素。招标图纸和工程量清单的详细程度能否让投标人进行合理报价,决定于已完成的项目设计深度。

(3)施工技术的先进程度。如果施工中有较大部分采用新技术和新工艺,当业主和承包人之前在这方面都没有经验,且在国家颁布的标准、规范、定额中又没有可作为依据的标准时,为了避免投标人盲目地提高承包价款,或由于对施工难度估计不足而导致承包亏损,不宜采用固定价合同,而选用成本补酬合同。

(4)施工工期的紧迫程度。公开招标和邀请招标对工程设计虽有一定的要求,但在招标过程中,一些紧急工程(如灾后恢复工程等)要求尽快开工且工期较紧,此时可能仅有实施方案,还没有施工图纸,因此不可能让承包人报出合理的价格,宜采用成本补酬合同。

对一个建设项目而言,究竟采用何种合同形式,不是固定不变的。在一个项目中各个不同的工程部分或不同阶段,可以采用不同形式的合同。制定合同的分标/分包规划时,必须依据实际情况,权衡各种利弊,然后再做出最佳决策。

3. 建设工程施工招标文件的内容

按照我国《招标投标法》的规定,招标文件应当包括招标项目的技术要求,对投标人资格审查的标准、投标报价要求和评标标准等所有实质性要求和条件以及拟订合同的主要条款。建设项目施工招标文件是由招标人(或其委托的咨询机构)编制,由招标人发布,其既是投标范围编制投标文件的依据,也是招标人与将来中标人签订工程承包合同的基础,招标文件中提出的各项要求,对整个招标工作乃至承包、发包双方都有约束力。

(1)招标公告

当未进行资格审查时,招标文件应包括招标公告(或投标邀请书)。当进行资格预审时,招标文件中应包括投标邀请书,该邀请书可以替代资格预审合格通知书,以明确投标人已具备了在某具体项目、某具体标段的投标资格,其他内容包括投标文件的获取、投标文件的递交等。

(2)投标人须知

投标人须知主要包括对于项目概况的介绍和招标过程的各种具体要求,在正文中的未尽事宜可以通过投标人须知前附表进行进一步说明,由招标人根据招标项目的具体特点和实际需要编制和填写,但无须与招标文件的其他章节相衔接,并且不得与投标人须知的正文内容相抵触,否则抵触内容无效。

A. 总则

总则主要包括以下内容:

①工程说明。主要说明工程的名称、位置、合同名称等情况。

②资金来源。主要说明招标项目的资金来源和支付使用的限制条件。

③资质要求与合格条件。这是指对投标人参加投标进而中标的资格要求,主要说明签订和履行合同的目的,投标人单独或联合投标时必须满足的资质条件。

一般来说,投标人参加投标必须满足相应的资质条件。由同一专业单位组成的联合体,按照资质等级较低的单位确定资质等级。投标人必须具有独立法人资格和相应的资质,非本国注册的投标人应按本国有关主管部门的规定取得相应的资质。

B. 招标文件

招标文件是投标须知中对招标文件本身的组成、格式、解释、修改等问题所做的说明。

C. 投标文件

投标文件是投标须知中对投标文件各项要求的阐述,主要包括以下几个方面:

①投标文件的语言。

②投标文件的组成。投标人必须使用招标文件提供的表格格式,但是表格格式可以按同样格式进行扩展。

③投标报价。其是投标须知中对投标价格的构成、采用方式和投标货币等问题的说明。

④投标有效期。投标文件在投标须知规定的投标截止日期之后的前附表所列的日历日内有效。

⑤投标保证金。投标人应提供不少于规定数额的投标保证金,此投标保证金是投标文件的一个个组成部分。根据投标人的选择,投标保证金可以是现金、支票、银行汇票,也可以是在中国注册的银行出具的银行保函。

⑥投标预备会。投标预备会的目的是澄清、解答投标人提出的问题和组织投标人勘查现场,了解情况。

⑦投标文件的份数和签署。

⑧投标文件的密封和标志。投标人应将投标文件的正本和每份副本密封在内层包封,再密封在一个外层包封中,并在内包封上正确注明"投标文件正本"和"投标文件副本"。内层和外层包封都应写明招标人的名称和地址、合同名称、工程名称、招标编号,并注明开标时间以前不得开封。

⑨投标截止期。

⑩投标文件的修改和撤回。投标人可以在递交投标文件以后,规定的投标截止时间之前,采用书面形式向招标人递交补充、修改或撤回其投标文件的通知。

D. 开标

开标是投标须知中对开标的说明。在所有投标人的法定代表人或授权代表在场的情况下,招标人将于规定的时间和地点举行开标会议,参加开标的投标人的代表应签到报名,以证明其出席开标会议。

E. 评标

评标是投标须知中对评标的阐释。主要包括以下内容:

①评标内容的保密。

②投标文件的澄清。

③投标文件的符合性鉴定。

④错误的修正。

⑤投标文件的评价与比较。

F. 授予合同

授予合同是投标须知中对授予合同问题的阐释。主要有以下几点:

①合同授予标准。

②中标通知书。

③合同的签署。

④履约担保。

（3）合同条款及格式

招标文件中的合同条款和合同协议条款，是招标人单方面提出的关于招标人、投标人、监理工程师等各方权利义务关系的设想和意愿，是对合同签订、履行过程中遇到的工程进度、质量、检验、支付、索赔、争议、仲裁等问题的示范性、定式性的阐释，包括本工程拟采用的通用合同条款、专用合同条款以及各种合同附件的格式。

通用合同条款，是运用于各类建设工程项目的具有普遍适应性的标准化条件，其中凡双方未明确提出或声明修改、补充或取消的条款，就是双方都要遵行的。

专用合同条款，是针对某一特定工程项目对通用合同条款的修改、补充或取消。

我国目前在工程建设领域普遍推行国家建设部和国家工商行政管理局制定的《建设工程施工合同（示范文本）》（GF－2013－0201）。《建设工程施工合同（示范文本）》（GF－2013－0201）由通用合同条款和专用合同条款以及合同协议书组成。

（4）工程量清单

工程量清单（招标控制价）是指根据《建设工程工程量清单计价规范》（GB 50500－2013）编制的，表现拟建工程实体性项目、非实体性项目和其他项目名称和相应数量的明细清单，以满足工程项目具体量化和支付的需要，是招标人编制招标控制价和投标人编制投标价的重要依据。

如果按照规定应编制招标控制价的项目，其招标控制价也应在招标时一并公布。

（5）图纸

招标文件中的图纸，不仅是投标人拟订施工方案、确定施工方法、提出替代方案、计算投标报价必不可少的资料，也是工程合同的组成部分。

一般来说，图纸的详细程度取决于设计的深度和发包、承包方式。招标文件中的图纸越详细，越能使投标人比较准确地计算报价。

（6）技术标准和要求

招标文件规定的各项技术标准应符合国家强制性规定。招标文件中规定的各项技术标准均不得要求或标明某一特定的专利、商标、名称、设计、原产地或生产供应者，不得含有倾向或者排斥潜在投标人的其他内容。

（7）投标文件格式

投标文件格式是指提供各种投标文件编制所依据的参考格式。

（8）规定的其他材料

若需要其他材料，则应在投标人须知前附表中予以规定。

6.1.2　建设工程施工招标的其他问题

（一）资格预审公告或招标公告的编制与发布

根据《招标公告发布暂行办法》，招标公告是指采用公开招标方式的招标人（包括招标代理机构）向所有潜在的投标人发出的一种广泛的通告。招标公告的目的是使所有潜在的投标人都具有公平的投标竞争机会。招标人采用公开招标方式的，应当发布招标公告。根据

《标准施工招标文件》(国家发展和改革委员会等九部委令第 56 号)的规定,若在公开招标过程中采用资格预审程序,可采用资格预审公告代替招标公告,资格预审后不再单独发布招标公告。

采用邀请招标方式的,招标人要向 3 个以上具备承担招标项目能力、资信良好的特定承包商发出投标邀请书,邀请他们参与投标资格审查,参加投标。

采用议标方式的,由招标人向拟邀请参加议标的承包商发出投标邀请书,向参加议标的单位介绍工程情况和对承包商的资质要求等。

1. 资格预审公告的内容

按照《标准施工招标资格预审文件》的规定,资格预审公告具体包括以下内容

(1)招标条件。明确拟招标项目已符合招标条件。

(2)项目概况与招标范围。说明本次招标项目的建设地点、规模、计划工期、招标范围、标段划分等。

(3)申请人的资格要求。包括对申请资质、业绩、人员、设备、资金等各方面的要求,以及是否接受联合体资格预审申请的要求。

(4)资格预审的方法。明确采用合格制或有限数量制。

(5)资格预审文件的获取。获取资格预审文件的地点、时间和费用。

(6)资格预审申请文件的递交。说明递交资格预审文件的截止时间。

(7)发布公告的媒介。

(8)联系方式。

2. 招标公告的内容

采用公开招标方式,若未进行资格预审,可以单独发布招标公告。公开招标的招标公告和邀请招标、议标的投标邀请书,在内容要求上不尽相同。实践中,议标的投标邀请书常常比邀请招标的投标邀请书要简化一些,而邀请招标的投标邀请书则和招标公告差不多。

根据《工程建设项目施工招标投标办法》和《标准施工招标文件》的规定,招标公告具体包括招标条件;项目概况与招标范围;投标人的资格要求;招标文件的获取;招标文件的递交;发布公告的媒介;联系方式。

3. 资格预审公告和招标公告发布的要求

(1)对招标公告发布的监督

原国家计委根据国务院授权,按照相对集中、适度竞争、受众分布合理的原则,对依法必须进行招标的工程项目的招标公告,要求其在指定的报纸信息网络等媒介上发布,并对招标公告发布活动进行监督。

(2)对招标人的要求

依法必须公开招标项目的招标公告必须在指定媒介上发布。招标公告的发布应当充分公开,任何单位和个人不得非法限制招标公告的发布地点和发布范围。招标人或其委托的招标代理机构在两个以上媒介发布的同一招标项目的招标公告的内容应当相同。

(二)资格审查

招标人可以根据招标项目本身的特点和需要,要求潜在投标人或者投标人提供满足其资格要求的条件,对潜在投标人或者投标人进行资格审查。资格审查分为资格预审和资格

后审。资格预审是指在投标前对潜在投标人的资格条件、业绩、信誉、技术、资金等多方面情况进行的资格审查,而资格后审是指开标后对投标人进行的资格审查。采取资格后审的,招标人应当在招标文件中载明对投标人资格要求的条件、标准和方法。招标人不得改变载明的资格条件或者以没有载明的资格条件对潜在投标人或者投标人进行资格审查。除招标文件另有规定外,进行资格预审的,一般不再进行资格后审。

资格预审的程序是:发出资格预审文件;投标人提交资格预审申请文件;对投标申请人的资格审查和评定;发出通知与申请人确认。

(三)踏勘现场与召开投标预备会

1. 踏勘现场

招标人根据招标项目的具体情况,可以组织投标人踏勘项目现场,向其介绍工程场地和相关环境的有关情况。招标人不得单独或者分别组织任何一个投标人进行现场踏勘。

(1)招标人组织投标人进行现场踏勘的目的在于了解工程场地和周围环境情况,以获取投标人认为有必要的信息。为便于投标人提出问题并得到解答,踏勘现场一般安排在投标预备会前的 1~2 天。

(2)投标人在踏勘现场中如有疑问,应在投标预备会前以书面形式向招标人提出,但应给招标人留有解答时间。

(3)招标人应向投标人介绍有关现场的以下情况:施工现场是否达到招标文件规定的条件;施工现场的地理位置和地形、地貌;施工现场的地质、土质、地下水位、水文等情况;施工现场的气候条件,如气温、湿度、风力、年雨雪量等;现场环境,如交通、饮水、污水排放、生活用电、通信等;临时用地、临时设施搭建等。

(4)《标准施工招标文件》规定,招标人按招标文件中规定的时间、地点组织投标人踏勘项目现场;投标人踏勘现场发生的费用自理;除招标人的原因外,投标人自行负责在踏勘现场中所发生的人员伤亡和财产损失;招标人在踏勘现场中介绍的工程场地和相关的周边环境情况,供投标人在编制投标文件时参考,招标人不对投标人据此做出的判断和决策负责。

2. 召开投标预备会

投标人在领取招标文件、图纸和有关技术资料以及踏勘现场后提出的疑问,招标人可通过以下方式进行解答:

(1)收到投标人提出的疑问后,应以书面形式进行解答,并将解答同时送达所有获得招标文件的投标人。

(2)收到投标人提出的疑问后,通过投标预备会进行解答,并以书面形式同时送达所有获得招标文件的投标人。召开投标预备会的目的在于澄清招标文件中的疑问,解答投标人对招标文件和勘查现场提出的疑问。

3. 建设工程项目施工招标控制价的编制

(1)招标控制价的概念及相关规定

招标控制价是招标人根据国家或省级、行业建设主管部门颁布的有关计价依据和办法,按设计施工图纸计算的,对招标工程限定的最高工程造价,也可称为拦标价、预算控制价或最高报价等。

对于招标控制价及其规定,应注意从以下几个方面理解:

①国有资金投资的工程建设项目实行工程量清单招标,并且应编制招标控制价。这是

因为：根据《中华人民共和国招标法》的规定，对国有资金投标的工程进行招标，投标人可以设标底。当招标人不设标底时，为有利于客观、合理地评审投标报价和避免哄抬标价，造成国有资产流失，招标人应编制招标控制价，作为招标人都能接受的最高交易价格。

②招标控制价超过批准的概率时，投标人应将其报原概算审批部门审核。这是由于我国对国有资金投资项目的投资控制实行的是投资概算审批制度，国有资金投资的工程原则上不能超过批准的投资概算。

③投标人的投标报价高于招标控制价的，其投标应予以拒绝。招标人编制并公布的招标控制价相当于投标人的采购预算，同时要求其不能超过批准的概算，因此，招标控制价是招标人在工程招标时能接受投标人报价的最高限。国有资金中的财政性资金投资工程在招标时还应符合《中华人民共和国政府采购法》相关条款的规定。

④招标控制价应由具有编制能力的招标人或受其委托具有相应资质的工程造价咨询人员编制。这里要注意的是，应由招标人负责编制招标控制价，当招标人不具有编制招标控制价的能力时，根据《工程造价咨询企业管理办法》（建设部令第149号）的规定，可委托具有工程造价咨询资质的工程咨询企业编制，工程造价咨询人不得同时接受招标人和投标人对同一工程的招标控制价和投标报价的编制。

⑤招标控制价应在招标文件中公布，不应上调或下浮，招标人应将招标控制价及有关资料报送工程所在地造价管理机构备查。

⑥投标人经复核认为招标人公布的招标控制价未按照《建设工程工程量清单计价规范》的规定进行编制的，应在开标前5日内向招标监督机构或工程造价管理机构投诉。

（2）招标控制价的编制要点

招标控制价的计价依据包括《建设工程工程量清单计价规范》（GB 50500－2013）、国家或省级、行业建设主管部门颁布的计价定额和计价办法、建设工程设计文件及相关资料、招标文件中的工程量清单及有关要求、与建设项目相关的标准、规范、技术资料、工程造价管理机构发布的工程造价信息以及其他的相关资料。

招标控制价的编制内容包括分部分项工程费、措施项目费、其他项目费、规费和税金，各个部分有不同的计价要求：

①分部分项工程费的编制要求

分部分项工程费应根据招标文件中的分部分项工程量清单及有关要求，按《建设工程工程量清单计价规范》的有关规定确定综合单价计价；工程量依据招标文件中提供的分部分项工程量清单确定；招标文件提供了暂估单价的材料，应按暂估的单价计入综合单价；为使招标控制价与投标报价所含的内容一致，综合单价中应包括投标文件中要求投标人承担的风险内容及其范围产生的风险费用。

②措施项目费的编制要求

措施项目费中的安全文明施工费应当按照国家或省级、行业建设主管部门的规定标准计价。措施项目应按招标文件中提供的措施项目清单确定，措施项目中用分部分项工程综合单价形式进行计价的工程量，应按措施项目清单中的工程量，并按与分部分项工程工程量清单单价相同的方式确定综合单价，以"项"为单位方式计价的，依有关规定按综合价格计算，包括除规费、税金以外的全部费用。

③其他项目费的编制要求

暂列金额。暂列金额可根据工程的复杂程度、设计深度、工程环境条件(包括地质、水文、气候条件等)进行估算,一般以分部分项工程费的 10%～15% 为参考。

暂估价。暂估价中的材料单价应按照工程造价管理机构发布的工程造价信息中的材料单价计算,工程造价信息未发布的材料单价,其单价参考市场价格估算;暂估价中的专业工程暂估价应分不同专业,按有关计价规定估算。

计日工。在编制招标控制价时,对计日工种的人工单价和施工机械台班单价应按省级、行业建设主管部门或其授权的工程造价管理机构公布的单价计算;材料应按工程造价管理机构发布的工程造价信息中的材料单价计算,工程造价信息未发布材料单价的材料,其价格应按照市场调研的单价计算。

总承包服务费。总承包服务费应按照省级或行业建设主管部门的规定计算。

④规费和税金的编制要求

规费和税金必须按国家或省级、行业建设主管部门的规定计算。

6.1.3　建设工程施工投标

建设工程施工投标,是施工单位(投标人)以报价的形式争取中标来承揽施工任务的活动。

(一)投标人应具备的条件

投标人是响应招标、参加投标竞争的法人或其他组织。招标人的任何不具有独立法人资格的附属机构(单位),或者为招标项目的前期准备或者监理工作提供设计、咨询服务的任何法人及其任何附属机构(单位)都无资格参加该招标项目的投标。

两个以上法人或者其他组织可以组成一个联合体,以一个投标人的身份共同投标。联合体投标需要遵循以下规定:

(1)联合体各方应按招标文件提供的格式签订联合体协议书,明确联合体牵头人和各方的权利和义务,牵头人代表联合体全体成员负责投标和合同实施的主办、协调工作,并应当向招标人提交由所有联合体成员法定代表人签署的授权书。

(2)联合体各方签订共同投标协议后,不得再以自己的名义单独投标,也不得组成新的联合体或参加其他联合体的同一项目中的投标。

(3)联合体各方应具备承担本施工项目的资质条件、能力和信誉,通过资格预审的联合体,其各方组成结构或职责,以及财务能力、信誉情况等资格条件不得改变。

(4)由同一专业的单位组成的联合体,按照资质等级较低的单位确定资质等级。

(5)联合体投标的,应当以联合体各方或者联合体中牵头人的名义提交投标保证金。以联合体中牵头人的名义提交的投标保证金,对联合体各成员具有约束力。

(二)建设工程施工投标程序

当业主(招标人)发布招标广告后,施工单位根据招标文件和本单位的施工能力进行研究,考虑是否可以参加投标。如果决定参加投标,就要向招标人购买资格预审文件,只有通过了资格预审,投标人才有资格参加投标竞争。一般来说,资格预审合格后,招标人将向投标人发送资格预审合格通知书。据此,投标人根据招标人的要求和实际需要购买招标文件,并对工程现场进行勘察,对材料、设备询价,对当地社会、建筑市场、劳动力价格、协作单位以及有关的施工规定等进行调研。投标人应在深入细致调研的基础上计算标价并编制投标文件,按招标文件规定的时间、地点交标(投标),同时,要大力做好公共关系及投标业务招揽工作,争取中标。一般来说,建设工程施工投标的基本程序是搜集招标信息;初步调研选定投标项目;报名参加投标;参加资格预审;购买招标文件;现场勘察及市场调研;确定投标策略;编制施工组织设计及填写有关辅助资料;合理计算标价;根据投标策略及市场环境等因素调整标价;编制投标书;办理投标保函;送标与开标;中标签订合同并办理履约保函;履行合同。

6.1.4 工程项目施工投标的编制

(一)投标报价的概念和编制原则

投标报价的编制主要是投标人对建设工程所要发生的各种费用的计算。《建设工程工程量清单计价规范》规定,"投标价是投标人投标时报出的工程造价"。具体讲,投标价是在工程招标发包过程中,由投标人按照招标文件的要求,根据工程特点,并结合自身的施工技术、装备和管理水平,依据有关计价规定自主确定的工程造价,是投标人希望达成工程承包交易的期望价格,它不能高于招标人设定的招标控制价。投标报价编制原则如下:

(1)投标报价由投标人自主确定,但必须执行《建设工程工程量清单计价规范》的强制性规定。投标价应由投标人或受其委托、具有相应资质的工程造价咨询人员编制。

(2)投标人的投标报价不得低于成本。

(3)投标报价要以招标文件中设定的承发包双方责任划分,作为考虑投标报价费用项目和费用计算的基础,承发包双方的责任划分不同,会导致合同风险分摊的不同,从而导致投标人选择不同的报价;根据工程承发包模式考虑投标报价的费用内容和计算深度。

(4)以施工方案、技术措施等作为投标报价计算的基本条件;以反映企业技术和管理水平的企业定额作为计算人工、材料和机械台班消耗量的基本依据;充分利用现场考察、调研成果、市场价格信息和行情资料,编制基础报价。

(5)报价计算方法要科学严谨,简明适用。

(二)投标报价的编制依据

《建设工程工程量清单计价规范》规定,投标报价应根据下列依据编剧:

(1)本规范;

(2)国家或省级、行业建设主管部门颁发的计价办法;

(3)企业定额,国家或省级、行业建设主管部门颁发的计价定额;

(4)招标文件、工程量清单及其补充通知、答疑概要;

(5)建设工程设施设计文件及相关材料;

(6)施工现场情况、工程特点及拟定的投标施工组织设计或施工方案;

(7)与建设项目相关的标准、规范等技术资料;

(8)市场价格信息或工程造价管理机构发布的工程造价信息;

(9)其他的相关资料。

(三)投标报价的编制方法和内容

编制投标报价应首先根据投标人提供的工程量清单编制分部分项工程量清单计价表,措施项目清单计价表,其他项目清单计价表,规费、税金项目清单计价表,计算完毕之后,汇总得到单位工程投标报价汇总表,分别得出单项工程投标报价汇总表和工程项目投标总价汇总表,全部过程如图 6-2 所示。

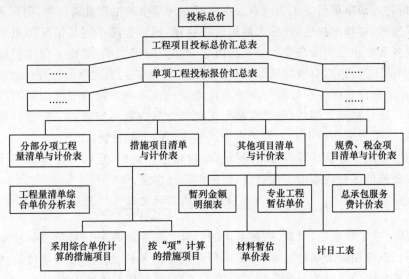

图 6-2　工程项目施工投标工程量清单报价流程简图

1. 分部分项工程量清单与计价表的编制

承包人投标报价中的分部分项工程费,应按照招标文件中分部分项工程量清单项目的特征描述确定综合单价计算。因此,确定综合单价是分部分项工程量清单与计价表编制过程中最主要的内容。分部分项工程量清单综合单价,包括完成单位分部分项工程所需的人工费、材料费、机械使用费、管理费、利润,并考虑风险费用的分摊。

分部分项工程量清单综合单价＝人工费＋材料费＋机械使用费＋管理费＋利润(6-1)

确定分布分项工程量清单综合单价时的注意事项如下:

(1)以项目特征描述为依据。确定分部分项工程量清单综合单价最重要的依据之一是该清单项目的特征描述,投标人投标报价时应依据招标文件中分部分项工程量清单项目的特征描述,确定清单项目的综合单价。在招投标过程中,当出现招标文件中分部分项工程量清单特征描述与设计图纸不符时,投标人应以分部分项工程量清单的项目特征描述为准,确定投标报价的综合单价。当施工中施工图纸或设计变更与工程量清单项目特征描述不一致时,发包、承包双方应按实际施工的项目特征,依据合同约定重新确定综合单价。

(2)材料暂估价的处理。招标文件中在其他项目清单中提供了暂估单价的材料,应将其账户的单价记录分布分项工程量清单项目的综合单价中。

(3)应包括承包人承担的合理风险。招标文件中要求承包人承担的风险费用,投标人应考虑将其计入综合单价。在施工过程中,当出现的风险内容及其范围(幅度)在招标文件规定的范围(幅度)内时,综合单价不得变动,工程价款不做调整。

2. 分部分项工程量清单综合单价确定的步骤和方法

(1)确定计算基础。计算基础主要包括消耗量的指标和生产要素的单价,应根据本企业的实际消耗量水平,并结合拟定的施工方案,确定完成清单项目需要消耗的各种人工、材料、机械台班的数量。计算时应采用企业定额,在没有企业定额或企业定额缺项时,可参照与本企业实际水平相近的国家、地区、行业定额,并通过调整来确定清单项目的人工、材料、机械台班单位用量。各种人工、材料、机械台班单价,则应根据询价的结果和市场行情综合确定。

(2)分析每一清单项目的工程内容。在招标文件提供的工程量清单中,招标人已对项目特征进行了准确、详细的描述,投标人根据这一描述,再结合施工现场情况和拟定的施工方案确定完成各清单项目实际应发生的工程内容。必要时可参照《建设工程工程量清单计价规范》中提供的工程内容,有些特殊的工程也可能发生规范列表之外的工程内容。

(3)计算工程内容的工程数量与清单单位含量。每一项工程内容都应根据所选定额的工程量计算规则计算其工程数量,当定额的工程量计算规则与清单的工程量计算规则相一致时,可直接以工程量清单中的工程量作为工程内容的工程数量。

当采用清单单位含量计算人工费、材料费、机械使用费时,还需要计算每一计量单位的清单项目所分摊的工程内容的工程数量,即清单单位含量。

$$清单单位含量 = \frac{某工程内容的定额工程量}{清单工程量} \tag{6-2}$$

(4)分部分项工程人工、材料、机械费用的计算。以完成每一计量单位的清单项目所需的人工、材料、机械用量为基础计算,再根据预先确定的各种生产要素的单位价格可以计算出每一计量单位清单项目的分部分项工程的人工费、材料费与机械使用费。

$$人工费 = 完成单位清单项目所需的人工 \times 每工日的人工日工资单价 \tag{6-3}$$

$$材料费 = \sum(完成单位清单项目所需的各种材料、半成品的数量 \times 材料、半成品的单价) \tag{6-4}$$

$$机械使用费 = \sum(完成单位清单项目所需的各种机械的台班数量 \times 各种机械台班单价) \tag{6-5}$$

(5)计算综合单价。管理费和利润的计算可以人工费、材料费、机械费之和为基础,按照一定的费率取费计算。

$$管理费 = (人工费 + 材料费 + 机械使用费) \times 管理费费率(\%) \tag{6-6}$$

$$利润 = (人工费 + 材料费 + 机械使用费 + 管理费) \times 利润率(\%) \tag{6-7}$$

将五项费用汇总并考虑合理的风险费用后,即可得到分部分项工程量清单综合单价。

根据计算出的综合单价,可编制分部分项工程量清单与计价表,见表6-1。

表6-1　　　　　　　　　分部分项工程量清单与计价表

工程名称:某公寓楼　　　　　标段　　　　　　　　　　第　页　共　页

序号	项目编号	项目名称	项目特征描述	计量单位	工程量	综合单价	合价	其中:暂估价
						金额/元		
	第四章　混凝土及钢筋混凝土							
1	010401001002	带形基础	C20	M³	307.20	341.22	104 822.78	37 054.00
17	010406001001	直行楼梯	C20	M³	316.00	89.96	28 427.36	
	...							
本页小计							25 3241	37 054.00
合计							1 275 293.74	1 000 000

(6)工程量清单综合单价分析表的编制。由于我国目前主要采用经评审的合理低标标价法进行评标,为表明分部分项工程量综合单价的合理性,投标人应对其进行单价分析,以作为评标时判断综合单价合理性的主要依据。综合单价分析表的编制反映出上述综合单价的编制过程,并按照规定的格式进行,见表6-2。

表6-2 　　　　　　　　　　　　　　**带形基础综合单价分析表**

工程名称:某公寓楼　　　　　　标段　　　　　　　　　　　第　页　共　页

项目编号	01040100 1002	项目名称	带形基础	计量单位				M³			

清单综合单价组成明细											
定额编号	定额名称	单位	数量	单价/元				合价/元			
				人工费	材料费	机械使用费	管理费和利润	人工费	材料费	机械使用费	管理费和利润
A4-3	带形基础	M³	307.20	33.46	192.41	11.10	40.38	10 278.91	59 108.35	3 409.92	12 404.74
A4-1	带行垫层	M³	73.60	42.88	174.10	10.80	38.81	3 155.97	12 813.76	794.88	2 856.42
人工单价			小计					13 434.88	71 922.11	4 204.80	15 261.16
38 元/工日			未计价材料费					341.22			

清单项目综合单价							
主要材料名称、规格、型号	单位	数量		单价/元	合价/元	暂估单价/元	暂估合价/元
325 水泥	kg	115 793.76		0.32	37 054.00	0.32	37 054.00
其他材料费/元							
材料费小计/元					37 054.00		

3. 措施项目清单与计价表的编制

措施项目清单与计价表的编制内容主要是计算各项措施项目费。措施项目费应根据招标文件中的措施项目清单及投标时拟定的施工组织设计或施工方案。按不同报价方式自主报价。计算时应遵循以下原则:

(1)投标人可根据工程实际情况,结合施工组织设计,自主确定措施项目费。对招标人所列的措施项目可以进行增补。招标人提出的措施项目清单是根据一般情况确定的,没有考虑不同投标人的"个性"。投标人投标时应根据自身编制的投标施工组织设计或施工方案确定措施项目。投标人根据投标施工组织设计或施工方案,调整和确定的措施项目应通过评标委员会的评审。

(2)措施项目清单计价应根据拟建工程的施工组织设计,适宜采用分部分项工程量清单方式的措施项目应采用综合单价计价;其余的措施项目可按照以"项"为单位的方式计价。应包括除规费、税金外的全部费用,与之对应,应采用综合单价计价,见表6-3。

表 6-3 措施项目清单与计价表

工程名称:某公寓楼　　　　　标段　　　　　　　　第　页　共　页

序号	项目编码	项目名称	项目特征描述	计量单位	工程量	金额/元	
						综合单价	合价
1	AB001	混凝土构件模板	租赁费 18 000 元,人工费 10 300 元,管理费率 12%,利润率 4.5%	套	1	33 122.32	33 122.32
2	AB002	脚手架	租赁费 20 000 元,人工费 12 000 元,管理费率 12%,利润率 4.5%	套	1	37 452.80	37 452.80
3	AB003	垂直运输机械	租赁费 30 000 元,人工费 6 000 元,燃料动力费 4 000 元,管理费率 12%,利润率 4.5%	台	1	46 816.00	46 816.00
本页小计							117 391.12
合计							117 391.12

(3)措施项目清单中的安全文明施工费应按国家或省级、行业建设主管部门的规定计价。不得作为竞争性费用。

4. 其他项目与清单计价表的编制

其他项目费主要由暂列金额、暂估价、计日工以及总承包服务费组成(表 6-4)。

表 6-4 其他项目与清单计价汇总表

工程名称:某公寓楼　　　　标段　　　　第　页　共　　　页

序号	项目名称	计量单位	金额/元
1	暂列金额	项	300 000.00
2	自供钢材	项	2 200 000.00
3	专项工程暂估价	项	500 000.00
4	计日工	项	2 100.00
5	总承包服务费	项	20 000.00
合计			3 022 100.00

5. 规费税金项目清单与计价表的编制

规费和税金应按国家或省级、行业建设主管部门的规定计算,不得作为竞争性费用。规费、税金项目清单与计价表的编制见表 6-5。

表 6-5 规费、税金与项目清单与计价表

工程名称:某公寓楼　　　　　标段　　　　　　　第　页　共　　　页

序号	项目名称	计算基础	费率/%	金额/元
1	规费	分部分项工程费+措施项目费+其他项目费		
1.1	工程排污费	分部分项工程费+措施项目费+其他项目费		
1.2	社会保障费	分部分项工程费+措施项目费+其他项目费		
(1)	养老保险费	分部分项工程费+措施项目费+其他项目费		
(2)	失业保险费	分部分项工程费+措施项目费+其他项目费	5	225 840.42
(3)	医疗保险费	分部分项工程费+措施项目费+其他项目费		
1.3	住房公积金	分部分项工程费+措施项目费+其他项目费		
1.4	工伤保险	分部分项工程费+措施项目费+其他项目费		
2	税金	分部分项工程费+措施项目费+其他项目费+规费	3.41	161 724.32
合计				387 564.74

6. 投标价的汇总

投标人的投标总价应当与组成工程量清单的分部分项工程费、措施项目费、其他项目费和规费、税金的合计金额相一致,即投标人在进行工程量清单招标的投标报价时,不能进行投标总价优惠(或降价、让利),投标人对投标报价的任何优惠(或降价、让利)均应反映在相应清单项目的综合单价中,投标价汇总表的编制见表6-6。

表 6-6　　　　　　　　　单位工程投标报价汇总表

工程名称:某公寓楼　　　　　　　标段　　　　　　第　页　共　页

序号	项目名称	金额/元
1	分部分项工程量清单合计	1 275 293.74
1.1	略	
1.2	略	
……	略	
2	措施项目清单合计	219 414.62
2.1	文明施工费	102 023.50
2.2	其他措施项目	117 391.12
3	其他项目清单合计	3 022 100.00
3.1	暂列金额	300 000.00
3.2	自供钢材	2 200 000.00
3.3	专业工程暂估价	500 000.00
3.4	计日工	2 100.00
3.5	总承包服务费	20 000.00
4	规费	225 840.42
5	税金	161 724.32
	合计	4 904 373.10

(四)编制工程项目施工投标文件的注意事项

(1)投标文件应按"投标文件格式"进行编写,如有必要,可增加附页,作为投标文件的组成部分。其中,投标函附录在满足招标文件实质性要求的基础上,可以提出比招标文件要求更有利于招标人的承诺。

(2)投标文件应当对投标文件有关工期、投标有效期、质量要求、技术标准和要求、招标范围等实质性内容做出响应。

(3)投标文件应由投标人的法定代表人或其委托代理人签字或盖单位章。委托代理人签字的,投标文件应附法定代表人签署的授权委托书。投标文件应尽量避免涂改、行间插字或删除。如果出现上述情况,改动之处应加盖图章并由投标人的法定代表人或其授权的代理人签字确认。

(4)投标文件正本一份,副本份数按招标文件有关规定确定。正本和副本的封面上应清楚地标记"正本"或"副本"字样。投标文件的正本和副本应分别装订成册,并编制目录。当副本与正本不一致时,以正本为准。

(5)除招标文件另有规定外,投标人不得递交备选投标方案。允许投标人递交备选投标方案的,只有中标人所递交的备选投标方案方可予以考虑。评标委员会认为中标人的备选投标方案优于其按照招投标文件要求编制的投标方案的,招标人可以接受该备选投标方案。

6.1.5 工程项目施工投标决策与技巧

投标人并不是每标必投,因为投标人要想在投标中获胜,即中标得到承包工程,然后又要从承包工程中赢利,就需要研究投标决策的问题。所谓投标决策,包括三方面内容:其一,针对项目招标,选择是否投标;其二,倘若去投标,投什么性质的标;其三,投标中如何采用以长制短、以优胜劣的策略和技巧。投标决策的正确与否,关系到投标人能否中标和中标后的效益好坏,关系到施工企业的发展前景和职工的经济利益。

投标决策包括两部分内容:投标项目选择决策及投标报价决策。

(一)投标项目选择决策

"知己知彼,百战不殆",工程投标决策研究就是知己知彼的研究。这个"己"就是影响投标决策的主观因素,"彼"就是影响投标决策的客观因素。

1. 影响投标项目选择决策的主观因素

投标或是弃标,首先取决于投标单位的实力,实力表现在以下几个方面:

(1)技术方面的实力

①有精通本行业的造价师、建筑师、工程师、会计师和管理专家组成的组织机构;

②有工程项目设计、施工专业特长,能解决各类工程施工中的技术难题;

③有国内外与招标项目同类型工程的施工经验;

④有具备一定技术实力的合作伙伴,如实力强的分包商、合营伙伴和代理人。

(2)经济方面的实力

①具有垫付资金的能力。所谓"带资承包工程",是指工程由承包商筹资兴建,从建设中期或建成后某一时期开始,业主分批偿还承包商的投资及利息,但有时这种利率低于银行贷款利率。承包这种工程时,承包商需投入大部分工程项目建设资金,而不只是一般承包所需的少量流动资金。

②具有一定的固定资产和机具设备及其投入所需的资金。大型施工机械的投入,不可能一次摊销。因此,新增施工机械将会占用一定资金。另外,为完成项目必须要有一批周转材料,如模板、脚手架等,这也是占用资金的组成部分。

③具有一定的周转资金用来支付施工用款。因为,对已完成的工程量需要监理工程师确认后并经过一定手续、一定的时间后才能将工程款拨入。

④具有支付各种担保的能力。承包国内工程需要担保,而且费用也较高,诸如投标保函(或担保)、履约保函(或担保)、预付款保函(或担保)、缺陷责任期保函(或担保),等等。

⑤具有支付各种纳税和保险的能力。

⑥能承担由于不可抗力带来的风险。即使是属于业主的风险,承包商也会有损失;如果不属于业主的风险,则承包商损失更大,所以承包商要有财力承担不可抗力带来的风险。

(3)管理方面的实力

建筑承包市场属于买方市场,承包工程的合同价格由作为买方的发包方起支配作用。承包商为打开承包工程的局面,应以低报价甚至低利润取胜。为此,承包商必须在成本控制上严格监控,向管理要效益。如缩短工期,进行定额管理,辅以奖罚办法,减少管理人员,工人一专多能,节约材料,采用先进的施工方法不断提高技术水平,特别是要有"重质量"、"重合同"的意识,并有相应的切实可行的措施。

(4)信誉方面的实力

承包商一定要有良好的信誉,这是投标中标的一条重要标准。要建立良好的信誉,就必须遵守法律和行政法规,按国际惯例办事,同时,认真履约,保证工程的施工安全、工期和质量,而且,各方面的实力都要雄厚。

2.影响投标项目选择决策的客观因素

(1)业主和监理工程师的情况

业主的合法地位、支付能力、履约能力;监理工程师处理问题的公正性、合理性等,是投标决策的影响因素。

(2)竞争对手和竞争形势的分析

是否投标,应注意竞争对手的实力、优势及投标环境的优劣情况。另外,竞争对手的在建工程情况也十分重要。如果竞争对手的在建工程即将完工,可能急于获得新承包项目,投标报价不会很高;如果竞争对手的在建工程规模大、时间长,如仍参加投标,则标价可能很高。从总的竞争形势来看,大型工程的承包公司技术水平高,善于管理大型复杂工程,其适应性强,可以承包大型工程;中小型工程由中小型工程公司或当地的工程公司承包的可能性大。因为,当地中小型公司在当地有自己熟悉的材料、劳动力供应渠道,管理人员相对比较少,有自己惯用的特殊施工方法等优势。

(3)法律、法规的情况

对于国内工程承包,自然适用本国的法律和法规。

投标与否,要考虑的因素很多,需要投标人广泛、深入地调查研究,系统地积累资料,并做出全面的分析,才能做出正确的投标决策。决定投标与否,更重要的是它的效益性。投标人应对承包工程的成本、利润进行预测和分析,以供投标决策之用。

(二)投标报价决策

1.投标策略

当充分分析了项目的主客观情况,认为某一具体工程值得投标后,企业就需要确定一定的投标策略,以达到既有中标机会,今后又能盈利的目的。常见的投标策略有以下几种:

(1)靠提高经营管理水平取胜

靠提高经营管理水平取胜,即做好施工组织设计,采用合理的施工技术和施工机械,精心采购材料、设备,选择可靠的分包单位,安排紧凑的施工进度,力求节省管理费用等,从而有效地降低工程成本而获得较大的利润。

(2)靠改进设计和缩短工期取胜

靠改进设计取胜,即仔细研究原设计图纸,发现不够合理之处,提出降低造价的修改设计建议,以提高对业主的吸引力。另外,靠缩短工期取胜,即比规定的工期有所缩短,实现早投产、早受益,有时甚至标价稍高,对业主也是有吸引力的。

(3)低利政策

低利政策主要适用于承包任务不足时,与其坐吃山空,不如以低利承包到一些工程,这还是有利的。此外,承包商初到一个新的地区,为了打入这个地区的承包市场,建立信誉,也往往采用这种策略。

(4)加强索赔管理

加强索赔管理有时虽然报价较低,却着眼于施工索赔,也能赚到高额利润。

(5)着眼于发展

着眼于发展,即为争取将来的优势,而宁愿目前少盈利。承包商为了掌握某种有发展前途的工程施工技术(如建造核电站的反应堆或海洋工程等),就可能采用这种策略。

以上这些策略并不是互相排斥的,根据具体情况,可以综合灵活运用。

2.投标报价策略

投标报价时,既要考虑自身的优势和劣势,也要分析招标项目的特点。按照工程项目的不同特点、类别、施工条件等来选择报价策略。

(1)遇到如下情况报价可高一些

施工条件差的工程;专业要求高的技术密集型工程,而投标人在这方面又有专长,声望也较高;总价低的小工程,以及自己不愿做又不方便不投标的工程;特殊的工程,如港口码头、地下开挖工程等;工期要求急的工程;投标对手少的工程;支付条件不理想的工程。

(2)遇到如下情况报价可低一些

施工条件好的工程;工作简单、工程量大而其他投标人都可以做的工程;投标人目前急于打入某一市场、某一地区,或在该地区面临工程结束,机械设备等无工地转移时;投标人在附近有工程,而本项目又可利用该工程的设备、劳务,或有条件短期内突击完成的工程;投标对手多,竞争激烈的工程;非急需工程;支付条件好的工程。

(三)投标报价技巧

1.不平衡报价法

不平衡报价法是指一个工程项目总报价基本确定后,通过调整内部各个项目的报价,以期既不提高总报价、不影响中标,又能在结算时得到更理想的经济效益。一般可以考虑在以下几个方面采用不平衡报价:

(1)能够早日结算的项目(如前期措施费、基础工程、土石方工程等)可以适当提高报价,以利于资金周转,提高资金时间价值。后期工程项目如设备安装、装饰工程等的报价可适当降低。

(2)经过工程量复核,预计今后工程量会增加的项目,可适当提高单价,这样在最终结算时可多盈利,而将未来工程量有可能减少的项目单价降低,工程结算时损失不大。

但是,上述两种情况要统筹考虑,具体分析后再定。

(3)设计图纸不明确,估计修改后工程量要增加的,可以提高单价,而工程内容说明不清楚的,则可以降低一些单价,在工程实施阶段通过索赔再寻求提高单价的机会。

(4)暂定项目又叫任意项目或选择项目,对这类项目要做具体分析。因为这一类项目要待开工后由发包人研究决定是否实施,以及由哪一家投标人实施。如果工程不分标,不会另由一家投标人施工,则其中肯定要施工的单价可高些,不一定要施工的则应该低些。如果工程分标,该暂定项目也可能由其他投标人施工时,则不宜报高价,以免抬高总报价。

(5)单价与包干混合制合同中,招标人要求有些项目采用包干报价时,宜报高价。一则这类项目多半有风险,二则这类项目在完成后可全部按报价结算,即可以全部结算回来。其余单价项目则可适当降低报价。

(6)有时招标文件要求投标人对工程量大的项目报"综合单价分析表",投标时可将单价分析表中的人工费及机械设备费报得较高,而材料费报得较低。这主要是为了在今后补充项目报价时,可以参考选用"综合单价分析表"中较高的人工费和机械费,而材料则往往采用市场价,因而可获得较高的收益。

2. 计日工单价的报价

如果是单纯报计日工单价,而且不计入总价中,可以报高些,以便在招标人额外用工或使用施工机械时可多盈利。但如果计日工单价要计入总报价时,则需具体分析是否报高价,以免抬高总报价。总之,要分析招标人在开工后可能使用的计日工数量,再来确定报价方针。

3. 可供选择项目的报价

有些工程项目的分项工程,招标人可能要求按某一方案报价,而后再提供几种可供选择方案的比较报价。投标时,应对不同规格情况下的价格都进行调查,对于将来有可能被选择使用的规格应适当提高其报价;对于技术难度大或其他原因导致的难以实现的规格,可将价格有意抬得更高一些,以阻挠招标人选用。但是,所谓"可供选择项目",并非由投标人任意选择,而是只有招标人才有权进行选择。因此,虽然适当提高了可供选择项目的报价,并不意味肯定可以取得较好的利润,只是提供了一种可能性,一旦招标人今后选用,投标人即可得到额外加价的利益。

4. 暂定金额的报价

暂定金额的报价有以下三种情况:

(1)招标人规定了暂定金额的分项内容和暂定总价款,并规定所有投标人都必须在总报价中加入这笔固定金额,但由于分项工程量不是很准确,允许将来按投标人所报单价和实际完成的工程量付款。在这种情况下,出于暂定总价款是固定的,对各投标人的总报价水平竞争力没有任何影响,因此,投标时应当适当提高暂定金额的单价。

(2)招标人列出了暂定金额的项目的数量,但并没有限制这些工程量的估价总价款,要求投标人既列出单价,也应按暂定项目的数量计算总价,当将来结算付款时可按实际完成的工程量和所报单价支付。这种情况下,投标人必须慎重考虑。如果单价定得高了,同其他工程量计价一样,将会增大总报价,影响投标报价的竞争力;如果单价定得低了,将来这类工程量增大,将会影响收益。一般来说,这类工程量可以采用正常价格。如果投标人估计今后实际工程量肯定会增大,则可适当提高单价,使将来可增加额外收益。

(3)只有暂定金额的一笔固定总金额,将来这笔金额做什么用由招标人确定。这种情况对投标竞争没有实际意义,按招标文件要求将规定的暂定金额列入总报价即可。

5. 多方案报价法

对于一些招标文件,如果发现工程范围不是很明确,条款不清楚或很不公正,或技术范围要求过于苛刻时,则要在充分估计投标风险的基础上,按多方案报价法处理,即按原招标文件报一个价,然后再提出如某某条款做某些变动,报价可降低多少,由此可报出一个较低的价。这样可以降低总价,吸引招标人。

6. 分包商报价的采用

总承包商通常应在投标前先取得分包商的报价,并增加总承包商摊入的一定的管理费,然后作为自己投标总价的一个组成部分一并列入报价单中。应当注意,分包商在投标前可能同意接受总承包商压低其报价的要求,但等到总承包商得标后,他们常以种种理由要求提高分包价格,这将使总承包商处于十分被动的地位。解决的办法是总承包商在投标前找两三家分包商分别报价,而后选择其中一家信誉较好、实力较强和报价合理的分包商签订协议,同意该分包商作为本分包工程的唯一合作者,并将分包商的姓名列到投标文件中,但要求该分包商相应地提交投标保函。如果该分包商认为总承包商确实有可能得标,也许愿意接受这一条件。这种把分包商的利益同投标人的利益捆在一起的做法,不但可以防止分包商事后反悔和涨价,还可能使分包商报出较合理的价格,以便共同争取得标。

6.2 建设工程施工招投标实例

GZ市第二老人院第一期工程施工项目招投标

(一)项目概况

GZ市第二老人院工程施工项目分两期建设,总用地面积 245 163 m²。第一期项目总建筑面积 108 803 m²,拟设 1 800 张床位,拟建 2～12 层综合服务大楼、介护楼、康复护理楼、老人食堂、失智老人疗养楼、职工食堂、介助疗养楼、自理疗养楼、职工宿舍、后勤服务楼等建筑物及相关配套设施(其中最大单体建筑面积 49 579 m²,地上 12 层,地下 1 层,建筑物总高度 44.4 m)。第一期总投资额约 4.99 亿元。建筑资金已到位,批复文号为〔2010〕26号。项目相关单位的基本信息见表 6-7。

表 6-7 项目相关单位的基本信息表

单位性质	单位名称	联系人	联系方式
招标单位	GZ市第二老人院筹建办公室	赵××	
项目建设管理单位	GZ市市政工程设计研究院	付××	
招标代理机构	GZ市××招投标代理有限公司	陈××	
招标监督机构	GZ市建设工程招标管理办公室	—	

(二)资格预审

按照规定,资格预审公告同时在该市公共资源交易网、该市建设信息网、该省建设工程招标投标管理信息网、政府采购网、中国采购与招标网上发布。项目建设地点位于解放路以东,江北路以北,幸福路以南,计划于 2012 年 6 月 15 日前竣工,编号为 GZ市第二老人院第一期建设项目。

公告要求申请人具备独立法人资格,企业施工资质一级,项目经理为建筑类注册建造师一级。不接受联合体资格预审申请。

由于申请人较多,招标人决定采用有限数量制评审办法,按得分高低,选取得分前 10名的申请人前来购买招标文件,通知其他申请人未能通过资格预审。申请人于 2011 年 3月 10 日至 2011 年 3 月 14 日(法定公休日、法定节假日除外),每日上午 8:00 至 12:00,下午 14:30 至 17:30(北京时间)持以下资格证件原件及加盖单位公章的复印件 2 份到 GZ市 25区政务服务中心二楼公共资源交易中心进行报名登记(过期不予受理)。证件内容包括:

(1)企业法人营业执照副本。

(2)企业资质证书副本。

(3)安全生产许可证副本。

(4)拟派往本工程项目经理的建筑类一级注册建造师证书、安全生产考核合格证及身份证。

(5)法定代表人身份证(如法定代表人现场报名的)或法人授权委托书及其委托代理人身份证(如委托人现场报名的)。

2011 年 3 月 18 日,招标人发觉资格预审评审标准存在疏漏,立即以书面形式通知所有获取资格预审文件的潜在投标人。规定的资格预审申请文件提交时间为 2011 年 3 月 20 日 14:00,而此时距离资格预审申请文件递交的截止时间已不足 3 日。

报名期间,共有 42 家单位报名参加资格预审,40 家单位按时提交资格预审申请文件。计划资格预审评审时间为 2011 年 3 月 21 日 9:00 至 17:00,资格预审会议按计划执行。

经过研究,招标人决定采用有限数量制评审办法,选取得分前 10 的申请人前来购买招标文件。资格预审的审查由招标人组建的评审机构负责。评审机构由招标人代表以及随机抽取的专家组成,成员为 5 人,其中招标人代表 1 人、技术类专家 2 人、经济类专家 2 人。经过专家评审,得出排名前 10 名的报名单位,分别编号为 A、B、C、D、E、F、G、H、I、J。

招标人将评审结果进行公示,并于 2011 年 3 月 25 日向建设行政主管部门提交备案资料。

(三)开标

招标人于 2011 年 4 月 1 日至 2011 年 4 月 10 日 9:30 至 15:00(节假日休息)在 GZ 市招投标服务中心发售招标文件。

招标文件规定的投标截止时间及开标时间是 2011 年 4 月 15 日 15:00。在规定的投标截止时间前,资格预审排名前 10 的单位递交了投标文件,并参加了开标会议。

在开标前 5 分钟,A 单位递交了一份补充材料,其中声明将原报价降低 4%。但是,招标单位的有关工作人员认为,根据国际上"一标一投"的惯例,一个承包商不得递交两份投标文件,因而拒收 A 单位的补充材料。

在开标过程中,招标人发现 C 单位的标袋密封处仅有投标单位公章,没有法定代表人印章或签字。而 C 单位的法定代表人恰好出席开标会议,于是及时进行补签。B 单位在投标文件中提交了两项施工方案,一项按照原招标文件的要求进行报价,另一项对原招标文件进行合理的修改,在修改的基础上报价。而在唱标时,唱标人仅对方案一进行唱标。最终的开标记录见表 6-8。

表 6-8　　　　　　　　　　　开标记录

投标人	投标报价/万元	工期/日历天	质量等级	投标保证金
A	2 680.00	360	合格	递交
B	2 672.00	360	合格	递交
C	2 664.00	365	合格	递交
D	2 653.00	360	合格	递交
E	2 652.00	370	合格	递交
F	2 650.00	360	合格	递交
G	2 630.00	365	合格	递交
H	2 624.00	370	合格	递交
I	2 635.00	370	合格	递交
J	2 657.00	365	合格	递交

(四)评标

2011 年 4 月 15 日 13:00,招标人依照合法程序在 GZ 市评标专家库中抽取专家,并组建评标委员会。评标委员会由 5 人组成,其中招标人代表 1 人,招标代理机构代表 1 人,从该市组建的综合性评标专家库中随机抽取的技术、经济专家 3 人,其中,施工技术专家 2 人,建筑造价专家 1 人。

评定内容由技术标和商务标两部分组成。技术标分值为 40 分,商务标分值为 60 分,总分值为 100 分。技术标评标分值明细表见表 6-9。

表 6-9 技术标评标分值明细表

序号	评审指标	满分	备注
(1)	商务标	60	
(2)	技术标	40	
①	施工总体布置的合理性	8	
②	施工方法及进度安排的可行性	8	
③	配置的施工设备和主要管理人员的充足性、适应性	8	
④	质量保证体系及控制措施的可靠性	5	
⑤	企业资信	3	
⑥	施工经验	5	
⑦	财务状况	3	
	合计	100	

(1)商务标评定分值 60 分。

以所有投标人的有效报价的平均数确定评标基准价。

当偏差率<0 时:得分=60-1×|偏差率|×100。

当偏差率=0 时:得分=60。

当偏差率>0 时:得分=60-2×|偏差率|×100

(2)技术标评定分值 40 分。

＊施工总体布置的合理性(满分 8 分)。

①科学,合理,有现场总平面布置图且布置合理(6～8 分)。

②较科学,合理,有现场总平面布置图且布置较合理(3～5 分)。

③一般,无现场总平面布置图(1～2 分)。

＊施工方法及进度安排的可行性(满分 8 分)。

①先进,可行,工程总进度安排合理(6～8 分)。

②较先进,可行,工程总进度安排较合理(3～5 分)。

③一般(1～2 分)。

＊配置的施工设备和主要管理人员的充足性、适应性(满分 8 分)。

①充足,适应(6～8 分)。

②较充足,适应(4～5 分)。

③一般(1～3 分)。

＊质量保证体系及控制措施的可靠性(满分 5 分)。

①通过 ISO9000 族质量体系认证,质量保证体系健全,控制措施可靠(4～5 分)。

②通过 ISO9000 族质量体系认证,质量保证体系较健全,控制措施较可靠(2～3 分)。

③未通过 ISO9000 族质量体系认证,质量保证体系不健全,控制措施较可靠(1 分)。

＊企业资信(满分 3 分)。

①资信好,投标人近 2 年内获得省级以上(含省级)质量、安全及其他奖项(3 分)。

②资信较好,投标人近 2 年内获得市级质量、安全及其他奖项(2 分)。

③资信一般,投标人近 2 年内没获得质量、安全及其他奖项(1 分)。

*施工经验(满分 5 分)。

①丰富,投标人近 3 年内有 3 项以上类似工程的施工经历(类似工程以工程规模、结构类型、使用功能为衡量标准,每项业绩均须出具中标通知书及合同复印件,否则视为无效,下同)(4~5 分)。

②较丰富,投标人近 3 年内有 2 项类似工程的施工经历(2~3 分)。

③一般,投标人近 3 年内有 1 项类似工程的施工经历(1 分)。

*财务状况(满分 3 分)。

①好(3 分)。

②较好(2 分)。

③一般(1 分)。

*评标结果(请参考《评标报告》的相关表格)。

评标委员会对各标段的投标人的投标文件进行综合评审。

首先,评标委员会对各标段的投标人的投标文件进行初审。评标委员会根据招标文件规定初审,初审合格的投标文件可以进入下阶段评审。

初审结果为各标段的投标人的投标文件初审均合格,可以进入下阶段评审。5 位评委根据招标文件规定的评标办法分别对各标段的投标人的投标文件进行独立公正的评分,并出具评审意见。

经过评标委员会详细、认真的评审并出具评审意见后,5 位评委的评分结果经监督人员审查,确认各评委评分有效,可以进行评分汇总。

在评分汇总中,投标文件的技术标得分与其投标文件商务标得分相加后,为专家评审分,将专家评审分进行算术平均的得分为投标文件的最终得分,按得分高低进行排序。

本案例的评标结果如下:

①初步评审。投标人 C 因为投标文件密封不合格没有参加初步审查,评标委员会对剩余 9 家投标人的投标文件进行了初步审查。经审查,投标人 D 承诺工程质量标准为“优良”,为现行房屋建筑工程施工质量检验与评定标准中没有的质量等级。经评标委员会讨论,认为其没有响应招标文件要求的工程质量为“合格”的标准,应否决其投标。其余投标人均通过了初步评审。评标委员会经过初步评审,认为投标人 A 的投标文件与招标文件基本响应,但是投标人 A 的投标报价过高,为此,招标人代表建议评标委员会进行以下澄清,要求投标人 A 做进一步说明:如果中标,在现有的报价基础之上可否再下浮 1‰ ~3‰。在规定的时间内投标人 A 及时进行了回复,承诺如果中标,在原报价的基础上下浮 2‰。招标人对投标人 A 的回复比较满意,于是评标委员会拟推荐投标人 A 为中标候选人。

②详细评审。评标委员会对通过初步审查的投标人报价及已标价工程量清单进行了详细评审,其中投标人 A、B、E、F、G、H、I 分别有 45 项、20 项、5 项、4 项、7 项、13 项和 2 项综合单价位于最高。评标委员会随后对投标总价得分进行了计算和汇总,结果见表 6-10。

表 6-10　　　　　　　　　　　　　　　　详细评审汇总

投标人	工期/日历天	综合单价/(元/m²)	投标总价/万元	总分	排名
A	360	22.50	2 680.00	74.47	6
B	360	15.00	2 672.00	87.87	5
E	370	23.00	2 652.00	95.92	2
F	360	21.50	2 650.00	96.26	1
G	365	18.50	2 630.00	90.76	4
H	370	24.00	2 624.00	94.80	3
I	370	24.00	2 635.00	74.44	7
J	365	23.00	2 657.00	74.35	8

(五)评标结果的投诉及处理

评标委员会于 2011 年 4 月 16 日 9:00 至 2011 年 4 月 17 日 14:00 期间进行评标,对各标段的投标人的投标文件进行评审打分后,依次推荐了投标人 F、E、H 为中标候选人,并在"GZ 市招标投标监管网"和"中国采购与招标网"进行了公示。在公示期间,投标人 E 就评标结果向招标人提出异议。投标人 E 向招标人反映,投标人 F 在其所报的 2008—2010 年类似工程施工经历中有一项不是该投标人完成的,还有一项是该投标人与另外一个施工单位联合施工,且其仅承担了其中的土方、降水和护坡施工,非主要施工单位,不能作为其类似工程的施工业绩。投标人 E 认为投标人 F 有弄虚作假的投标行为,应否决其投标。

招标人在收到异议后,暂停招标投标活动并组成事件调查小组,分析了整个招标过程和评标委员会完成的评标报告。发现评标委员会是依据招标文件和投标文件进行的评标,并且完成的评标报告符合法定程序及规定。因此,招标人在第 3 日向投标人 E 进行答复,认为投标人 F 没有弄虚作假行为,依然是第一中标候选人。投标人对招标人的答复不满意,故向 GZ 市住房和城乡建设委员会提交投诉书。

收到投诉书后,GZ 市住房和城乡建设委员会为查清投标人 F 是否存在弄虚作假的投标行为,于是对投标人 F 称其施工的工程所在地进行调查、取证,走访了当地工商局、税务局、建设主管部门、建设银行、质量监督站、派出所、街道办事处等,取得了大量一手资料。经过走访和查阅工程施工期间有关管理部门的管理记录,证实投诉事实成立,投标人 F 投标中存在弄虚作假行为,依据国家有关法规,其投标无效,同时依据国家法规对投标人 F 进行了处罚。GZ 市住房和城乡建设委员会在投诉结案后 5 个工作日内,将《招标投标投诉处理意见书》送达投诉人、被投诉人。招标人根据 GZ 市住房和城乡建设委员会的处理意见否决投标人 F 的投标,并选择投标人 E 为第一中标候选人。

上述案例中存在的问题及解决方法如下:

问题 1: 在开标时,B 单位在投标文件中提交了两项施工方案,一项按照原招标文件的要求进行报价,另一项对招标文件进行合理的修改,在修改的基础上报出价格。而在唱标时,唱标人仅对方案一进行唱标。试分析唱标人的做法是否正确。开标时,投标人对唱标结果持有异议,招标代理人应当如何处理?

答:B 单位采用了多方案报价法,即在标书中报多个标价。其中一项按原招标文件的要求报;另一项则对招标文件进行合理的修改,在修改的基础上报出价格。在唱标时,唱标人可仅公布原招标文件条件下的投标报价。合理修改部分交由评标委员会处理。因而唱标人做法正确。

投标人对开标唱标结果有异议并当场提出的,招标人应当场复核并予以答复。属于唱标人唱标错误的,应当场纠正,并做记录;不属于唱标人唱标错误的,招标人应当如实记录并经监标人签字确认后提交给评标委员会。招标人和监督机构代表不应在开标现场对投标文件是否有效做出判断和决定,应提交给评标委员会评定。

问题 2:在开标过程中,C 单位的标袋密封处仅有投标单位公章,没有法定代表人印章或签字。而 C 单位的法定代表人恰好出席开标会议,于是及时进行补签。针对这种情形将其作为无效投标处理还是否决其投标?试说明无效投标、否决投标之间的区别是什么?

答:C 单位因投标书只有单位公章,没有法定代表人印章或签字,不符合招标投标法的要求,应按否决投标处理。

依据《中华人民共和国招标投标法实施条例》(国务院令〔2011〕第 613 号第五十一条)规定,投标文件有下列情形之一的,评标委员会应当否决其投标:

(1)投标文件未经投标单位盖章和单位负责人签字。

(2)投标联合体没有提交共同投标协议。

(3)投标人不符合国家或者招标文件规定的资格条件。

(4)同一投标人提交两个以上不同的投标文件或者投标报价,但招标文件要求提交备选投标的除外。

(5)投标报价低于成本或者高于招标文件设定的最高投标限价。

(6)投标文件没有对招标文件的实质性要求和条件做出响应。

(7)投标人有串通投标、弄虚作假、行贿等违法行为。

无效投标是指投标人的投标文件没有按照招标文件的要求进行处理或不符合招标文件的要求,而在开标前被拒绝,不能进入投标与评标程序。其多指投标文件为无效投标文件。无效投标的认定一般在开标前,在没有打开投标书时就已经无效了,其投标文件没有资格参与评标。而否决投标则是招标人接受了其投标文件,经评审委员会确定和评审后否决其投标,丧失了参加或继续参加评审的资格。否决投标和无效投标的最终结果是一致的,都不能中标。

问题 3:在开标前 5 分钟,A 承包商递交了一份补充材料,其中声明将原报价降低 4%。但是,招标单位的有关工作人员认为,根据国际上"一标一投"的惯例,一个承包商不得提交两份投标文件,因而拒收承包商的补充材料。判断招标人的做法是否正确,并说明理由。

答:招标人的做法是不正确的。根据《中华人民共和国招标投标法》第二十九条规定,投标人在招标文件要求提交投标文件的截止时间前,可以补充、修改或者撤回已提交的投标文件,补充、修改的内容作为投标文件的组成部分。因此 A 单位向招标人递交的书面说明有效。

问题 4:在评标过程中,招标人依法组建评标委员会,评标委员会由 5 人组成,其中招标人代表 1 人,招标代理机构代表 1 人,从该市组建的综合性评标专家库中随机抽取的技术、经济专家 3 人,其中,施工技术专家 2 人,建筑造价专家 1 人。试问评标委员会的组成是否合理?若不合理,请说明理由。

答:评标委员会的组成不合理。因为招标人和招标代理机构各派了 1 人参加评标,所占比例超过了总人数的三分之一,评标委员会的组成违反了《中华人民共和国招标投标法》第三十七条,即评标委员会由招标人的代表和有关技术、经济等方面的专家组成,成员人数为五人以上单数,其中技术、经济等方面的专家不得少于成员总数的三分之二。

问题5:在评标过程中,评标委员会对投标人A的投标文件的评标是否存在问题?评标的结果是否有效?《中华人民共和国招标投标法》对评标委员会要求投标人澄清的内容是否有限制?

答:评标委员会的这种行为,实质上等同于代替招标人在确定中标人之前,与投标人A就投标价格、投标方案进行了谈判,许可了投标人A二次报价,二次递交投标范围,违反了《中华人民共和国招标投标法》第四十三条关于在确定中标人之前,招标人不得与投标人就投标价格、投标方案等实质性内容进行谈判的规定。评标委员会的行为逾越了法律赋予其的职责,依据《工程建设项目货物招标投标方法》第五十七条的规定,该评标结果无效,招标人应重新进行评标或重新进行招标。

《中华人民共和国招标投标法》对评标委员会要求投标人澄清的内容有很明确的限制。《中华人民共和国招标投标法》第三十九条规定,评标委员会可以要求投标人对投标文件中含义不明确的内容做必要的澄清或者说明,但是澄清或者说明不得超出投标文件的范围或者改变投标文件的实质性内容。在评标过程中,评标委员会可以书面形式要求投标人对投标文件中含义不明确、有明显文字或计算错误的内容做必要的澄清,但澄清、说明或补正不得超出投标文件的范围或者改变投标文件的实质性内容,特别是不能要求投标人对投标价格、投标方案等实质性内容进行修改或变相修改。

问题6:在发售资格预审文件过程中,招标人发觉资格预审评审标准存在疏漏,立即以书面形式通知所有获取资格预审文件的潜在投标人。而此时距离资格预审申请文件截止时间已不足3日。部分潜在投标人以资格预审申请文件受到影响为由,提出异议。那么,招标人对资格预审文件进行澄清和修改时的正确处理方式是什么?

答:依据《中华人民共和国招标投标法实施条例》(国务院令〔2011〕第613号)第二十一条规定,招标人可以对已发出的资格预审文件进行必要的澄清或修改。澄清或者修改的内容可能影响资格预审申请文件编制的,招标人应当在提交资格预审申请文件截止时间至少3日前,以书面形式通知所有获取资格预审文件或者招标文件的潜在投标人;不足3日,招标人应当顺延提交资格预审申请文件的截止时间。

问题7:在进行资格预审时,招标人为何选择有限数量制?这种资格预审办法应该如何操作?

答:采用资格预审的,可以采用两种办法确定通过资格预审的申请人名单,一种是合格制,即符合资格审查标准的申请人均通过资格审查;另一种是有限数量制,即审查委员会对通过资格审查标准的申请文件按照公布的量化标准进行打分,然后按照资格预审文件确定的数量和资格申请文件得分,按由高到低的顺序确定通过资格审查的申请人名单。采用资格后审的,一般采用合格制确定通过资格审查的投标人名单。当潜在投标人过多时,可采用有限数量制。招标人在资格预审文件中既要规定投标资格条件、标准和评审方法,又应明确通过资格预审的投标申请人数量。

采用有限数量制进行资格预审分为两个步骤,即初步评审和详细评审。打分标准及操作示例如下:

(1)资格预审(有限数量制)初步审查标准见表6-11。

表 6-11　　　　　　　　**资格预审（有限数量制）初步审查标准**

审查因素	审查标准
申请人名称	与营业执照、资质证书、安全生产许可证一致
申请函	有法定代表人或其委托代理人签字或加盖单位章,委托代理人签字的,其法定代表人授权委托书须由法定代表人签署
申请文件格式	符合资格预审文件对资格申请文件格式的要求
申请唯一性	只能提交一次有效申请,不接受联合体申请;法定代表人为同一个人的两个及两个以上法人,母公司、全资子公司及其控股公司,都不得同时提出资格预审申请
其他	法律、法规规定的其他资格条件

（2）资格预审（有限数量制）详细审查标准见表 6-12。

表 6-12　　　　　　　　**资格预审（有限数量制）详细审查标准**

审查因素		审查标准
营业执照		具备有效的营业执照
安全生产许可证		具备有效的安全生产许可证
资质等级		具备房屋建筑工程施工总承包一级及以上资质,且企业注册资本金不少于 6 000 万元人民币
财务状况		财务状况良好,上一年度年资产负债率小于 95%
类似项目业绩		近 3 年完成过同等规模的群体工程一个以上
信誉		信誉良好
项目管理机构	项目经理	具有建筑类一级注册建造师执业资格,安全生产三类人员"B"类证书,近 3 年组织过同等建设规模项目的施工,且承诺仅在本项目上担任项目经理
	技术负责人	具有建筑工程相关专业高级工程师资格,近 3 年组织过同等建设规模项目施工的技术管理
	其他人员	岗位人员配备齐全,具备相应岗位从业/执业资格
主要施工机械		满足工程建设需要
投标资格		有效,投标资格没有被取消或暂停
企业经营权		有效,没有处于被责令停业,财产被接管、冻结或破产状态
投标行为		合法,近 3 年内没有骗取中标行为
合同履约行为		合法,没有严重违约事件发生
工程质量		近 3 年工程质量合格,没有因重大工程质量问题受到质量监督部门通报或公示
其他		法律、法规规定的其他条件

（3）资格预审（有限数量制）评分标准见表 6-13。

表 6-13　　　　　　　　**资格预审（有限数量制）评分标准**

评分因素	评分标准
财务状况	(1)对比较近 3 年平均净资产额并从高到低排名,1～5 名得 5 分,6～10 名得 4 分,11～15 名得 3 分,16～20 名得 2 分,20～25 名得 1 分,其余 0 分 (2)资产负债率在 75%～85%的,15 分;资产负债率 75%以下的,13 分;资产负债率 85%～95%的,8 分
类似项目业绩	近 3 年承担过 3 个及以上同等建设规模项目的,15 分;2 个的 8 分;其余 0 分
信誉	(1)近 3 年获得过工商管理部门"重合同守信用"荣誉称号 3 个的,10 分;2 个的,5 分;其余 0 分 (2)近 3 年获得建设行政管理部门颁发文明工地证书 5 个及以上的,5 分;2 个以上的,2 分;其余 0 分 (3)近 3 年获得金融机构颁发的 AAA 级证书的,5 分;AA 级证书的,3 分;其余 0 分

（续表）

评分因素	评分标准
认证体系	（1）通过了 ISO9000 质量管理体系认证的，5 分 （2）通过了环保体系 ISO14001 认证的，3 分 （3）通过了安全体系 GB/T 28001 认证的，2 分
项目经理	（1）承担过 3 个及以上同等建设规模的，15 分；2 个的，10 分；1 个的，5 分 （2）组织施工的项目获得过 2 个以上文明工地荣誉称号的，10 分；1 个的，5 分；其余 0 分
其他主要人员	岗位专业负责人均具备中级以上技术职称的，10 分；每缺一个扣 2 分，扣完为止

（4）对于资格预审过程中几个申请人得分相同的情形，招标人可以在资格预审文件中增加一些排序因素，以确定申请人得分相同时的排序方法。例如，可以在资格预审文件中规定：

依次采用以下原则决定资格预审申请人的排序：按照项目经理得分多少确定排名先后；如仍相同，以技术负责人得分多少确定排名先后；如仍相同，以近三年完成的建筑面积数大小确定排名先后；如仍相同，以企业注册资本金大小确定排名先后；如仍相同，由评审委员会经过讨论确定排名先后。

本章小结 >>>

本章主要介绍建设工程施工招投标的基本知识，包括建设工程施工招标与投标的条件、施工招标与投标文件的组成与编制、招投标一般程序以及投标常用技巧等，并分析建设工程施工招投标的实际案例。

复习思考题 >>>

1. 建设工程施工招标应当具备哪些条件？

2. 简述招标文件的组成。

3. 简述公开招标的程序

4. 工程量清单的作用是什么？工程量清单由哪些部分组成？

5. 投标文件由哪些部分组成？

6. 简述建设工程施工投标的基本程序。

7. 投标报价由哪些费用组成？

8. 工程投标决策要考虑哪些因素？常用的投标报价策略和技巧有哪些？

第7章

合同法律概述

学 习 目 标 >>>

通过本章学习,理解合同法的基本原则,熟知合同的分类;了解要约的概念及方式,掌握要约生效的情形;掌握承诺的构成要件;掌握保证的概念及方式,掌握定金的概念及性质;掌握合同变更、合同转让及合同终止的内容;了解违约责任的承担方式。

7.1 合同法概述

7.1.1 合同法基本原理

1.定义

我国《合同法》分则第十六章以专章规定了建设工程合同的具体内容,其中第二百六十九条规定:建设工程合同是承包人进行工程建设,发包人支付价款的合同。根据法律规定,建设工程合同的主体是发包人和承包人。发包人,一般为建设工程的建设单位,即投资建设该项目的单位,通常也叫作"业主",包括业主委托的管理机构;承包人,是指实施建设工程勘察、设计、施工等业务的单位。这里的建设工程指土木工程、建筑工程、线路管道和设备安装以及装修工程。

任何一部法律都有自己的调整范围,《合同法》也不例外。掌握《合同法》的调整范围,有助于正确选择和使用《合同法》。

2.基本原则

《合同法》的基本原则是指反映合同普遍规律、反映立法者基本理念、体现合同法总的指导思想、贯穿整个合同法的原则。这些原则是立法机关制定合同法、裁判机关处理合同争议以及合同当事人订立履行合同的基本准则,对适用《合同法》具有指导、补充、解释的作用,合同法具有以下几个基本原则:

(1)平等原则

《合同法》第三条规定:合同当事人的法律地位平等,一方不得将自己的意志强加给另一方。平等原则是指地位平等的合同当事人,在权利义务对等的基础上,经充分协商达成一致,以实现互利互惠的经济利益目的的原则。

(2)自愿原则

《合同法》第四条规定:当事人依法享有自愿订立合同的权利,任何单位和个人不得非法干预。自愿原则是《合同法》的重要基本原则,合同当事人通过协商,自愿决定和调整相互权利义务关系。自愿原则体现了民事活动的基本特征,是民事关系区别于行政法律关系、刑事法律关系的特有的原则。民事活动除法律强制性的规定外,由当事人自愿约定。自愿原则也是发展社会主义市场经济的要求,随着社会主义市场经济的发展,合同自愿原则显得越来越显得重要了。自愿原则意味着合同当事人即市场主体自主自愿地进行交易活动,让合同当事人根据自己的知识、认识和判断,以及直接所处的相关环境去自主的选择自己所需要的合同,去追求自己最大的利益。

(3)公平原则

《合同法》第五条规定:当事人应当遵循公平原则确定各方的权利和义务。公平原则要求合同双方当事人之间的权利义务要公平合理,要大体上平衡,强调一方给付与对方给付之间的等值性,合同上的负担和风险的合理分配。

(4)诚实信用原则

《合同法》第六条规定:当事人行使权利、履行义务应当遵循诚实信用原则。诚实信用原则要求当事人在订立、履行合同,以及合同终止后的全过程中,都要诚实,讲信用,相互协作。

(5)不得损害社会公共利益的原则

《合同法》第七条规定:当事人订立、履行合同,应当遵守法律、行政法规,尊重社会公德,不得扰乱社会经济秩序,损害社会公共利益。遵守法律,尊重公德,不得扰乱社会经济秩序,损害社会公共利益,是《合同法》的重要基本原则。

7.1.2 担保制度

合同担保是促使债务人履行其债务,保障债权人债权得以实现的法律措施。担保是伴随着债务的产生而产生的,目前常用的担保形式主要包括保证、抵押、质押、留置和定金。

1. 保证

《中华人民共和国担保法》(以下简称《担保法》)第六条规定:保证是指保证人和债权人约定,当债务人不履行债务时,保证人按照约定履行债务或者承担责任的行为。保证具有以下法律特征:

(1)保证属于人的担保范畴,它不是用特定的财产提供担保,而是以保证人的信用和不特定的财产为他人债务提供担保。

(2)证人必须是主合同以外的第三人,保证必须是债权人和债务人以外的第三人为他人债务所做的担保,债务人不得为自己的债务做保证。

(3)保证人应当具有代为清偿债务的能力,保证是以保证人的信用和不特定的财产来担保债务履行的,因此,设定保证关系时,保证人必须是有足以承担保证责任的财产,具有代为清偿能力是保证人应当具备的条件。

(4)保证人和债权人可以在保证合同中约定保证的方式,享有法律规定的权利,承担法律规定的义务。

2. 抵押

(1)《担保法》第三十三条规定:抵押是债务人或第三人不转移对抵押财产的占有,将该财产作为债权的担保。当债务人不履行债务时,债权人有权依法以该财产折价或以拍卖、变卖该财产的价款优先受偿。

(2)依据《担保法》第三十四条的规定,可以抵押的财产有:

①抵押人所有的房屋和其他地上定着物;

②抵押人所有的机器、交通运输工具和其他财产;

③抵押人依法有权处分的国有的土地使用权、房屋和其他地上定着物;

④抵押人依法有权处分的国有的机器、交通运输工具和其他财产;

⑤抵押人依法承包并经发包方同意抵押的荒山、荒沟、荒丘、荒滩等荒地的土地所有权;

⑥依法可以抵押的其他财产。

抵押人可以将前面所列财产一并抵押,但抵押人所担保的债权不得超出其抵押物的价值。

(3)依据《担保法》第三十七条规定:禁止抵押的财产有:

①土地所有权;

②耕地、宅基地、自留地、自留山等集体所有的土地使用权,但法律有规定的可抵押物除外;

③学校、幼儿园、医院等以公益为目的的事业单位、社会团体的教育设施、医疗卫生设施和其他社会公益设施;

④所有权、使用权不明确或有争议的财产;

⑤依法被查封、扣押、监管的财产;

⑥依法不得抵押的其他财产。

3. 质押

质押分为动产质押和权利质押。

《担保法》第六十三条规定:动产质押是指债务人或者第三人将其动产移交债权人占有,将该动产作为债权的担保。债务人不履行债务时,债权人有权依法规定以该动产折价或以拍卖、变卖该动产的价款优先受偿。债务人或者第三人为出质人,债权人为质权人,移交的动产为质物。

《担保法》第六十四条规定:出质人和质权人应当以书面形式订立质押合同。《担保法》第六十五条规定:质押合同应当包括以下内容:

(1)被担保的主债权种类、数额;

(2)债务人履行债务的期限;

(3)质物的名称、数量、质量和状况;

(4)质押担保的范围;

（5）质物移交的时间；

（6）当事人认为需要约定的其他事项。

4.留置

《担保法》第八十二条规定，留置是指债权人按照合同约定占有债务人的动产，债务人不按照合同约定的期限履行债务的，债权人有权依法留置该财产，以该财产折价或以拍卖、变卖该财产的价款优先受偿的担保形式。

留置有以下法律特征：

（1）留置权是一种从权利。

（2）留置权属于他物权。

（3）留置权是一种法定担保的方式，它依据法律规定而发生，而非以当事人之间的协议而成立。《担保法》第八十四条规定：因保管合同、运输合同、加工承揽合同发生的债权，债务人不履行债务的，债权人有留置权。

留置担保范围包括主债权及利息、违约金、损害赔偿金、留置物保管费用和实现留置权的费用。

法律规定留置权可能因为下列原因消灭：债权消灭的；债务人另行提供担保并被债权人接受的。

5.定金

《担保法》第八十九条规定，定金是合同当事人约定一方向另一方给付定金作为债权的担保形式。债务人履行债务后，定金应当抵作价款或者收回。给付定金的一方不履行约定的债务的，无权要求返还定金；收受定金的一方不履行约定的债务时，应当双倍返还定金。

定金应当以书面形式约定。当事人在定金合同中应当约定交付定金的期限。定金合同从实际交付定金之日起生效。定金的具体数额由当事人约定，但不得超过主合同标的额的20％。

7.2　合同的订立

7.2.1　合同的谈判

合同谈判是建设工程施工合同签订双方对合同具体内容达成一致的协商过程。通过谈判能充分了解对方及项目的情况，为高层决策提供依据，因此合同的谈判对双方都尤为重要。

1.谈判施工合同各条款时，发包人和承包人要以下列内容为依据

（1）法律、行政法规。法律、行政法规是订立和履行合同的最基本的依据，必须遵守。谈判只能在法律和行政法规允许的范围内进行，不能超越法律和行政法规允许范围进行谈判。

（2）《通用条款》。《通用条款》各条款中有40多处需要在《专用条款》内具体规定。因而《专用条款》具体约定的内容，在谈判时，都要依据《通用条款》谈判约定。

（3）发包人和承包人的工作情况和施工场地情况。建设工程的工程固定、施工流动、施工周期长及涉及面广等特点使发包人和承包人双方都要结合双方具体的工作情况和施工现场等因素来谈合同,离开双方的实际工作情况,妄谈合同具体条款,会造成合同履行中产生纠纷或违约事件。

(4)投标文件和中标通知书。根据法律规定,招标工程必须依据投标文件和中标通知书订立书面合同。同时还规定招标人和中标人不得再订立背离合同实质性内容的其他协议。

2. 合同谈判形式及原则

在合同谈判阶段,双方谈判的结果一般以合同补遗的形式,有时也可以以合同谈判纪要的形式,形成书面文件。这一文件将成为合同文件中极为重要的组成部分,因为它最终确认了合同签订人之间的意愿,所以它在合同解释中优先于其他文件。由于合同补遗或合同谈判纪要会涉及合同的技术、经济、法律等方面,作为承包人主要是核实其是否忠实于合同谈判过程中双方达成的一致性意见,并注意其文字的准确性。

建设工程施工合同的谈判应根据招标文件的要求,结合合同实施中可能发生的各种情况进行周密、充分的准备,按照"缔约过失责任原则"保护企业的合法权益。

对所有在招标投标及谈判前后各方发出的文件、文字说明、解释性资料进行清理,对凡是与合同构成矛盾的文件,应宣布作废。

3. 合同谈判的主要内容

合同谈判的内容因项目情况和合同性质、原招标文件规定、发包人的要求而异。一般来讲,合同谈判会涉及合同的商务、技术所有条款。主要内容分为以下几个方面:

(1)关于工程内容和范围的确认

①合同的"标的"是合同最基本的要素,工程承包合同的标的就是工程承包内容和范围。因此,在签订合同前的谈判中,必须先共同确认合同规定的工程内容和范围。承包人应当认真重新核实投标报价的工程项目内容与合同中表述的内容是否是一致,合同文字的描述和图纸的表达都应当准确,不能模糊含混。承包人应当查实自己的标价有没有任何只能凭推测和想象计算的成分。如果有这种成分,则应当通过谈判予以澄清和调整。应当力争删除或修改合同中出现的诸如"除另有规定外的一切工程","承包人可以合理推知需要提供的为本工程实施所需的一切辅助工程"之类含混不清的工程内容或工程责任的说明词句。对于在谈判讨论中经双方确认的内容及范围方面的修改或调整,应和其他所有在谈判中双方达成一致的内容一样,以文字方式确定下来,并以"合同补充"或"会议纪要"方式作为合同附件并说明构成合同一部分。

②发包人提出增减工程项目或要求调整工程量和工作内容时,务必在技术和商务等方面重新核实,确有把握方可应允。同时以书面文件、工程量表或图纸予以确认,其价格亦应通过谈判确认并填入工程量清单。

③发包人提出的改进方案或发包人提出的某些修改和变动,或发包人接受承包人的建议方案等,首先应认真对其技术合理性、经济可行性以及在商务方面的影响等进行综合分析,权衡利弊后方能表态接受、有条件接受甚至拒绝。

④对于原招标文件中的"可供选择的项目"和"临时项目"应力争说服发包人在合同签订前予以确认,或商定一个确认最后期限。

⑤对于一般的单价合同,如发包人在原招标文件中未明确工程量变更部分的限度,则谈判时应要求与发包人共同确定一个"增减量幅度"(《FIDIC 专用条款(第四版)》建议为15%),当超过该幅度时,承包人有权要求对工程单价进行调整。

(2)关于技术要求、技术规范和施工技术方案

技术要求是发包人极为关切而承包人也应更加注意的问题,我国在采用技术规范方面往往和国外有一定差异。建筑工程技术规范的国家标准是强制性标准,企业生产中必须遵守。投标中应仔细查看投标人的施工方法等是否与标书中的技术规范有相符。如有差异,要研究自己是否能做到,以及其经济性如何。如有问题,可争取合法情况下的变通措施,如采用其他规范。尤其是对于施工程序比较复杂的项目,如水坝工程、道路工程、隧道工程和技术要求高的工业与民用建筑工程等,在承包人提交的投标文件中都应提交施工组织设计方案及施工方法特别说明,并力争在投标答辩中使发包人赞同该方法,以显示公司的实力和实施该项工程的能力。对于大型项目,当发包人不能够提供足够的水文资料、气象资料、地质资料时,除在投标报价时做好相应的技术措施外,也应考虑足够的不可预见费用,将该风险转由发包人承担。

7.2.2　合同的签订

合同的订立要经过两个必要的程序,即要约与承诺。

1. 要约

(1)要约的概念

要约,在商业活动中又称发盘、发价、出盘、出价、报价。《合同法》第十四条规定了要约的概念,即要约是希望和他人订立合同的意思表示。可见,要约是一方当事人以缔结合同为目的,向对方当事人所做的意思表示。发出要约的人称为要约人,接受要约的人称为受要约人。

(2)要约的构成要件

要约的构成要件,是指一项要约发生法律效力必须具备的条件。要约的构成要件如下:

①要约人是特定当事人以缔结合同的目的向相对人所做的意思表示。

特定当事人是指做出要约的人是可以确定的主体。要约的相对人一般是特定的人,但也可以是不特定人,例如,商业广告内容符合要约其他条件的,可以视为要约。

②要约内容应当具体确定。

所谓"具体",是指要约的内容必须能够包含使合同成立的必要条款,但不要求要约包括合同的所有内容。所谓"确定",是指要约内容必须明确,不能含混不清。

③要约应表明一旦经受要约人承诺,要约人受该意思表示约束。

要约应当包含要约人愿意按照要约所提出的条件同对方订立合同的意思表示,要约一经受要约人同意,合同即告成立,要约人就要受到要约。

只有具备上述三个条件,才构成一个有效的要约,并使要约产生拘束力。

(3)要约的方式

要约的方式包括以下几个方面:

①书面形式,如寄送订货单、信函、电报、传真、电子邮件等在内的数据电文等。

②口头形式,可以是当面对话,也可以通过电话。

③行为。

除法律明确规定外,要约人可以视具体情况自主选择要约形式。

(4)要约的生效

要约的生效是指要约开始发生法律效力。自要约生效起,其一旦被有效承诺,合同即告成立。

《合同法》第十六条规定:"要约到达受要约人时生效。"要约可以以书面形式做出,也可以是口头对话形式,而书面形式包括了信函、电报、传真、电子邮件等数据电文等可以有形地表现所载内容的形式。除法律明确规定外,要约人可以视具体情况自主选择要约的形式。

生效的情形具体可表现为以下几个方面:

①口头形式的要约自受要约人了解要约内容时发生效力。

②书面形式的要约自到达受要约人时发生效力。

③采用数据电子文件形式的要约,当收件人指定特定系统接收电文的,自该数据电文进入该特定系统的时间(视为到达时间),该要约发生效力;若收件人未指定特定系统接收电文的,自该数据电文进入收件人系统的首次时间(视为到达时间),该要约发生效力。

(5)要约的撤回

要约的撤回,是指在要约发生法律效力前,要约人使其不发生法律效力而取消要约的行为。

《合同法》第十七条规定:"要约可以撤回。撤回要约的通知应当在要约到达受要约人之前或者与要约同时到达受要约人。"

(6)要约的撤销

要约的撤销,是指在要约发生法律效力以后,要约人使其丧失法律效力而取消要约的行为。

《合同法》第十八条规定:"要约可以撤销。撤销要约的通知应当在受要约人发出承诺通知之前到达受要约人。"

为了保护当事人的利益,《合同法》第十九条同时规定了有下列情形之一的,要约不得撤销:要约人确定了承诺期限或以其他形式明示要约不可撤销;受要约人有理由认为要约是不可撤销的,并已经为履行合同做了准备工作。

要约的撤回与要约的撤销在本质上是一样的,都是否定了已经发出去的要约。其区别是:要约的撤回发生在要约生效之前,而要约的撤销是发生在要约生效之后。

(7)要约的消灭

要约的消灭即要约的失效,是指要约生效后,因特定事由而使其丧失法律效力,要约人和受要约人均不受其约束。要约因如下原因而消灭:

①要约人依法撤销要约

要约因要约人依法撤销而丧失效力。

②拒绝要约的通知到达要约人

受要约人拒绝要约的方式通常有通知和保持沉默。要约因被拒绝而消灭,一般发生在受要约人为特定的情况下。对不特定人所做的要约(如内容确定的悬赏广告),并不因某特定人表示拒绝而丧失效力。

③承诺期限届满,受要约人未做出承诺

若要约人在要约中确定了承诺期限,则该期限届满要约丧失效力;若要约人未确定承诺期间,则在经过合理期限后要约丧失效力。

④受要约人对要约内容做出实质性变

在受要约人回复时,对要约的内容做实质性变更的,视为新要约,原要约失效。

（8）要约邀请

要约邀请也称"要约引诱"，是指行为人做出的邀请他方向自己发出要约的意思表示。要约邀请虽然也是为订立合同做准备，但是为了引发要约，而本身不是要约，例如，招标公告、拍卖公告、一般商业广告、寄送价目表等。但商业广告的内容符合要约规定的，视为要约。

2. 承诺

（1）承诺的概念

承诺是指受要约人同意要约的意思表示，即受要约人同意接受要约的条件以成立合同的意思表示。一般而言，要约一经承诺并送达要约人，合同即告成立。

（2）承诺的构成要件

承诺必须符合一定条件才能发生法律效力。承诺必须具备下列条件：

①承诺必须由受要约人向要约人做出

受要约人或其授权代理人可以做出承诺，除此之外的第三人即使知道要约的内容并做出同意的意思表示，也不是承诺。承诺是对要约的同意，承诺只能由受要约人向要约人本人或其授权代理人做出，才能导致合同成立；如果向受要约人以外的其他人做出的意思表示，不是承诺。

②承诺应在要约规定的期限内做出

要约以信件或者电报做出的，承诺期限自信件载明的日期或者电报交发之日开始计算。信件未载明日期的，自投寄该信件的邮戳日期开始计算。要约以电话、传真等快递通信方式做出的，承诺期限自要约到达受要约人时开始计算。只有在规定的期限到达的承诺才是有效的，超过期限到达的承诺，其有效与否要根据不同的情形具体分析。

③承诺的内容应当与要约的内容一致

承诺是完全同意要约的意思表示，承诺的内容应当与要约的内容一致，但并不是说承诺的内容对要约内容不得做丝毫变更，这里的一致指受要约人必须同意要约的实质性内容。

所谓实质性变更，指有关合同标的、质量、数量、价款或酬金、履行期限、履行地点和方式、违约责任和争议解决办法等的变更。若受要约人对要约的上诉内容做变更，则不是承诺，而是受要约人向要约人发出的新要约。若承诺对要约的内容做出非实质性变更的，除了要约人及时表示反对或要约标明承诺不得对要约的内容做出任何变更的以外，该承诺有效。

④承诺的方式必须符合要约要求

承诺的方式指受要约人通过各种形式将承诺的意思送达给要约人。如果要约中明确规定承诺必须以一定方式做出，则承诺人做出承诺时，必须符合要约人规定的承诺方式。如果承诺人未以这种方式承诺，则不构成有效的承诺。如果要约没有对承诺方式做出特别规定，但是根据当事人双方的交易习惯能够确定要约人关于承诺方式的意图，则承诺人应当按照该方式承诺。

（3）承诺生效

承诺的生效就是承诺对要约人产生法律拘束力，承诺已经生效，合同即为成立，当事人于此时开始履行合同的义务。采用数据电文形式订立合同的，收件人制定特定系统接收数据电文的，该数据电文进入该特定系统的时间，视为到达时间；未制定特定系统的，该数据电文进入收件人的任何系统的首次时间视为到达时间。

要约没有明确规定承诺期限的,承诺应当依据下列规定到达:要约以对话方式做出的,应当及时做出承诺,但当事人另有约定的除外;要约以非对话方式做出的,承诺应当在合理期限内到达。

(4)承诺超期与承诺延误

承诺超期是指受要约人主观上超过承诺期限而发出承诺导致承诺延迟到达要约人。受要约人超过承诺期限发出承诺的,除了要约人及时通知受要约人该承诺有效的以外,为新要约。

承诺延误是指受要约人发出的承诺由于外界原因而延迟到达要约人。

受要约人在承诺期限内做出承诺,按照通常情形能够及时到达要约人,但因其他原因承诺达到要约人时超过承诺期限的,该承诺有效(除了要约人及时通知受要约人因承诺超过期限不接受该承诺的)。

(5)承诺的撤回

承诺的撤回指承诺发出后,承诺人阻止承诺发生法律效力的意思表示。

承诺可以撤回,撤回承诺的通知应当在承诺通知到达要约人之前或与承诺通知同时到达要约人。

鉴于承诺一经送达要约人即发生法律效力,合同也随之成立,所以撤回承诺的通知应当在承诺通知到达要约人之前或与承诺通知同时到达要约人。若撤回承诺的通知晚于承诺通知到达要约人的时间,此时承诺已经发生法律效力,合同已经成立,则承诺人不得撤回承诺。

需要注意的是,要约可以撤回,也可以撤销;但承诺只可以撤回,不可以撤销。

3. 签合同的注意事项

(1)当事人的名称或者姓名和住所

这是每一个合同必须具备的条款,当事人是合同的主体。合同中如果不写明当事人,谁与谁做交易都搞不清楚,就无法确定权利的享受和义务的承担,发生纠纷也难以解决,特别是在合同涉及多方当事人的时候更是如此。合同中不仅要把应当规定的当事人都规定到合同中去,而且要把各方当事人名称或者姓名和住所都规定准确、清楚。

(2)标的

标的是合同当事人的权利义务指向的对象。标的是合同成立的必要条件,是一切合同的必备条款。没有标的,合同不能成立,合同关系无法建立。

合同的种类很多,合同的标的也多种多样:

①有形财产。有形财产指具有价值和使用价值并且法律允许流通的有形物。依据不同的分类有生产资料与生活资料、种类物与特定物、可分物与不可分物、货币与有价证券等。

②无形财产。无形财产指具有价值和使用价值并且法律允许流通的不以实物形态存在的智力成果。如商标、专利、著作权、技术秘密等。

③劳务。劳务指不以有形财产体现其成果的劳动与服务。如运输合同中承运人的运输行为,保管与仓储合同中的保管行为,接受委托进行代理、居间、行纪行为等。

④工作成果。工作成果指在合同履行过程中产生的、体现履约行为的有形物或者无形物。如承揽合同中由承揽方完成的工作成果,建设工程合同中承包人完成的建设项目,技术开发合同中的委托开发合同的研究开发人完成的研究开发工作等。

合同对标的的规定应当清楚明白、准确无误,对于名称、型号、规格、品种、等级、花色等都要约定得细致、准确、清楚,防止差错。特别是对于不易确定的无形财产、劳务、工作成果等更要尽可能地描述准确、明白。订立合同中还应当注意各种语言、方言以及习惯称谓的差异,避免不必要的麻烦和纠纷。

(3)数量

在大多数的合同中,数量是必备条款,没有数量,合同是不能成立的。许多合同,只要有了标的和数量,即使对其他内容没有规定,也不妨碍合同的成立与生效。因此,数量是合同的重要条款。对于有形财产,数量是对单位个数、体积、面积、长度、容积、重量等的计量;对于无形财产,数量是个数、件数、字数以及使用范围等多种量度方法;对于劳务,数量为劳动量;对于工作成果,数量是工作量及成果数量。一般而言,合同的数量要准确,选择使用共同接受的计量单位、计量方法和计量工具。根据不同情况,要求不同的精确度,允许的尾差、磅差、超欠幅度、自然耗损率等。

(4)质量

对有形财产来说,质量是物理、化学、机械、生物等性质;对于无形财产、服务、工作成果来说,也有质量高低的问题,并有衡量的特定方法。对于有形财产而言,质量亦有外观形态问题。质量指标准、技术要求,包括性能、效用、工艺等,一般以品种、型号、规格、等级等体现出来。质量条款的重要性是毋庸赘言的,许许多多的合同纠纷由此引起。合同中应当对质量问题尽可能地规定细致、准确和清楚。国家有强制性标准规定的,必须按照规定的标准执行。如有其他质量标准的,应尽可能约定其适用的标准。当事人可以约定质量检验的方法、质量责任的期限和条件、对质量提出异议的条件与期限等。

(5)价款或者报酬

价款或者报酬,是一方当事人向对方当事人所付代价的货币支付。价款一般是指对提供财产的当事人支付的货币,如在买卖合同的货款、租赁合同的租金、借款合同中借款人向贷款人支付的本金和利息等。报酬一般是指对提供劳务或者工作成果的当事人支付的货币,如运输合同中的运费、保管合同与仓储合同中的保管费以及建设工程合同中的勘察费、设计费和工程款等。如果有政府定价和政府指导价的,要按照规定执行。价格应当在合同中规定清楚或者明确规定计算价款或者报酬的方法。有些合同比较复杂,货款、运费、保险费、保管费、装卸费、报关费以及一切其他可能支出的费用,由谁支付都要规定清楚。

(6)履行期限

履行期限是指合同中规定的当事人履行自己的义务如交付标的物、价款或者报酬,履行劳务、完成工作的时间界限。履行期限直接关系到合同义务完成的时间,涉及当事人的期限利益,也是确定合同是否按时履行或者迟延履行的客观依据。履行期限可以是即时履行的,也可以是定时履行的;可以是在一定期限内履行的,也可以是分期履行的。不同的合同,对履行期限的要求是不同的,期限可以以小时计,可以以天计,可以以月计,可以生产周期、季节计,也可以以年计。期限可以是非常精确的,也可以是不十分确定的。不同的合同,其履行期限的具体含义是不同的。买卖合同中卖方的履行期限是指交货的日期、买方的履行期限是交款日期,运输合同中承运人的履行期限是指从起运到目的地卸载的时间,工程建设合同中承包方的履行期限是从开工到竣工的时间。正因如此,期限条款还是应当尽量明确、具体,或者明确规定计算期限的方法。

（7）履行地点和方式

履行地点是指当事人履行合同义务和对方当事人接受履行的地点。不同的合同，履行地点有不同的特点。如买卖合同中，买方提货的，在提货地履行；卖方送货的，在买方收货地履行。在工程建设合同中，在建设项目所在地履行。运输合同中，从起运地运输到目的地，目的地为履行地点。履行地点有时是确定运费由谁负担、风险由谁承担以及所有权是否转移、何时转移的依据。履行地点也是在发生纠纷后确定由哪一地法院管辖的依据。因此，履行地点在合同中应当规定得明确、具体。履行方式是指当事人履行合同义务的具体做法。不同的合同，决定了履行方式的差异。买卖合同是交付标的物，而承揽合同是交付工作成果。履行可以是一次性的，也可以是在一定时期内的，也可以是分期、分批的。运输合同按照运输方式的不同可以分为公路、铁路、海上、航空等方式。履行方式还包括价款或者报酬的支付方式、结算方式等，如现金结算、转账结算、同城转账结算、异地转账结算、托收承付、支票结算、委托付款、限额支票、信用证、汇兑结算、委托收款等。履行方式与当事人的利益密切相关，应当从方便、快捷和防止欺诈等方面考虑采取最为适当的履行方式，并且在合同中应当明确规定。

（8）违约责任

违约责任是指当事人一方或者双方不履行合同或者不适当履行合同，依照法律的规定或者按照当事人的约定应当承担的法律责任。违约责任是促使当事人履行合同义务，使对方免受或少受损失的法律措施，也是保证合同履行的主要条款。违约责任在合同中非常重要，因此一般有关合同的法律对于违约责任都已经做出较为详尽的规定。但法律的规定是有原则的，即使细致也不可能面面俱到，照顾到各种合同的特殊情况。因此，当事人为了特殊的需要，为了保证合同义务严格按照约定履行，为了更加及时地解决合同纠纷，可以在合同中约定违约责任，如约定定金、违约金、赔偿金额以及赔偿金的计算方法等。

（9）解决争议的方法

解决争议的方法指合同争议的解决途径，对合同条款发生争议时的解释以及法律适用等。解决争议的途径主要有：一是双方通过协商和解，二是由第三人进行调解，三是通过仲裁解决，四是通过诉讼解决。当事人可以约定解决争议的方法，如果意图通过诉讼解决争议是不用进行约定的，通过其他途径解决都要事先或者事后约定。

7.2.3　合同的审查

合同审查就是按照法律法规以及当事人的约定对合同的内容、格式进行审核。要审查合同如何成立或者是否成立，如何生效，或者是否生效，有无效力待定或者无效的情形，合同权利义务如何终止或者是否终止，相应的合同约定或者条款会产生什么样的法律后果，会产生什么样的民事法律关系，什么样的行政法律关系，什么样的刑事法律关系，与我方的期待有多大距离。审查过程中，要时刻考虑法律后果概念。

1. 审查合同的具体内容

审查合同的具体内容应包括以下几个方面：

（1）审查合同主体是否合法。审查合同主体的合法性时，应审查签订合同的当事人是否是经过有关部门批准成立的法人、个体工商户；是否是具备与签订合同相应的民事权利能力和民事行为能力的公民；审查法定代表人或主管负责人的资格证明；代订合同的，要审查是否具备委托人的授权委托证明,并审查是否在授权范围、授权期限内签订合同;有担保人的合同,审查担保人是否具有担保能力和担保资格。

(2)审查合同内容是否合法。审查合同内容的合法性时,应当重点审查合同内容是否损害国家、集体或第三人的利益;是否有以合法形式掩盖非法目的的情形;是否损害社会公共利益;是否违反法律、行政法规的强制性规定。

(3)审查合同意思表示的真实性。

(4)审查合同条款是否完备。应按照合同的性质,依据相应的法律法规的规定对合同条款进行认真审查,确定合同条款有无遗漏,各条款内容是否具体、明确、切实可行。避免因合同条款不全和过于简单、抽象、原则,给履行带来困难,为以后发生纠纷埋下种子。

(5)审查合同的文字是否规范。审查合同时,应对合同草稿的每一条款、每一个词、每一个字乃至每一个标点符号都仔细推敲、反复斟酌。确定合同中是否存在前后意思矛盾、词义含糊不清的文字表述,并及时纠正容易引起误解、产生歧义的语词,确保合同的文字表述准确无误。

(6)审查合同签订的手续和形式是否完备。

①审查合同是否需要经过有关机关批准或登记,如需经批准或登记,是否履行了批准或登记手续。

②如果合同中约定须经公证后合同方能生效,应审查合同是否经过公证机关公证。

③如果合同附有生效期限,应审查期限是否届至。

④如果合同约定第三人为保证人的,应审查是否有保证人的签名或盖章;采用抵押方式担保的,如果法律规定或合同约定必须办理抵押物登记的,应审查是否办理了登记手续;采用质押担保方式的,应按照合同中约定的质物交付时间,审查当事人是否按时履行了质物交付的法定手续。

⑤审查合同双方当事人是否在合同上签字或盖章。

对于任何需要审查的合同,不论合同的标题是如何表述的,首先应当通过阅读整个合同的全部条款,准确把握合同项下所涉法律关系的性质,以确定该合同所适用的法律法规。在审查合同前,必须认真查阅相关的法律法规及司法解释。同时,注意平时收集有关的合同范本,尽量根据权威部门推荐的示范文本,并结合法律法规的规定进行审查。

2. 合同审查的着重点

合同审查的着重点包括合同的效力,合同的履行、中止、终止、解除,违约责任和争议解决条款。

(1)合同的效力问题

①《合同法》第五十二条规定了合同无效的五种情形,即一方以欺诈、胁迫的手段订立的合同,损害国家利益;恶意串通,损害国家、集体或者第三人利益;以合法形式掩盖非法目的;损害社会公共利益及违反法律、行政法规的强制性规定。

因此,在审查合同时,应认真分析合同所涉及的法律关系,判断是否存在导致合同被认定为无效的情形,并认真分析合同无效情况下产生的法律后果。

②注意审查合同的主体。主体的行为能力可以决定合同的效力。对于特殊行业的主体,要审查其是否具有从事合同项下行为的资格,如果合同主体不具有法律、行政法规规定的资格,可能导致合同无效,因此对主体的审查也是合同审查的重点。

③对于无权代理、无权处分的主体签订的合同,应当在审查意见中明确可能导致合同被变更、被撤销的法律后果。

④注意合同是否附条件或附期限。

⑤注意合同中是否存在无效的条款,包括无效的免责条款和无效的仲裁条款。无效的免责条款即《合同法》第五十三条的规定:造成对方人身伤害的和因故意或者重大过失造成对方财产损失的免责条款。

(2)合同的履行和中止

①《合同法》第六十二条明确规定了合同中部分条款约定不明、没有约定的情形下的履行方法,因此对这部分条款需仔细审查,包括质量标准、价款或报酬、履行地点、履行期限、履行方式、履行费用等条款。

②《合同法》规定了双务合同中的不安履行抗辩权、先履行抗辩权和同时履行抗辩权,因此在审查合同时,应结合违约责任的约定注意审查双方义务的履行顺序问题。

(3)合同的终止和解除

合同的终止和解除是两个并不完全等同的法律概念,合同解除是合同终止的情形之一,合同审查时应掌握《合同法》第六章关于合同的权利义务终止的相关规定。

①合同的终止

合同终止是指合同权利义务的终止,其法律后果只发生一个向后的效力,即合同不再履行。《合同法》第九十一条规定了合同终止的若干情况:债务已按照约定履行;合同解除;债务相互抵销;债务人依法将标的物提存;债权人免除债务;债权债务同归于一人;法律规定或当事人约定终止的其他情形。

根据上述最后一款的授权,许多合同文本都有专门条款约定合同终止的情况,但有些约定往往是对违约责任的重复,而违约的情形是可依据合同中关于违约责任的约定承担责任,这种责任的承担与合同终止的法律后果往往是不同的,因此,应结合关于违约责任的约定分析对合同终止的约定是否属于可以且必要的情形。

②合同的解除

《合同法》第九十三条规定了当事人双方可以在合同中约定解除合同的条件,这些条件的设置往往与一方违约相联系,这是在合同审查时需注意的问题。

《合同法》第九十四条规定了单方解除合同的情形,但应当注意这种解除权是一种单方任意解除权而非法定解除权,对该条的使用仍需当事人的约定。同时,这种解除需要提出解除的一方通知对方,且在通知到达对方时发生解除的效力。这也是在合同审查时需要注意的问题之一。特别是在一方迟延履行时,只有这种迟延达到根本违约的程度时,另一方才享有单方解除权,否则应给予违约方合理期限令其履行合同义务而不能解除合同。

审查时还要注意的一个重要问题是是否约定了行使解除权的期限。根据《合同法》第九十五条的规定,双方可以约定行使解除权的期限,没有约定的依据法律规定,法律也没有规定的,则在对方催告后的合理期限内必须行使,否则会导致该权利的丧失。《合同法》分则许多条款都有关于法定解除的特别规定,如赠予合同、不定期租赁合同、承揽合同、委托合同、货运合同、保险合同等,这要求审查时掌握《合同法》分则对各类合同的具体规定。

合同解除的效力较合同终止更为复杂。首先它产生一个向后的效力,即对将来发生的效力——未履行的终止履行;其次,对于合同解除的溯及力问题,《合同法》并没有做一刀切的规定,而是根据履行情况和合同性质,可以要求恢复原状(相互返还);最后,也是最为重要的一点,多数合同在违约责任条款中会约定一方有权解除合同,并要求对方承担违约责任,这种约定实际上是错误的,正确的表述是:解除权人有损失的,可要求违约方赔偿损失。可以约定该赔偿金的计算方法(《合同法》第一百一十四条)。

(4)合同的争议解决条款

合同的争议解决条款主要涉及仲裁条款的效力问题。对于诉讼的条款,应注意选择的法院是否有利。

3.合同审查的终极目的

合同审查的终极目的具体体现在以下几点:

从当事人利益的角度进行分析,委托律师审查合同的终极目的,是判断合同是否能够保证自己达到交易目的,以及合同条款是否能够有效保护自己的权益。在实践中,大部分的合同审查是为了发现问题并加以修改完善,也有少量的合同审查仅仅是用于为决策提供依据。

为了当事人能够通过合同实现达到交易目的、有效保障权益这两个终极目的,合同必须同时满足下列条件:

(1)合同条款能够保证自己一方达到交易的目的;

(2)交易是合法的,或者虽然违法但违法成本在可以承受或可以控制的范围内;

(3)合同条款能够满足自己一方的需要,而且权益是明确、可保障的;

(4)交易的实体及程序问题上没有会导致严重后果的遗漏;

(5)双方的权利义务是明确的,不存在相互扯皮的余地。

基于合同必须具备上述条件,才能达到当事人一方的终极目的,由此可以推导出律师审查合同时的工作要点,这些要点构成了律师审查合同时必须注意的合同内在质量要求。

与此同时,合同是通过书面语言体现的当事人权利义务体系,必须通过一定的技能将合同中的权利义务通过选择措辞、安排结构、逻辑分析等方式表述出来,而且这些表述的质量也会影响到合同的质量甚至影响到当事人的权益,因此也是律师需要审查的内容。这些内容构成了合同的外在质量要求,其中一部分是必须审查的,否则有可能产生与法律缺陷一样的不利后果。而另一部分虽然不是必需的,但从整体质量考虑则也是需要进行审查的。因此这些问题也同样是律师进行合同审查时所必须关注的问题。这些问题包括:

(1)合同的结构安排是清晰、合理的,没有重复及相互交叉的内容;

(2)合同的条款是完备的,没有遗留合同履行中的空白点;

(3)整体思维严谨,任何违约都没有借口或机会可以逃避制裁;

(4)语言表达精确,对于权利义务没有第二种方式可以解释;

(5)版面安排美观大方,条款编排合理,便于阅读和查找内容或引述。

7.3　合同的履行

7.3.1　合同履行的原则

合同履行是指合同各方当事人按照合同的规定,全面履行各自的义务,实现各自的权利,使得各方的目的得以实现的行为。合同依法成立,当事人就应当按照合同的约定,全部履行自己的义务。签订合同的目的在于履行,通过合同的履行而取得某种权益。合同的履行以有效的合同为前提和依据,因为无效合同从订立时起就不具备法律效力,不存在合同履行的问题。合同履行是该合同具有法律约束力的首要表现。

合同履行的原则,是当事人在履行合同债务时所应遵循的基本准则。在这些准则中,有的是基本原则,如公平合理原则、诚实信用原则;有的是专属合同履行原则,如适当履行原则、协作履行原则、经济合理原则等。

1.实际履行原则

当事人订立合同的目的是满足一定的经济利益,满足特定的生产经营活动的需要。当事人一定要按合同约定履行义务,对于有效成立的合同,其标的规定是什么,义务人就应当履行什么。不能用违约金或赔偿金来代替合同的标的。

2.诚实信用原则

具体来说,合同履行中的诚实信用原则包括了适当履行原则和协作履行原则。适当履行原则,是指当事人按照合同规定的标的及其质量、数量,由适当的主体在适当的履行期限、履行地点以适当的履行方式,全面完成合同义务的履行原则。协作履行原则,是指当事人不仅适当履行自己的合同债务,而且应协助对方当事人履行债务的履行原则。

3.经济合理原则

经济合理原则要求在履行合同时,讲求经济效益,付出最小的成本,取得最佳的合同利益。例如,当事人一方因另一方违反合同受到损失的,应当及时采取措施防止损失的扩大,没有及时采取措施使损失扩大的,无权就扩大的损失要求赔偿。

4.情事变更原则

在合同订立后,如果发生了订立合同时当事人不能预见并不能克服的情况,改变了订立合同时的基础,使得合同的履行失去意义或者合同将使得当事人之间的利益发生重大失衡,应当允许受不利情况影响的当事人变更合同或解除合同。

情事变更原则实质上是按诚实信用原则履行合同的延伸,其目的在于消除合同因情事变更所产生的不公平后果。

7.3.2　合同履行的规则

合同履行的规则主要是指当事人就某些事项没有约定时的处理方法。我国《合同法》第六十一条规定:合同生效后,当事人就质量、价款或者报酬、履行地点等内容没有约定或者约定不明确的,可以协议补充;不能达成补充协议的,按照合同有关条款或者交易习惯确定。

1.履行主体规则

(1)合同履行主体的一般规则

合同履行的规则即为合同履行的具体要求,是合同正确履行原则的具体化。合同的正确履行,就是要求履行主体、履行标的、履行期限、履行地点和履行方式都是正确的。合同的履行主体与合同的主体并非同一概念,合同的主体是合同债权人和合同债务人,但合同的履行主体则指履行合同义务的人和接受履行的人。但在通常情况下,合同的履行主体主要是合同的当事人,包括合同债权人和合同债务人。在债务人履行主体方面,包括单独债务人、连带债务人、不可分债务人、保证债务人等。如果债务的履行需要债务人通过转移财产权利来进行，则债务人应当享有对该财产的处分权。

履行主体也包括债权人。债务人向债权人履行债务，债权人有权受领履行，这表现为一种权利。但同时，受领也是一种义务，因为如果没有债权人的受领行为，债务的履行便不可能顺利地进行，债务人便难以或无法了结其债务。所以，如果债务人依约履行债务，而债权人无正当理由拒绝受领，则债权人构成义务违反，相应免除债务人的责任，或将履行风险归于债权人承担。

（2）合同履行主体的特别规则

除法律规定、当事人约定或性质上必须由债务人本人履行的债务以外，债务可由债务人的代理人代理进行。债务人的代理人代理履行债务不是代替履行债务，不是债的转移，不是代为清偿，而只是一种代理行为，履行主体仍然是债务人本人，代理人是以债务人的名义进行履行行为的，履行行为后果由债务人承担。同理，债权的受领也可能通过代理行为进行。故债务人可以向债权人的代理人履行合同义务，债权人的代理人可以代为受领履行。这是合同履行中的代理履行规则。

除了代理履行规则，合同履行中还有一项特别规则，即"第三人"规则。首先，根据《合同法》第六十四条的规定，当事人约定由债务人向第三人履行债务的，债务人未向第三人履行债务或者履行债务不符合合同约定，应当向债权人承担违约责任。据此，合同的履行可经约定由债务人向第三人履行，第三人可以向债务人请求履行。当然，在这种情况下，不应增加债务人的负担，因向第三人履行债务增加的费用，由债权人负担。如果债务人未向第三人履行债务或者履行债务不符合约定的，第三人不能向债务人主张违约责任，而只能由债权人主张。

其次，根据《合同法》第六十五条的规定，当事人可以约定由第三人向债权人履行债务。第三人不履行债务或者履行债务不符合约定的，债务人应当向债权人承担违约责任，债权人不能直接向第三人主张违约责任。当然，第三人向债权人履行债务，不能违反法律、行政法规的强制性规定。以上两种情形即是合同履行中的"第三人"规则，包括第三人履行规则和向第三人履行规则。需要指出，根据《合同法司法解释（二）》第十六条规定，人民法院根据具体案情可以将上述两种"第三人"列为无独立请求权的第三人，但不得依职权将其列为该合同诉讼案件的被告或者有独立请求权的第三人。

2. 履行标的规则

债的履行标的，是指债务人履行债务的行为所针对的事物，表现为债务人应当给债权人提供的利益。合同标的的质量和数量是衡量合同标的的基本指标，也就是说，履行标的及其质量、数量是合同的重要内容，当事人必须按照合同规定的标的履行，并且交付的标的必须符合合同规定的质量、数量要求。

合同履行原则应当依约定的给付内容进行，以符合合同目的和债务本旨，而不得加以改变，例如，不得将给付内容进行分割而为个别履行，债务人仅为部分给付，或不以原定给付内容为给付，或因履行而产生新的债务，均非依债务本旨而为履行，因而不发生清偿使合同消灭的效力。例如，合同当事人约定债务人应交付两台洗衣机，而债务人只交付了一台，或交付电冰箱，或交付有瑕疵的洗衣机。对此，我国《合同法》第七十二条规定，债权人可以拒绝债务人部分履行债务，但部分履行不损害债权人利益的除外。

3.履行地点规则

(1)合同履行地点的一般规则

当事人在合同中明确约定履行地点时,债务人只能依约定的履行地点为履行。履行地点通常在合同订立时即已约定,但也可在合同成立后履行债务前加以约定。当事人为多数人时,可以各自订立不同的履行地点。同一个合同中的数个给付不必约定相同的履行地点,尤其是双务合同中的两个债务,可以有两个履行地点。即使是一个债务,也可以约定数个履行地点,供当事人选择。可见,合同履行地点的一般规则就是尊重当事人的约定,没有约定或者约定不明确时,依据《合同法》的规定,可以通过达成补充协议来确定,显然,这也是对履行地点的一种约定。

(2)合同履行地点的特别规则

如果当事人在合同中没有约定明确的履行地点,也没有达成补充协议,依据《合同法》的规定,按照交易习惯确定。于是,如果存在关于履行地点的交易习惯时,应遵从习惯,除非当事人另有约定。例如,车站、码头的物品寄存,应在该寄存场所履行债务。

在没有交易习惯可供确定履行地点时,可以按照合同的性质加以确定。例如,不作为债务的履行地点应在债权人的所在地。在按照上述规则仍然不能确定合同履行地点时,则应当按照相关法律规定。有特别法规定的,应当依其规定。例如,《中华人民共和国票据法》第二十三条第三款规定:"汇票上未记载付款地的,付款人的营业场所、住所或者经常居住地为付款地。"也就是说,付款地可由汇票的出票人自己确定,如果出票人未予确定,则以付款人的营业场所、住所或者经常居住地为付款地。没有特别法规定时,则应当依照《合同法》第六十二条的规定,依下列规则确定履行地点:支付货币的,在接受货币一方所在地履行;交付不动产的,在不动产所在地履行;其他标的,在履行义务一方所在地履行。

4.履行期限规则

(1)合同履行期限的一般规则

履行期限是合同约定的关于债务人履行债务的具体期间或期日。作为合同的主要条款,合同的履行期限一般应当在合同中加以约定,当事人应当在该履行期限内履行债务。债务人依此约定的期间或期日为债务履行,即为适当履行。一般来说,在有明确的履行期限约定的情况下,债务人只能依此约定的履行期限履行,不能迟延,否则构成迟延履行,应负违约责任,也不能提前,否则债权人有权拒绝受领,或者由此给债权人造成的损失应由债务人承担;反之亦然,债权人没有权利要求债务人在约定的履行期限届至前履行债务,否则债务人有权拒绝履行,或要求债权人承担因债务提前履行而给债务人造成的损失。

关于履行期限的约定,当事人在合同中可以约定一宗债务划分为各个部分,每个部分各有一个履行期限,还可以约定数履行期限,届时可以选择确定;在双务合同中可分别约定两个对立债务的履行期限。

当事人对于非一次性的债务履行,通常可以约定分期履行或分批履行,并约定第一期或第一批的履行期限。在约定分期履行或分批履行的情况下,如果债务人仅发生其中某一批的履行迟延,通常仅就该期或该批履行的迟延承担责任,债权人也不能由此解除合同,但若合同中明确约定债务迟延履行某一期或某一批达到一定期限时债权人可以解除合同的,则依其约定。例如,租赁合同约定租金按月交付,承租人迟延支付任何一期租金达到两个月时,出租人即可解除合同。如果当事人未就某一期或某一批的履行迟延是否导致债权人的合同解除权予以约定时,则依《合同法》的规则处理。可见,合同履行期限的一般规则就是尊重当事人的约定,没有约定或者约定不明确时,依据《合同法》的规定,可以通过达成补充协议来确定,显然,这也是对履行期限的一种约定。

(2)合同履行期限的特别规则

如果当事人在合同中没有约定明确的履行期限,也没有达成补充协议,依据《合同法》的规定,按照交易习惯确定履行期限。于是,如果存在关于履行期限的交易习惯时,应遵从习惯,除非当事人另有约定。例如,在饭店进行餐饮消费时,通常的交易习惯是先就餐后买单。需要指出,合同履行的期限涉及期限利益问题,即履行期限对合同当事人利益会产生影响。因此,履行期限之利益目标当事人不同,对履行期限的规则要求也会存在差异。履行期限有为债务人利益者,有为债权人利益者,也有为双方当事人利益者。对于前者,债权人不得随意请求履行,但债务人可以抛弃其期限利益,在履行期限前为履行;对于中者,债权人可以在履行期限前请求债务人为履行,但债务人无权强要求债权人于期限前受领给付;对于后者,债务人无权要求债权人于期限前受领,同时债权人无权请求债务人于期前履行。对此,我国《合同法》第七十一条规定,债权人可以拒绝债务人提前履行债务,但提前履行不损害债权人利益的除外。债务人提前履行给债权人增加的费用,由债务人负担。

5.履行方式与履行费用规则

(1)履行方式规则

履行方式,是完成合同义务的方法,如标的物的交付方法、工作成果的完成方法、运输方法、价款或酬金的支付方法等。履行方式与当事人的权益有密切关系,履行方式不符合要求,可以造成标的物缺陷、费用增加、迟延履行等后果。遵守约定是合同履行方式的一般规则,即合同有关于履行方式的约定时,依其约定,当事人对合同的履行方式没有约定或者约定不明确的,可以达成补充协议,确定合同的履行方式。

如果没有约定或者约定不明确,当事人又未达成补充协议,那么,根据我国《合同法》第六十二条第(五)项规定,按照有利于实现合同目的的方式履行。一般来说,在标的物的交付方法、工作成果的完成方法等方面,一次全部履行易于实现合同目的。但我国《合同法》第七十二条规定,债权人可以拒绝债务人部分履行债务,但部分履行债务不损害债权人利益的除外。

(2)履行费用规则

合同履行的费用,是指履行合同所需要的必要费用。例如,物品交付的费用、运送物品的费用、金钱邮汇的邮费等,但是不包括合同标的本身的价值。履行费用的负担依合同约定,无约定或约定不明确的,可以通过补充协议确定,不能达成补充协议的,按照有关条款或者合同的性质确定。如此仍不能确定的,根据《合同法》规定,由履行义务的一方负担。例如,在不动产买卖交易中,约定交易税费由买受人承担,后发生律师费用的负担争议,而律师费用是依据出卖人与律师事务所签字的委托合同产生的,不属于税费,则该费用的履行义务一方是出卖人,故应当由出卖人承担。当然,因债权人变更住所或其他行为而导致履行费用的增加时,增加的费用应由债权人负担。

7.3.3 双务合同履行中的抗辩权

抗辩权是指在双务合同的履行中,双方都应当履行自己的债务,一方不履行或者有可能不履行时,另一方可以据此拒绝对方的履行要求。

1. 同时履行抗辩权

当事人互负债务,没有先后履行顺序的,应当同时履行。同时履行抗辩权包括:一方在对方履行之前有权拒绝其履行要求;一方在对方履行债务不符合约定时,有权拒绝其相应的履行要求,例如,施工合同中期付款时,对承包人施工质量不合格部分,发包人有权拒付该部分的工程款;如果发包人拖欠工程款,则承包人可以放慢施工进度,甚至停止施工,产生的后果,由违约方承担。同时履行抗辩权的适用条件是:

(1)由同一双务合同产生互负的对价给付债务;

(2)合同中未约定履行的顺序;

(3)对方当事人没有履行债务或没有正确履行债务;

(4)对方的对价给付是可能履行的义务。

所谓对价给付,是指一方履行的义务和对方履行的义务之间具有互为条件、互为牵连的关系并且在价格上基本相等。

2. 后履行抗辩权

后履行抗辩权也包括两种情况:当事人互负债务,有先后履行顺序的,应当先履行的一方未履行时,后履行的一方有权拒绝其对本方的履行要求;应当先履行的一方履行债务不符合规定的,后履行的一方也有权拒绝其相应的履行要求。如材料供应合同按照约定由供货方先行交付订购的材料后,采购方再行付款结算,若合同履行过程中供货方交付的材料质量不符合约定的标准,采购方有权拒付货款。后履行抗辩权应满足的条件为:

(1)均由同一双务合同产生互负的对价给付债务;

(2)合同中约定了履行的顺序;

(3)应当先履行的合同当事人没有履行债务或没有正确履行债务;

(4)应当先履行的对价给付是可能履行的义务。

3. 先履行抗辩权(又称不安抗辩权)

先履行抗辩权是指合同中约定了履行的顺序,合同成立后发生了应当后履行合同一方财务状况恶化的情况,应当先履行合同一方在对方未履行或者提供担保前有权拒绝先为履行。设立不安抗辩权的目的在于,预防合同成立后情况发生变化而损害合同另一方的利益。

应当先履行合同的一方有确切证据证明对方有下列情形之一的,可以中止履行:

(1)经营状况严重恶化;

(2)转移财产、抽调资金以逃避债务的;

(3)丧失商业信誉;

(4)有丧失或可能丧失履行债务能力的其他情形。

当事人中止履行合同的,应当及时通知对方。对方提供适当的担保时应当恢复履行。中止履行后,对方在合理的期限内未恢复履行能力并提供适当的担保,中止履行一方可以解除合同。当事人没有确切证据就中止履行合同的应承担违约责任。

7.3.4 合同的保全

合同的保全是指为防止因债务人的财产不当减少而给债权人带来危害的,允许债权人为确保其债权的实现而采取的法律措施。这些措施包括代位权和撤销权两种。

（1）代位权。指因债务人怠于行使其到期债权，对债权人造成损害，债权人可以向人民法院请求以自己的名义代位行使债务人的债权，但该债权专属于债务人时不能行使代位权。代位权的行使范围以债权人的债权为限，其发生的费用由债务人承担。

（2）撤销权。指因债务人放弃其到期债权或无偿转让财产，对债权人造成损害的，债权人可以请求人民法院撤销债务人的行为。债务人以明显不合理低价转让财产，对债权人造成损害的，并且受让人知道该情形的，债权人可以请求人民法院撤销债务人的行为。撤销权的行使范围以债权人的债权为限，其发生的费用由债务人承担。撤销权自债权人知道或应当知道撤销事由之日起一年内行使。自债务人的行为发生之日起五年内没有行使撤销权的，该撤销权消灭。

7.4 合同的变更、转让和终止

7.4.1 合同变更

合同的变更是指合同依法成立后，在尚未履行或尚未完全履行时，当事人双方经协商依法对合同的内容进行修订或调整所达成的协议。例如，对合同约定的数量、质量标准、履行期限、履行地点和履行方式等进行变更。合同变更一般不涉及已经履行部分，而只是对未履行的部分进行变更，因此，合同变更不能在合同履行后进行，只能在完全履行合同之前进行。

《合同法》规定，当事人协商一致，可以变更合同。因此，当事人变更合同的方式类似签订合同的方式，经过提议和接受两个步骤。要求变更合同的一方首先提出建议，明确变更的内容，以及变更合同引起的后果处理，另一当事人对变更表示接受。这样，双方当事人对合同的变更达成协议。一般书面形式的合同，变更协议也应当采用书面形式。

应当注意的是，当事人对合同变更只是一方提议，而未达成协议时，不产生合同变更的效力。当事人对合同变更的内容约定不明确的，同样也不产生合同变更的效力。

7.4.2 合同转让

合同的转让，是当事人一方将合同的权利和义务转让给第三人，由第三人接受权利和承担义务的法律行为。合同转让可以部分转让，也可以全部转让。随着合同的全部转让，原合同当事人之间的权利义务关系也随即消灭，与此同时，在未转让一方当事人和第三人之间形成新的权利和义务关系。

《合同法》规定了合同权利转让、义务转让和权利义务一并转让的三种情况：

1. 合同权利的转让

合同权利的转让也称债权让与，是合同当事人将合同中的权利全部或部分转让给第三方的行为。转让合同权利的当事人称为让与人，接受转让的第三人称为受让人。

2. 合同义务的转让

合同义务的转让也称债务转让，是债务人将合同的义务全部或部分转移给第三人的行为。《合同法》规定了债务人转让合同义务的条件：债务人将合同的义务全部或部分转让给第三人，应当经债权人同意。

3.合同权利和义务的一并转让

指当事人一方将债权债务一并转让给第三人,由第三人接受这些债权债务的行为。

《合同法》规定:总承包人或勘察、设计、施工承包人经发包人同意,可以将自己承包的部分工作交由第三人完成。第三人就其完成的工作成果与总承包人或勘察、设计、施工承包人向发包人承担连带责任。承包人不得将其承包的全部建设工程转包给第三人或将其承包的全部建设工程肢解后以分包的名义分别转包给第三人。禁止承包人将工程分包给不具备相应资质条件的单位。禁止分包单位将其承包的工程再分包。建设工程主体结构的施工必须由承包人自行完成。

7.4.3 合同终止

合同的终止是合同当事人之间的合同关系由于某种原因不复存在,合同确立的权利义务消失。《合同法》规定在下列情形下合同终止:

1.合同已经按照约定履行

合同生效后,当事人双方按照约定履行自己的义务,实现了自己的全部权利,达到了合同的目的,合同确立的权利义务关系已经消灭,合同因此而终止。

2.合同解除

合同生效后,当事人一方不得擅自解除合同。但在履行过程中,有时会产生某些特定情况,应当允许解除合同。《合同法》规定合同解除有两种情况:

(1)协议解除。当事人双方通过协议可以解除原合同规定的权利和义务关系。

(2)法定解除。合同成立后,没有履行或者没有完全履行以前,当事人一方可以行使法定解除权使得合同终止。为了防止解除权的滥用,《合同法》规定了十分严格的条件和程序。有下列情形之一的,当事人可以解除合同:

①因不可抗力致使不能实现合同目的;

②在履行期限届满之前,当事人一方明确表示或者以自己的行为表示不履行主要债务;

③当事人一方延迟履行主要债务的,经催告后在合同期限内仍未履行;

④当事人一方延迟履行债务或者有其他违约行为致使不能实现合同目的;

⑤法律规定的其他情形。

关于合同解除的法律后果,《合同法》规定:合同解除后,尚未履行的,终止履行;已经履行的根据履行情况和合同性质,当事人可以要求恢复原状、采取其他补救措施,并有权要求赔偿损失。

合同终止后,虽然合同当事人的合同权利、义务关系不复存在了,但合同责任并不一定消失,因此,合同中结算和清理条款不因合同的终止而终止,仍然有效。

7.5 合同的担保

7.5.1 常见的几种担保方式

担保是指债权人与债务人或者第三人根据法律规定或约定而实施的,以保证债权得以实现为目的的民事法律行为。在担保法律关系中,债权人称为担保权人,债务人称为被担保人,第三人称为担保人。担保行为应当遵循平等、自愿、公平、诚实信用的原则。我国《担保法》规定的担保方式为保证、抵押、质押、留置和定金。

各种担保方式的特点如下:

1. 保证

保证是以保证人的保证承诺作为担保的,签订保证合同时并不涉及具体的财物。当债务人不能依主合同的约定清偿债务时,保证人负有代为清偿债务责任。

2. 抵押

抵押是以抵押人提供的抵押物作为担保的,债务履行期届满抵押权人未受清偿的,可以与抵押人协议以抵押物折价或以拍卖、变卖该抵押物所得的价款受偿。抵押不转移对抵押物的占有,这是其与质押的显著区别。

3. 质押

质押也是以出质人所提供的质物作为担保的,债务履行期届满质权人未受清偿的,可以与出质人协议以质物折价,也可以依法拍卖、变卖质物。质押转移对抵押物的占有,出质人要将质物交由质权人保管。

4. 留置

留置是以留置权人已占有的留置人(即债务人)的动产作为担保的,债权人留置财产后,债务人应当在不少于两个月的期限内履行债务。债权人与债务人在合同中未约定的,债权人留置债务人财产后,应当确定两个月以上的期限,通知债务人在该期限内履行债务。

债务人逾期仍不履行的,债权人可以与债务人协议以留置物折价,也可以依法拍卖、变卖留置物。

5. 定金

定金是以债务人提交给债权人的一定数额的金钱作为担保的。

7.5.2 工程承包常用担保形式——保函

1. 工程保函及工程保函担保的定义

工程保函是指按照保函申请人的申请,依据工程合同开出的,但又不依附于工程合同的,具有独立法律效力的法律文件。当保函受益人在保函项下合理索赔时,保函出具人就必须承担付款责任,而不论保函申请人是否同意付款,也不管合同履行的实际事实,即保函是独立的承诺。

工程保函按照出具方的不同分为银行保函和担保公司保函,一般以银行保函为主。工程保函担保顾名思义就是担保公司为保函申请人向银行申请工程保函提供担保,当申请人无力履行责任时,担保公司作为担保人承担连带责任。

2. 工程保函的主要作用

工程项目属于资金密集型的投资,项目建设周期长,资金需求量较大,工程项目往往未完全取得相关施工批文,就要求承包商进场,前期资金投入较大。过往以保证金的方式进行履约担保,不仅给承包商造成较大的资金压力,增加项目的资金成本,影响了承包商的施工进度,也给发包商带来了相对烦琐的保证金管理。而工程保函的出现,较好地解决了工程项目中的资金问题,缓解承包商的资金压力,提高了承包商自有资金的利用效率,降低了项目的资金成本,为顺利完工提供了有力的资金支持,同时,承包商用保函代替保证金,免去了发包商烦琐的保证金管理手续。

3. 工程保函的担保风险

工程保函担保属于非融资性担保业务,相对于融资性担保业务而言,系统性风险较低。而且,由于工程项目实际操作过程中一般都是承包商先行垫付一定的资金,解决项目前期的进场费用和备料款,之后再根据双方的合同约定取得预付款和进度款。一般是承包商垫款在先,回款在后,主观违约的意愿较弱,违约风险较低。

7.6 违约责任

7.6.1 违约责任及其构成要件

违约责任是指合同当事人违反合同约定,不履行义务或履行义务不符合约定所承担的责任。违约责任的构成要件,是指违约当事人应具备何种条件才应承担违约责任。

违约责任的构成要件可分为一般构成要件和特殊构成要件。一般构成要件主要包括:违约行为,是指合同当事人违反合同义务的行为。我国《合同法》采用了"当事人一方不履行合同义务或者履行合同义务不符合约定的"的表述来阐述违约行为的概念。不存在法定和约定的免责事由。

1. 一般构成要件

一般构成要件是指违约当事人承担任何违约责任形式都必须具备的要件。

2. 特殊构成要件

特殊构成要件是指各种具体的违约责任形式所要求的责任构成要件。例如,赔偿损失责任构成要件包括损害事实、违约行为、违约行为与损害事实之间的因果关系、过错;违约金责任的构成要件是过错和损害行为。各种不同的责任形式的责任构成要件是各不相同的。

7.6.2 预期违约与不可抗力

1. 预期违约

预期违约又称先期违约,是指在合同订立之后履行期限届满之前,当事人一方明确表示或者以自己的行为表明不履行合同义务的行为。《合同法》规定,当事人一方明确表示或者以自己的行为表明不履行合同义务的,对方可以在履行期限届满之前要求其承担违约责任。预期违约与实际违约不同,预期违约是在合同的履行期限到来之前的毁约,而不同于实际履行中的实际违约。

预期违约有如下法律特征:

(1)预期违约行为表现为未来将不履行义务,而不像实际违约的那样,表现为现实的违反义务。

(2)预期违约发生的时间是在合同成立后履行期限届满之前这段时间。即违约的发生具有预期性,而一般违约发生的时间只能在合同履行期限届满之后。

(3)预期违约侵害的是期待的债权而不是现实的债权,因为合同的履行期限尚未到来,所以一方当事人预期违约行为,不可能对另一方当事人的现实的权利造成损害。这种损害是对将来的合同债权的侵害。

(4)预期违约的主张是合同的任何一方当事人,只要有表明当事人不履行合同义务的事实发生即可。

根据预期违约表现方式的不同,预期违约可分为明示预期违约、默示预期违约。明示预期违约又可称明示毁约,即当事人明确肯定地向对方表示其不履行合同义务。这种表示可以是口头的,也可以是书面的。对方表示的不履行,必须是重大的不履行,不履行的是合同的主要义务,并且明示毁约无正当理由。明示毁约的提出必须是在合同有效成立后至合同履行期限届满前。默示预期违约又称默示毁约,即行为人以自己的行动而不是自己的言辞表明其预期违约行为。对于默示毁约,另一方当事人应当对其违约事实负举证责任,如果不能提出充分的证据证明对方将不履行合同债务,则不得主张适用预期违约制度。

明示毁约与默示毁约都发生在合同有效成立后至履行期届满之前,并都构成了对债权人的期待债权的侵害。但默示毁约与明示毁约又有不同之处:首先,明示毁约是指毁约一方明确表示其将不履行合同义务,而在默示毁约的情况下,债务人并未明确表示其将在履行期到来时不履行合同,只是从其履行的准备行为、现有经济能力、信用情况等,可预见到其不履行或不能履行合同,而这种预见又是建立在确凿的证据基础之上的。其次,明示毁约行为对期待债权的侵害是肯定的,债务人的主观状态是故意的;而默示毁约行为对期待债权的侵害不像明示毁约行为那样明确肯定,债务人对毁约的发生主观上可能出于过失。再次,在明示毁约的情况下,一方当事人可以直接解除合同使合同关系消灭,并可要求明示毁约方承担损害赔偿责任;也可以等合同的履行期到来,在另一方当事人实际违约时,依照实际违约请求对方当事人承担违约责任。在默示毁约时,对方当事人可以中止履行合同,要求违约方提供充分的保证,如果在合理的期限内,默示毁约方未能提供充分的担保,另一方当事人可以解除合同,并可以要求损害赔偿;如果默示毁约方提供了充分的担保,另一方当事人则应恢复履行。

2. 不可抗力

不可抗力是指不能预见、不能避免并且不能克服的客观情况。《合同法》规定,因不可抗力不能履行合同的,根据不可抗力的影响,部分或者全部免除责任。当事人迟延履行后发生不可抗力的,不能免除责任。法律另有规定的,依照其规定。

(1)不可抗力的条件

①不可预见性。预见性取决于人们的预见能力,必须以一般人的预见能力而不是当事人的预见能力为标准,来判断对某种现象是否可以预见。不可预见性指合同当事人在订立合同时对不可抗力事件发生不能预见。

②不可避免和不能克服。不可避免和不能克服,表明事件的发生和事件造成的损害具有必然性。不可避免是指当事人已经尽到了最大的努力,仍然不能避免某种事件的发生。即合同当事人对于可能出现的意外情况尽管采取了及时合理的措施,但是客观上并不能阻止这一意外情况的发生。如果事件的发生虽然不可预见但其发生完全可通过当事人及时合理的作为而避免,则不属于不可避免。不能克服是指当事人在事件发生以后,已尽到最大的努力仍不能克服事件所造成的损害后果,使合同得以履行,如果意外事件造成的结果可以通过当事人的努力而得到克服,该事件不属于不可抗力事件。

③客观情况。指外在于人的行为的客观情况。即指不以人的主观意志为转移,也不由合同当事人所谋划或操纵,而是完全与合同当事人无关,无论合同当事人是否想要都是必然要发生的。

不可抗力作为一种客观情况必须发生在合同成立以后至合同不能履行以前,如果当事人一方在合同订立以前发生不可抗力事件,或者在迟延履行合同期间发生不可抗力事件,不能援引法律规定的不可抗力条款。如果在合同履行中遇到不能预见,不能避免和克服的客观事件,但并没有导致当事人不能按合同履行,此种事件不应被视为不可抗力。

(2)不可抗力的范围

①自然灾害。我国法律认为自然灾害是典型的不可抗力,尽管随着科学技术的进步,人类已不断提高了对自然灾害的预见能力,但自然灾害仍频繁发生并影响人们的生产和生活,阻碍合同的履行。因自然灾害导致合同不能履行的,应免除当事人的责任。

②政府行为。当事人在订立合同以后,政府当局颁布新政策、法律和行政措施而导致合同不能履行。

③社会异常事件。主要指一些偶发事件阻碍合同的履行。如罢工、骚乱、战争等。对于合同当事人来说,在订约时是不可预见的,因此也可成为不可抗力事件。

(3)不可抗力的法律后果

根据《合同法》的规定,如果不可抗力致使合同当事人不能履行合同,应当根据具体情况来确定合同当事人是否免责以及免责的范围,也就是说,要根据不可抗力与不能履行合同之间是否存在因果关系以及不可抗力对不能履行合同的影响究竟有多大来具体确定合同当事人的责任:如果因不可抗力而导致合同完全不能履行,当事人可以全部免责;如果不可抗力只造成合同的一部分不能履行,那只有这一部分责任可以免责;如果不可抗力发生在合同履行期限届满之后的,也即发生在迟延履行期间的,不产生全部或者部分因不可抗力的出现造成不能履行合同的责任。

《合同法》规定,当事人一方因不可抗力不能履行合同的,应当及时通知对方,以减轻可能给对方造成的损失,并应当在合理期限内提供证明。通知的义务是不可抗力发生后,因不可抗力造成不能按照合同的约定履行合同的当事人的首要义务。只要当事人一方遭遇不可抗力并给合同的履行产生影响,就应当立即通知对方当事人,通知的内容包括不可抗力的发生情况即不可抗力对其履行合同造成的影响。同时,此当事人对其主张的不可抗力的发生和存在的事实应当负有举证责任。提出不可抗力的证明应当在合理的期限内,即合同当事人应当在合理的期限内(指在通知对方以后的一定的期限内提出)提供因不可抗力而不能履行合同的证明,表明其不履行合同确系不可抗力所致,以便明确责任。

7.6.3　承担违约责任的主要方式

1.违约金

违约金是按照当事人的约定或法律直接规定,一方当事人违约的应该向另一方支付的金钱。违约金的标的物是金钱,也可约定为其他财产。

(1)当事人可以约定一方违约时应根据违约情况向对方支付一定数额的违约金,也可以约定因违约产生的损失赔偿额的计算方法。在合同实施中,只要一方有不履行合同的行为,就得按合同规定向另一方支付违约金,而不管违约行为是否造成对方损失。以这种手段对违约方进行经济制裁,对企图违约者起警诫作用。违约金的数额应在合同中用专用条款详细约定。

(2)违约金同时具有补偿性和惩罚性。《合同法》规定:约定的违约金低于违反合同所造成损失的,当事人可以请求人民法院或者仲裁机构予以增加;若约定的违约金过分高于所造成的损失,当事人可以请求人民法院或者仲裁机构予以减少。这保护了受损害方的利益,体现了违约金的惩罚性,有利于对违约者的制约,同时体现了公平原则。

(3)当事人可以约定一方向对方给付定金作为债权的担保。即为了保证合同的履行,在当事人一方应给付另一方的金额内,预先支付部分款额,作为定金。若支付定金一方违约,则定金不予退还。同样,如果接受定金的一方违约,则应加倍偿还定金。

2. 赔偿损失

赔偿损失是指合同当事人就其违约而给对方造成的损失给予赔偿的一种方法。

(1)赔偿损失的构成

赔偿损失包括违约的赔偿损失、侵权的赔偿损失及其他的赔偿损失。承担赔偿损失责任由以下要件构成:有违约行为,当事人不履行合同或者不适当履行合同;有损失后果,违约责任行为给另一方当事人造成了财产等损失;违约行为与财产等损失之间有因果关系;违约人有过错,或者虽无过错,但是法律规定应当赔偿的。

(2)赔偿损失的范围

赔偿损失的范围可以由法律直接规定,或由双方约定。在法律没有特别规定和当事人没有另行约定的情况下,应按完全赔偿原则,赔偿全部损失,包括直接损失和间接损失。赔偿损失不得超过违反合同一方订立合同时预见到或者应当预见到的因违反合同可能造成的损失。

(3)赔偿损失的方式

赔偿损失的方式:一是恢复原状;二是金钱赔偿;三是代物赔偿。恢复原状指恢复到损害发生前的原状。代物赔偿指以其他财产代替赔偿。

(4)赔偿损失的计算

赔偿损失的计算,关键在确定物的价格的计算标准,涉及标的物种类以及计算的时间地点。合同标的物的价格可以分为市场价格和特别价格。一般标的物按市场价格确定其价格,特别标的物按特别价格确定,确定特别价格往往考虑精神因素,带有感情色彩。计算标的物的价格,还要确定计算的时间及地点,不同的时间、地点价格往往不同。如果法律规定了或者当事人约定了赔偿损失的技术方法,则按该方法计算。

3. 继续履行

继续履行合同要求违约人按照合同的约定,切实履行所承担的合同义务。具体来讲包括两种情况:一是债权人要求债务人按合同的约定履行合同;二是债权人向法院提出起诉,由法院判决强迫违约一方具体履行其合同义务。当事人违反金钱债务,一般不能免除其继续履行的义务。合同法规定,当事人一方未支付价款或者报酬的,对方可以要求其支付价款或者报酬。当事人违反非金钱债务的,除法律规定不适用继续履行的情形外,也不能免除其继续履行的义务。当事人一方不履行非金钱债务或者履行非金钱债务不符合规定的,对方可以要求履行,但有下列情形之一的除外:法律或者事实上不能履行;债务的标的不适合强制履行或者履行费用过高;债权人在合理期限内未要求履行。

4. 采取补救措施

采取补救措施是在当事人违反合同后,为防止损失发生或扩大,由其按照法律或者合同约定而采取的修理、更换、退换、减少价款或者报酬等措施。采用这一违约责任的方式,主要是在发生质量不符合约定的时候。《合同法》规定,质量不符合约定的,应对按照当事人的约定承担违约责任。对违约责任没有约定或约定不明确,依据《合同法》的规定,如果仍不能确定的,受损害方根据标的的性质以及损失的大小,可以合理选择要求对方承担修理、更换、退货、减少价款或报酬等违约责任。

5. 违约责任的免除

合同生效后,当事人不履行合同或履行合同不符合合同约定的,都应承担违约责任。但是如果由于发生了某种非常情况或意外事件,使得合同不能按约定履行的,就应作为例外来处理。《合同法》规定,只有发生不可抗力才能部分或全部免除当事人的违约责任。

不可抗力指不能预见、不能避免并不能克服的客观情况。

7.6.4　责任竞合

责任竞合是指由于某一法律事实的出现,导致产生两种或两种以上的民事责任,这些民事责任被数个法律规范调整,彼此之间相互冲突的现象。在民法中,责任竞合常常表现为违约责任和侵权责任的竞合。

1. 责任竞合的特点

(1)责任竞合是由某个违反义务的行为引起的。“无义务即无责任”,责任是违反义务的结果。如果义务人正确履行其义务,也就不会产生责任后果,更不可能产生责任竞合的现象,只有违反义务的行为存在并由此导致产生数个法律责任,这才成为责任竞合的前提。如果行为人实施了数个(而不是一个)不法行为,分别触犯了不同的法律规定,并符合不同的责任构成要件,行为人为此要承担不同的法律责任,但不能按责任竞合处理。

(2)某个违反义务的行为符合两个或两个以上的责任构成要件,即行为人虽然只实施了一种行为,但该行为却同时触犯了数个法律规范,并符合法律关于数个责任构成要件的规定。其实,该行为既有违约行为的性质,又具侵权行为的性质,因此,对行为人追究责任的法律依据亦有多个。这时法律就必须做出明确的规定,由行为人承担一种责任还是数种责任。在实践中,一种行为符合数种责任构成要件,既可能是因为行为本身的复杂性所致,也可能是因法律本身的交叉引起的,不管出于何种原因,该现象与行为人实施数个行为而造成不同损害的情况有根本性区别。

(3)数个责任之间相互冲突。在责任竞合情况下,《合同法》上的义务和《侵权行为法》上的义务是从不同角度对基于同一权利而形成的义务的表述,而不是由义务人承担《合同法》《侵权行为法》上的多重义务,由此所产生的责任,既不能相互吸收,也不应同时并存。因为行为人承担不同的责任,会产生不同的法律后果,如果允许责任并存,就会加重行为人的责任,增加其负担,违背法律公平原则;如果允许数种责任相互吸收,则行为人不论承担何种形式的责任,都会有相同的法律后果,这就会推出数种责任在构成要件方面是相通的结论,这显然会使不同责任的划分失去意义。

2. 违约责任与侵权责任发生竞合的原因

(1)合同当事人的违约行为同时侵害了法律规定的强行性义务,包括保护、照顾、保密、忠实等附随义务和其他法定的不作为义务。

（2）在某些情况下，侵权行为直接构成违约的原因，即侵权性的违约行为。

（3）不法行为人实施故意侵害他人权利并造成损害的侵权行为时，如果加害人与受害人之间事先存在一种合同关系，那么加害人对受害人的损害行为，不仅可以作为侵权行为对待，也可以作为违反了当事人事先规定的义务的违约行为对待。

（4）一种违法行为虽然只符合一种责任构成要件，但是法律从保护受害人的利益出发，要求合同当事人根据侵权行为制度提出请求和提起诉讼，或者将侵权行为责任纳入合同责任的范围内。

3. 责任竞合的现行法规及完善

责任竞合的法律处理归结于如何适用法律及承担什么样的法律责任，是一种责任还是两种责任，是自由选择其中一种责任还是有限制地选择一种责任，或是否有更有效更公平的办法。对此问题的解决，应从债权人利益、债务人利益以及法律规范之间的协调综合考虑。也就是说在适用法律时应均衡当事人的利益，考虑立法的宗旨。

在现行《合同法》颁布以前，我国司法实际中主要采用禁止竞合的做法，如对侵权性的违约行为和违约性的侵权行为，一般按违约行为处理；而对于交通事故、医疗事故和产品责任案件都按侵权责任处理。这种做法在当时有一定的合理性，但其缺陷是明显的。在1989年最高人民法院颁发的《全国沿海地区涉外涉港澳经济审判工作座谈会纪要》中，对责任竞合问题予以明确承认，并允许当事人选择两者之中有利于自己的一种诉因提起诉讼，有管辖权的法院不应以存在其他诉因为由拒绝受理。

我国现行《合同法》首次以法律的形式确立了违约责任和侵权责任的竞合制度。《合同法》第一百二十二条规定：因当事人一方违约行为，侵害对方人身、财产权益的，受害方有权依照本法要求其承担违约责任或依照其他法律要求其承担侵权责任。具体分析，这一条款主要确立了以下两项规则：

（1）确认了责任竞合的构成要件。即必须是一种违约行为同时侵犯了非违约方的人身权和其他财产权益时，才构成责任竞合。

（2）允许受害人就违约责任和侵权责任中的一种做出选择。也就是说，在发生责任竞合时，要由受害人做出选择而不是由司法审判人员为受害人选择某种责任方式。在通常情况下，受害人能够选择对其最为有利的责任方式。允许受害人选择，这正是市场经济要求私法自治和合同自由的固有内容。

本章小结 >>>

通过本章学习，让学生对合同、合同法、建设工程合同体系、合同管理与意义有较为全面的认识，让学生掌握合同的订立、履行及变更形式，启发学生树立法律观念，正确履行合同。

复习思考题 >>>

1. 简述建设工程合同的概念。合同在工程建设中的作用有哪些？
2. 建设工程合同的种类有哪些？
3. 合同担保常用的有哪几种担保形式？

第8章

建设工程合同管理

学习目标 >>>

通过本章的学习,掌握合同的种类;了解合同示范文本的书写格式;了解各种合同的特点以及常见问题。

8.1 建设工程合同的种类

根据我国《合同法》第二百六十九条规定:"建设工程合同是承包人进行工程建设,发包人支付价款的合同。建设工程合同包括工程勘察、设计、施工合同。"根据不同的分类条件,建设工程合同可以分为不同的合同。

1. 按承揽方式分类

(1)工程总承包合同:指由发包人与承包人之间签订的包括工程建设全过程的合同。

(2)工程分包合同:指总承包人将中标工程项目的某部分工程或某单项工程分包给另一分包人完成所签订的合同,总承包人对外分包的工程项目必须是发包人在招标文件合同条款中规定允许分包的部分。

(3)转包合同:指承包人之间签订的转包合同,实际上是一种承包权的转让,即中标单位将与发包人签订的合同所规定的权利、义务和风险转由其他承包人来承担。

(4)劳务合同:是发包人、总承包人或分包与劳动提供方就雇佣劳务参与施工活动所签订的协议。

(5)联合承包合同:即由两个或两个以上合作单位,以总承包人的名义,为共同承包某一工程项目的全部工作而签订的合同。

2. 按计价方式分类

(1)总价合同。

(2)计量估价合同。通常是由发包人在招标文件中提供较为详细的工程清单,由承包人填报单价,再以工程量清单和单价表为依据计算总造价。目前施工图预算就属于这种方式。

(3)成本加酬金合同。

3. 按承包内容分类

(1)建设工程勘察合同:指勘察人(承包人)根据发包人的委托,完成建设工程项目的勘察工作,由发包人支付报酬的合同。

(2)建设工程设计合同:指设计人(承包人)根据发包人的委托,完成建设工程项目的设计工作,由发包人支付报酬的合同。

(3)建设工程施工合同:指施工人(承包人)根据发包人的委托,完成建设工程项目的施工工作,由发包人支付报酬的合同。

勘察、设计合同的内容包括提交有关基础资料和文件(包括概预算)的期限、质量要求、费用以及其他协作条件等条款。施工合同的内容包括工程范围、建设工期、中间交工工程的开工和竣工时间、工程质量、工程造价、技术资料交付时间、材料和设备供应责任、拨款和结算、竣工验收、质量保修范围和质量保证期、双方相互协作等条款。

4. 按项目管理模式与参与者关系分类

(1)建设工程传统模式的合同:在建设工程传统模式下,业主与不同承包人之间的主要合同包括咨询服务合同、勘察合同、设计合同、施工承包合同、设备安装合同、材料设备供应合同、监理合同、造价咨询合同、保险合同等。此外,还包括各承包人与分包人之间签订的大量的分包合同。

(2)建设工程项目设计-建造模式、EPC/交钥匙模式的合同:在建设工程项目设计-建造模式、EPC/交钥匙模式下,业主与不同承包人之间的主要合同包括咨询服务合同、设计-建造合同、EPC(设计-采购-施工)合同、交钥匙合同、监理合同、保险合同等,此外,还包括工程项目承包人与其他分包人之间签订的大量分包合同。

(3)建设工程项目施工管理模式的合同:在建设工程项目施工管理模式下,施工管理人作为独立的第四方(除业主、设计人、施工承包人外)参与工程管理。业主与不同承包人之间的主要合同包括咨询服务合同、勘察合同、设计合同、施工管理合同、施工承包合同、设备安装合同、材料设备供应合同、保险合同等。此外还包括各承包人与分包人之间签订的大量分包合同。

(4)建设工程其他模式下的合同:在建设工程项目中还存在许多其他模式,如 PFI/PPP 模式、BOT 模式、简单模式等,业主与不同参与者之间签订不同的合同。

8.2 建设工程合同示范文本

合同指根据法律规定和合同当事人约定具有约束力的文件,构成合同的文件包括合同协议书、中标通知书(如果有)、投标函及附录(如果有)、专用合同条款及其附件、通用合同条款、技术标准和要求、图纸、已标价工程量清单或预算书以及其他合同文件。

（一）协议书

发包人（全称）：_____

承包人（全称）：_____

依照《中华人民共和国合同法》、《中华人民共和国建筑法》及其他有关法律、行政法规，遵循平等、自愿、公平和诚实信用的原则，双方就本建设工程施工事项协商一致，订立本合同。

1. 工程概况

工程名称：_____

工程地点：_____

工程立项批准文号：_____

资金来源：_____

工程内容：_____

群体工程应附承包人承揽工程项目一览表（附件1）

工程承包范围：_____

2. 合同工期

计划开工日期：_____

计划竣工日期：_____

合同工期总日历天数：_____天。

3. 质量标准

工程质量标准：_____

4. 合同价款

金额（大写）：_____元（人民币）

　　　　　¥：_____元

5. 组成合同的文件

(1)合同协议书

(2)中标通知书

(3)投标书及其附件

(4)本合同专用条款

(5)本合同通用条款

(6)标准、规范及有关技术文件

(7)图纸

(8)工程量清单

(9)工程报价单或预算书

双方有关工程的洽商、变更等书面协议或文件视为本合同的组成部分。

6. 词语含义

本议书中有关词语含义与本合同第二部分《通用条款》中分别赋予它们的定义相同。

7. 承诺

承包人向发包人承诺按照合同约定进行施工、竣工并在质量保修期内承担工程质量保修责任。

发包人向承包人承诺按照合同约定的期限和方式支付合同价款及其他应当支付的款项。

8.合同生效

合同订立时间：_____年_____月_____日

合同订立地点：_____

本合同双方约定_____后生效。

发包人：(公章)_____　　　　承包人：(公章)：_____

住所：_____　　　　住所：_____

法定代表人：_____　　　　法定代表人：_____

委托代理人：_____　　　　委托代理人：_____

电话：_____　　　　电话：_____

传真：_____　　　　传真：_____

开户银行：_____　　　　开户银行：_____

账号：_____　　　　账号：_____

邮政编码：_____　　　　邮政编码：_____

(二)通用条款

1.词语定义及合同文件的解释顺序

(1)词语定义

下列词语除专用条款另有约定外,应具有本条所赋予的定义：

通用条款：是根据法律、行政法规规定及建设工程施工的需要订立,通用于建设工程施工的条款。

专用条款：是发包人与承包人根据法律、行政法规规定,结合具体工程实际,经协商达成一致意见的条款,是对通用条款的具体化、补充或修改。

发包人：指在协议书中约定,具有工程发包主体资格和支付工程价款能力的当事人以及取得该当事人资格的合法继承人。

承包人：指在协议书中约定,被发包人接受的具有工程施工承包主体资格的当事人以及取得该当事人资格的合法继承人。

监理人：指在专用合同条款中指明的,受发包人委托按照法律规定进行工程监督管理的法人或其他组织。

设计人：指在专用合同条款中指明的,受发包人委托负责工程设计并具备相应工程设计资质的法人或其他组织。

分包人：指按照法律规定和合同约定,分包部分工程或工作,并与承包人签订分包合同的具有相应资质的法人。

发包人代表：指由发包人任命并派驻施工现场在发包人授权范围内行使发包人权利的人。

项目经理：指承包人在专用条款中指定的负责施工管理和合同履行的代表。

总监理工程师：指由监理人任命并派驻施工现场进行工程监理的总负责人。

设计单位：指发包人委托的负责本工程设计并取得相应工程设计资质等级证书的单位。

监理单位：指发包人委托的负责本工程监理并取得相应工程监理资质等级证书的单位。

　　工程师:指本工程监理单位委派的总监理工程师或发包人指定的履行本合同的代表,其具体身份和职权由发包人、承包人在专用条款中约定。

　　工程造价管理部门:指国务院有关部门、县级以上人民政府建设行政主管部门或其委托的工程造价管理机构。

　　工程:指发包人、承包人在协议书中约定的承包范围内的工程。

　　永久工程:指按合同约定建造并移交给发包人的工程,包括工程设备。

　　临时工程:指为完成合同约定的永久工程所修建的各类临时性工程,不包括施工设备。

　　单位工程:指在合同协议书中指明的,具备独立施工条件并能形成独立使用功能的永久工程。

　　工程设备:指构成永久工程的机电设备、金属结构设备、仪器及其他类似的设备和装置。

　　施工设备:指为完成合同约定的各项工作所需的设备、器具和其他物品,但是不包括工程设备、临时工程和材料。

　　施工现场:指用于工程施工的场所,以及在专用合同条款中指明作为施工场所组成部分的其他场所,包括永久占地和临时占地。

　　临时设施:指为完成合同约定的各项工作所服务的临时性生产和生活设施。

　　工期:指发包人、承包人在协议书中约定,按总日历天数(包括法定节假日)计算的承包天数。

　　开工日期:指发包人、承包人在协议书中约定,承包人开始施工的绝对或相对的日期。

　　竣工日期:指发包人、承包人在协议书中约定,承包人完成承包范围内工程的绝对或相对的日期。

　　缺陷责任期:指承包人按照合同约定承担缺陷修复义务,且发包人预留质量保证金的期限,自工程实际竣工日期起计算。

　　保修期:指承包人按照合同约定对工程承担保修责任的期限,从工程竣工验收合格之日起计算。

　　基准日期:招标发包的工程以投标截止日前 28 天的日期为基准日期,直接发包工程以合同签订日前 28 天的日期为基准日期。

　　图纸:指由发包人提供或由承包人提供并经发包人批准,满足承包人施工需要的所有图纸(包括配套说明和有关资料。)

　　书面形式:指合同书、信件和数据电文(包括电报、传真、电子数据交换和电子邮件)等可以有形地表现所载内容的形式。

　　违约责任:指合同一方不履行合同义务或履行合同义务不符合约定所应承担的责任。

　　索赔:指在合同履行过程中,对于并非自己的过错,而是应由对方承担责任的情况造成的实际损失,向对方提出经济补偿和(或)工期顺延的要求。

　　不可抗力:指不能预见、不能避免并不能克服的客观情况。

　　小时或天:本合同中规定按小时计算时间的,从事件有效开始时计算(不扣除休息时间);规定按天计算时间的,开始当天不计入,从次日开始计算。时限的最后一天是休息日或者其他法定节假日的,以节假日次日为时限的最后一天,但竣工日期除外。时限的最后一天的截止时间为当日 24 时。

　　签约合同价:指发包人和承包人在合同协议书中确定的总金额,包括安全文明施工费、暂估价及暂列金额等。

合同价格:指发包人用于支付承包人安装合同约定完成承包范围内全部工作的金额,包括合同履行过程中按合同约定发生的价格变化。

费用:指为履行合同所发生的或者将要发生的所有必需的开支,包括管理费和应分摊的其他费用,但是不包括利润。

暂估价:指发包人在工程量清单或预算书中提供的用于支付必然发生但是暂时不能确定价格的材料、工程设备的单价、专业工程以及服务工作的金额。

暂列金额:指发包人在工程量清单或预算书中暂定并包括在合同价格中的一笔款项,用于工程合同签订时尚未确定或不可预见的所需材料、工程设备、服务的采购,施工中可能发生的工程变更、合同约定调整因素出现时的合同价格调整以及发生的索赔、现场确认等的费用。

（2）合同文件的解释顺序

合同文件应能相互解释,互为说明。除专用条款另有约定外,解释合同文件的顺序如下:合同协议书;中标通知书;投标书及其附件;本合同专用条款;本合同通用条款;标准、规范及有关技术文件;图纸;工程量清单;工程报价单或预算书。

2.适用法律和法规

本合同文件适用国家的法律和行政法规。需要明示的法律、行政法规,由双方在专用条款中约定。

3.适用标准、规范

双方在专用条款内约定适用国家标准、规范的名称;没有国家标准、规范但有行业标准、规范的,约定适用行业标准、规范的名称;没有国家和行业标准、规范的,约定适用工程所在地地方标准、规范的名称。发包人应按专用条款约定的时间向承包人提供一式两份约定的标准、规范。

国内没有相应标准、规范的,由发包人按专用条款约定的时间向承包人提出施工技术要求,承包人按约定的时间和要求提出施工工艺,经发包人认可后执行。发包人要求使用国外标准、规范的,应负责提供中文译本。

本条所发生的购买、翻译标准、规范或制定施工工艺的费用,由发包人承担。

4.图纸

（1）发包人应按专用条款约定的日期和套数,向承包人提供图纸。承包人需要增加图纸套数的,发包人应代为复制,复制费用由承包人承担。发包人对工程有保密要求的,应在专用条款中提出保密要求,保密措施费用由发包人承担,承包人在约定保密期限内履行保密义务。

（2）未经发包人同意,不得将本工程图纸转给第三人。工程质量保修期满后,除承包人存档需要的图纸外,应将全部图纸退还给发包人。

（3）发包人应在施工现场保留一套完整图纸,供工程师及有关人员进行工程检查时使用。

5.双方一般权利和义务

（1）工程师

①实行工程监理的,发包人应在实施监理前将委托的监理单位名称、监理内容及监理权限以书面形式通知承包人。

②监理单位委派的总监理工程师在本合同中称工程师,其姓名、职务、职权由发包人、承包人在专用条款内写明。工程师按合同约定行使职权,发包人在专用条款内要求工程师在行使某些职权前需要征得发包人批准的,工程师应征得发包人批准。

③发包人派驻施工场地履行合同的代表在本合同中也称工程师,其姓名、职务、职权由发包人在专用条款内写明,但职权不得与监理单位委派的总监理工程师职权相互交叉。双方职权发生交叉或不明确时,由发包人予以明确,并以书面形式通知承包人。

④合同履行中,发生影响发包人、承包人双方权利或义务的事件时,负责监理的工程师应依据合同在其职权范围内客观公正地进行处理。一方对工程师的处理有异议时,按通用条款中关于争议的约定处理。

⑤除合同内有明确约定或经发包人同意外,负责监理的工程师无权解除本合同约定的承包人的任何权利与义务。

⑥不实行工程监理的,本合同中工程师专指发包人派驻施工场地履行合同的代表,其具体职权由发包人在专用条款内写明。

⑦工程师可委派工程师代表,行使合同约定的自己的职权,并可在认为必要时撤回委派。委派和撤回均应提前 7 天以书面形式通知承包人,负责监理的工程师还应将委派和撤回通知发包人。委派书和撤回通知作为本合同附件。工程师代表在工程师授权范围内向承包人发出的任何书面形式的函件,与工程师发出的函件具有同等效力。承包人对工程师代表向其发出的任何书面形式的函件有疑问时,可将此函件提交工程师,工程师应进行确认。工程师代表发现指令有误时,应进行纠正。除工程师或工程师代表外,发包人派驻工地的其他人员均无权向承包人发出任何指令。

工程师的指令、通知由其本人签字后,以书面形式交给项目经理,项目经理在回执上签署姓名和收到时间后生效。确有必要时,工程师可发出口头指令,并在 48 小时内给予书面确认,承包人对工程师的指令应予执行。工程师不能及时给予书面确认的,承包人应于工程师发出口头指令后 7 天内提出书面确认要求。工程师在承包人提出确认要求后 48 小时内不予答复的,视为口头指令已被确认。

承包人认为工程师指令不合理,应在收到指令后 24 小时内向工程师提出修改指令的书面报告,工程师在收到承包人书面报告后 24 小时内做出修改指令或继续执行原指令的决定,并以书面形式通知承包人。紧急情况下,工程师要求承包人立即执行的指令或承包人虽有异议,但工程师决定仍继续执行的指令,承包人应予执行。因指令错误发生的追加合同价款和给承包人造成的损失由发包人承担,延误的工期相应顺延。

本款规定同样适用于由工程师代表发出的指令、通知。

工程师应按合同约定,及时向承包人提供所需指令、批准并履行约定的其他义务。由于工程师未能按合同约定履行义务造成工期延误,发包人应承担延误造成的追加合同价款,并赔偿承包人有关损失,顺延工期。

如需更换工程师,发包人应至少提前 7 天以书面形式通知承包人,后任工程师继续行使合同文件约定的前任工程师的职权,履行前任工程师的义务。

(2)项目经理

①项目经理的姓名、职务在专用条款内写明。

②依据合同发出的通知,以书面形式由项目经理签字后送交工程师,工程师在回执上签署姓名和收到时间后生效。

③项目经理按发包人认可的施工组织设计(施工方案)和工程师依据合同发出的指令组织施工。在情况紧急且无法与工程师联系时,项目经理应当采取保证人员生命和工程、财产安全的紧急措施,并在采取措施后48小时内向工程师送交报告。责任在发包人或第三人,由发包人承担由此发生的追加合同价款,相应顺延工期;责任在承包人,由承包人承担费用,不顺延工期。

④承包人如需更换项目经理,应至少提前7天以书面形式通知发包人,并征得发包人同意。后任项目经理继续行使合同文件约定的前任项目经理的职权,履行前任项目经理的义务。

⑤发包人可以与承包人协商,建议更换其认为不称职的项目经理。

(3)发包人

发包人按专用条款约定的内容和时间完成以下工作:

①办理土地征用、拆迁补偿、平整施工场地等工作,使施工场地具备施工条件,在开工后继续负责解决以上事项遗留问题。

②将施工所需水、电、电信线路从施工场地外接至专用条款约定地点,保证施工期间的需要。

③开通施工场地与城乡公共道路的通道,以及专用条款约定的施工场地内的主要道路,满足施工运输的需要,保证施工期间的畅通。

④向承包人提供施工场地的工程地质和地下管线资料,对资料的真实准确性负责。

⑤办理施工许可证及其他施工所需证件、批件、临时用地、停水、停电、中断道路交通、爆破作业等的审准手续(证明承包人自身资质的证件除外)。

⑥确定水准点与坐标控制点,以书面形式交给承包人,进行现场交验。

⑦组织承包人和设计单位进行图纸会审和设计交底。

⑧协调处理施工场地周围地下管线和邻近建筑物、构筑物(包括文物保护建筑)、古树名木的保护工作,承担有关费用。

⑨发包人应做的其他工作,双方在专用条款内约定。

(4)承包人

承包人按专用条款约定的内容和时间完成以下工作:

①根据发包人委托,在其设计资质等级和业务允许的范围内,完成施工图设计或与工程配套的设计,经工程师确认后使用,发包人承担由此发生的费用。

②向工程师提供年、季、月度工程进度计划及相应进度统计报表。

③根据工程需要,提供和维修非夜间施工使用的照明、围栏设施,并负责安全保卫。

④按专用条款约定的数量和要求,向发包人提供施工场地办公和生活的房屋及设施,发包人承担由此发生的费用。

⑤遵守政府有关主管部门对施工场地交通、施工噪音以及环境保护和安全生产等的管

理规定,按规定办理有关手续,并以书面形式通知发包人,发包人承担由此发生的费用,因承包人责任造成的罚款除外。

⑥已竣工工程未交付发包人之前,承包人按专用条款约定负责已完工程的保护工作,保护期间发生损坏,承包人自费予以修复;发包人要求承包人采取特殊措施保护的工程部位和相应的追加合同价款,双方在专用条款内约定。

⑦按专用条款约定做好施工场地地下管线和邻近建筑物、构筑物(包括文物保护建筑)、古树名木的保护工作。

⑧保证施工场地清洁符合环境卫生管理的有关规定,交工前清理现场达到专用条款约定的要求,承担因自身原因违反有关规定造成的损失和罚款。

⑨承包人应做的其他工作,双方在专用条款内约定。

(5)施工组织设计和工期

①进度计划

承包人应按专用条款约定的日期,将施工组织设计和工程进度计划提交工程师,工程师按专用条款约定的时间予以确认或提出修改意见,逾期不确认也不提出书面意见的,视为同意。群体工程中单位工程分期进行施工的,承包人应按照发包人提供的图纸及有关资料的时间,按单位工程编制进度计划,其具体内容双方在专用条款中约定。承包人必须按工程师确认的进度计划组织施工,接受工程师对进度的检查、监督。工程实际进度与经确认的进度计划不符时,承包人应按工程师的要求提出改进措施,经工程师确认后执行。因承包人的原因导致实际进度与进度计划不符,承包人无权就改进措施提出追加合同价款。

②开工及延期开工

承包人应当按照协议书约定的开工日期开工。承包人不能按时开工时,应当不迟于协议书约定的开工日期前 7 天,以书面形式向工程师提出延期开工的理由和要求。工程师应当在接到延期开工申请后的 48 小时内以书面形式答复承包人。工程师在接到延期开工申请后 48 小时内不答复,视为同意承包人要求,工期相应顺延。工程师不同意延期要求或承包人未在规定时间内提出延期开工要求,工期不予顺延。

因发包人原因不能按照协议书约定的开工日期开工,工程师应以书面形式通知承包人,推迟开工日期。发包人赔偿承包人因延期开工造成的损失,并相应顺延工期。

③暂停施工

工程师认为确有必要暂停施工时,应当以书面形式要求承包人暂停施工,并在提出要求后 48 小时内提出书面处理意见。承包人应当按工程师要求停止施工,并妥善保护已完工程。承包人实施工程师做出的处理意见后,可以书面形式提出复工要求,工程师应当在 48 小时内给予答复。工程师未能在规定时间内提出处理意见,或收到承包人复工要求后 48 小时内未予答复,承包人可自行复工。因发包人原因造成停工的,由发包人承担所发生的追加合同价款,赔偿承包人由此造成的损失,相应顺延工期;因承包人原因造成停工的,由承包人承担发生的费用,工期不予顺延。

④工期延误

因以下原因造成工期延误,经工程师确认,工期相应顺延:发包人未能按专用条款的约定提供图纸及开工条件;发包人未能按约定日期支付工程预付款、进度款,致使施工不能正常进行;工程师未按合同约定提供所需指令、批准等,致使施工不能正常进行;设计变更和工程量增加;一周内非承包人原因停水、停电、停气造成停工累计超过 8 小时;不可抗力;专用条款中约定或工程师同意工期顺延的其他情况。

⑤工程竣工

承包人必须按照协议书约定的竣工日期或工程师同意顺延的工期竣工。因承包人原因不能按照协议书约定的竣工日期或工程师同意顺延的工期竣工的,承包人承担违约责任。施工中发包人如需提前竣工,双方协商一致后应签订提前竣工协议,作为合同文件组成部分。提前竣工协议应包括承包人为保证工程质量和安全采取的措施、发包人为提前竣工提供的条件以及提前竣工所需的追加合同价款等内容。

6.质量与检验

(1)工程质量

工程质量应当达到协议书约定的质量标准,质量标准的评定以国家或行业的质量检验评定标准为依据。因承包人原因工程质量达不到约定的质量标准,承包人承担违约责任。

双方对工程质量有争议,由双方同意的工程质量检验机构鉴定,所需费用及因此造成的损失,由责任方承担。双方均有责任,由双方根据其责任分别承担。

(2)检查和返工

承包人应认真按照标准、规范和设计图纸要求以及工程师依据合同发出的指令施工,随时接受工程师的检查检验,为检查检验提供便利条件。

工程质量达不到约定标准的部分,工程师一经发现,应要求承包人拆除和重新施工,承包人应按工程师的要求拆除和重新施工,直到符合约定标准。因承包人原因达不到约定标准,由承包人承担拆除和重新施工的费用,工期不予顺延。

工程师的检查检验不应影响施工正常进行。如影响施工正常进行,检查检验不合格时,影响正常施工的费用由承包人承担。除此之外,影响正常施工的追加合同价款由发包人承担,相应顺延工期。

因工程师指令失误或其他非承包人原因发生的追加合同价款,由发包人承担。

(3)隐蔽工程和中间验收

①工程具备隐蔽条件或达到专用条款约定的中间验收部位,承包人进行自检,并在隐蔽或中间验收前 48 小时以书面形式通知工程师验收。通知包括隐蔽和中间验收的内容、验收时间和地点。承包人准备验收纪录,验收合格,工程师在验收纪录上签字后,承包人可进行隐蔽和继续施工。验收不合格,承包人在工程师限定的时间内修改后重新验收。

②工程师不能按时验收,应在验收前 24 小时以书面形式向承包人提出延期要求,延期不能超过 8 小时。工程师未能按以上时间提出延期要求,不进行验收,承包人可自行组织验收,工程师应承认验收纪录。

③经工程师验收,工程质量符合标准、规范和施工图纸等要求,验收 24 小时后,工程师不在验收纪录上签字,视为工程师已经认可验收纪录,承包人可进行隐蔽或继续施工。

(4)重新检验

无论工程师是否进行验收,当其要求对已经隐蔽的工程重新检验时,承包人应按要求进行剥离或开孔,并在检验后重新覆盖或修复。检验合格,发包人承担由此发生的全部追加合同价款,赔偿承包人损失,并相应顺延工期。检验不合格,承包人承担发生的全部费用,工期不予顺延。

(5)工程试车

工程试车是指工程在竣工时期对设备、电路、管线等系统的试运行,检验是否运转正常,是否满足设计及规范要求。

①双方约定需要试车的,试车内容应与承包人承包的安装范围相一致。

②设备安装工程具备单机无负荷试车条件,承包人组织试车,并在试车前48小时以书面形式通知工程师。通知包括试车内容、时间、地点。承包人准备试车记录,发包人根据承包人要求为试车提供必要条件。试车合格,工程师在试车记录上签字。

③工程师不能按时参加试车,应在开始试车前24小时以书面形式向承包人提出延期要求,延期不能超过48小时。工程师未能按以上时间提出延期要求,不参加试车,应承认试车记录。

④设备安装工程具备无负荷联动试车条件,发包人组织试车,并在试车前48小时以书面形式通知承包人。通知包括试车内容、时间、地点和对承包人的要求,承包人按要求做好准备工作。试车合格,双方在试车记录上签字。

⑤双方责任。由于设计原因试车达不到验收要求,发包人应要求设计单位修改设计,承包人按修改后的设计重新安装。发包人承担修改设计、拆除及重新安装的全部费用和追加合同价款,工期相应顺延。由于设备制造原因试车达不到验收要求,由该设备采购方负责重新购置或修理,承包人负责拆除和重新安装。设备由承包人采购的,由承包人承担重新购置或修理、拆除及重新安装的费用,工期不予顺延;设备由发包人采购的,发包人承担上述各项追加合同价款,工期相应顺延。由于承包人施工原因试车达不到验收要求,承包人按工程师要求重新安装和试车,并承担重新安装和试车的费用,工期不予顺延。试车费用除已包括在合同价款之内或专用条款另有约定外,均由发包人承担。试车结束24小时后,工程师在试车合格后没在试车记录上签字视为工程师已经认可试车记录,承包人可继续施工或办理竣工手续。投料试车应在工程竣工验收后由发包人负责,如发包人要求在工程竣工验收前进行或需要承包人配合时,应征得承包人同意另行签订补充协议。

7. 合同价款与支付

(1)合同价款及调整

①招标工程的合同价款由发包人、承包人依据中标通知书中的中标价格在协议书内约定。非招标工程的合同价款由发包人、承包人依据工程预算书在协议书内约定。

②合同价款在协议书内约定后,任何一方不得擅自改变。下列三种确定合同价款的方式,双方可在专用条款内约定采用其中一种:

第一,固定价格合同。双方在专用条款内约定合同价款包含的风险范围和风险费用的计算方法,在约定的风险范围内合同价款不再调整。风险范围以外的合同价款调整方法应当在专用条款内约定。

第二,可调价格合同。合同价款可根据双方的约定而调整,双方在专用条款内约定合同价款调整方法。

第三,成本加酬金合同。合同价款包括成本和酬金两部分,双方在专用条款内约定成本构成和酬金的计算方法。

(2)工程预付款

实行工程预付款的,双方应当在专用条款内约定发包人向承包人预付工程款的时间和数额,开工后按约定的时间和比例逐次扣回,预付时间应不迟于约定的开工日期前7天。发包人不按约定预付,承包人在约定预付时间7天后向发包人发出要求预付的通知,发包人收到通知后仍不能按要求预付,承包人可在发出通知后7天停止施工,发包人应从约定应付之日起向承包人支付应付款的贷款利息,并承担违约责任。

（3）工程量的确认

①承包人应按专用条款约定的时间,向工程师提交已完工程量的报告。工程师接到报告后7天内按设计图纸核实已完工程量（以下称计量）,并在计量前24小时通知承包人,承包人为计量提供便利条件并派人参加。承包人收到通知后不参加计量,计量结果有效,作为工程价款支付的依据。

②工程师收到承包人报告后7天内未进行计量,从第8天起,承包人报告中开列的工程量即视为被确认,作为工程价款支付的依据。工程师不按约定时间通知承包人,致使承包人未能参加计量,计量结果无效。

③对承包人超出设计图纸范围和因承包人原因造成返工的工程量,工程师不予计量。

（4）工程款（进度款）支付

①在确认计量结果后14天内,发包人应向承包人支付工程款（进度款）。按约定时间发包人应扣回的预付款,与工程款（进度款）同期结算。

②本通用条款第23条确定调整的合同价款,第31条工程变更调整的合同价款及其他条款中约定的追加合同价款,应与工程款（进度款）同期调整支付。

③发包人超过约定的支付时间不支付工程款（进度款）,承包人可向发包人发出要求付款的通知,发包人收到承包人通知后仍不能按要求付款,可与承包人协商签订延期付款协议,经承包人同意后可延期支付。协议应明确延期支付的时间,计量结果确认后第15天起计算应付款的贷款利息。

④发包人不按合同约定支付工程款（进度款）,双方又未达成延期付款协议,导致施工无法进行,承包人可停止施工,由发包人承担违约责任。

8. 工程变更

（1）工程设计变更

①施工中发包人需对原工程设计进行变更,应提前14天以书面形式向承包人发出变更通知。变更超过原设计标准或标准的建设规模时,发包人应报规划管理部门和其他有关部门重新审查批准,并由原设计单位提供变更的相应图纸和说明。承包人按照工程师发出的变更通知及有关要求,进行下列需要的变更:更改工程有关部分的标高、基线、位置和尺寸;增减合同中约定的工程量;改变有关工程的施工时间和顺序;其他有关工程变更需要的附加工作。因变更导致合同价款的增减及造成的承包人损失,由发包人承担,延误的工期相应顺延。

②施工中承包人不得对原工程设计进行变更。因承包人擅自变更设计发生的费用和由此导致发包人的直接损失,由承包人承担,延误的工期不予顺延。

③承包人在施工中提出的合理化建议涉及对设计图纸或施工组织设计的更改及对材料、设备的换用,须经工程师同意。未经同意擅自更换时,承包人承担由此发生的费用,并赔偿发包人的有关损失,延误的工期不予顺延。工程师同意采用承包人合理化建议,所发生的费用和获得的收益,发包人、承包人另行约定分担或分享。

(2)其他变更

合同履行中发包人要求变更工程质量标准及发生其他实质性变更,由双方协商解决。

(3)确认变更价款

①承包人在工程变更后 14 天内,提出变更工程价款的报告,经工程师确认后调整合同价款。变更合同价款按下列方法进行:合同中已有适用于变更工程的价格,按合同已有的价格变更合同价款;合同中只有类似于变更工程的价格,可以参照类似价格变更合同价款;合同中没有适用或类似于变更工程的价格,由承包人提出适当的变更价格,经工程师确认后执行。

②承包人在双方确定变更后 14 天内不向工程师提出变更工程价款报告时,视为该项变更不涉及合同价款的变更。

③工程师应在收到变更工程价款报告之日起 14 天内予以确认,工程师无正当理由不确认时,自变更工程价款报告送达之日起 14 天后视为变更工程价款报告已被确认。

④工程师不同意承包人提出的变更价款,按通用条款中关于争议的约定处理。

⑤工程师确认增加的工程变更价款作为追加合同价款,与工程款同期支付。

⑥因承包人自身原因导致的工程变更,承包人无权要求追加合同价款。

9. 竣工验收与结算、质量保修

(1)竣工验收

①工程具备竣工验收条件,承包人按国家工程竣工验收有关规定,向发包人提供完整的竣工资料及竣工验收报告。双方约定由承包人提供竣工图的,应当在专用条款内约定提供的日期和份数。

②发包人收到竣工验收报告后 28 天内组织有关单位验收,并在验收后 14 天内给予认可或提出修改意见。承包人按要求修改,并承担由自身原因造成修改的费用。

③发包人收到承包人送交的竣工验收报告后 28 天内不组织验收,或验收后 14 天内不提出修改意见,视为竣工验收报告已被认可。

④工程竣工验收通过,承包人送交竣工报告的日期为实际竣工日期。工程按发包人要求修改后通过竣工验收的,实际竣工日期为承包人修改后提出请发包人验收的日期。

⑤发包人收到承包人竣工验收报告后 28 天内不组织验收,从第 29 天起承担工程保管及一切意外责任。

⑥中间交工工程的范围和竣工时间,双方在专用条款内约定,其验收程序按通用条款中关于争议的约定处理。

⑦因特殊原因,发包人要求部分单位工程或工程部位甩项竣工的,双方另行签订甩项竣工协议,明确双方责任和工程价款的支付方法。

⑧工程未经竣工验收或竣工验收未通过的,发包人不得使用。发包人强行使用时,由此发生的质量问题及其他问题,由发包人承担责任。

(2)竣工结算

①工程竣工验收报告经发包人认可后 28 天内,承包人向发包人递交竣工结算报告及完整的结算资料,双方按照协议书约定的合同价款及专用条款的合同价款调整内容,进行工程竣工结算。

②发包人收到承包人递交的竣工结算报告及结算资料后 28 天内进行核实,给予确认或

者提出修改意见。发包人确认竣工结算报告后通知经办银行向承包人支付工程竣工结算价款。承包人收到竣工结算价款后 14 天内将竣工工程交付发包人。

③发包人收到竣工结算报告及结算资料后 28 天内无正当理由不支付工程竣工结算价款,从第 29 天起按承包人同期向银行贷款利率支付拖欠工程价款的利息,并承担违约责任。

④发包人收到竣工结算报告及结算资料后 28 天内不支付工程竣工结算价款,承包人可以催告发包人支付结算价款。发包人在收到竣工结算报告及结算资料后 56 天内仍不支付的,承包人可以与发包人协议将该工程折价,也可以由承包人申请人民法院将该工程依法拍卖,承包人就该工程折价或者拍卖的价款优先受偿。

⑤工程竣工验收报告经发包人认可后 28 天内,承包人未能向发包人递交竣工结算报告及完整的结算资料,造成工程竣工结算不能正常进行或工程竣工结算价款不能及时支付,发包人要求交付工程的,承包人应当交付;发包人不要求交付工程的,承包人承担保管责任。

⑥发包人、承包人对工程竣工结算价款发生争议时,按通用条款中关于争议的约定处理。

（3）质量保修

①承包人应按法律、行政法规或国家关于工程质量保修的有关规定,对交付发包人使用的工程在质量保修期内承担质量保修责任。

②质量保修工作的实施。承包人应在工程竣工验收之前,与发包人签订质量保修书,作为本合同附件。

③质量保修书的主要内容包括:质量保修项目内容及范围;质量保修期;质量保修责任;质量保修金的支付方法。

10.违约、索赔和争议

（1）违约

①发包人违约。发包人承担违约责任,赔偿因其违约给承包人造成的经济损失,顺延延误的工期。双方在专用条款内约定发包人赔偿承包人损失的计算方法或者发包人应当支付违约金的数额或计算方法。

②承包人违约。承包人承担违约责任,赔偿因其违约给发包人造成的损失。双方在专用条款内约定承包人赔偿发包人损失的计算方法或者承包人应当支付违约金的数额或计算方法。

③一方违约后,另一方要求违约方继续履行合同时,违约方承担上述违约责任后仍应继续履行合同。

（2）索赔

①当一方向另一方提出索赔时,要有正当索赔理由,且有索赔事件发生时的有效证据。

②发包人未能按合同约定履行自己的各项义务或发生错误以及应由发包人承担责任的其他情况,造成工期延误和(或)承包人不能及时得到合同价款及承包人的其他经济损失,承包人可按下列程序以书面形式向发包人索赔:索赔事件发生后 28 天内,向工程师发出索赔意向通知;发出索赔意向通知后 28 天内,向工程师提出延长工期和(或)补偿经济损失的索赔报告及有关资料;工程师在收到承包人送达的索赔报告和有关资料后,于 28 天内给予答复,或要求承包人进一步补充索赔理由和证据;工程师在收到承包人送交的索赔报告和有关

资料后 28 天内未予答复或未对承包人做进一步要求,视为该项索赔已经认可;当该索赔事件持续进行时,承包人应当阶段性向工程师发出索赔意向,在索赔事件终了后 28 天内,向工程师送交索赔的有关资料和最终索赔报告。

③承包人未能按合同约定履行自己的各项义务或发生错误,给发包人造成经济损失,发包人可按确定的时限向承包人提出索赔。

(3)争议

①发包人、承包人在履行合同时发生争议,可以和解或者要求有关主管部门调解。当事人不愿和解、调解或者和解、调解不成的,双方可以在专用条款内约定以下方式解决争议:双方达成仲裁协议,向约定的仲裁委员会申请仲裁;向有管辖权的人民法院起诉。

②发生争议后,除非出现下列情况的,双方都应继续履行合同,保持施工连续,保护好已完工程:单方违约导致合同确已无法履行,双方协议停止施工;调解要求停止施工,且为双方接受;仲裁机构要求停止施工;法院要求停止施工。

11. 其他

(1)工程分包

①承包人按专用条款的约定分包所承包的部分工程,并与分包单位签订分包合同。非经发包人同意,承包人不得将承包工程的任何部分分包。

②承包人不得将其承包的全部工程转包给他人,也不得将其承包的全部工程分解以后以分包的名义分别转包给他人。

③工程分包不能解除承包人任何责任与义务。承包人应在分包场地派驻相应管理人员,保证本合同的履行。分包单位的任何违约行为或疏忽导致工程损害或给发包人造成其他损失,承包人承担连带责任。

④分包工程价款由承包人与分包单位结算。发包人未经承包人同意不得以任何形式向分包单位支付工程款项。

(2)不可抗力

①不可抗力包括因战争、动乱、空中飞行物体坠落或其他非发包人、承包人责任造成的爆炸、火灾,以及专用条款约定的风、雨、雪、洪、震等自然灾害。

②不可抗力事件发生后,承包人应立即通知工程师,并在力所能及的条件下迅速采取措施,尽力减少损失,发包人应协助承包人采取措施。工程师认为应当暂停施工的,承包人应暂停施工。不可抗力事件结束后 48 小时内承包人向工程师通报受害情况和损失情况,及预计清理和修复的费用。不可抗力事件持续发生,承包人应每隔 7 天向工程师报告一次受害情况。不可抗力事件结束后 14 天内,承包人向工程师提交清理和修复费用的正式报告及有关资料。

③因不可抗力事件导致的费用及延误的工期由双方按以下方法分别承担:工程本身的损害、因工程损害导致第三人人员伤亡和财产损失以及运至施工场地用于施工的材料和待安装的设备的损害,由发包人承担;发包人、承包人人员伤亡由其所在单位负责,并承担相应费用;承包人机械设备损坏及停工损失,由承包人承担;停工期间,承包人应工程师要求留在施工场地的必要的管理人员及保卫人员的费用由发包人承担;工程所需清理、修复费用,由发包人承担;延误的工期相应顺延。

（三）专用条款

1. 词语定义及合同文件

2. 合同文件组成及解释顺序

合同文件组成及解释顺序：＿＿＿＿＿＿＿＿＿＿＿＿＿＿＿＿＿＿。

3. 语言文字和适用法律、标准及规范

本合同除使用汉语外，还使用＿＿＿＿＿＿＿＿＿＿＿＿语言文字。

需要明示的法律、行政法规：＿＿＿＿＿＿＿＿＿＿＿＿＿＿＿＿。

适用标准、规范的名称：＿＿＿＿＿＿＿＿＿＿＿＿＿＿＿＿＿。

发包人提供标准、规范的时间：＿＿＿＿＿＿＿＿＿＿＿＿＿＿＿。

国内没有相应标准、规范时的约定：＿＿＿＿＿＿＿＿＿＿＿＿＿。

4. 图纸

发包人向承包人提供图纸日期和套数：＿＿＿＿＿＿＿＿＿＿＿＿。

发包人对图纸的保密要求：＿＿＿＿＿＿＿＿＿＿＿＿＿＿＿＿。

使用国外图纸的要求及费用承担：＿＿＿＿＿＿＿＿＿＿＿＿＿＿。

5. 双方一般权利和义务

（1）工程师

①监理单位委派的工程师

姓名：＿＿＿＿＿＿＿＿＿　　职务：＿＿＿＿＿＿＿＿＿＿＿。

发包人委托的职权：＿＿＿＿＿＿＿＿＿＿＿＿＿＿＿＿＿＿＿。

需要取得发包人批准才能行使的职权：＿＿＿＿＿＿＿＿＿＿＿＿。

②发包人派驻的工程师

姓名：＿＿＿＿＿＿＿＿＿　　职务：＿＿＿＿＿＿＿＿＿＿＿。

职权：＿＿＿＿＿＿＿＿＿＿＿＿＿＿。

③不实行监理的工程师的职权：＿＿＿＿＿＿＿＿＿＿＿＿＿＿。

（2）项目经理

姓名：＿＿＿＿＿＿＿＿＿　　职务：＿＿＿＿＿＿＿＿＿＿＿。

（3）发包人

①施工场地具备施工条件的要求及完成的时间：＿＿＿＿＿＿＿＿。

②将施工所需的水、电、电信线路接至施工场地的时间、地点和供应要求：＿＿＿＿＿＿＿＿＿＿＿＿＿。

③施工场地与公共道路的通道开通时间和要求：＿＿＿＿＿＿＿＿。

④工程地质和地下管线资料的提供时间：＿＿＿＿＿＿＿＿＿＿。

⑤由发包人办理的施工所需证件、批件的名称和完成时间：＿＿＿＿。

⑥水准点与坐标控制点交验要求：＿＿＿＿＿＿＿＿＿＿＿＿。

⑦图纸会审和设计交底时间：＿＿＿＿＿＿＿＿＿＿＿＿＿＿。

⑧协调处理施工场地周围地下管线和邻近建筑物、构筑物（含文物保护建筑）、古树名木的保护工作：＿＿＿＿＿＿＿＿＿＿＿＿。

⑨双方约定发包人应做的其他工作：＿＿＿＿＿＿＿＿＿＿＿＿。

（4）承包人

①需由设计资质等级和业务范围允许的承包人完成的设计文件提交时间：_____。

②应提供计划、报表的名称及完成时间：_____。

③承包施工安全保卫工作及非夜间施工照明的责任和要求：_____。

④向发包人提供的办公和生活房屋及设施的要求：_____。

⑤需承包人办理的有关施工场地交通、环卫和施工噪声管理等手续：_____。

⑥已完工程成品保护的特殊要求及费用承担：_____。

⑦施工场地周围地下管线和邻近建筑物、构筑物（含文物保护建筑）、古树名木的保护要求及费用承担：_____。

⑧施工场地清洁卫生的要求：_____。

⑨双方约定承包人应做的其他工作：_____。

（5）施工组织设计和工期

①承包人提供施工组织设计（施工方案）和进度计划的时间：_____。

工程师确认的时间：_____。

群体工程有关进度计划的要求：_____。

②工期延误的情况：_____。

③双方约定工期顺延的其他情况：_____。

6．质量与验收

（1）隐蔽工程和中间验收：_____。

（2）双方约定中间验收部位：_____。

（3）工程试车：_____。

（4）试车费用的承担：_____。

7．安全施工

8．合同价款与支付

9．合同价款及调整

本合同价款采用_____方式确定。

（1）采用固定价格合同，合同价款中包括的风险范围：_____。

风险费用的计算方法：_____。

风险范围以外合同价款调整方法：_____。

（2）采用可调价格合同，合同价款调整方法：_____。

（3）采用成本加酬金合同，有关成本和酬金的约定：_____。

（4）双方约定合同价款的其他调整因素：_____。

（5）工程预付款：_____。

发包人向承包人预付工程款的时间和金额或占合同价款总额的比例：_____。

扣回工程款的时间、比例：_____。

（6）工程量确认

承包人向工程师提交已完工程量报告的时间：_____。

（7）工程款（进度款）支付

双方约定的工程款（进度款）支付的方式和时间：＿＿＿＿＿＿＿＿＿＿。

10.工程变更

11.竣工验收与结算

（1）竣工验收：＿＿＿＿＿＿＿＿＿＿。

（2）承包人提供竣工图的约定：＿＿＿＿＿＿＿＿＿＿。

（3）中间交工工程的范围和竣工时间：＿＿＿＿＿＿＿＿＿＿。

12.违约和争议

（1）违约

①合同中关于发包人违约的具体责任如下：

合同通用条款中约定发包人违约应承担的违约责任：＿＿＿＿＿＿＿＿＿＿。

双方约定的发包人其他违约责任：＿＿＿＿＿＿＿＿＿＿。

②本合同中关于承包人违约的具体责任：＿＿＿＿＿＿＿＿＿＿。

双方约定的承包人其他违约责任：＿＿＿＿＿＿＿＿＿＿。

（2）争议

①本合同在履行过程中发生的争议，由双方当事人协商解决，协商不成的，按＿＿＿＿＿＿＿＿＿＿方式解决。

②提交＿＿＿＿＿＿＿＿＿＿仲裁委员会仲裁，依法向人民法院起诉。

13.其他

（1）工程分包

本工程发包人同意承包人分包的工程：＿＿＿＿＿＿＿＿＿＿。

分包施工单位：＿＿＿＿＿＿＿＿＿＿。

（2）不可抗力

双方关于不可抗力的约定：＿＿＿＿＿＿＿＿＿＿。

8.3　建设工程承包方式

建设工程承包是指承包单位（勘察、设计、施工、安装单位）通过一定的方式取得工程项目建设合同的活动。建设工程的承包单位，即承揽建设工程的勘察、设计、施工等业务的单位，包括对建设工程实行总承包的单位和承包分包工程的单位。

1.按承包的范围划分

（1）建设全过程承发包

建设全过程承发包又叫统包、一揽子承包、交钥匙合同，指合同人一般只要提出使用要求、竣工期限或对其他重大决策性问题做出决定，承包人就可以对项目建议书、可行性研究、勘察设计、材料设备采购、建筑安装工程施工、职工培训、竣工验收，直到投产使用和建设后评估等全过程实行全面总承包，并负责对各项分包任务和必要时被吸收参与工程建设有关工作的发包人的部分力量，进行统一组织、协调和管理。

（2）阶段承发包

阶段承发包是指发包人、承包人就建设过程中某一阶段或某些阶段的工作（如勘察、设计或施工、材料供应等)进行发包、承包。例如,由勘察设计单位承担勘察设计任务,由施工企业承担工业与民用建筑施工,由设备安装公司承担设备安装任务。

(3)专项承发包

专项承发包是指发包人、承包人就某建设阶段中的一个或几个专门项目进行承包。主要适用范围:可行性研究阶段的辅助研究项目;勘察设计阶段的工程工作、地质勘查、供水水源勘察、基础或结构工程设计;施工阶段的深基础施工等专门项目。由于专门项目专业性强,常常由有关专业分包人承包,所以专项发包、承包也称专业发包、承包。

2. 按获得任务的途径划分

(1)计划分配

由中央或地方政府的计划部门分配建设工程任务,由设计、施工单位与建设单位签订承包合同。

(2)投标竞争

通过投标竞争,中标者获得工程任务,与建设单位签订承包合同。我国现阶段的工程任务是以投标竞争为主的承包方式。

(3)委托承包

由建设单位与承包单位协商,签订委托其承包某项工程任务的合同,主要适用于某些投资限额以下的小型工程。

(4)指令承包

由政府主管部门依法指定工程承包单位,仅适用于某些特殊情况,如少数特殊工程或偏僻工程,施工企业不愿意投标的,可以由项目主管部门或当地政府指定承包单位。

3. 按承包人所处的地位划分

(1)总承包

总承包简称总包,是指发包人将一个建设项目建设全过程或其中某个或某几个阶段的全部工作发包给一个承包人承包,该承包人可以将在自己承包范围内的若干专业性工作,再分包给不同的专业承包人去完成,并对其统一协调和监督管理。各专业承包人只是同总承包人发生直接关系,不与发包人发生直接关系。

总承包有两种情况:一是建设过程总承包;二是建设阶段总承包。采用总承包方式时,可以根据工程具体情况,将工程总承包任务发包给有实力的具有相应资质的咨询公司、勘察设计公司、施工企业以及设计施工一体化的大型建筑公司等承担。

(2)分承包

分承包简称分包,是相对于总承包而言的,指从总承包人承包范围内分包某一分项工程(如土方、模板、钢筋等)或某种专业工程(如钢结构制作和安装、电梯安装、卫生设备安装等)。分承包人不与发包人发生直接关系,而只对总承包人负责,在现场由总承包人统筹安排其活动。

分承包人承包的工程不能是总承包范围内的主体结构工程或主要部分(关键性部分),主体结构工程或主要部分必须由总承包人自行完成。

分承包主要有两种情形:一是总承包合同约定的分包,总承包人可以直接选择分包人,经发包人同意后与分包人签订分包合同;二是总承包合同未约定的分包,须经发包人认可后,总承包人方可选择分包人,并与之订立分包合同。两者共同点是都要经过发包人同意后才能进行。

(3)独立承包

独立承包是指承包人依靠自身力量自行完成承包任务的承发包方式。此方式主要适用于技术要求比较简单、规模不大的工程项目。

(4)联合承包

联合承包是指由两个或两个以上的独立经营的承包单位联合起来承包一项工程任务,由参加联合的各单位推选代表统一与建设单位签订合同,共同对建设单位负责,并协调各单位之间的关系,是相对于独立承包而言的承包方式。联合承包主要适用于大型或结构复杂的工程。参加联合的各方通常是采用成立工程项目合营公司、合资公司、联合集团等联营体形式。参加联营的各方仍都是各自独立经营的企业,只是就共同承包的工程项目必须事先达成联合协议,以明确各个联合承包人的权利和义务,包括投入的资金数额、工人和管理人员的派遣、机械设备种类、临时设施的费用分摊、利润的分项以及风险的分担等。

(5)分散平行承包

分散平行承包是指不同的承包人在同一工程项目上就设计、设备供应、土建、电器安装、机械安装、装饰等工程施工,各承包商分别与业主签订合同,各承包商之间没有合同关系,各自直接对发包人负责,各承包商之间不存在总承包、分承包的关系,现场上的协调工作由发包人自己去做,或由发包人委托一个承包商牵头去做,也可以聘请专门的项目经理(建造师)去做。

8.4 建设工程相关合同及其常见问题

8.4.1 建设工程勘察设计合同

(一)概述

建设工程勘察设计合同是指建设单位或项目管理部门和勘察、设计单位为完成商定的勘察、设计任务,明确相互权利、义务关系的协议,简称勘察、设计合同。发包人是建设单位或项目管理部门,承包人是勘察、设计单位。根据勘察、设计合同,承包人完成发包人委托的勘察、设计任务,发包人接受符合约定的勘察、设计成果,并支付报酬。

1.勘察、设计合同的特征

(1)勘察、设计合同的发包人应当是法人或自然人,承包人必须具有法人资格。建设单位或项目管理部门作为发包人必须是具体落实国家批准的建设项目计划的企事业单位或社会组织;勘察、设计单位作为承包人应是持有建设行政主管部门颁发的工程勘察设计资质证书、工程勘察设计收费资格证书和工商行政管理部门核发的企业法人营业执照的单位。

(2)勘察、设计合同的签订必须以《合同法》《建筑法》《建设工程勘察设计市场管理规定》、国家和地方有关建设工程勘察设计管理法规和规章以及建设工程批准文件为基础。

(3)勘察、设计合同属于建设工程合同,应具有建设工程合同的基本特征。

2.勘察、设计合同的内容

勘察、设计合同一般包括:合同依据,发包人的义务,勘察人、设计人的义务,发包人的权利,勘察人、设计人的权利,发包人的责任,勘察人、设计人的责任,合同的生效、变更与终止,勘察、设计取费,争议的解决及其他。

3.《建设工程勘察合同(示范文本)简介》

2000 年 3 月,建设部与国家工商行政管理局颁布了《建设工程勘察合同(示范文本)》,该文本有以下两种格式:一种格式主要适用于岩土工程勘察、水文地质勘察(含凿井)、工程测量、工程物探等;另一种格式主要适用于岩土工程设计、治理、监测等。

(1)建设工程勘察合同的内容

①当事人双方确认的勘察工程概况(包括工程名称、建设地点、规模、特征、工程勘察任务委托文号及日期、工程勘察内容与技术要求、承接方式、预计勘察工作量等)。

②合同签订、生效时间。

③双方愿意履行约定的各项权利、义务的承诺。

建设工程勘察合同除"合同"外,还包括在实施过程中经发包人与勘察人协商一致签订的补充协议及其他约定事项。补充协议与勘察合同具有同等效力。

(2)建设工程勘察合同的构成要素

①建设工程勘察合同的主体是指发包人和勘察人。两者在合同中的法律地位平等。发包人和勘察人经协商一致签订建设工程勘察合同,在履行合同过程中双方都依法享有权利和义务。

②建设工程勘察合同客体是一种行为,即勘察人针对具体建设工程的勘察任务进行的勘察活动。它是建设工程勘察合同当事人的权利和义务所指向的对象,在法律关系中,当事人之间的权利和义务总是围绕勘察活动而开展。

③建设工程勘察合同内容包括针对工程勘察任务,当事人双方有关基础资料、设计成果方面的权利和义务和收费及其他。

建设工程勘察收费根据建设项目投资额的不同,分别实行政府指导价和市场调节价,建设项目总投资估算额在 500 万元以上的工程勘察收费实行政府指导价;建设项目总投资估算额在 500 万元以下的工程勘察收费实行市场调节价。

4.《建设工程设计合同(示范文本)简介》

2000 年 3 月,建设部与国家工商行政管理局颁布了《建设工程设计合同(示范文本)》,该文本有两种格式:一种格式适用于民用建筑工程设计;另一种格式适用于专业建设工程设计。

(1)建设工程设计合同的组成

①设计依据(包括发包人给设计人的委托书或设计中标文件、发包人提供的基础资料、设计人采用的主要技术标准)。

②合同文件优先次序,构成合同的文件可视为能互相说明的,如果合同文件存在歧义或不一致,则根据如下优先次序来判断:合同书、中标函、发包人要求及委托书、投标书。

③当事人双方确认的设计工程概况,包括工程名称、规模、阶段、投资及涉及内容等。

④合同签订、生效时间。

⑤双方愿意履行约定的各项权利、义务的承诺。

(2)建设工程设计合同的构成要素

①建设工程设计合同的主体。建设工程设计合同的主体是指发包人和设计人。双方在

合同中具有平等的法律地位。发包人和设计人经协商一致签订设计合同,在履行合同过程中都依法享有权利和义务。

②建设工程设计合同的客体。设计合同的客体是一种行为,是设计合同当事人的权利和义务所指向的对象,是设计人针对具体建设工程的设计任务所进行的设计活动。在法律关系中,当事人之间的权利和义务总是围绕设计活动展开。

③建设工程设计合同的内容包括针对工程设计的任务,当事人双方有关基础资料、设计成果方面的权利、义务和取费及其他。

建设工程设计收费根据建设项目投资额的不同,分别实行政府指导价和市场调节价,建设项目总投资估算额在500万元以上的工程设计收费实行政府指导价,建设项目总投资估算额在500万元以下的工程设计收费实行市场调节价。

(二)建设工程勘察设计合同的订立

1. 签约前对当事人资格和资信的审查

这是为了保证合同有效并受法律保护,而且保证合同得到有效实施的必不可少的工作,在合同签订前需要对合同双方当事人资格和资信等进行审查。

(1)资格审查。资格审查主要是指审查承包人是否是按法律规定成立的法人组织,有无法人章程和营业执照,承担的勘察设计任务是否在其证书批准的范围之内。同时,还要审查签订合同的有关人员是否是法定代表人或法定代表人的委托代理人,以及代理人的活动是否在代理权限范围内等。

(2)资信审查。资信审查主要是指审查建设单位的生产经营状况和银行信用情况等。

(3)履约能力审查。履约能力审查主要是指审查发包人建设资金的到位情况和支付能力。同时,通过审查承包人的勘察、设计许可证,了解其资质等级、业务范围,然后来确定承包人的专业能力。

2. 建设工程勘察设计合同订立的程序

勘察、设计单位应通过招标或设计方案竞赛的方式确定,遵循工程建设的基本建设程序,并与勘察设计单位签订勘察、设计合同。

(1)承包人审查工程项目的批准文件。承包人需要在接受委托勘察或设计任务前,对发包人所委托的工程项目进行全面审查,工程项目的批准文件是工程项目实施的前提条件。拟委托勘察设计的工程项目必须具有上级机关批准的设计任务书和建设规划管理部门批准的用地范围许可文件。签订勘察合同,由建设单位、勘察设计单位或有关单位提出委托,经双方协商同意后签订。除双方协商确定外,设计合同的签订还必须具有上级部门批准的设计任务书。勘察、设计合同应当采用书面形式,并参照国家推荐使用的示范文本。参照文本的条款,明确约定双方的权利和义务。对文本条款以外的其他事项,当事人认为需要约定的,也应采用书面形式。对可能发生的问题,要约定解决办法和处理原则。双方协商同意的合同修改文件、补充协议均为合同文件的组成部分。

(2)发包人提出勘察、设计的要求。发包人提出勘察、设计的要求,主要包括勘察设计的期限、进度、质量等方面的要求。勘察工作有效期限以发包人下达的开工通知书或合同规定的时间为准,如遇特殊情况(设计变更、工作量变化、不可抗力影响以及由于勘察人的原因造成的停工、窝工等)时,工期相应顺延。

（3）承包人确定收费标准和进度。承包人根据发包人的勘察、设计要求和资料,研究并确定收费标准和金额,提出付费方法和进度。

（4）合同双方当事人就合同的各项条款协商并取得一致意见。

8.4.2　建设工程施工合同

（一）概述

建设工程施工合同是工程建设中最重要,也是最复杂的合同,它在工程项目中的持续时间长、标的物复杂、价格高,在整个建设工程合同体系中,起主干合同的作用。

1. 承包合同的种类

一份承包合同所包括的工程或工作范围会有很大的差异,通常承包合同的种类包括:

（1）设计－建造及交钥匙承包合同,即总承包合同。业主将工程的设计、施工、采购、管理等工作全部委托给一个承包商,即业主仅面对一个承包商。

（2）施工总承包,即承包商承担一个工程的全部施工任务,包括土建、水电安装、设备安装等。

（3）单位工程施工承包,这是最常见的工程承包合同,包括土木工程施工合同、电气与机械工程承包合同等。在工程中,业主可以将专业性很强的单位工程分别委托给不同的承包商。这些承包商之间为平行关系。

（4）分包合同,这是承包合同的分合同。承包商将承包合同范围内的一些工程或工作通过分包合同形式委托给另外的承包商来完成。

（5）其他承包形式,如管理承包方式。

2. 工程承包合同文件的范围

从合同的内涵、合同所起的作用和要达到的目的来说,合同范围不仅包括合同协议书和合同条件,而且包括许多其他文件。合同所包括的文件通常由本合同的条款专门定义,如FIDIC 合同和我国施工合同文本。但是在实际工程中,有许多变更文件。通常工程承包合同所包含的内容和执行上的优先次序为:承包合同签订后双方达成一致的补充协议、备忘录、修正案和其他协议文件;双方签署的合同协议书;中标通知书;投标书;合同条件;合同签订前双方达成一致的书信、会谈纪要、备忘录、附加协议和其他文件;合同的技术文件和其他附件。

承包合同的总体由以上的内容组成,在执行中,双方理解不一致的,以法律效力优先的文件为准。

3. 建设工程施工合同内容

我国《合同法》第二百七十条明确规定,建设工程合同应当采用书面形式。因此,建设工程施工合同也要采用书面形式。建设工程合同是要式合同,主要是针对土木工程相关的建筑与安装活动。而建设工程施工合同是指施工承包人完成工程的建筑安装工作,发包人验收后,接受该工程并支付价款的合同。

我国《合同法》第二百七十五条对施工合同的内容进行了明确规定,包括工程范围、建设工期、中间交工工程的开工和竣工时间、工程质量、工程造价、技术资料交付时间、材料和设备供应责任、拨款和结算、竣工验收、质量保修范围和质量保修期、双方相互协作等条款。除以上内容外,对材料设备采购、检验和施工现场安全管理及违约责任等内容在签订合同时也应充分重视,做出明确的规定。任何一份施工合同都难以做到十全十美,合同履行中还应根据实际情况需要及时签订补充协议、变更协议,调整各方的权利和义务。

(二)《建设工程施工合同(示范文本)》简介

1.《建设工程施工合同(示范文本)》的组成

《建设工程施工合同(示范文本)》由合同协议书、通用合同条款和专用合同条款三部分组成。

(1)合同协议书

《建设工程施工合同(示范文本)》合同协议书共计十三条,主要包括工程概况、合同工期、质量标准、签约合同价和合同价格形式、项目经理、合同文件构成、承诺以及合同生效条件等重要内容,集中约定了合同当事人基本的权利和义务。

(2)通用合同条款

通用合同条款是合同当事人根据《建筑法》《合同法》等法律法规的规定,就工程建设的实施及相关事项,对合同当事人的权利和义务做出的原则性约定。

通用合同条款共计二十条,具体条款分别为一般约定、发包人、承包人、监理人、工程质量、安全文明施工与环境保护、工期和进度、材料与设备、试验与检验、变更、价格调整、合同价格、计量与支付、验收和工程试车、竣工结算、缺陷责任与保修、违约、不可抗力、保险、索赔和争议解决。前述条款安排既考虑了现行法律法规对工程建设的有关要求,也考虑了建设工程施工管理的特殊需要。

(3)专用合同条款

专用合同条款是对通用合同条款原则性约定的细化、完善、补充、修改或另行约定的条款。合同当事人可以根据不同建设工程的特点及具体情况,通过双方的谈判、协商对相应的专用合同条款进行修改和补充。在使用专用合同条款时,应注意以下事项:

①专用合同条款的编号应与相应的通用合同条款的编号一致;

②合同当事人可以通过对专用合同条款的修改,满足具体建设工程的特殊要求,避免直接修改通用合同条款;

③在专用合同条款中有横线的地方,合同当事人可针对相应的通用合同条款进行细化、完善、补充、修改或另行约定;如无细化、完善、补充、修改或另行约定,则填写"无"或画"/"。

2.《建设工程施工合同(示范文本)》的性质和适用范围

《建设工程施工合同(示范文本)》为非强制性使用文本。该文本适用于房屋建筑工程、土木工程、线路管道和设备安装工程、装修工程等建设工程的施工承发包活动,合同当事人可结合建设工程具体情况,根据该文本订立合同,并按照法律法规规定和合同约定承担相应的法律责任及权利和义务。

3.施工合同文件的组成及解释顺序

合同文件应能相互解释,互为说明。除专用条款另有约定外,组成合同的文件及优先解释顺序如下:合同协议书;中标通知书(如果有);投标函及其附录(如果有);专用合同条款及其附件;通用合同条款;技术标准和要求;图纸;已标价工程量清单或预算书;工程报价单或预算书。

上述各项合同文件包括合同当事人就该项合同文件所做出的补充和修改属于同一类内容的文件,应以最新签署的为准。

194

在合同订立及履行过程中形成的与合同有关的文件均构成合同文件组成部分,并根据其性质确定优先解释顺序。

8.4.3　建设工程监理合同

建设工程监理合同的全称为建设工程委托监理合同,简称为监理合同,是指工程建设单位聘请监理单位代其对工程项目进行管理,明确双方权利、义务的协议。建设单位称委托人、监理单位称受托人。

1. 建设工程委托监理合同的特征

(1)建设工程委托监理合同的当事人

监理合同的当事人双方应当是具有民事权利能力和民事行为能力、取得法人建设工程监理合同资格的企事业单位、其他社会组织,个人在法律允许范围内也可以成为合同当事人。作为委托人必须是有国家批准的建设项目,落实投资计划的企事业单位、其他社会组织及个人,作为委托人必须是依法成立具有法人资格的监理单位,并且所承担的工程监理业务应与单位资质相符合。

(2)建设工程委托监理合同的标的是服务

工程建设实施阶段所签订的其他合同,如勘察设计合同、施工承包合同、物资采购合同、加工承揽合同的标的物是产生新的物质或信息成果,而监理合同的标的是服务,即监理工程师凭借自己的知识、经验、技能受业主委托为其所签订的其他合同的履行实施监督和管理。因此《合同法》将监理合同划为委托合同的范畴。

(3)监理合同的订立必须符合工程项目建设程序

根据《建设工程质量管理条例》第十二条规定,实行监理的建设工程的建设单位应当委托具有相应资质等级的工程监理单位进行监理,也可以委托具有工程监理相应资质等级并与被监理工程的施工承包单位没有隶属关系或者其他利害关系的该工程的设计单位进行监理。

下列建设工程必须实行监理:国家重点建设工程;大中型公用事业工程;成片开发建设的住宅小区工程;利用外国政府或国际组织贷款、援助资金的工程;国家规定必须实行监理的其他工程。

2. 建设工程委托监理合同的一般条款

监理合同是委托任务履行过程中当事人双方的行为准则,因此内容应全面、用词要严谨。合同条款的组成结构包括以下几个方面:合同所涉及的词语定义和遵循的法规;监理人的义务;委托人的义务;监理人的权利;委托人的权利;监理人的责任;委托人的责任;合同生效、变更与终止;监理报酬;争议的解决及其他。

3.《建设工程委托监理合同(示范文本)》

《建设工程委托监理合同(示范文本)》由建设工程委托监理合同、标准条件和专用条件组成。

(1)建设工程委托监理合同

建设工程委托监理合同是一个总协议,是纲领性文件。主要内容如下:当事人双方确定的委托监理工程的概况(工程名称、地点、规模及总投资);合同签订、生效时间;双方愿意履行约定的各项义务的承诺,以及合同文件的组成。

（2）标准条件

标准条件是监理合同的通用文本，适用于各类建设工程监理委托，是所有签约工程都应遵守的基本条件。其内容涵盖了合同中所用词语的定义，适用范围和法规，签约双方的责任、权利和义务，合同生效变更、终止，监理报酬，争议解决及其他一些需要明确的内容。

（3）专用条件

由于标准条件适用于所有的建设工程监理委托，因此，其中的某些条款规定的比较笼统，需要在签订具体工程项目的委托监理合同时，就地域特点、专业特点和委托监理项目的特点，对标准条件中的某些条款进行补充、修改。"补充"是指在标准条件中的某些条款明确规定的原则下，在专用条件的条款中进一步明确具体内容，使得两个条件中相同序号的条款共同组成一条内容完备的条款。"修改"是指标准条件中规定的程序方面的内容，如果双方认为不合适，可以协议修改。

4. 监理人的义务

除专用条件另有约定外，监理工作内容包括以下几个方面：

（1）收到工程设计文件后编制监理规划，并在第一次工地会议 7 天前报委托人。根据有关规定和监理工作需要，编制监理实施细则。

（2）熟悉工程设计文件，并参加由委托人主持的图纸会审和设计交底会议。

（3）参加由委托人主持的第一次工地会议，主持监理例会并根据工程需要主持或参加专题会议。

（4）审查施工承包人提交的施工组织设计，重点审查其中的质量安全技术措施、专项施工方案与工程建设强制性标准的符合性。

（5）检查施工承包人工程质量、安全生产管理制度以及组织机构和人员资格。

（6）检查施工承包人专职安全生产管理人员的配备情况。

（7）审查施工承包人提交的施工进度计划，核查承包人对施工进度计划的调整。

（8）检查施工承包人的试验室。

（9）核查施工分包人的资质条件。

（10）核查施工承包人的施工测量放线成果。

（11）审查工程开工条件，对条件具备的签发开工令。

（12）审查施工承包人报送的工程材料、构配件、设备质量证明文件的有效性和符合性，并对规定用于工程的材料采取平行检验或见证取样方式进行抽检。

（13）审查施工承包人提交的工程款支付申请，签发或出具工程款支付证书，并报委托人审核、批准。

（14）在巡视、旁站和检验过程中，发现工程质量、施工安全存在事故隐患的，要求施工承包人整改并报委托人。

（15）经委托人同意，签发工程暂停令和复工令。

（16）审查施工承包人提交的采用新材料、新工艺、新技术、新设备的论证材料及相关验收标准。

（17）验收隐蔽工程、分部分项工程。

（18）审查施工承包人提交的工程变更申请，协调处理施工进度调整、费用索赔、合同争议等事项。

(19)审查施工承包人提交的竣工验收申请,编写工程质量评估报告。

(20)参加工程竣工验收,签署竣工验收意见。

(21)审查施工承包人提交的竣工结算申请并报委托人。

(22)编制、整理工程监理归档文件并报委托人。

8.4.4 《建设工程咨询合同(示范文本)》

《建设工程咨询合同(示范文本)》具体如下:

签订合同双方:

建设单位:_____,以下简称甲方;

咨询单位:_____,以下简称乙方。

为使_____建筑安装工程的构想科学,设计和施工经济、合理,建设速度快,误差小,经甲乙双方充分协商,特订立本合同,供双方遵守执行。

第一条 甲方应于_____年_____月_____日以前将规划局红线图、上级部门批文、委托书以及建筑安装工程的建筑面积、安装项目、消防方式、库房每层净高等资料提交乙方。

第二条 乙方根据甲方要求,对_____建筑安装工程的地形、地质条件、建筑安装构想等进行可行性研究,最后编制出设计任务书及匡算表,于_____年_____月_____日以前交付甲方。

第三条 甲方根据国家计委颁发试行的《工程设计收费标准》,承付乙方咨询费_____元。自本合同签订之日起_____日内,甲方先付给乙方_____元,待乙方将设计任务书及匡算表交付甲方后_____日内,再付给乙方_____元。

第四条 为本咨询工程需要到外地进行调研、收集资料人员的差旅费,由甲方负担。

第五条 甲方的违约责任

1.甲方如不按本合同规定的时间向乙方送交有关文件、图纸和资料,乙方可按耽误的时间顺延交付设计任务书及匡算表的时间。

2.甲方如不按本合同规定的时间向乙方交付咨询费,延迟一天,按迟延交付款额数罚款_____‰。

3.甲方如果中途中断咨询请求,乙方咨询工作已经过半的,应付给乙方全部咨询费;咨询工作尚未过半,按总咨询费的50%收费。

第六条 乙方的违约责任

1.乙方如不按本合同规定的时间交付设计任务书及匡算表,迟延一天,按总咨询费金额数罚款_____‰。

2.乙方如中途中断咨询,应按总咨询费向甲方交付罚款。

3.乙方所提供的技术咨询服务,因质量缺陷或过错给甲方造成经济损失的,应负责赔偿。如果由此引起重大事故,造成严重后果的,还应追究其主要负责人的行政责任或刑事责任。

第七条 其他_____。

本合同自签订之日起,甲乙双方不得随意更改。如有未尽事宜,需经双方协商解决。

本合同正本一式两份,甲乙双方各执一份。合同副本一式_____份,分别交建筑工程主管部门、建委、建行、_____等单位各一份。

建设单位(甲方):＿＿＿＿＿＿＿＿＿   咨询单位(乙方):＿＿＿＿＿＿＿＿

地址:＿＿＿＿＿＿＿＿＿＿   地址:＿＿＿＿＿＿＿＿＿＿

负责人:＿＿＿＿＿＿＿＿   负责人:＿＿＿＿＿＿＿＿

电话:＿＿＿＿＿＿＿＿   电话:＿＿＿＿＿＿＿＿

联系人:＿＿＿＿＿＿＿＿   联系人:＿＿＿＿＿＿＿＿

银行账户:＿＿＿＿＿＿＿＿   银行账户:＿＿＿＿＿＿＿＿

＿＿＿＿年＿＿＿月＿＿＿日

8.4.5 建设工程物资采购合同

1.建设工程物资采购合同的概念

建设工程物资采购合同是指平等主体的自然人、法人、其他组织之间,为实现建设工程物资买卖,设立、变更、终止相互权利、义务关系的协议。建设工程物资采购合同属于买卖合同,具有买卖合同的一般特点:

(1)出卖人与买受人订立买卖合同,是以转移财产所有权为目的。

(2)买卖合同的买受人取得财产所有权,必须支付相应的价款;出卖人转移财产所有权,必须以买受人支付价款为对价。

(3)买卖合同是双务、有偿合同。所谓双务、有偿,是指合同双方互负一定义务,出卖人应当保质、保量、按期交付合同订购的物资、设备,买受人应当按合同约定的条件接收货物并及时支付货款。

(4)买卖合同是诺成合同。除了法律有特殊规定的情况外,当事人之间意思表示一致,买卖合同即可成立,并不以实物的交付为合同成立的条件。

2.建设工程物资采购合同的特点

建设工程物资采购合同与项目的建设密切相关,其特点主要表现为:

(1)建设工程物资采购合同的当事人。建设工程物资采购合同的买受人即采购人,可以是发包人,也可以是承包人。采购合同的出卖人即供货人,可以是生产厂家,也可以是从事物资流转业务的供应商。

(2)物资采购合同的标的。建设工程物资采购合同的标的品种繁多,供货条件差异较大。

(3)物资采购合同的内容。建设工程物资采购合同视标的的特点,合同涉及的条款繁简程度差异较大。建筑材料采购合同的条款一般限于物资交货阶段,主要涉及交接程序、检验方式和质量要求、合同价款的支付等。大型设备的采购,除了交货阶段的工作外,往往还需包括设备生产阶段、设备安装调试阶段、设备试运行阶段、设备性能达标检验和保修等方面的条款约定。

(4)货物供应的时间。建设工程物资采购供应合同与施工进度密切相关,出卖人必须严格按照合同约定的时间交付订购的货物。

8.4.6 借款合同

借款合同是当事人约定一方将一定种类和数额的货币所有权移转给他方,他方于一定期限内返还同种类同数额货币的合同。其中,提供货币的一方称贷款人,受领货币的一方称借款人。借款合同又称借贷合同。按合同的期限不同,可以分为定期借贷合同、不定期借贷合同、短期借贷合同、中期借贷合同、长期借贷合同。按合同的行业对象不同,可以分为工业借贷合同、商业借贷合同、农业借贷合同。借款合同是借款人向贷款人借款,到期返还借款并支付利息的合同。

借款合同的基本特征如下:

(1)贷款方必须是国家批准的专门金融机构,包括中国人民银行和专业银行。专业银行是指中国工商银行、中国建设银行、中国农业银行、中国银行和信用合作社。全国的信贷业务只能由国家金融机构办理,其他任何单位和个人无权与借款方发生借贷关系。

(2)借款方一般是指实行独立核算、自负盈亏的全民和集体所有制企业。国家机关、社会团体、学校、研究单位等实行财政预算拨款的单位则无权向金融机构申请贷款。在特殊情况下,城乡个体工商户、实行生产责任制的农民也可以成为借款合同的主体,同银行、信用合作社签订借款合同。

(3)借款合同必须符合国家信贷计划的要求。信贷计划是签订借款合同的前提和条件。借款方必须根据国家批准和信贷计划向贷款方申请贷款;贷款方必须在符合国家信贷计划和信贷政策的条件下,由贷款方与借款方签订借款合同。超计划贷款必须严格控制。

(4)借款合同的标的为人民币和外币。人民币是我国的法定货币,是借款合同的主要标的。外币主要是供中外合资经营企业和其他需要使用外汇贷款的单位借贷使用的。在外币的借款合同中,应明确规定借什么货币还什么货币(包括计收利息)。

(5)订立借款合同必须提供保证或担保。借款方向银行申请贷款时,必须有足够的物资作保证或者由第三者提供担保,否则,银行有权拒绝提供贷款。这种保证或担保是使贷款能够得到按期偿还的一种保证措施。

(6)借款合同的贷款利率由国家统一规定,由中国人民银行统一管理。借款方在归还贷款时,一般要偿还贷款利息,而利率必须按照国家统一规定计付,当事人双方无权商定,对国家规定的利率,任何人无权变更或修改。

8.4.7　融资租赁合同

租赁合同的主体为三方当事人,即出租人(买受人)、承租人和出卖人(供货商)。承租人要求出租人为其融资购买承租人所需的设备,然后由供货商直接将设备交给承租人。

其法律特征如下:

(1)与买卖合同不同,融资合同的出卖人是向承租人履行交付标的物和瑕疵担保义务,而不是向买受人(出租人)履行义务,即承租人享有买受人的权利但不承担买受人的义务。

(2)与租赁合同不同,融资租赁合同的出租人不负担租赁物的维修与瑕疵担保义务,但承租人须向出租人履行交付租金义务。

(3)根据约定以及支付的价格数额,融资租赁合同的承租人有取得租赁物之所有权或返还租赁物的选择权,即如果承租人支付的是租赁物的对价,就可以取得租赁物之所有权,如果支付的仅是租金,则须于合同期间届满时将租赁物返还出租人。

案例分析 >>>

某工厂,施工总承包单位依据施工合同约定,与甲安装单位签订了安装分包合同。基础工程完成后，由于项目用途发生变化，建设单位要求设计单位编制设计变更文件，并授权项目监理机构就设计变更引起的有关问题与总承包单位进行协商。项目监理机构在收到相关部门重新审查批准的设计变更文件后，经研究对其今后工作安排如下：

(1)由总监理工程师负责与总承包单位进行质量、费用和工期等问题的协商工作；

(2)要求总承包单位调整施工组织设计，并报建设单位同意后实施；

(3)由总监理工程师代表主持修订监理规划；

(4)由负责合同管理的专业监理工程师全权处理合同争议；

(5)安排一名监理员主持整理工程监理资料。

在协商变更单价过程中，项目监理机构未能与总承包单位达成一致意见，总监理工程师决定以双方提出的变更单价的均值作为最终的结算单价。项目监理机构认为甲安装分包单位不能胜任变更后的安装工程，要求更换安装分包单位。总承包单位认为项目监理机构无权提出该要求，但仍表示愿意接受，随即提出由乙安装单位分包。甲安装单位依据原定的安装分包合同已采购的材料，因设计变更需要退货，向项目监理机构提出了申请，要求补偿材料退货而造成的费用损失。

问题：

(1)逐项指出项目监理机构对其今后工作的安排是否妥当，不妥之处，写出正确做法。

(2)指出在协商变更单价过程中项目监理机构做法的不妥之处，并按《建设工程监理规范》写出正确做法。

(3)总承包单位认为项目监理机构无权提出更换甲安装分包单位的意见是否正确，为什么？

(4)指出甲安装单位要求补偿材料退货造成费用损失申请程序的不妥之处，写出正确做法。该费用损失的由谁承担？

本章小结 >>>

本章主要讲述了建设工程合同的种类及各合同的概念及组成内容，通过本章的学习，应熟悉各种合同的主要条款及规定，重点掌握合同文件中的一些词语的含义。

复习思考题 >>>

1.《建设工程监理合同(示范文本)》的组成内容有哪些？

2.勘察设计合同订立的条件是什么？

3.勘察设计合同的特征是什么？

4.发包人和承包人的工作有哪些？

第9章

建设工程合同的风险与争议管理

学习目标 >>>

通过本章的学习,掌握建设工程合同风险管理;熟悉建设工程担保合同管理的相关内容;了解建设工程保险合同管理的相关内容;学习建设工程合同争议产生的原因,掌握解决争议的各种方式。

9.1 建设工程合同风险概述

9.1.1 风险管理与建设工程项目风险管理

(一)风险和风险管理

风险(Risk)是客观存在的,它不仅带来损失,也可能带来机遇。美国项目管理协会颁布的《项目风险管理分册》将项目风险定义为:项目实施过程中不确定事件的机会对项目目标所产生的累积不利影响结果(Project risk is the cumulative effect of the chances of uncertain occurrences adversely affecting project objectives.)。风险的衡量用风险量表示,风险量指的是不确定的损失程度和损失发生的概率。

风险管理的概念最早是由美国的萧伯纳博士于 1930 年提出的。中国台湾的袁宗慰提出风险管理是指在对风险的不确定性及可能性等因素进行考察、预测、收集、分析的基础上,制定包括识别风险、衡量风险、积极管理风险、有效处置风险及妥善处理风险所致损失等一整套系统而科学的管理方法。

风险管理是指对风险从认识、分析乃至采取防范和处理措施等一系列过程。具体来说,就是指风险管理的主体通过风险识别、风险分析、和风险评估,并以此为基础,主动采取行动,合理地使用规避、减少、分散或转移等方法和技术对活动或事件所涉及的风险实行有效控制,妥善地处理风险事件造成的不利后果,以合理的成本保证安全、可靠地实现预定的目标。

风险管理是一个系统的、完整的过程,履行的是一种管理的功能。风险管理并不是一项孤立地分配给项目组织中某一个部门的管理活动,而是健全的项目管理过程中的一个方面。但是,在项目的实施过程中又需要有人负责。风险管理的基础是调查研究和收集资料,必要时还需要进行实验或试验,同时利用众多管理技术的工具和手段来协助进行风险的分析和评估等。

(二)建设工程项目风险管理

项目风险管理作为风险管理的重要分支发展至今,已经成为了一门拥有完备体系的学科。这主要是由于建设工程项目投资建设的过程,实际上也是一个充满不确定性因素、风险丛生的过程,特别是一些大型、特大型项目,若投资决策失误和风险防范不利将会给项目相关各方带来灾难性的损失。因此,无论是业主、承包人还是金融机构都非常重视加强对风险的认识,世界银行针对每一个贷款项目都要进行风险分析,并制订相应的风险管理计划。在项目管理发展过程中,德国人对其理解是强调风险的控制、风险的分散、风险的补偿、风险的转嫁、风险的预防、风险的规避与抵消等。美国国防部认为,风险管理是指应对风险的行动或实际的做法,包括制定风险问题的规划、评估风险、拟订风险处理备选方案、监控风险变化情况和记录所有风险管理情况。根据美国项目管理协会的报告,风险管理是指系统识别和评估风险因素的形成过程;是识别和控制能够引起不希望变化的潜在领域和事件的形式、系统的方法;是在项目期间识别、分析风险因素,采取必要对策的决策科学与艺术的结合。

同时,从20世纪80年代开始,美国项目管理协会一直推广项目风险管理是项目管理知识体系的一部分,是项目管理知识领域的重要组成部分,也是项目整体管理的需要。项目风险管理的开展有利于提高整体的项目管理水平和全面的项目管理效果。从上述二者的目标来看,项目的风险管理和项目管理都是为了保证项目的成本、时间、质量、安全和环境等目标的完整实现。但是,风险管理着重于处理项目实施过程中各种不确定可能对项目系统目标实现所产生的影响。也就是说,项目风险管理的标的是风险,着重于不确定性的未来;而项目管理的标的是各种有限的资源,着重于各种资源配置的现实效果。当然,项目风险管理的实质,仍然是针对项目进行过程中各种各样的风险事件,在合理分析评估的基础上采取合理的对策,促进项目管理目标的实现。

风险管理是对项目目标的主动控制,是建立项目风险的管理程序及应对机制,以有效降低项目风险发生的可能性,或一旦风险发生,风险对于项目的冲击能够最小。风险管理的任务:识别与评估风险;制定风险处置对策和风险管理预算;制定落实风险管理措施;风险损失发生后的处理与索赔管理。

综上所述,项目风险管理是指项目管理组织对项目可能遇到的风险进行规划、识别、估量、评价、应对、监控的过程,是以科学的管理方法实现最大安全保障的实践活动的总称。

(三)风险管理的基本过程

项目风险管理发展的一个主要标志是建立了风险管理的系统过程,从系统的角度来认识和理解项目风险,从系统过程的角度来管理风险。项目风险管理的过程,一般由若干主要阶段构成,这些阶段不仅相互作用,而且与项目管理其他管理进程也相互影响,每个风险管理阶段的完成都离不开项目风险管理人员的努力。

对于风险管理过程的认识,不同的组织或个人是不一样的。美国系统工程研究所

(SEI)把风险管理的过程主要分为以下几大环节：即风险识别(Identify)、风险分析(Analyze)、风险计划(Plan)、风险跟踪(Track)、风险控制(Control)和风险管理沟通(Communicate)，如图 9-1 所示。

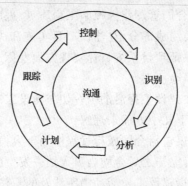

图 9-1　SEI 的风险管理过程框架

美国项目管理协会(PMI)制定的 PMBOK(2000 版)中描述的风险管理过程分为风险管理规划、风险识别、风险定性分析、风险量化分析、风险应对设计、风险监视和控制六个部分。

美国国防部根据其管理实践，建立了相对科学的风险管理基本过程和体系结构，如图 9-2 所示。

图 9-2　风险管理基本过程与体系结构

我国毕星、翟丽主编的《项目管理》一书中把项目风险管理划分为风险识别、风险分析与评估、风险处理、风险监视四个阶段，并对风险管理的方法做了总结，如图 9-3 所示。

风险识别 ⟹	风险分析与评估 ⟹	风险处理 ⟹	风险监督
风险识别询问法	风险的概率分析	风险控制与对策	保险经纪人
财务报表法	理论分布分析	回避	项目风险经理
流程分析法	历史资料统计	损失控制	项目风险机构
现场勘查法	外推方法	分离	项目风险制度
相关部门配合法	项目风险量确定	分散	
索赔统计记录法	项目风险费用分析	转移	
环境分析法	项目风险评价准则	风险财务对策	
	SAVE方法	自留	
	AHP方法	转移	

图 9-3　项目风险管理划分

9.1.2 建设工程合同的风险管理

在现代工程项目管理中,合同管理越来越受到人们的重视,企业以建设工程合同管理为项目管理的核心,把建设工程合同管理作为控制工程质量、进度和造价的重要依据。建设工程风险管理是项目管理的重要组成部分,在建设项目实施和决策过程中扮演了十分重要的角色,在提高建设安全水平、保证项目系统目标实现方面发挥了重要作用。建设工程风险分为建设工程合同风险和建造风险两类。

建设工程合同风险是指在建设工程活动中一切与建设工程合同有关的损失发生的可能性。对于这一定义,可以从以下几个方面来理解:

(1)建设工程合同风险不仅包括合同履行过程中当事人损失发生的可能性,而且还包括合同订立过程中以及合同履行完毕之后合同当事人损失发生的可能性。

(2)建设工程合同风险是指建设工程活动中所涉及的与建设工程合同有关的风险,而不是指建设工程活动中的一切风险。

(3)建设工程合同风险中的风险因素既有实质风险因素,又有道德风险因素和心理风险因素。所谓实质风险因素,如因不可抗力导致合同不能履行;所谓道德风险因素,如当事的欺诈行为而使合同无效;所谓心理因素,如建筑设计师的疏忽导致工程项目的失败。

(4)建设工程合同风险中的风险事故一般表现为合同的不履行、不完全履行以及瑕疵履行等。不履行者,如由于承包人无相应资质而使合同无效,并进而导致建设工程合同的不履行;不完全履行者,如承包人应完成的工作量而未完成导致业主的损失;瑕疵履行者,如承包人交付的建筑物存在结构问题,导致业主的人身伤害等。

(5)建设工程合同风险中的损失是合同主体非故意的、非计划的、非预期的损失。义务的不履行、不完全履行或者瑕疵履行,对于合同主体一方来说,可能是故意的,但对受损失的一方来说,则是非故意的。例如,业主不支付工程款,对于业主来说,可能是故意的,但是对于受到损失的承包人来说,则是非故意的。如果承包人免除了业主的部分债务,这个损失则被认为是承包人故意的、计划中的或预期的,这样的损失不属于建设工程合同风险研究的范畴。

建设工程合同风险具有以下几方面的特征:

(1)建设工程合同风险多属于社会风险。社会风险是由于人的故意、过失或疏忽所形成的风险。简而言之,合同法就是人们的合同行为规则,建设工程合同风险也就是由于合同主体的民事行为所形成的风险,所以,建设工程合同风险属于社会风险。建设工程合同风险也有属于自然风险和政治风险的情形,如不可抗力导致合同的不履行,如地震、战争等。建设工程合同风险不属于经济风险,如市场行情的变化导致建筑材料价格的涨跌,这样的经济风险与建设工程合同无关。

(2)建设工程合同风险属于静态风险。建设工程合同风险是在正常的社会经济条件下产生的风险,至于在社会经济变动的条件下,由于人的欲望、生产技术以及生产方式等的变化所引起的风险不在此研究范围之内。在建设工程合同中,当事人一般要约定工程活动中使用的建筑技术,如果承包人擅自改变技术导致业主损害的,从法律上讲,这是由于承包人不严格履行合同义务的违约行为所致,这种风险显然属于静态风险,也就是建设工程合同风险。但是,如果承包人按照合同约定的技术施工,由于技术本身的缺陷导致业主损害的,这种风险与合同当事人的行为无关,属于动态风险,不属于建设工程合同风险。

(3)建设工程合同风险属于纯粹风险。建设工程合同风险的表现形式主要是合同的不履行、不完全履行或者瑕疵履行等,无论哪种情况,建设工程合同当事人都不可能从风险事故中获得利益,只有损失的可能,故建设工程合同风险属于纯粹风险,因此,对建设工程合同风险进行管理才成为可能。

(4)建设工程合同风险属于特定风险。订立和履行建设工程合同,是民事主体的私人行为,建设工程合同风险的发生与合同主体的行为有因果关系,所以,建设工程合同风险属于特定风险。正因为建设工程合同风险属于特定风险,因而是可以采取措施进行控制和转移的。至于那些合同主体不能控制和预防的基本风险,如政治运动和地震等,则不属于建设工程合同风险的范畴。

(5)建设工程合同风险中既有财产风险,又有人身风险和责任风险。由于业主不按照合同约定支付工程款,造成承包人的经济损失,这显然属于财产风险。建设工程合同风险中的损失,并不仅限于财产损失。例如,由于承包人交付的工程本身存在质量问题,造成业主的人身伤残或死亡,就是人身风险。而由于监理工程师的疏忽或过失导致工程出现质量问题的,这显然属于责任风险。

此外,建设工程合同风险是客观存在的,具有客观性和普遍性、必然性、多样性和可变性。

(1)客观性和普遍性。建设工程合同管理的整个过程中,不仅存在外生性风险也存在内生性风险,这些风险因素在合同履行过程中不可能被完全避免。

(2)必然性。个别风险事故的发生可能是偶然的,但是通过对大量事故资料的统计分析可以发现其发生的必然性。对风险发生概率和造成损失的测度本就是现代建设工程项目风险管理的一项基础性工作。

(3)多样性和可变性。影响建设工程风险的因素较多,大量风险因素之间以及与外界相互影响,关系错综复杂,会导致各种风险随着工程的进展发生相应的变化,其发生概率及可能造成的损失也会变化。因此,应该加强对合同风险的动态控制。

与业主有关的建设工程合同主要有咨询(监理)合同、勘察设计合同、工程施工合同、供应合同等,在建设工程合同体系中,建设工程施工合同是最具代表性、最普遍的合同。据统计,建设工程施工合同占据整个建设工程合同体系 80% 的比重,可见其重要性。本节将重点研究工程施工合同风险管理中业主和承包人面临的风险问题。

合同风险是在合同实施过程中,由于环境、组织、技术、管理、信誉等情况发生变化,从而使合同履行受到干扰的不确定性因素,包括建筑风险、市场风险、信用风险、环境风险、政治风险与法律环境风险。

(1)建筑风险。建筑风险主要是指工程建设中由于人为的或自然的原因,从而影响建设工程顺利完工的风险。具体来说,是指对建设工程的成本、工期、质量以及完工造成不利影响的风险。

(2)市场风险。建筑市场竞争日益激烈,但尚未发展成熟,在此种情况下,业主可能选择不到一个有能力的、适当的承包商,而承包商又面临工程垫资、带资、无法及时收到工程款的风险,这些都属于市场风险。

(3)信用风险。市场体制的不健全带来的一个突出问题就是信用缺失,业主能否保证按期支付工程款,承包商能否保证保质、按期完工,都是对对方的疑问。

(4)环境风险。建设工程本身需要占用一定面积的土地。同时,有些工程项目不仅需要占用土地,还对周边环境有特定的要求。而这些项目的建设由于涉及材料、运输等方面的特殊需要,会对环境产生不利影响,工程建设不得不面临环境风险。

(5)政治风险与法律环境风险。稳定的政治环境对工程建设产生有利的影响;反之,将会给各市场主体带来顾虑和阻力,加大工程建设的风险。此外,一般涉外工程承包、发包合同中,都会有"法律变更"或"新法适用"的条款。建筑、外汇管理、税收管理、公司制度等方面的法律、法规、规章的颁布和修订,将直接影响到建筑市场各方的权利和义务,从而进一步影响其根本利益。

在现代社会,工程管理相关法律法规比较完善,工程施工合同条款要充分考虑各种法律法规的要求,涉及面十分广泛,加之工程施工过程中发生的意外情况比较普遍,变更极为频繁,使得施工合同风险管理难度加大。订立和履行施工合同,直接关系到合同双方的根本利益。在任何一份施工合同中,都存在着风险。因此,在合同签订前以及合同履行的整个过程中,业主和必须强化合同风险的防范意识,做好合同风险管理计划。

(一)业主的风险管理

建设工程施工合同风险管理的总目标是控制和处置风险,以最小的管理成本获得最大的安全保障,以防止和减少风险造成的损失。

业主法律风险,即在建设工程合同法律关系中,当业主的作为或不作为的行为,与相关法律的要求或建设工程合同的约定相背离时,业主就存在因违反法律规定或合同约定而承担法律上的不利后果的可能性,或由于业主未能充分利用法律所赋予的权利而承担不利后果的可能性,对于业主来说,在建设工程合同中的法律风险,是不可预见的。尤其是当前建设公司中大部分员工对法律没有较强的知识储备,一旦遇到法律风险,往往无法及时应诉,维护业主的合法权益。

1. 把握承担风险原则

业主应摒弃那种不合时宜的观念,一味地利用有利地位把风险转嫁给承包人。事实上,制定一份符合工程惯例,能较好反映双方要求的合同,在工程施工过程中更容易顺利实施。否则,承包人也会采取各种手段弥补损失,导致工程发生诸多问题。因此,业主在施工合同风险管理时,应把握好风险责任与权利平衡、风险责任与机会对等基本原则,确保风险承担者能享有风险控制获得的收益,具备承担风险的可能性和合理性。

2. 全面分析预测风险

在编制招标文件时就必须充分考虑各种风险因素,为合同顺利签订打下良好基础。合同签订之前,还必须仔细审阅合同条款,采取合理的合同策略,认真考虑合同执行的后果,要承担的法律责任等,在此基础上对合同条款之间的内在联系进行全面分析。对合同履行中可能出现的风险进行辨识,预测风险类型,摸清发生规律,估计风险影响,制定有效措施,全面防范风险。

3. 科学合理评估风险

不同的招标方式、不同的合同种类、不同的合同条件、不同的合同管理模式会给业主带来不同的风险,因此,业主必须结合工程实际情况,采用多种方法对风险进行评估,确保评估结果科学合理,便于采取各种策略应对风险。

4. 采取有效措施应对风险

业主应对风险做好充分的准备,建立风险管理组织,制定风险管理制度,控制风险因素的发生,降低风险发生的概率,采取积极有效的措施规避风险,保证合同顺利履行。在合同履行过程中,采取风险规避、分散、自留、转移等策略及组合策略响应风险,加强合同风险管理。

5. 实时控制合同风险

在合同实施过程中,应加强对风险因素的跟踪,及时发现情况变化,发出预警信号。加强合同履行过程中的风险监控,对可能发生或已经发生的风险进行有效的控制,及时处理。根据风险监控情况,实时对风险应急计划进行修正,将风险损失降至最低限度。

(二)承包人的风险管理

1. 承包人的风险来源

承包工程由于其本身的复杂性和多样性,因此造成其存在的风险也多种多样,但总的来说,承包人在工程中常见的风险主要可分为宏观方面的风险和微观方面的风险。这些风险无论是在 FIDIC 合同条件,还是在我国《建设工程施工合同(示范文本)》(GF-2013-0201)(以下简称"合同范本")中都有所体现。

(1)承包人在建设工程中可能面临的宏观风险主要有政治风险、经济风险和自然环境变化带来的风险。

(2)承包人在建设工程中可能面临的微观风险主要有承包人在工程的技术、经济、法律等方面的不足所造成的风险,业主资信风险,分包风险和合同风险等。

①承包人在工程的技术、经济、法律等方面的风险。现代工程规模大,功能要求高,需要新技术、特殊的工艺、特殊的施工设备;同时,由于建筑工程现场条件复杂,干扰因素多,受场地条件,自然环境、地质条件、天气条件、水电供应和材料供应等多方面因素的限制,承包人在工程技术上的风险往往是在投标报价前就埋下的,而其将贯穿于整个工程施工过程之中。

②业主资信风险。业主是工程的所有者,是承包人最重要的合作者。业主资信情况对承包人的工程施工和工程经济效益有决定性的影响。业主资信风险往往体现在以下几个方面:业主经济情况变化,如经济状况恶化、濒临倒闭、无力继续实施工程、无力支付工程款;业主信誉差,不诚实,有意拖欠工程款,国内的许多工程,长期拖欠工程款已成为妨碍施工企业正常生产经营的主要原因之一;对承包人合理的索赔要求不作答复,或拒不支付;业主为了达到不支付或少支付工程款的目的,在工程中苛刻刁难承包人,滥用权利,实行罚款或扣款;业主经常改变主意或实施方案,打乱工程的施工秩序,但又不愿意给承包人以补偿;业主争取提供"首次要求即付"保函,使承包人无理由凭保函取款等。

③分包风险。承包人作为总包商选择分包商时,可能会遇到分包商违约、不能按时完成分包工程而使整个工程进展受到影响的风险,或者对分包商协调、组织工作做得不到位而影响全局。特别是我国承包人常把工程分包给本企业集团内部有关施工单位,合同协议职责不清,风险责任不明,容易相互扯皮,有时分包单位派出的人员资质、素质水平较低,这也是造成经营管理不善的原因。一般而言,工程分包不能免除总承包人的任何责任与义务,分包单位的任何违约行为或疏忽导致工程损害或给业主造成其他损失,总承包人需要承担连带责任。因此,只要工程中有分包,分包风险就存在。

④工程合同风险。工程合同风险的问题比较复杂,可以说上述所有问题都在合同中有

所反映,通过合同定义和分配,则成为合同风险,工程承包合同中一般都有风险条款和一些明显的或隐含的对承包人不利的条款。它们会造成承包人的损失,是进行合同风险分析的重点。

2.承包人的合同风险对策

对于承包人而言,在任何一份工程承包合同中,问题和风险总是存在的,没有不承担风险、绝对完美的合同,这是由工程本身的复杂性、多变性决定的,是合同双方必须共同承担的。如果一方少承担一些,那么另一方就必然要多承担一些,如果一方不予承担,那么另一方就要全部承担。合同的风险问题,关键就在于谁有能力转移风险和分散风险,使自己的合同风险减少到最低限度。这就要看签订合同的各方主观努力的程度,是否能对分析出来的合同风险进行认真的对策研究,这常常关系到一个工程的成败,任何承包人都不能忽视这个问题。承包人的合同风险对策主要体现在两个过程中,即合同订立过程中和合同履行过程中。

(1)在订立合同过程中承包人合同风险的对策。在订立合同过程中承包人合同风险的对策,主要体现在承包人通过对可能存在的风险进行分析、识别、预测,通过报价、完善合同条件和购买必要的保险以降低、规避或转移风险。

①承包人通过报价来避免所面临的风险问题

在报价中最多考虑,也是最先考虑的方法就是提高报价中的不可预见风险费,作为风险资金准备,以弥补风险发生所带来的损失,使合同价格与风险责任相平衡;风险附加费的数量一般根据风险发生的概率和风险一经发生承包人将要受到的损失大小确定。所以风险越大,风险附加费就越高。

②通过谈判,完善合同条文,双方合理分担风险

合同双方都希望签订一份有利的,风险较少的合同。但在工程建设过程中许多风险是客观存在的,问题是由谁来承担。减少或避免风险,是承包合同谈判的重点。合同双方都希望推卸和转嫁风险,所以合同谈判中常常几经磋商,讨价还价。通过合同谈判,完善合同条文,使合同能够体现双方责权利关系的平衡和公平合理。这是在实际工作中最广泛,也是最有效的对策。

在通过合同谈判,完善合同条文的过程中,承包人需要做好以下四个方面的防范措施:首先,在指导思想上,力争签订一份有利的合同;其次,在人员配备上,让熟知和精通合同的专业人员参与合同签订;再次,在策略安排上,承包人应善于在合同中限制风险和转移风险,达到风险在双方中合理分配;最后,承包人在合同正式签订前应进行严格的审查把关。

③承包人通过购买保险或要求业主购买保险转移风险

工程保险是业主和承包人转移风险的一种重要手段,它可将建设工程中可能发生的风险损失全部或部分转嫁给保险公司。当出现保险范围内的风险,造成人身及财产损失时,承包人可以向保险公司索赔以获得一定数额的赔偿,从而降低因风险而给承包人或业主造成的损失。

(2)在履行合同过程中承包人合同风险的对策,主要体现在针对可能出现的风险加以防范,对已经出现的风险进行补救。其主要方法是采取技术的、经济的和管理的措施和在工程中加强索赔管理。

①承包人在履行合同过程中采取技术的、经济的和管理的措施避免风险的发生

在承包合同实施过程中,采取技术的、经济的和管理的措施,以提高应变能力和对风险的抵抗能力。主要是提高承包人在工程技术、经济、法律等方面的风险意识。

②加强索赔管理,以降低风险给承包人带来的损失

合同范本规定,索赔是指在合同履行过程中,对于并非自己的过错,而是应由对方承担责任的情况造成的实际损失,向对方提出经济补偿和(或)工期顺延的要求。利用索赔和反索赔来弥补或减少损失,这是一个很好的,也是被广泛采用的对策,通过索赔可以提高合同价格,增加工程收益,补偿由风险造成的损失,有些国外承包人甚至靠低报价中标,高索赔盈利。

此外,咨询公司也是建设工程合同风险管理的主体,咨询公司通过向业主提供咨询服务,包括准备招标文件、参与评标、协助签订工程合同以及现场的工程管理,在一定程度上影响项目的风险分配。咨询公司的合同管理能力和经验,以及对承包人的态度是影响项目合同风险的重要因素。例如,在承包人申请付款、申请索赔时,工程师能否做出快速反应,公正决定,将在很大程度上影响承包人进行工程施工的积极性,影响合同的顺利履行。此外,业主对承包人的态度也在很大程度上受到咨询公司的影响。

总之,尽管建筑施工行业的风险是无处不在的,而风险的对面则是机会,因此要求施工企业要用正确的态度来面对风险,认真对待不能掉以轻心;施工企业首先要做到充分地认识风险,掌握风险防范对策,做好风险分析识别预测、风险防范控制工作,真正做到有效规避风险、化解风险,争取合理地利用风险,以达到施工企业健康、可持续发展的最终目的。

9.2　建设工程担保合同管理

9.2.1　建设工程合同担保概述

(一)担保与保函的概念

担保是指合同的双方当事人为了使合同能够得到全面按约履行,根据法律、行政法规的规定,经双方协商一致而采取的一种具有法律效力的保证措施。在我国一般称为"担保",严格来讲,工程领域的担保应称为"保证担保"更恰当。保证担保,即保证担保人向权利人保证,如果被保证人无法完成其与权利人签订的合同中规定的应由被保证人履行的承诺、债务或义务的话,则由保证担保人代为履行,或付出其他形式的补偿。工程保证担保针对的是合同履行的风险,即因被保证人不履行合同给权益人(受益人)造成经济损失的风险。工程保证担保的目的是促使工程顺利完成,而不仅仅是赔偿。因此工程保证担保更注重违约风险的事前防范和事中控制,要采取措施尽量减少合同违约的情况发生,违约情况发生后及时采取措施予以纠正,同时承担合同违约给权益人(受益人)造成经济损失的补偿责任。

工程担保是工程合同履约风险管理的一种有效手段,通过工程担保,在被担保人违约、失败、负债时,债权人的权益得到保障。工程担保在西方工业发达国家已形成一套完整的体系,有一套健全的操作机制。在我国,随着经济的发展和外资的涌入,也已经开始了工程担保的探索与实践。这为发展和推广专业工程担保积累了丰富经验,因此可以说我国具有建立工程建设担保保证体系的良好基础。但我国,工程担保业务还处于起步阶段,1995 年颁

布的《中华人民共和国担保法》(以下简称《担保法》)以及近期在商业担保体系上的实践经验,对建立专业的工程建设保证担保体系有很大帮助。

保函是指第三者应当事人一方的要求,以其自身信用,为担保交易项下的某种责任或义务的履行而做出的一种具有一定金额、一定期限、承担其中支付责任或经济赔偿责任的书面付款保证承诺。

(二)担保的原则

《担保法》的基本原则是效力贯穿担保活动始终的根本规则,是对担保经济活动关系的本质和规律以及立法者在担保领域所奉行的立法政策的集中反映,是克服担保法律局限性的工具。担保活动属于民事活动的一种,《担保法》是民法的特别法。因此,《担保法》的基本原则,事实上也就是我国民法的基本原则。《担保法》规定,担保活动应当遵循平等、自愿、公平、诚实信用的原则。因此,《担保法》的基本原则包括平等原则、自愿原则、公平原则、诚实信用原则。

(三)担保的法律特征

1. 担保具有随附性特征,又称从属性

担保是为了保证债权人受偿而由债务人或第三人提供的保证,具有从属于被担保的债权的性质。被担保的债权被称为主债权,主债权人对担保人享有的权利称为从债权。没有主债权的存在,从债权亦无所依托。主债消灭,亦使担保之债归于消灭。

2. 条件性

债权人依照担保合同行使其担保权利,只能以主债务人不履行或不能履行为前提条件。而在债务人已经按照约定履行主债务的情形下,担保人无须履行担保义务。其中特别重要的一点是,在一般保证的情况下,保证人对债权人享有先诉抗辩权。

3. 相对独立性

尽管担保具有从属性,但其亦相对独立于被担保的债权。首先,担保的设立须有当事人的合意,其与被担保的债权的发生或成立是两个不同的法律关系。其次,根据我国《担保法》的有关规定,当事人可以自行约定担保不依附于主债权而单独发生效力。即主债权无效,可以不影响担保债权的效力。

(四)担保的方式

担保的方式有保证、抵押、质押、留置和定金。此外,在第三人为债务人向债权人提供担保时,可以要求债务人提供反担保。

1. 保证

保证,是指保证人和债权人约定,当债务人不履行债务时,保证人按照约定履行债务或者承担责任的行为。保证的方式有两种:即一般保证(又称补充责任保证)和连带责任保证。保证人与债权人应当以书面形式订立保证合同。保证人必须是具有代为清偿债务能力的法人、其他组织或公民,但国家机关和以公益为目的的事业单位、社会团体不得作为保证人。

由于保证在债务人不能承担责任后,仍可要求保证人代为履行债务,从债权人的角度来看,债权具有双重保障,可以分散债权人的信用风险。除非债务人和保证人同时丧失清偿能力,否则,对债权人而言,信用风险将从债务人转移到保证人或者债务人与保证人同时承担清偿债务的责任,为债权人提供了更多的债权担保。

2. 抵押

抵押,是指债务人或者第三人不转移对财产的占有,将该财产作为债权的担保。债务人不履行债务时,债权人有权依法以该财产折价出售或者拍卖、变卖该财产获得的价款优先受偿。抵押实质上是不改变动产或不动产的现状,把代表动产或不动产的产权作为债权担保的一种方式,即在不影响债务人正常生产经营活动的情况下实现了债权人的信用风险转移。采用抵押这种担保方式时,抵押人和抵押权人应以书面形式订立抵押合同。法律规定土地所有权、公益事业单位和社会团体的设施不得作为抵押财产;抵押人以土地使用权、城市房地产权等财务作为抵押物时,当事人应到有关主管登记部门办理抵押物登记手续,抵押合同自登记之日起生效。

3. 质押

质押,是指债务人或第三方将其财产移交给债权人占用,以该财产作为债权的担保。债务人不履行债务时,债权人有权依照《担保法》的规定以该财产折价出售或者拍卖、变卖该财产获得的价款优先受偿。质押分为动产质押和权利质押。所谓动产质押,是指债务人或者第三人将其动产移交债权人占有,将该动产作为债权的担保;而权利质押是指以汇票、支票、本票、债券、存款单、仓单、提单、依法可以转让的股份、股票、商标专用权、专利权、著作权中的财产权以及依法可以质押的其他权利作为质权标的的担保。无论是动产质押还是权利质押,对于债权人来说都可起到保障债权的作用,有利于信用风险的转移。采用质押这种担保方式时,出质人与质权人应以书面形式订立质押合同。

4. 留置

留置,是指债权人按照合同约定占有债务人的动产,债务人不按照合同约定的期限履行债务的,债权人有权依照法律规定留置该财产,以该财产折价出售或者拍卖、变卖该财产获得的价款优先受偿。留置担保范围包括主债权及利息、违约金、损害赔偿金、留置物保管费用和实现留置权的费用。

由于留置是一种比较强烈的担保方式,必须一方行使,不能通过合同约定产生留置权。依据我国《担保法》的规定,能够留置的财产仅限于动产,且只有因保管合同、运输合同、加工承揽合同、仓储合同发生的债权,债权人才有可能实现留置,因而留置这种担保方式在信用销售中使用较少。

5. 定金

定金,是由合同一方当事人预先向对方当事人交付一定数额的货币,以保证债权实现的担保方式。《担保法》规定,当事人可以约定一方向对方给付定金作为债权的担保。债务人履行债务以后,定金应当抵作价款或者收回。给付定金的一方不履行约定的债的,无权要求返还定金;收受定金的一方不提供约定的债权的,应当双倍返还定金。定金应当以书面形式约定,定金的数额由当事人约定,但不得超过主合同标的额的20%。由此可见,定金作为一种担保形式只能部分地转移信用风险。

定金是预先给付的,实践中,当事人经常与预付款相混淆。预付款不是合同的担保方式,交付预付款的一方不履行合同时,预付款可以抵作违约金或赔偿金,有余额的还可以请求对方返还;收受预付款的一方不履行合同的,必须如数返还预付款。

6. 反担保

反担保,是指第三人为债务人向债权人提供担保时,可以要求债务人提供反担保,也就是要求债务人向第三人提供一份担保。反担保方式既可以是债务人提供的抵押或质押,也可以是其他人提供的保证、抵押或质押。

此外,在合同担保过程中,我们把两个或两个以上的担保机构对同一债权提供担保的担保过程称为联合担保,此时保证人应当按照保证合同约定的保证份额承担保证责任,若未规定保证份额,保证人承担连带责任,债权人可以要求任何一个保证人承担全部责任,保证人都负有担保全部债权实现的义务。已经承担保证责任的保证人,有权向债务人追索,或者要求承担连带责任的其他保证人清偿其应当承担的份额。

(五)合同担保的作用

建设工程担保合同一般是工程承包合同的从合同。建设工程担保合同可以增加主合同当事人履行的责任,用市场手段加大违约失信的成本和惩戒力度,减少合同纠纷。其作用如下:

(1)增强债务人履约的责任心,督促其严格按合同规定履行义务。

(2)保障债权人债权的实现。如果债务人不履行合同义务,债权人则可请求对方或者保证人承担相应的法律责任。特别是在损失已经发生,债务人有可能丧失履行合同或赔偿损失能力的情况下,担保更有其特殊作用。

(3)从宏观上来看,担保对于严肃合同纪律,保障资金融通和商品流通,维护社会主义市场经济秩序有促进作用。

(六)担保合同无效的原因

(1)主体违法:当事人为无行为能力人或限制行为能力人,担保人资格不合法,法律规定的其他情况。

(2)客体违法:抵押财产是担保法禁止的,抵押或质押财产是赃物或遗失物的。

(3)内容违法:债权人以欺诈、胁迫或者乘人之危等手段而使他人违背其真实意思立下的担保。

9.2.2　建设工程投标担保

建设工程投标担保是指投标人在投标前或投标同时向招标人提供的保证担保,一般按照招标文件保证金要求规定进行。

(一)担保形式

(1)投标保函。投标保函是指由银行出具的保证担保。

(2)投标保证书。投标保证书是指由担保公司、同业担保或保证人出具的书面保证担保资金。

(3)投标保证金。投标保证金是指由投标人按照招标文件的要求向招标人出具的,以一定金额表示的投标责任担保。

任何担保方式要视具体招标文件中的规定,响应招标文件内容要求。对于未能按招标文件规定、要求提交投标担保的投标,可认为不响应招标文件要求而被拒绝,可作为否决处理。对于投标人在投标有效期内撤销投标书;投标人已被正式通知他的标书已中标,在投标规定的有效期内未能或拒绝与招标人签订合同协议或递交履约保函的,可以没收投标保证金或要求承保的银行或担保公司业主及保证人支付投标保证金。

（二）担保的额度

投标担保额度一般为投标总价的 0.5%～5%，具体额度视工程大小及工程所在地的经济状况，由招标文件规定。我国房屋和基础设施工程招标的投标保证金为投标价的 2%，但最高不超过 80 万元。

（三）担保的期限

投标保证担保的保函或保证书有效期应当超出投标有效期 10～28 天。不同的工程项目可以有不同的规定，具体应在招标文件中明确。

9.2.3　承包人履约担保

为了保证施工合同顺利履行而要求承包人提供一种保证担保，它是建设工程项目中担保金额最大的，也是最重要的一种保证担保。工程履约保证是工程保证担保中最重要的部分，同时也是我国现阶段的主要担保品种之一。业主与承包人在工程施工合同中的权利和义务在工程项目出现问题时，履行的前提是在合同签订前的各种法律、法规、管理办法以及要求在合同文本中明确体现。因此，对承包人的违约处理就可以更通顺，各方利益也可以得到更好的保证。工程建设履约保证担保的目的是保证建设工程项目保质保量按时完成，同时也保护业主的合法权益。

（一）担保方式

（1）履约保函。履约保函是由银行出具的保证担保。

（2）履约保证书。履约保证书是由担保公司、同业担保或保证人出具的书面保证书。

（3）履约保证金。履约保证金是由承包人按照建设工程项目的投资大小要求所缴纳的保证金。

履约担保的目的是使承包人在工程项目实施的全过程中，能够按期保证质量地履行其义务。若出现施工过程中，承包人中途毁约或任意中断工程或不按规定施工或承包人破产、倒闭的情况，发包人有权凭履约担保索取保证金作为赔偿。因承包人原因导致工期延长的，继续提供履约担保所增加的费用由承包人承担；非因承包人原因导致工期延长的，继续提供履约担保所增加的费用由发包人承担。

（二）担保额度

采用履约担保金（包括银行保函）、保证金方式的履约担保额度，一般为合同总价的 5%～10%；采用担保保证书和同业担保方式的，一般为合同总价的 10%～15%。

（三）担保期限

承包人应在接到中标函后 28 天内（FIDIC 条款），将履约担保证件提交给业主。同时抄报给工程师复印件。开出履约保证的机构要得到业主的批准，履约保证格式可采用 FIDIC 合同条件推荐的范例格式，也可以用业主批准的其他格式。承包人还应保证履约担保证件在工程全部竣工和缺陷修复之前，也就是说在履约证书颁发前一直有效，并能被执行。如果履约担保中的条款规定有有效期，承包人在有效期届满之前的 28 天仍拿不到履约证书，则应将履约担保的有效期相应延长到工程完工和缺陷修复为止。业主则应在颁发证书后 21 天内把履约担保证件退还给承包人。

（四）履约担保的索取

为了防止业主恶意支取并使用承包人的担保金，一般会在合同相关条款中规定，业主在向履约保证人就承包人问题提出履约担保索赔之前,应当书面通知承包人,说明导致索赔的原因及违约性质,并要得到项目总监理工程师及其监理单位对索赔原因、理由及证据等的书面确认。

9.2.4 预付款担保

预付款担保是指承包人与发包人签订合同后,承包人正确、合理使用发包人支付的预付款的担保。发包人要求承包人提供预付款担保的,承包人应在发包人支付预付款前7天提供预付款担保,专用合同条款另有约定的除外。建设工程合同签订以后,发包人给承包人一定比例的预付款,一般为合同金额的10%,但需由承包人的开户银行向发包人出具预付款担保。

（一）担保方式

1. 银行保函

预付款担保的主要形式即银行保函。预付款担保金额通常与发包人的预付款是等值的。预付款一般逐月从工程预付款中扣除,预付款担保金额也相应逐月减少。承包人在施工期间,应当定期从发包人处取得同意此保函减值的文件,并送交银行确认。承包人还清全部预付款后,发包人应退还预付款担保,承包人将其退回银行注销,解除担保责任。

2. 发包人与承包人约定的其他形式

预付款担保也可由担保公司担保,或采取抵押等担保形式。

（二）担保额度

通常可以得到这样一种安排,预付款担保金额在有效期内可逐渐减少。由于其负债的减少,手续费也相应地减少。一般来说,递减的比例是与合同执行的进度相一致的。

有关递减的条款必须有明确的表述。最简单的方法是随年月时间递减,如所担保的金额从担保生效日起,依次在第6、12、18、24个月依次递减一次,每次递减的金额为总额的25%。前提是买方付款时已按规定时间扣还预付款。递减通常是根据实际扣还预付款而确定的。

（三）担保期限

为防止可能发生的不适当的索赔,预付款担保的生效日期应与担保银行协商确定,一般为收到买方支付预付款之日。有关预付款的条款必须准确无误,以便使担保银行能确切地了解它所履行的义务是否已经生效。

9.2.5 业主工程款支付担保

业主工程款支付担保是指为保证业主履行合同约定的工程款支付义务,由担保人为业主向承包人提供的保证业主支付工程款的担保。业主工程款支付担保是保证业主在工程施工中不拖欠承包人的工程款而提供的担保。当前,拖欠民工工资问题十分严峻,造成了建设工程质量和安全隐患,阻碍建设市场的持续快速发展,危害社会。而实行工程担保制度,通过利益制约机制从源头上防止拖欠建设领域工程款和民工工资的需要,对于解决目前我国普遍存在的拖欠工程款现象是一项有效的措施。

（一）担保方式

业主工程款支付担保应当采用第三方保证担保的方式,可以采用银行保函担保、担保公司担保和保证书担保,担保人对其出具的保函或担保书承担连带责任。也可由业主依法实行抵押或者质押担保。

(二)担保额度

业主应在承包人签订工程承包合同时,向承包人提交支付担保,其担保金额应当与承包人或供应商提供的履约担保额度相等。业主工程款支付担保为银行和专业担保机构保函,担保金额不得低于合同价款的 10%,且不得少于合同约定的分期付款的最高额度。

(三)担保期限

业主工程款支付担保的有效期应当在合同中约定,合同约定的有效期截止时间为业主根据合同约定完成全部工程结算款项(工程质量保修金除外)支付之日起 30～180 天。业主工程款支付担保按合同约定的分期付款滚动进行,当一个阶段的付款完成后自动转为下一阶段付款担保,直至工程结算款全部付清。

(四)担保的索取

当业主不能按合同约定支付工程款时,双方可商定延期付款协议。协商不成或延期付款协议到期后业主仍不支付工程款时,承包人可以要求出具保函的银行承担担保责任。因业主不履行合同而导致工程款支付保函额度全部被提取后,业主应在 15 天内向承包人重新提交同等金额的工程款支付保函。否则,承包人有权停止施工并要求赔偿损失。

9.3　建设工程保险合同管理

9.3.1　保险合同

保险(Insurance)是为了达到某种经济效能而发生的行为。保险的经济效能主要在于减免危险,对意外的灾害事故所致的损失给予经济补偿。其契约行为表现在当事人必须承担契约义务和行使法定权利。保险合同是投保人与保险人约定保险权利、义务关系的协议。保险人是指与投保人订立保险合同,并按照合同约定承担赔偿或者给付保险金责任的保险公司。保险合同的受益人是被保险人。订立保险合同,应当协商一致,遵循公平原则确定各方的权利和义务。除法律、行政法规规定必须保险的项目外,保险合同自愿订立。《中华人民共和国保险法》(以下简称《保险法》)第十三条规定,投保人提出保险要求,经保险人同意承保,保险合同成立。第十四条规定,保险合同成立后,投保人按照约定交付保险费,保险人按照约定的时间开始承担保险责任。除《保险法》另有规定或者保险合同另有约定外,保险合同成立后,投保人可以解除合同,保险人不得解除合同。

保险合同是双方有偿合同,但保险合同的双方有偿比较特殊,投保人给付保险费的义务是固定的,保险人赔偿或者给付保险金的义务则是不确定的,只有在保险期内发生保险人承保的事件使被保险人受到损害时才支付保险金。投保人给付保险费只是获得一个得到保险金的机会。

(一)保险合同的构成

保险合同一般由投保申请书或投保单、保险单及保险条款等内容构成。

1. 投保申请书或投保单

根据险种的要求、习惯不同,填写投保申请书或投保单。

投保申请书或投保单作为向承保人投保建设工程一切险的依据,应由投保人如实和尽可能详尽地填写并签字。其主要内容包括工程关系方(所有人、承包人、转承包人、其他关系方)姓名和地址、工程名称及地点、工程期限、物质损失投保项目和投保金额、特种危险赔偿限额、工程详细情况、工地及附近自然条件情况、是否投保第三者责任等。投保申请书或投保单是建设工程项目保险单的组成部分。投保申请书或投保单未经保险公司同意或未签发保险单之前不发生保险效力。

2. 保险单

保险单一般由保险公司提供标准格式。其主要内容包括确定投保人、被保险人、保险人、建设工程项目地点、建设工期、建设现状、保险项目清单、保险金额、特殊保险内容、保险险种、保险费、保险期限等。

保险公司根据投保人的投保申请书或投保单,在投保人缴付约定的保险费后,同意按保险条款、附加条款及批单的规定以及明细表所列项目及条件承担建筑工程一切险(可增加附加险)、安装工程一切险及第三者责任保险,保险单为投保凭据。

3. 保险条款

保险条款是保险双方明确保险合同权利和义务的法律文件,一般使用标准文本。目前采用的保险条款是由中国人民保险公司编制的,常用的有建筑工程一切险保险条款和安装一切险保险条款。

(二)保险合同的内容

根据《保险法》的规定,保险合同应具备以下条款:

1. 保险人名称和住所

我国对保险业的经营者做出了严格的限制性规定,明确了除依照《保险法》设立的保险公司外,任何单位和个人不得经营商业保险业务。

2. 投保人、被保险人以及人身保险受益人的名称和住所

投保人、被保险人和受益人可以是自然人、法人或者其他组织,可以为一人或者数人。

3. 保险标的

保险标的是指保险合同所要保障的对象。财产保险合同中的保险标的是指各种财产本身以及有关的利益和责任。如财产保险合同中的建筑物、机器设备、运输工具、原材料、产成品、家具、农作物、养殖场等。人身保险合同中的保险标的是指被保险人的身体或生命。

4. 保险责任和责任的免除

保险的责任是指保险人承担的经济损失补偿或人身保险金给付的责任,即保险合同中约定由保险人承担的危险范围,在保险事故发生时所负的赔偿责任,包括损害赔偿、责任赔偿、保险金给付、施救费用、救助费用、诉讼费用等。

责任的免除称为除外责任,也称为不保危险或免责条款,即不是因保险事故造成的损失,保险方不负赔偿责任。不同内容的保险合同,其除外责任不尽相同,常见的有:战争、被保险人的故意行为、保险标的本身缺陷或因保管不善造成的损坏、霉变、自然磨损及规定的正常损耗、因事故发生的间接损失等。

5.保险期间和保险责任开始的时间

保险期间是指保险人为被保险人提供保险保障的起止日期,即保险合同的有效期间。保险责任开始时间即保险人开始承担保险责任的时间,通常以年、月、日、时表示。

6.保险价值

保险价值是指财产保险中受保险的财产的价值。当事人可以在财产保险合同中约定财产保险的保险价值,也可以于保险事故发生后根据财产的实际价值确定。但在人身保险合同中不存在保险价值条款,因为人身价值是不可估量的。

7.保险金额

保险金额是双方当事人在合同中约定,并在保险合同中载明的保险人应当赔偿的货币额。保险金额是保险人在保险事故发生时应当承担的损失补偿或给付的最高限额,同时也是计算保险费的标准。

8.保险费及其支付方法

保险费是指投保人为获得保险保障而向保险人支付的费用。投保人按期如数缴纳保险费是保险合同中投保人的义务。一般地讲,保险标的的危险程度越高,确定的保险金额越多,保险期限越长,那么交纳的保险费也就越多。保险费与保险金额的比率就是保险费率。

9.保险金赔偿或者给付办法

保险金赔偿或者给付办法条款亦称赔付条款,是用以明确保险事故发生后确定和支付赔偿金的办法和程序条款。

10.违约责任和争议处理

违约责任是指保险合同当事人违反保险合同规定的义务而应承担的法律后果。约定违约责任可以保证保险合同的顺利履行,保障当事人权利的实现。若在本合同执行过程中发生争议,由双方协商解决。

9.3.2　建设工程保险

(一)建设工程保险概述

工程建设过程中存在很多风险,控制和管理这些风险是工程管理的重要内容,对一些发生概率高或后果影响大的风险可以通过向保险公司投保来转移风险。

建设工程保险是指业主或承包人向保险公司缴纳一定的保险费,由保险公司建立保险基金,一旦发生所投保的风险事故造成财产或人身伤亡,即由保险公司用保险基金予以补偿的一种制度。它实质上是一种风险转移,即业主和承包人通过投保,将原应承担的风险责任转移给保险公司承担。业主和承包人参加工程保险,着眼于可能发生的不利情况和意外不测,只需付出少量的保险费,即可换得遭受大量损失时得到补偿的保障,从而增强抵御风险的能力。

1.工程保险的特点

(1)为转移不可预见的不确定风险而经保险人与投保人合意,订立保险合同。保险作为一种转移风险的制度,是由保险人与投保人经协商一致后签订保险合同加以确立的,主要是为转移难以预料或难以控制,但又有可能发生,且会给人们的生产、生活造成损失的不确定风险而设立的。

(2)建设工程保险合同存在的独立性。只要有不确定的风险存在的可能,就有保险存在的可能,保险合同不受保险人和投保人之间其他合同关系的影响而独立存在。

（3）保险的发生与否的不确定性。保险合同成立之时，投保人缴纳保险费换取的只是保险人的承诺，是否实际赔偿或给付，要以约定的保险事故或赔偿情况发生与否而定。

（4）货币偿付性。根据被保险标的的不同，保险可以分为财产保险和人身保险，两者均以货币形式偿付。

（5）保险的不可追偿性。一旦保险人按保险合同的约定，因保险事实或赔付事由的发生而支付了保险赔偿金，则其不可以向投保人追偿。

2. 工程保险的基本功能

（1）微观层面

①保护工程承包人或分包人的利益。建设工程业主（发包人）通过承包合同，将工程建设或管理交给施工、监理等单位，与此同时，工程的部分风险也随着承包合同转嫁给它们。但是，这种分散风险的方式，有时会由于合同纠纷，或者因为承包人的经济能力弱而难以得到实质性的风险转嫁。如果发生风险损失，这些合同承包单位将难以承担，不仅预定利润无法实现，甚至还可能出现亏损或破产，严重影响承包合同的履行，致使工程停建或缓建。

②保护业主的利益。在市场经济条件下，我国对工程建设实行业主制管理，使业主成为自负盈亏、自主经营的单位，成为承担风险的主体，完全靠项目业主自身力量来承担风险，显然是脆弱的。但如果通过保险手段，就能用少量的保险费支出换取巨大的经济保障。在工程风险发生损失之后，由保险公司承担，达到避免增加投资或负债，稳定工程投资的目的。

③减少工程风险的发生。保险公司除承诺保险责任范围内的损失赔偿之外，还将从自身利益出发，为投保人提供灾害预防、损失控制等风险管理指导，从而加强工程建设风险管理。

（2）宏观层面

①工程建设领域引入工程保险机制后，保险公司自然关心工程施工费用和质量等问题，关心承包人的行为，这相当于又迎进了除业主、政府部门之外的第三方监督者，进一步促进了工程建设市场的规范化。

②发展工程保险市场，创新工程保险险种，完善工程保险机制，有利于健全我国金融体系，带动相关产业发展。

③在国外，工程保险已经成为项目投资融资的必备条件。工程保险机制的健全也促进了业主与承包人积极投资工程项目。

④工程项目具备保险保障后，银行贷款和投资人投资没有了后顾之忧，可以最大限度地吸引潜在的投资者。

3. 工程保险的分类

（1）按保险标的分类

工程保险按保险标的分类可以分为建筑工程一切险、安装工程一切险、机器损失保险和船舶建造险。

（2）按工程建设所涉及的险种分类

①建筑工程一切险

公路、桥梁、电站、港口、宾馆、住宅等工业建筑、民用建筑的土木建筑工程项目均可投保建筑工程一切险。

②安装工程一切险

机器设备安装、企业技术改造、设备更新等安装工程项目均可投保安装工程一切险。

③第三方责任险

该险种一般附加在建筑工程(安装工程)一切险中,承保的是施工造成的工程、永久性设备及承包人设备以外的财产和承包人雇员以外的人身损失或损害的赔偿责任。保险期为保险生效之日起至工程保修期结束。

④雇主责任险

该险种是承包人为其雇员办理的保险,承保承包人应承担的其雇员在工程建设期间因与工作有关的意外事件导致伤害、疾病或死亡的经济赔偿责任。

⑤承包人设备险

承包人在现场所拥有的(包括租赁的)设备、设施、材料、商品等,只要没有列入工程一切险标的范围的都可以作为财产保险标的,投保财产险。这是承包人财产的保障,一般应由承包人承担保费。

⑥意外伤害险

意外伤害险是指被保险人在保险有效期间因遭遇非本意、外来的、突发的意外事故,致使其身体蒙受伤害而残疾或死亡时,由保险人依照保险合同规定给付保险金的保险。意外伤害险可以由雇主为雇员投保,也可以由雇员自己投保。

⑦执业责任险

执业责任险是以设计人、咨询商(监理人)的设计、咨询错误或员工工作疏漏给业主或承包人造成的损失为保险标的险种。

(3)按主动性、被动性分类

工程保险按主动性和被动性分类,可分为强制性保险和自愿保险。

①强制性保险

强制性保险是指根据国家法律、法规和有关政策规定或投标人按招标文件要求必须投保的险种,如在工业发达国家和地区,强制性的工程保险主要有建筑工程一切险(附加第三者责任险)、安装工程一切险(附加第三者责任险)、社会保险(如人身意外、雇主责任险和其他国家法令规定的强制性保险)、机动车辆险、10年责任险和5年责任险、专业责任险等。

②自愿保险

自愿保险是由投保人完全自主决定投保的险种,如在国际上常被列为自愿保险的工程保险主要有国际货物运输险、境内货物运输险、财产险、责任险、政治风险保险、汇率保险等。

建设工程活动涉及的法律关系比较复杂,风险较为多样。因此,建设工程活动中涉及的险种也比较多,这里重点介绍建筑工程一切险(及第三者责任险)、安装工程一切险(及第三者责任险)。

(二)建筑工程一切险(及第三者责任险)

建筑工程一切险是承保各类民用、工业和公用事业建筑工程项目,包括道路、桥梁、水坝、港口等,在建造过程中因自然灾害或意外事故引起的一切损失的险种。因在建工程抗灾能力差,危险程度高,故一旦发生损失,不仅会对工程本身造成巨大的损失,甚至可能殃及邻近人员与财物。

建筑工程一切险往往还加保第三者责任险。第三者责任险是指在保险有效期内,因施工工地发生意外事故造成在施工工地及邻近地区的第三者人身伤亡或财产损失,依照保险合同转由保险人承担经济赔偿责任的保险。第三者责任险一般只承保合同的当事人(投保人和保险人)之外的其他人,但是不包括与工程施工有关的人员。监理人员、质量监督局人员等都被排除在第三者之外。

1. 投保人与被保险人

2013年,住房和城乡建设部、国家工商行政管理总局颁布的《建设工程施工合同(示范文本)》规定,工程开工前,发包人应当为建设工程办理保险,支付保险费用。建筑工程一切险的被保险人范围较广,在工程施工期间,所有对该项工程承担一定风险的有关各方,均可作为被保险人。如果被保险人不止一家,则各家接受赔偿的权利以不超过其对保险标的的可保利益为限。被保险人具体包括:业主或工程所有人、承包人或者分包人、技术顾问,包括业主聘用的建筑师、工程师及其他专业顾问。

2. 保险责任范围

保险人对下列原因造成的损失和费用负责赔偿:

(1)自然事件,指地震、海啸、雷电、飓风、台风、龙卷风、风暴、暴雨、洪水、水灾、冻灾、冰雹、山崩、雪崩、火山爆发、地面下陷下沉及其他人力不可抗拒的破坏力强大的自然现象。

(2)意外事故,指不可预料的以及被保险人无法控制并造成物质损失或人身伤亡的突发性事件,包括火灾和爆炸。

3. 除外责任

保险人对下列各项原因造成的损失不负责赔偿责任:

(1)设计错误引起的损失和费用。

(2)自然磨损、内在或潜在的缺陷、物质本身变化、自燃、自热、氧化、锈蚀、渗漏、鼠咬、虫蛀、大气(气候或气温)变化、正常水位变化或其他渐变原因造成的保险财产自身的损失和费用。

(3)因原材料缺陷或工艺不善引起的保险财产本身的损失以及为置换、修理或矫正这些缺点错误所支付的费用。

(4)非外力引起的机械或电气装置的本身损失,或施工用机具、设备、机械设备失灵造成的本身损失。

(5)维修养护或正常检修的费用。

(6)档案、文件、账簿、票据、现金、各种有价证券、图标资料及包装物料的损失。

(7)盘点时发现的短缺。

(8)领有公共运输行驶执照的,或已由其他保险予以保障的车辆、船舶和飞机的损失。

(9)除非另有约定,在保险工程开始以前已经存在或形成的位于工地范围内或其周围的属于被保险人的财产的损失。

(10)除非另有约定,在本保险单保险期限终止以前,保险财产中已由工程所有人签发完工验收证书或验收合格或实际占有或使用或接收的部分。

4. 第三者责任险

建筑工程一切险如果加保第三者责任险,保险人对下列原因造成的损失和费用,负责赔偿:

(1)在保险期限内,因发生与所保工程直接相关的意外事故引起工地内及邻近区域的第三者人身伤亡、疾病或财产损失。

(2)被保险人因上述原因支付的诉讼费用以及事先经保险人书面同意而支付的其他费用。

5. 赔偿金额

保险人对每次事故引起的赔偿金额以法院或政府有关部门根据现行法律裁定的应由被保险人偿付的金额为准,但在任何情况下,均不得超过保险单明细表中对应列明的每次事故赔偿限额。在保险期限内,保险人经济赔偿的最高赔偿责任不得超过本保险单明细表中列明的累积赔偿限额。

6. 保险期限

建筑工程一切险的保险责任自保险工程在工地动工或用于保险工程的材料、设备运抵工地之时起始,至工程所有人对部分或全部工程签发完工验收证书或验收合格,或工程所有人实际占用或使用或接收该部分或全部工程之时终止,以先发生者为准。但在任何情况下,保险期限的起始或终止不得超出保险单明细表中列明的保险生效日或终止日。

(三)安装工程一切险(及第三者责任险)

安装工程一切险简称安工险,属于技术险种,目的在于为各种机器、设备的安装及钢结构工程的实施提供尽可能全面的专业保险,适用于安装各种工厂用的机器、设备、储油罐、钢结构、起重机以及包含各种机械工程因素的各种建造工程。

安装工程一切险承保的内容包括安装工程合同中要求的机器、设备、装置、材料、基础工程、临时设施以及承包人的机械设备、附带的土木建筑项目、场地清理费用、发包人或承包人在工地上的其他财产等。

安装工程一切险与建筑工程一切险有许多相似之处,也加保第三者责任险。

1. 除外责任

安装工程一切险的除外责任与建筑工程一切险的除外责任基本相同,不同之处主要在于:

(1)因设计错误、铸造或原材料缺陷或工艺不善引起的保险财产本身的损失以及为置换、修理或矫正这些缺点错误所支付的费用。

(2)由于超负荷、超电压、碰线、电弧、漏电、短路、大气放电及其他电气原因造成电气设备或用具本身的损失。

(3)施工用机具、设备、机械转至失灵造成的本身损失。

2. 保险期限

安装工程一切险的保险期限,通常是整个工期,一般是从被保险项目被卸至工地时起始至工程预计竣工验收交付使用之日终止。如验收完毕限于保险单列明的终止日,则验收完毕时保险期亦即终止。若工期延长,被保险人应及时以书面形式通知保险人申请延长保险期,并按规定增缴保险费。

3. 保险费率的确定

在确定安装工程一切险的保险费率时应注意安装工程的特点,主要考虑的因素有:

(1)保险标的从安装开始就存放在工地上,风险一开始就比较集中。

(2)试车考核期内任何潜在因素都可能造成损失,且试车期的损失率占整个安装期风险的 50% 以上。

(3)人为因素造成的损失较多。

总体而言,安装工程一切险的保险费率要高于建筑工程一切险。

9.3.3 工程保险的投保

建设工程项目投保首先要选择保险顾问或保险经纪人,而后确定投保方式和投保发包方式。投保方式是指全部投保还是分别投保,是业主投保还是承包人投保,或者双方各自投保;投保发包方式是指通过招标投保还是议标投保或者直接询价投保。

由于每个建设工程项目的政治、经济、社会及周边环境等背景不一样,建筑工程的承、发包形式也不同,承包单位的技术、管理人员的水平也不尽相同,所以投保人投保方式就有不同的选择。投保方式一般有以下四种情况:

(一)全部承包方式

业主将全部工程承包给某一承包人,该承包人作为建设工程的总负责,负责勘察设计、采购、施工等全部工程环节,最后通过移交钥匙的形式将完工并经竣工验收合格的建筑产品交给业主。在全部承包方式中,由于承包人承担了工程的主要风险责任,故由承包人作为投保人。

(二)部分承包方式

业主负责建设工程的勘察设计并提供部分建筑材料、设备等,承包人负责施工并提供部分建筑材料、设备等。一般是双方各自承担自己部分的风险责任,也可以双方协商,推举一方为投保人,并在合同中写明。

(三)分段承包方式

业主将建设工程分为若干段分别向外发包,承包人之间是互相独立的,没有契约关系。此时,为避免分别投保造成时间和责任的浪费,一般来说应由业主出面承担全部投保建设工程险。

(四)承包人只提供劳务的承包方式

若采用承包人只提供劳务的承包方式,业主承担负责工程项目的设计、供料和现场工程施工技术指导,承包人只提供劳务进行施工,不承担工程项目的风险责任。此时,应由项目的业主进行全部风险的投保。

由于建设工程保险的被保险人有时不止一个,而且每个被保险人各有其本身的权益和责任需要向保险人投保,为避免有关各方相互之间的追偿责任,大部分建设工程保险单附加交叉责任条款,其基本内容就是:各个保险人之间发生的相互责任事故造成的损失,均可由保险人负责赔偿,无须根据各自的责任相互进行追偿。

9.3.4 建设工程保险的理赔

(一)工程保险理赔的程序

工程保险理赔是被保险人的一项权利,一旦出险时应当积极行使,因为保险理赔的原则是"不报不理",如果被保险人不找保险公司理赔,保险公司是不会主动找被保险人理赔的。

被保险人在理赔时还需尽一些附随义务,主要有:损失通知义务、保留现场义务、减少损失义务、损失举证义务。

以上义务与其说是义务,不如说是行使理赔权利的必要步骤,总而言之,理赔中的以下步骤,是实务当中要着重注意的事项。

1. 一旦工程发生自然灾害和意外事故,被保险人应尽快向保险公司报案。

2.出险后被保险人应维护好事故现场,积极进行施救,防止损失进一步扩大,在保险公司到现场查勘情况时协助填写出险通知单。

3.被保险人在事故发生后,按照保单里的有关规定向保险人提供损失清单、凭证、各种有关文件及证明等材料,作为理赔的依据。

4.保险人应根据查勘情况,明确划分保险责任和除外责任,只承担保险责任内的损失。

5.在进行损失财产修理和重建以前,被保险人与保险人就有保险公司负责赔偿的损失财产的损失程度、数量、施救费达成一致意见,避免争议。

6.受损财产修复或重建,应保留修复或重建时所用的材料、工时等凭证、工程量清单等和一切有关的发票、收据。

7.在保险公司的协助下填写财产损失清单。

8.对于大笔的保险责任内的赔偿,若赔偿金额一时难以确定,争取保险公司在可估损的金额里按一定比例先支付给被保险人,以帮助被保险人及时恢复生产。

9.协助保险公司及时收集齐全理赔凭证,和保险公司就赔偿金额达成一致意见,争取尽快获得保险公司支付的理赔保险金。

10.损失赔偿金额一经最终确定,保险双方签订赔偿协议,保险公司在规定的时间内支付赔偿金。

(二)理赔所需材料

在施工过程中事故时有发生,向保险公司报案理赔是理所当然的。《保险法》第二十二条规定,保险事故发生后,依照保险合同请求保险人赔偿或者给付保险金时,投保人、被保险人或者受益人应当向保险人提供其所能提供的与确认保险事故的性质、原因、损失程度等有关的证明和资料。保险人依照保险合同的约定,认为有关的证明和资料不完整的,应当及时一次性通知投保人、被保险人或者收益人补充提供。因此理赔所需要的第一手资料是开展理赔工作的关键。具体如下:出险通知书(加盖被保险人单位公章);赔偿委托书(被保险人加盖单位公章,受托人的身份证原件及复印件);理赔资料。

(1)自然灾害损失提供。影像资料,损失清单,气象或地质灾害证明,进料、发料发票,施工记录,施工交底书及合同文件,并书面说明事故原因及救援情况等。

(2)意外事故损失提供。影像资料,损失清单,施工记录,施工交底书及合同文件,并说明事故原因及救援情况等。

(3)第三者责任事故提供。影像资料,损失清单,受害人员身份证明,涉及人员伤亡的提供住院证明、死亡证明和相关发票,并书面说明事故原因及救援情况等。

(三)理赔注意事项

1.保险公司对索赔事故基本主导思想是修复原则,在理赔过程中大量篇幅是修复内容,忌讳随意推定全损。

2.理赔内容大多是施救、清除残骸、评估、恢复、特别费用(加班、节假日等)、其他措施项。

(1)施救费用组成。人员、机械、相关辅材(包括购置的一些必要用具)。

(2)清除残骸费用组成。人员、机械、相关辅材。

(3)定损应首先确定可修复及不可修复范围,列出明确清单及具体构件修复或重置价格。需重置的说明具体不可修复原因或修复价格高于重置价格原因。

(4)特别费用(加班、节假日等)。根据国家相关政策执行。

(5)其他措施项。依据现场确定。

3.残值处理。必须征求保险公司(公估人)意见,不可随意处理。

9.3.5 建设工程保险与担保的区别和联系

（一）建设工程保险与担保的区别

建设工程担保人,可以是银行、保险公司或专业的工程担保公司。这与《保险法》规定的工程保险人只能是保险公司有着根本的不同。除此之外,两者的区别还表现在以下几个方面:

1.风险对象不同。建设工程担保面对的是"人祸",即人为的违约责任;建设工程保险面对的多为"天灾",即意外事件、自然灾害等。

2.风险方式不同。建设工程保险合同是在投保人和保险人之间签订的,风险转移给了保险人;建设工程担保当事人有三方,即委托人、权利人和担保人。权利人是享受合同保障的人,是受益方。当委托人违约使权利人遭受经济损失时,权利人有权从工程担保人处获得补偿。这就与建设工程保险区别开来,保险是谁投保谁受益,而保证担保的担保人并不受益,受益的是第三方。最重要的在于,委托人并未将风险最终转移给建设工程担保人,而是以代理加反担保的方式将风险抵押给建设工程担保人。也就是说,风险最终承担者仍是委托人自己。

3.风险责任不同。依据《担保法》的规定,委托人对保证人向其权利人支付的任何赔偿,有返还保证人的义务;而依据《保险法》的规定,保险人赔付后是不能向投保人追偿的。

4.风险选择不同。同样作为投保人,建设工程保险的选择相对性较小,只要投保人愿意,一般都可以被保险。建设工程担保则不同,它必须通过资信审查评估等手段选择有资格的委托人。因此,在发达国家,能够轻松地拿到保函,是有信誉、有实力的象征。也正因为如此,通过保证担保可以建立一种严格的建设市场准入机制。

（二）建设工程保险与担保的联系

尽管建设工程担保和工程保险有着根本区别,但两者在工程实践中,却是常常在一起为工程建设发挥着保驾护航的重要作用。建设工程担保和保险是国际市场常用的制度。

我国建设工程担保和工程保险制度还处于探索时期。1998年,建设部建立这个制度作为体制改革的重要内容。同年7月,我国首家专业化工程保证担保公司——长安保证担保公司——挂牌成立。目前,该公司已与中国人民保险公司、国家开发银行、中国民生银行、华夏银行等多家单位展开合作,并已为国家大剧院、广州白云国际机场、中关村科技园区开发建设以及港口、国家粮库等一批重点工程提供投标、履约、预付款和发包人支付等保证担保产品。

9.4 建设工程合同争议管理

合同争议也称合同纠纷,是指在合同履行过程中,合同双方对合同某些条款的理解不一致或因一方或双方违反合同的约定,对各自的权利、义务和责任有不同的主张和要求而引起的争执,包括以下几方面的内容:

（1）合同争议的主体是合同的双方，是因双方就其本身的权利、责任和利益而产生的。争议既可能是由于一方或双方自身过错产生，也可能是由于第三方而产生。在后一种情况下，合同任一方不得以第三方为由对抗另一方。

（2）工程合同争议产生的原因，可能是双方对合同内容理解不一致，如对合同履行的时间、方式、双方的权利和义务等规定理解不同，会引发争议；也可能是单方或双方履行义务不符合合同约定，包括履行质量不高或根本没有履行，例如，发包方未按约定提供条件导致停工，承包方未按规范施工，未采取合理的安全保障措施等。

（3）争议是一种纠纷，这种纠纷对工程的实施及双方的声誉、利益等都将产生影响，应尽早解决。

9.4.1   建设工程合同争议产生的原因

在建设工程合同订立及履行过程中，合同双方产生争议的现象屡见不鲜。建设工程活动涉及勘察、设计、咨询、物资供应、施工安装、竣工验收、缺陷维护等全过程，有的工程项目还涉及设备采购、设备安装及调试、试车投产、人员培训、运营管理等工作内容。所有这些工作的责任和权利都要在合同中明确规定，并得到各方严格履行而不发生任何异议，显然是很困难的。在合同履行过程中，建设工程外部环境及发包人意愿很可能发生变化，这会导致工程变更和合同当事人履约困难，从而引起工程合同的争议。需要指出的是，在工程项目招投标与合同签订期间，业主和承包人的期望值并不一致，业主希望尽可能将合同价格压低并得到严格执行，而承包人为了获得夺标机会，虽然在价格上做出了让步，但寄希望于在合同执行过程中通过其他途径获得额外补偿。这种在项目初期期望值的差异，为后续工程合同的全面履行埋下了隐患。

在建设工程所产生的合同争议中，一旦其中一方怠于或拒绝履行自己应尽的义务，则其与另一方之间的法律争议就在所难免。在某些情况下，合同法律关系当事人都无意违反法律的规定或者合同的约定，但由于他们对于引发相互间法律关系的法律事实有着不同的看法和理解，也可能酿成合同争议；此外，由于合同立法中法律漏洞的存在，也会导致当事人对于合同法律关系和合同法律事实的解释不一致。目前，常见的建设工程合同争议产生的主要原因有：

（一）合同条款不合理或不合法

发包方和承包方通过合同联结到一起，最终目标是把项目成功地做好。为此，在制定和履行合同时双方应当采取积极合作的态度。可是当前，由于国内建筑市场供大于求及部分地区存在地方保护等原因，相当一部分建筑企业施工任务不饱满，企业为了生存，常常采用恶性竞争的手段；发包方则凭借其在建筑市场中相对优势的地位，往往制定十分苛刻的合同条款，有时甚至会无视承包人的合理要求与利益。在项目实施中，承、发包双方由于各自利益的制约，始终不能采取良好合作的态度，发包方想花最少的钱办最好的事，而承包方追求的则是最大的利润或最少的亏损。因此，双方的争议是在所难免的。

（二）合同条款不健全，内容不明确，存在歧义或疏漏

合同条款是合同双方履行权利与义务的依据，合同条款不全或约定不明确是造成合同纠纷最常见、最主要的原因。工程合同的条款一般比较多、比较烦琐，加之某些承发包方缺乏法律意识和自我保护意识，往往造成合同条款的完整性、严密性不足，甚至存在一些错误

或疏漏,这些问题的存在,极易引起双方的合同纠纷。

(三)项目管理不到位,不规范,签证不及时

现场签证是指施工现场由双方代表共同签认,用以证实施工活动中某些特殊情况的一种书面手续,其作用是为工程结算和索赔与反索赔提供依据。但在实际运作中,有的发包方经常只发布口头指令,而疏于及时用书面形式发布指令或对索赔进行书面的答复,而承包方也未及时要求发包方补签。待工程结算时,有的给予补签,有的则不予认可,而且补签的内容也不一定准确,造成承包方和发包方在结算时矛盾重重,纠纷不断。

(四)双方管理人员所处位置的不同和自身专业水平的差异

合同管理是一项专业性强、技术要求高的工作。合同管理人员需要精通专业理论知识,熟悉国家及行业内的相关法律、法规、文件,熟悉工程量清单计价规范、定额及费用规定,熟悉建筑项目的运作规律,能够准确计量工程量,了解施工工艺、建筑材料行情等。由于合同管理人员所处的位置不同及水平差异,因而对合同的理解,对结算的编审结果存在不同程度的差距也是正常的。这种差距可能是主观的,比如有意地高估冒算或压低造价;也可能是客观的,比如信息不完整或水平差异引起的项目少报、漏报或未能将不合理的项目审减等。这种争议一般只是过程中短暂出现的,并随着双方进一步的沟通而逐渐一致的。

(五)缺乏专业的合同管理人员

合同管理人员不仅要通晓法律知识,还要熟悉建筑项目的运作规律。目前这类人才严重缺乏。

9.4.2 建设工程合同争议的解决方式

根据《合同法》规定,建设工程合同争议当事人可以通过和解或者调解解决。当事人不愿和解、调解或者和解、调解不成的,可以根据仲裁协议向仲裁机构申请仲裁。涉外合同的当事人可以根据仲裁协议向中国仲裁机构或者其他仲裁机构申请仲裁。当事人没有订立仲裁协议或者仲裁协议无效的,可以向人民法院起诉。当事人应当履行发生法律效力的判决、仲裁裁决、调解书;拒不履行的,对方可以请求人民法院执行。

据此,建设工程合同争议的法律解决途径主要有四种:即和解、调解、仲裁和诉讼。此外,监理工程师也可以处理建设工程合同争议。

(一)监理工程师的决定

无论在工程实施期间,还是在工程完工后,或者合同废弃与终止,如果业主与承包人之间对有关合同或起因于合同工的工程实施过程存在任何争议,首先应该将争议的事实用书面形式提交给工程师,并给另一方复印一份。工程师在接到争议材料后的42天内,将自己的裁定通知业主和承包人。

在国际工程实践中,人们对目前常用的监理工程师裁决争议的方法提出批评。因为监理工程师作为第一调解人,在合同执行中决定价格的调整以及工期和费用补偿。但是由于以下原因,监理工程师的公正性常常不能保证:

(1)监理工程师受雇于业主,为业主服务,在争议解决中更倾向于业主。

(2)有些干扰事件直接是监理工程师的责任造成的,例如,下达错误的指令、工程管理失误、拖延发布图纸和批准等。然而,监理工程师从自身的责任和面子等角度出发会不公正地对待承包人的索赔要求。

（3）在许多工程中,前期工程咨询、勘察设计和监理由一个单位承担,可以保证项目管理的连续性,但会对承包人产生极其不利的影响,例如,计划错误、勘察设计不全,监理工程师有时会从自己的角度出发,不能正确对待承包人的索赔要求。

（二）和解

和解是民事纠纷的当事人在自愿互谅的基础上,就已经发生的争议进行协商、妥协或让步达成协议,无须第三方介入,完全自行解决争议的一种方式。它不仅从形式上,而且从心理上消除了当事人之间的对抗。和解可以在民事纠纷的任何阶段进行,无论是否已经进入诉讼或仲裁程序,只要终审裁判未生效或者仲裁裁决未做出,当事人均可自行和解。例如,诉讼当事人之间为处理和结束诉讼而达成了解决争议问题的妥协或协议,其结果是撤回起诉或终止诉讼而无须判决。和解也可以与仲裁、诉讼程序相结合:当事人达成和解协议的,已提请仲裁的,可以请求仲裁庭根据和解协议做出裁决书或调解书;已提起诉讼的,可以请求法庭在和解协议基础上制作调解书,或者由当事人双方达成和解协议,由法院记录在卷。

需要注意的是,和解达成的协议不具有强制执行力,在性质上仍属于当事人之间的约定。如果一方当事人不按照和解协议执行,另一方当事人不能直接申请法院强制执行,但可要求对方承担不履行和解协议的违约责任。

（三）调解

调解是指由当事人以外的调解组织或者个人主持,按照法律和行政法规的规定,在查明事实和分清是非的基础上,通过说服引导,促进当事人互谅互让,友好地解决争议。其特点在于简便易行,能及时解决纠纷,节省时间,节省仲裁或者诉讼费用,有利于双方的继续协作,是当事人解决合同争议的首选方式。

在我国,调解的主要方式有民间调解、行政调解、法院调解及仲裁调解。

1. 民间调解

民间调解即在当事人以外的第三人或组织的主持下,通过相互谅解,使纠纷得到解决的方式。民间调解达成的协议不具有强制约束力。

2. 行政调解

行政调解是指在有关行政机关的主持下,依据相关法律、行政法规、规章及政策,处理纠纷的方式。行政调解达成的协议也不具有强制约束力。

3. 法院调解

法院调解是指在人民法院的主持下,在双方当事人自愿的基础上,以制作调解书的形式,从而解决纠纷的方式。调解书经双方当事人签收后,即具有法律效力。

4. 仲裁调解

仲裁调解是指仲裁庭在做出裁决前进行调解的解决纠纷的方式。当事人自愿调解的,仲裁庭应当调解。仲裁调解达成协议的,仲裁庭应当制作调解书或者根据协议的结果制定裁决书。调解书与裁决书具有同等法律效力,调解书经当事人签收后即发生法律效力。

（四）仲裁

仲裁,建设工程合同争议双方如果不愿意和解、调解,或者和解、调解不成功,可以根据达成的仲裁协议,将合同争议提交仲裁机构仲裁。仲裁是指经济合同仲裁机构依据经济合同仲裁法或规则,对经济合同双方的争议,做出具有法律约束力的裁决行为。双方可以协议选定仲裁机构以及仲裁员。相比直接协商,仲裁的时间长,费用相对也高,而且进入仲裁程序以后,仍然采取仲裁与调解相结合的方法,首先着力于以调解方式解决,先调解,后仲裁。提请仲裁的前提是合同双方已经订立了仲裁协议,没有订立仲裁协议,不能申请仲裁。合同双方可以在仲裁协议中约定在发生争议后到国内的任何一家仲裁机构仲裁,对仲裁机构的选定不受级别管辖和地域管辖限制。

(五)诉讼

诉讼,是指当事人依法请求人民法院行使审判权,审理双方之间发生的合同争议,做出具有国家强制力保证实现其合法权益,从而解决合同争议的审判活动。如果合同双方没有在合同中订立仲裁条款,发生争议后也没有达成书面的仲裁协议,或者达成的仲裁协议无效,合同的任何一方都可向人民法院提起诉讼。向人民法院提起合同案诉讼,应依照《民事诉讼法》的规定进行。它不必以双方的相互同意为依据,只要不存在有效的仲裁协议,任何一方都有权向管辖区的法院提起诉讼。如双方达成仲裁协议,选择由仲裁机构仲裁的,人民法院不予受理。经过诉讼程序或者仲裁程序产生的具有法律效力的判决、仲裁裁决或调解书,当事人应当履行。

根据有关规定,在工程争议解决方式的选择过程中,一方面,当事人达成仲裁协议,选择由仲裁机构仲裁的,人民法院则失去了对该双方当事人争议案件的管辖权,人民法院不予受理。仲裁裁决做出后,当事人就同一纠纷向人民法院起诉的,人民法院也不予受理。另一方面,诉讼对仲裁有监督作用。

为更好地解决建筑工程项目争议,除需要政府和各界人士的协力合作外,主要在于建筑各行业和从业人员本身要强化合同意识,认真研究有关法律规定,多花工夫在合同的签约审查和履约把关上,养成以合同来履行义务,要求权利,以法律途径来解决争议的习惯。

9.4.3 规避合同争议措施

(一)各行业和从业人员要增强法律意识

各行业和从业人员要树立法律意识,深入学习和理解合同管理中的相关法律知识,提高利用法律来解决问题的能力。各行业的领导、各个层面的管理者都应有足够的法律知识,在单位上下营造一个人人懂法律,人人会用法律的氛围,不断提高整个行业依法进行合同管理的水平,从而增强各行业自主利用法律维护自身合法权益的能力。

(二)培养专业的合同管理人员

要着力培养能够胜任建设工程合同管理的专业人才,提高依据合同进行工程项目管理的能力和水平,尽量避免由于专业水平欠缺和工作疏漏而引起的不必要的争议。即使遇到争议,合同管理人员也能凭借自身的专业知识和能力,使争议得到妥善合理的解决。

(三)强化企业的诚信建设

诚信,顾名思义就是诚实守信。企业的诚信状况不仅直接关系到自身的信誉度,也影响社会整体的诚信建设。在现代社会中,诚信已经成为一个企业生存发展的根本,只有赢得了优良的市场信誉,才能更好地争取客户,进而最大限度地占领市场。所以,企业要做大做强,加强诚信建设是非常必要的。

（四）强化合同管理，加强事前和事中控制

在合同执行过程中，因合同不完整及疏漏造成工程经济纠纷的情况时有发生，而事前和事中控制往往比事后弥补更有效。因此，一方面业主与承包人要在前期签订较为周全、合理、规范的合同；另一方面，双方要在施工过程中充分依据合同及时处理和解决出现的争议。

（五）增强各行业应诉的主动性

当争议出现时，各行业要养成根据有关法律和规定对问题进行分析，利用有关法律和规定争取自己权益的习惯；再者，要着力培养和储备一批熟悉专业、精通法律的人才，在争议出现时，他们能够准确运用相关法律条款，结合工程实际问题做出理智和符合法律的判断，并能采取切实可行的方式解决争议，自觉维护各行业的合法权益。在建设工程管理过程中争议的出现是不可避免的，各种争议解决方式有其不同的特点和法律效力。各行业应根据争议的内容和程度，依据相应的法律、法规选择最有利于自身权益的争议解决方式。同时，各行业领导和各层面的管理人员要熟悉和掌握法律、法规，增强法律意识；要勇于学习和借鉴国外先进的管理模式和解决争议的方法，不断增强自身的管理水平和积极应对各种争议的能力。当争议发生时，能够正确地选择有效的争议解决方式，妥善解决所发生的争议，达到维护合法权益的目的。

本章小结 >>>

本章着重介绍建设工程合同的风险管理、担保合同管理、保险合同管理以及合同的争议管理，包括合同争议的产生原因和解决方式。

复习思考题 >>>

1. 分析建设工程合同自身的特点与履行环境带来的风险。

2. 如何控制与转移风险？

3. 什么是担保？担保有哪些法律特征？

4. 担保方式有哪些？

5. 什么是保证？保证方式有哪些？

6. 保证合同的内容有哪些？

7. 什么是抵押？哪些财产可以抵押？

8. 什么是质押？质押有哪几种？

9. 工程担保合同的风险管理应注意哪些问题？

10. 工程保险的含义是什么？有什么特点？

11. 如何对保险合同进行管理？

12. 建设工程合同争议的常见类型有哪些？

13. 什么是仲裁？有哪些特点？

14. 什么是诉讼？有什么特征？

第10章

建设工程合同索赔管理

学习目标 >>>

　　本章介绍了索赔的基本概念及其产生的原因、索赔的分类、特点、作用及条件；并详细阐述了索赔的工作程序以及索赔时使用的各种文件，包括索赔证据和索赔报告；重点介绍了费用索赔和工期索赔的处理和计算方法；最后介绍了反索赔的概念、工作内容和工作程序。通过本章的学习，学生应了解索赔的概念、分类及特点；熟悉索赔与反索赔的工作程序、索赔证据的要求和种类、索赔报告的格式和内容；重点掌握工期索赔、费用索赔的处理与计算方法，能根据实际案例分析并求出索赔值。

10.1　工程索赔概述

10.1.1　索赔的基本概念

（一）索赔的含义

　　"索赔"（Claim）一词具有较为广泛的含义，其一般含义是指对某事、某物权利的一种主张、要求、坚持等。工程索赔是指在建设工程合同的实施过程中，合同当事人一方因非自身因素或对方未履行或未能正确履行合同所规定的义务而受到经济损失或权利损害时，通过一定的合法程序向对方提出的赔偿要求。

　　由于工程建设的复杂性，索赔事件的发生是难以避免的，对于工程承包施工来说，索赔是一种正常的商务手段，是维护施工合同签约双方合法权益的一项根本性管理措施，是合同管理的重要组成部分。对于合同当事人来说，索赔是合同和法律赋予合同当事人的权利，是一种正当的权利或要求,是保护和捍卫自身正当利益的重要手段,它是在正确履行合同的基础上争取合理的偿付,而并不是无中生有,无理争利,如果索赔运用得力,可变不利为有利,变被动为主动。

(二)索赔的特点

1. 索赔的依据是法律法规及合同文件

索赔的成功在于是否可以找到有利于自己的证据和法律条文。当合同当事人一方向另一方提出索赔要求时,必须要有合理、合法的证据,否则索赔是不可能成功的。证据主要包括合同履行地的法律法规、规章政策、合同文件以及工程建设交易习惯,当然,最主要的依据是合同文件。

2. 索赔是双向的

合同当事人双方索赔的权利是平等的,在实际工程中,不仅承包商可以向业主索赔,业主也可以向承包商索赔。由于在实践中,业主向承包商索赔的频率较低,而且业主在索赔处理中处于主动和有利地位,他们可以直接从支付给承包商的工程款中扣取相关费用以达到索赔的目的,因此,工程中最常见、最具代表性、处理比较困难的是承包商向业主的索赔,因此,承包商向业主的索赔是索赔管理的重点和主要对象。

3. 只有实际发生了经济损失或权利损害,一方才能向对方索赔

经济损失是指由于对方因素造成的合同外的额外支出,如人工费、材料费、机械费等额外支出;权利损害是指虽然没有经济上的损失,但造成了一方权利的损害,如恶劣的气候条件导致工期拖延,承包商有权要求工期延长。因此,实际的经济损失或权利损害是提出索赔的基本前提条件。

4. 索赔是一种未经对方确认的单方行为

在合同履行过程中,只要符合索赔的条件,一方可以随时向另一方进行索赔,不必事先经过对方的认可,至于索赔能否成功及索赔值如何则应根据索赔的证据等具体情况而定。单方行为是指一方向另一方的索赔何时进行,针对哪些事情可以进行索赔,当事人双方事先没有约定,只要符合索赔条件,就可以启动索赔程序。

(三)索赔的目的

在建设工程合同管理中,索赔的目的主要有两个:工期延长和费用补偿。

1. 工期延长

在承包合同中,都会明确说明工期(开始时间和持续时间)以及工期延误的罚款条款。如果工期延误是由于承包商管理不善造成的,则承包商必须承担责任,并接受合同规定的处罚。如果是因为外界干扰引起的工期延误,则承包商可以通过索赔,达到业主对于工期延长认可的目的,从而免去自身的合同处罚。

2. 费用补偿

由于非承包商自身因素造成的工程成本的增加,使承包商蒙受经济损失,他可以根据合同相关规定提出费用索赔的要求,如果该要求得到业主的认可,则业主应向承包商追加支付这笔费用。费用索赔实质上是承包商通过索赔提高了合同价格,费用索赔通常不仅可以弥补损失,而且还能增加工程利润。

10.1.2 索赔产生的原因

由于工程项目具有特殊性、工程项目内外部环境具有复杂性和多变性、工程合同具有复杂性及易出错性等原因,在工程建设项目中,索赔是经常发生的,而引起索赔的原因也非常多,具体包括以下几个方面:

（一）合同当事人违约

合同当事人违约表现为合同当事人一方没有按照合同约定履行自己的义务,从而造成另一方发起索赔。

1. 发包人违约

主要表现为:发包人未能按照合同规定的时间和要求提供施工场地、创造施工条件;未能按照合同约定提供应提供的材料及设备;未能按照合同规定的时间和数额支付工程款等。

2. 承包人违约

主要表现为:没有按照合同约定的质量、期限完成施工,或者由于不当行为给发包人造成其他损害等。

3. 工程师指令

工程师指令若与合同不一致,有时也会产生索赔,如工程师指令承包人加速施工、更换某种材料、进行某项工作等。

（二）合同变更与合同缺陷

1. 合同变更

合同变更是指在合同履行过程中,合同当事人一方要求对合同范围内的内容进行修改或补充。合同变更主要内容有:设计变更、施工方法变更、追加或取消某些工作、工程师及委派人的指令等。合同变更为承包人提供了索赔机会,每一个变更事项都有可能成为索赔依据。

2. 合同缺陷

合同缺陷是指当事人双方所签订的合同在实施阶段才发现的、合同本身存在的、现时已很难再做修改或补充的问题。合同缺陷常常表现为合同条款用语含糊、不够准确;合同条款中存在遗漏;合同条款之间存在矛盾等。而施工合同缺陷的解决往往是与施工索赔及解决合同争议联系在一起的。

（三）不可预见性因素

1. 不可抗力事件

不可抗力事件可以分为两种:自然事件和社会事件。自然事件主要是指不利的自然条件和客观障碍。例如,承包人在施工过程中遇到了业主提供的资料中未提及的、事先经现场调查都无法发现的、无法预料的情况,如断层、溶洞、地下水及其他人工构筑物类障碍等。社会事件主要包括国家政策、法规的变化、战争、罢工等。例如,国家调整关于建设银行贷款利息、工程造价管理部门发布建筑工程材料预算价格调整等政策对建筑工程的造价必然会产生影响,如果政策及法规的颁布使得工程造价上升,则承包人可依法向发包人提出补偿要求,反之则发包人受益。

2. 其他第三方原因

工程建设项目的参与方众多,各参与方之间相互联系又相互影响,因此只要一方失误,不仅会造成自己的损失,还会影响其他参与方之间的合作。其他第三方原因就是指与工程有关的合同双方当事人之外的第三方所发生的问题对工程施工带来的不利影响。

10.1.3　索赔的分类

(一)按索赔的依据分类

1. 合同内索赔

合同内索赔是指索赔所涉及的内容可以在所实施的合同条款中找到依据,并且可以根据合同条款明确划分责任。一般来说,合同内索赔的处理解决相对容易。

2. 合同外索赔

合同外索赔是指索赔所涉及的内容难以在所实施的合同条款中找到依据,但可以从合同的引申含义以及相关法律法规中找到索赔的依据。

(二)按索赔发生的原因分类

1. 当事人违约索赔

如业主未能按照合同规定提供施工条件(设计图纸、技术资料、场地、道路等);工程师没有正确行使合同赋予的权利,下达错误指令或拖延下达指令,工程管理失误;业主没有按照合同规定按时支付工程款等。

2. 合同变更索赔

如业主或工程师指令暂停施工、修改设计、增加或减少工程量、变更施工方法和施工顺序、增加或删除部分工程;合同条款存在缺陷,双方协商签订新的附加协议、备忘录、修正案等。

3. 工程环境变化索赔

工程环境与合同订立时预计的不一样,如在现场遇到了一个有经验的承包商通常不能预见到的不利施工条件或外部障碍,地质与预计的(或业主所提供的资料)不同,出现了未预见到的岩石、地下水、溶洞等。

4. 不可抗力因素索赔

如货币贬值、汇率变化、物价上涨、国家政策法令变化等;反常的气候条件、洪水、地震、战争、经济封锁等。

(三)按索赔事件的性质分类

1. 工期拖延索赔

由于发包人没有按照合同规定提供施工条件,如没有及时交付设计图纸、技术资料、施工现场、道路等;或由于非承包商原因,业主指令工程暂停实施;或由于其他不可抗力事件作用,而造成工期拖延的,承包商对此提出索赔。

2. 工程变更索赔

由于发包人或工程师指令修改设计、变更施工顺序、增加或减少工程量、增加或删除部分工程等,造成工期延长和费用增加,承包商对此提出索赔。

3. 工程终止索赔

由于某种原因,如发包人或承包人违约、受不可抗力因素影响等,造成工程非正常终止,无责任的受害方因其蒙受经济损失而提出索赔。

4. 工程加速索赔

由于发包人或工程师指令承包商加快施工速度,缩短工期,引起承包商产生额外开支,承包商对此提出索赔。

5.意外风险和不可预见因素索赔

在工程实施过程中,承包商在现场遇到了人力不可抗拒的自然灾害或一个有经验的承包商通常不能预见到的不利施工条件或外部障碍,如地下水、地质断层、淤泥等而引起的索赔。

6.其他索赔

如因货币贬值、汇率变化、物价上涨、国家政策调整、法令法规变化等原因引起的索赔。

(四)按索赔的处理方式分类

1.单项索赔

单项索赔是针对某一干扰事件(即索赔事件)提出的。在合同履行过程中,当干扰事件发生时或发生后,合同管理人员立即进行索赔处理,并在合同规定的索赔有效期内向业主或工程师提交索赔意向书和报告。单项索赔通常涉及的内容比较单一、分析比较容易,处理起来也比较简单。但是也可能存在单项索赔额巨大、处理起来较为麻烦的事件,例如,工程中断、工程终止等事件引起的索赔。

2.综合索赔

综合索赔又称为一揽子索赔,这是国际工程中经常采用的索赔处理方法。综合索赔是指在工程竣工前,承包商将施工过程中按合同规定程序提出但由于各种原因尚未得到解决的单项索赔集中起来,提出一份综合索赔报告,合同双方在工程交付前后进行最后的谈判,以一揽子方案解决索赔问题。综合索赔一般都是单项索赔中遗留下来的比较复杂的、意见分歧较大的、不能立即解决的难题。

10.1.4 索赔的作用及条件

(一)索赔的作用

1.索赔是合同正常实施的保证

当事人一旦签订了合同,双方即产生了权利和义务关系,这种关系是受法律约束的,双方应认真履行自己的责任及义务。索赔是合同法律效力的具体体现,对合同双方形成约束条件,如果没有索赔及其相关法律规定,合同就形同虚设,难以对合同双方形成约束,进而使得合同的履行得不到保证,进一步导致社会失去正常的经济秩序。同时,索赔能对违约者起到警诫作用,使得违约方考虑到违约的后果,从而尽量避免违约行为。

2.索赔是落实和调整合同双方经济责权利关系的手段

合同双方有权利,也有利益,同时就应该承担相应的经济责任。若有一方未履行责任,构成违约行为,造成对方损失,就应当承担相应的合同处罚,予以赔偿。离开了索赔,合同责任和权利就无法全面体现,合同双方的责权利关系就难以平衡。

3.索赔是合同和法律赋予受损失者的权利

索赔是合同当事人保护自己、避免损失、增加利润、维护自身正当权益的重要手段。在建筑承包工程中,如果承包商不精通索赔业务,不能进行有效的索赔,往往会使损失得不到合理且及时的补偿,进而影响其正常的生产经营,严重的话可能导致破产。

4.索赔实质上是承包商和业主之间工程风险承担比例的合理再分配

由于当前国际建筑市场的竞争非常激烈,承包商为了取得项目,不得不选择压低报价,以低价中标,这就导致了自身风险的增加。而业主为了节约投资成本,往往会与承包商讨价还价,并且会在招标文件中提出一些苛刻的要求,使得承包商处于不利地位,承包风险加大。

因此,工程承包过程存在着明显的风险不对称,承包商承担的风险过大,而承包商的主要对策之一就是通过工程索赔来保护自己,减少或转移工程风险,从而减小或避免损失,赢得利润。

5.索赔有助于提高企业和工程项目管理水平

索赔成功的关键是加强企业和工程项目管理,提高自身的管理水平。如果承包商企业管理松散混乱、成本控制不力、计划实施不严,则其很难提出或提好索赔,例如,没有正确的工程进度网络计划,就难以证明工期延误的发生及天数。因此,索赔会促使企业不断提高自身的工程项目管理水平。

(二)索赔的条件

索赔的最终目标在于保护自身利益、减少损失(报价低也是一种损失)、避免亏本,在合同履行过程中,要想取得索赔的成功,当事人一方向另一方的索赔应满足一些基本条件,具体如下:

1.客观性

客观性是指不符合或违反合同规定的干扰事件确实存在,并且该干扰事件确实对另一方带来了影响,如干扰事件确实对承包商的工期和成本带来了影响,即干扰事件及其影响是客观存在的,是有确凿的证据足以证明的。

2.合法性

合法性是指索赔要求必须符合双方所签订的合同的规定,即若干扰事件是由非自身责任引起的,则对方应按照合同条款规定给予赔偿。合同是工程中的最高法律,由它来判定干扰事件的责任由谁承担、承担什么样的责任、应赔偿多少等。

3.合理性

合理性是指索赔要求要合情合理,符合合同规定,符合实际情况,要真实反映由于干扰事件引起的实际损失。在进行索赔值计算时,要符合合同规定的计算方法和计算基础,要符合公认的会计核算准则,要符合工程惯例。

4.及时性

当出现索赔事件时,受损方应在合同规定的时间内提出索赔意向通知,并在索赔事件结束后的一段时间内提出正式索赔报告,如果没有在规定时间内提出索赔,则失去索赔的机会。我国施工合同文本规定:在出现索赔事件后的 28 天内提出意向通知,在索赔事件结束后的 28 天内提出索赔正式索赔报告,否则失去索赔的机会。

10.2　索赔的处理与解决

10.2.1　索赔的证据

索赔的证据是关系索赔成败的重要文件之一,证据不足或没有证据,索赔是不能成立的。证据也是对方反索赔攻击的重点之一,因此索赔方必须有足够的证据证明自己的索赔要求。

（一）索赔证据的基本要求

1. 真实性

索赔证据必须是实际施工过程中产生的，完全反映真实情况的，能经受得住对方推敲的真实资料。在工程项目中，合同双方都会进行合同管理，都会收集工程资料，都会对施工过程进行监督，因此，双方应有相同的证据材料，即使对某些细节问题存在纪录不明确的问题，也应该与对方协商求得共识。编造证据、使用不实或虚假证据是违反职业道德甚至是违法的。

2. 全面性

全面性是指所提供的证据能说明索赔事件的全过程，不能只有事件起因的证据而没有持续影响的证据。索赔报告中涉及的干扰事件、影响、索赔理由、索赔值等都应有相对应的证据，证据不能零乱无序、含糊不清或支离破碎，否则业主会退回索赔报告并要求重新补充证据。这样不仅会拖延索赔的解决，而且会损害承包商在索赔中的有利地位。

3. 具有法律证明效力

索赔证据必须具有法律证明效力，特别是对要递交给仲裁机构的索赔报告更应注意这一点。通常情况下：

（1）索赔证据必须是当时的书面文件，一切口头承诺、口头协议都不具有法律效力。

（2）对于双方达成的合同变更协议、会议纪要等，都必须有双方代表签字。一般商讨性、意向性的意见或建议不具有法律效力。

（3）工程中的重大事件、特殊情况的记录应当有工程师的签署认可。

（4）索赔证据必须符合国家法律的规定。如果双方所签订的协议、变更协议、会议纪要等关键内容不符合国家法律规定，即使有双方的签字认可，也不具有法律效力。

4. 及时性

证据作为索赔报告的一部分，一般是和索赔报告一起交付业主，FIDIC 条款中规定，承包商应向工程师递交一份说明索赔款额及提出索赔依据的"详细材料"。

证据是工程或其他活动发生时纪录或产生的文件和合同双方信息沟通的资料等。除了专门规定外（如 FIDIC 合同中，对工程师口头指令的书面确认），后补的证据一般不容易被认可。当干扰事件发生时，承包商应有同期记录，这对之后提出索赔要求以及支持索赔理由都是非常有必要的。而工程师在收到索赔意向通知后，应对同期记录进行审查，并可指令承包商保持合理的同期记录，承包商应邀请工程师检查上述记录，并询问是否还需做其他记录。按工程师的要求做记录对承包商来说是有利的。

（二）索赔证据的种类

在工程项目实施过程中，常见的索赔证据有：

（1）招标文件、合同文本及附件。

（2）来往信件、电话记录、指令、信函、通知、答复信等。

（3）会议纪要、协议及其他各种签约、谈话资料等。

（4）施工进度计划和实际施工记录。

（5）施工现场的工程文件。

（6）工程有关施工部位的照片、录像等。

（7）气候报告和资料等。

(8)工程各项经业主或工程师签认的签证。

(9)各种检查验收报告和技术鉴定报告。

(10)投标前业主提供的参考资料和现场资料。

在工程项目实施过程中,会产生大量的工程资料,这些资料信息是开展索赔的重要依据,因此,在项目施工过程中,应坚持做好资料累积工作。对于可能会发生索赔的工程项目,从一开始施工时就要格外注意收集证据材料,妥善保管开支收据,系统地拍摄施工现场,有意识地为索赔积累所必要的证据材料。

10.2.2　索赔工作程序

索赔工作程序是指从出现索赔事件到最终处理的全过程所包含的工作内容及工作步骤,具体程序如图 10-1 所示(承包商向业主索赔的程序)。

(一)提出索赔意向通知书

在干扰事件发生后,承包商应抓住索赔机会,在合同规定的时间内,向业主或工程师提交索赔意向通知书,即向业主或工程师就具体的索赔事件表示索赔愿望、要求或声明保留索赔的权利。FIDIC 合同条件和我国建设工程施工合同条件都规定:承包商应在索赔事件发生后的 28 天内,向业主发出索赔意向通知书。如果超出合同期限,承包商就会丧失在索赔中的主动和有利地位,业主有权拒绝承包商的索赔要求,导致索赔无效。

(二)准备索赔资料及文件

从发出索赔意向通知书到提交索赔报告,是属于承包商索赔的内部处理阶段和索赔资料准备阶段。这一阶段,承包商的主要工作有:

1.跟踪和调查影响事件

对干扰事件进行详细地调查和跟踪,了解事件产生的经过、前因后果,掌握事件的详细情况。

2.分析干扰事件产生的原因,划分责任

即分析干扰事件是由谁引起的,它的责任应当由谁来承担。如果干扰事件的责任是多方面的,则必须进行责任分解,划分各方的责任范围,按责任大小来分担损失。

3.查找索赔理由

索赔理由主要是指合同条文,必须根据合同规定来判断干扰事件是否违约,是否在合同规定的赔偿或补偿范围内。因为只有符合合同规定的索赔要求才有合法性,才能成立,因此,承包商必须全面分析合同,对一些特殊事件还必须进行合同扩展分析。

4.损失调查及计算

即分析干扰事件带来的影响,该影响主要表现为工期的延长和费用的增加,因此可以通过比较实际和计划的施工进度和工程成本,分析经济损失的范围和大小,并由此计算出索赔费用和工期索赔值。索赔是以赔偿实际损失为原则,如果干扰事件不造成实际损失,则不存在索赔。

5.收集证据

在干扰事件发生、持续直至结束的全部过程中,承包商需要按照工程师的要求做好并且一直保持完整的当时记录,并接受工程师的审查,这是索赔成功的关键。证据是索赔有效的前提条件,如果在索赔报告中不能提供索赔的证据,索赔要求是不能成立的。在实际工程中,许多索赔要求都是因为承包商没有或缺少书面证据而得不到合理解决,因此,承包商必须高度重视索赔证据的收集工作。

6. 起草索赔报告

当完成上述各项工作之后,就需要起草索赔报告,索赔报告是按照一定的格式和内容,将上述各项工作结果系统地反映出来,表达承包商的索赔要求和支持该要求的详细依据。

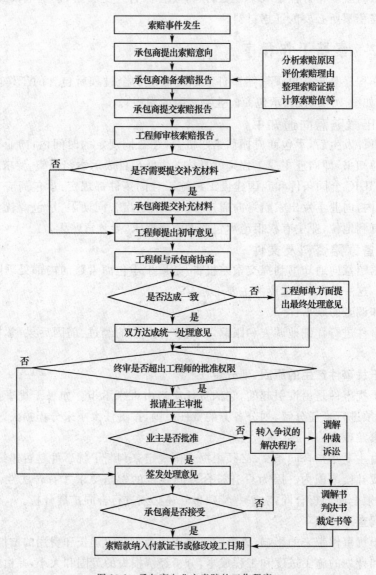

图 10-1　承包商向业主索赔的工作程序

(三)提交索赔报告

承包商必须在合同规定的时间内向工程师或业主提交正式的书面索赔文件,即索赔报告。FIDIC 合同条件和我国建设工程施工合同条件都规定:承包商必须在发出索赔意向通知书后的 28 天内,或其他经工程师同意的合理时间内递交详细的索赔报告。如果干扰事件对工程的影响持续的时间较长,则承包商应当按照工程师的要求进行合理间隔,提交中间索赔报告,并在干扰事件影响结束后的28天内提交一份最终索赔报告。

(四)工程师(业主)对索赔报告进行审核

在实际工程实施工程中,业主会委托和聘请工程师来对工程项目的实施进行监督和控制。当承包商提交索赔报告后,工程师根据业主的委托或授权,对索赔报告进行审查,主要是审查索赔事件是否成立以及索赔值计算是否准确合理。

1.首先是审查索赔事件是否成立,主要审查以下四个方面内容:

(1)以合同相比,已经造成了实际的额外费用增加或工期延误。

(2)不是由于承包商自身原因导致的费用增加或工期延误。

(3)损失不是由承包商应承担的风险所造成的。

(4)承包商在合同规定期限内递交了书面的索赔意向通知书和索赔报告。

只有同时满足了上述四个条件,承包商的索赔才能成立。

2.当索赔事件经审查成立后,再审查证据及索赔值是否合理。

(1)工程师需要重点审查承包商的索赔要求是否有理有据、是否有合同依据、所提供的证据是否能证明索赔要求成立,如果觉得理由不够充分或证据不足,可以要求承包商做出解释,或提交其他补充材料等。

(2)工程师需要公正、科学地审核承包商的索赔值,判断索赔值的计算是否准确合理,剔除其中的不合理部分,确定索赔金额和工期延长天数。

我国建设工程合同条件规定:在承包商提交索赔报告后的28天内(FIDIC合同规定是42天),工程师必须对承包商的索赔要求给予答复,或要求承包商进一步补充材料。若工程师在收到索赔报告后的28天内未做出答复或对承包商做进一步的要求,则视为该项索赔已经得到认可。对于工程师和业主认可的索赔要求,承包商有权在工程进度付款中获得支付。

(五)索赔的处理与解决

工程师审核完成,与承包商进行充分讨论后,会提出初步的索赔处理意见,并提交给业主。业主参考工程师的处理意见,与承包商再次进行谈判,工程师也需要参与谈判,三方就索赔的解决进行磋商,最终根据谈判达成索赔处理的一致意见。如果业主和承包商无法通过谈判达成一致意见,则可以将索赔争议提交仲裁或诉讼,使索赔问题得到最终解决。

10.2.3　索赔报告

(一)索赔报告的基本要求

索赔报告是向对方提出索赔的最重要的书面文件,是承包商对索赔事件的内部处理结果,因此索赔报告应具有说服力,合情合理,有理有据,逻辑性强,能说服业主、工程师、调解人和仲裁人,从而使索赔获得成功。编写索赔报告的基本要求有:

1.索赔事件是真实的。这是索赔的基本要求,对于干扰事件带来的损失应当符合实际情况,不能虚构和夸大,更不能无中生有,因为这关乎承包商的基本信誉和索赔的成败,不可含糊。索赔报告中所提到的干扰事件、影响及索赔要求等都要有合同条款的支持和得力的证据来证明,这些证据应当附在索赔报告之后。索赔金额的计算必须采用科学的计算方法,报告中不能出现"大约""大概""也许"等不确定的、具有猜测性的词汇,否则会使业主产生怀疑,影响索赔结果。

2.责任分析应该清楚明确。一般索赔报告中的干扰事件都是由对方引起的,应当由对方承担责任,因此在索赔报告中,需要明确说明责任应该全部由对方承担,并且要充分引用合同中的有关条款,为自己的索赔要求引证合同依据,绝对不能在报告中采用模糊的字眼和自我批评式的语言,否则,会丧失自己在索赔中的有利地位。

3.在索赔报告中应该强调:索赔事件的不可预见性和突发性;在索赔事件发生后承包商已经立即将情况通知了工程师;事件发生后,承包商采取了挽救措施;由于索赔事件的影响,使承包商的施工过程受到了严重干扰,使工期延误,费用增加。强调这些是为了使索赔理由更加充分,使业主更易于接受承包商的索赔要求。

4.索赔报告内容应当组织合理、条理清晰、结论定义准确且有逻辑性,将索赔要求与干扰事件的责任、合同条款及事件影响连成一条完整的链,既能完整地反映索赔要求,又简明扼要,使对方快速理解索赔的本质。而且,索赔报告中应列入索赔值的详细计算材料,反复审核计算结果,确保准确无误。

5.索赔报告中要用词委婉,避免使用强硬的、不友好的、抗议式的语言。如不宜使用"你方违反合同条款,使我方受到严重损害,因此我方提出……",适宜使用"请求贵方做出公平合理的调整""请在……合同条款下考虑我方的要求"。不能因为言辞过于强硬而伤了和气和感情,导致索赔的失败。

(二)索赔报告的格式和内容

在实际工作中,索赔报告通常包括三个部分:

1.承包商或其授权人致业主或工程师的信。在信中简要介绍索赔的要求、干扰事件的经过和索赔理由等。

2.报告正文。主要包括题目、事件、理由、影响和结论五个部分。

(1)题目。说明是针对什么提出的索赔,题目应该能简要、准确地概括索赔的中心内容,如"关于×××事件的索赔"。

(2)事件。详细描述事件过程,包括事件发生的时间、工程部位、原因和经过、事件影响的范围及持续时间、事件过程中己方采取的措施及办理的有关事项、事件影响最终结束的时间等,并指出对方如何违约,证据的编号等。

(3)理由。主要是引用合同条文或合同变更和补充协议条文,证明对方的行为违反了合同规定并造成了该干扰事件,建立事实与损失之间的因果关系,说明索赔的合理性及合法性,证明对方有责任对由此事件引发的损失做出补偿。

(4)影响。简要说明事件对承包商施工过程所带来的影响,重点围绕上述干扰事件带来的费用增加和工期延误。

(5)结论。指出对方造成的损失及损失大小,通过详细的索赔值的计算,提出具体的费用索赔值和工期索赔值。这部分只需列出各项明细数据及汇总数据即可。

3.附件。附件包括索赔报告中所列事实、理由、影响的各类证明文件和证据、图表;报告中索赔额计算的各种计算基础、计算依据的证明等。

单项索赔的索赔报告应使用统一的格式,使得索赔处理较为方便,其表格形式见表10-1。

表 10-1   单项索赔报告的一般格式

负责人：

编号：   日期：

××项目索赔报告

题目：

事件：

理由：

影响：

结论：

成本增加：

工期拖延：

与单项索赔的统一索赔报告格式相比，一揽子索赔的索赔报告格式较为灵活，其形式和内容可以结合具体情况来确定。它实质上是将许多未解决的单项索赔加以分类和综合整理而形成的，一揽子索赔文件的内容是非常多的，往往需要较长篇幅甚至上百页材料来阐述其细节。

10.3 费用索赔和工期索赔的计算方法

10.3.1 费用索赔

（一）常见索赔事件的费用构成

1. 工期拖延

由于业主原因造成整个工程停工，导致全部人工和机械设备的停滞，其他承包商也受到影响，承包商还要支付现场管理费；或由于业主干扰造成工程虽未停工，却在一种混乱低效状态下施工。这种情况下，承包商既可以要求工期补偿，也可以要求业主赔偿实际的费用损失。费用损失构成及其计算基础如下：

（1）人工费

①平均工资上涨。按照工资价格指数和未完成的工程中的人工费来进行调整。

②现场生产工人停工、窝工。一般按照实际停工时间和报价中的人工费单价来计算。

③低生产效率的损失。由于索赔事件的干扰，工人虽未停工，却处于一种低效施工状态，表现为在一定时间内，所完成工程量未达到计划完成量，但用工数量超过计划数。此时可以按照双方所商定的劳动力投入量和生产效率，与实际的劳动力投入量和生产效率相比，从而计算费用损失。

（2）材料费

材料费损失主要是由于在工期拖延期间，材料价格上涨造成的，其费用损失按照材料价格指数和未完工程中材料费来调整。

（3）机械设备费

由于机械设备延长在工地的使用时间而引起的固定费用支出的增加，主要包括折旧费、保养费、租赁费、利息等，该部分按照延长时间和报价中规定的费率来计算。

（4）工地管理费

①现场管理人员的工资支出。按照延长时间、管理人员计划用量或延期时间内的实际用量、报价中的工资标准来计算。

②人员的其他费用，如工地补贴、交通费、劳保费、工器具费等。按照实际延长时间、人员使用量及报价中的费率标准来计算。

③现场临时设施。按照实际延长时间和报价中的费率来计算。

④现场日常管理费支出。根据报价中规定的费用以及合同计划工期和实际延长时间来计算。

（5）其他附加费用

①因通货膨胀造成工期延长期间工程成本增加。根据未完成工程量、价格指数或工资、材料、各分项工程的价格指数来计算，但不可与上述人工费、材料费的计算重叠。

②分包商索赔。分包商因延期向承包商提出的索赔，承包商按照分包商已经提出或可能提出的索赔额向业主提出索赔。

③各种保险费、保函和银行费用增加。按照实际延长时间、报价中的费率以及实际支出来计算。

④企业管理费。由上述各项之和（除去通货膨胀的影响）和企业管理费分摊率或按日费率分摊法计算得到。

2. 工程变更

工程变更的内容有很多种，不同内容的工程变更，其费用项目的索赔是不一样的。

（1）工程量增加或附加部分工程

工程量增加或附加部分工程都会导致有效合同额增加，增加的工程量按照施工图纸或实际计量值计算。若工程增加量在一定范围内（通常为合同价格的 5% 或 10%），则应作为承包商的风险，属于已经包含在不可预见的风险费中，因此业主是不必补偿的。当超过该限制时，业主应给予价格的调整，其调整计算方法与合同报价中的计算方法类似。合同价格调整时所采用的单价与工程增加量有关，合同中一般会提前规定，当工程增加量超出一定范围（通常为合同价格的 15%～20%）时，双方可以重新商定并调整单价，否则按照合同原单价计算。

【案例 10-1】 某工程实际施工中，出现了施工前未预料到的地质条件，造成了工程量的增加，原计划土方量为 4 500 立方米，实际工程达到 5 780 平方米，合同中规定：工程量增加量在 5% 的范围内属于承包商应承担的风险，土方工程直接费单价为 20 元/立方米，综合管理费率为 20%，试求承包商可提出的费用索赔额。

解 承包商应承担的土方量：$4\ 500 \times (1+5\%) = 4\ 725$（立方米）

业主应承担的土方量：$5\ 780 - 4\ 725 = 1\ 055$（立方米）

土方工程直接费增加：$1\ 055 \times 20 = 21\ 100$（元）

管理费增加：$21\ 100 \times 20\% = 4\ 200$（元）

故承包商可提出的费用索赔额为：$21\ 100 + 4\ 200 = 25\ 300$（元）

（2）工程量减少或删除部分工程

如果业主或工程师指令减少工程量或删除部分工程，则承包商相应的工程款收入会降低。通常，在一定范围内（合同价格的 15%）属于承包商应承担的风险，但若超出合同规定的范围，则承包商有权提出索赔。如果承包商已经按照原工程计划为该分项工程购买或订购了材料，则可对该部分材料的订货或采购费用提出索赔。

（3）工程质量的变化

如果业主提高工程质量标准,例如,要求承包商使用更高质量的建筑材料、提高建筑工艺水平等,这都可能导致承包商索赔。该项索赔计算通常采用量差和价差分析的方法。

（4）其他

对于因设计变更或设计失误造成的返工,业主应赔偿承包商因此造成的停工、窝工、返工、倒运、人员和机械设备搬迁、材料和构件积压的实际损失。这种情况下的费用损失计算通常包括:已完工程的费用、人员和机械窝工的费用、重新建造或修复的费用等。

3. 工程中断

工程中断是指正在施工的项目由于某种原因被迫全部停止施工,在一段时间后又开始正常施工。工程中断的费用索赔项目及计算基础与工程延期基本相同,但还可能存在如下费用项目:

（1）人员的遣散费、赔偿金及重新招雇费用等人工费,按照实际支出计算。

（2）额外的机械进出场费用,按照实际支出或合同报价标准来计算。

（3）重新准备施工、重新计划与安排等带来的其他额外费用,按实际支出计算。

4. 加速施工

业主要求承包商赶工而造成的费用增加,其费用项目、内容和计算基础见表 10-2。

表 10-2　　　　　　　　　加速施工的费用索赔分析表

费用项目	内　　容	计算基础
人工费	为赶工而增加劳动力投入,或造成不经济地使用劳动力,降低生产效率	实际劳动力使用量、已完成工程中劳动力计划用量、报价中的人工费单价
	节假日加班补贴、夜班补贴	实际加班数、合同规定的加班补贴标准
材料费	不经济地使用材料,材料投入增加	实际材料使用量、已完成工程中材料计划用量、报价中的材料价格或实际价格
	因材料需提前交货,给供货商的补偿	实际支出
	运输方式的改变	实际运输价格、材料数量、合同规定的运输方式的价格
	材料代用	代用材料数量、代用材料与规定材料的价格差
机械费	不经济地使用机械、增加机械投入	报价中的机械费、实际费用、实际租金等
	增加新设备投入	新设备的报价及使用时间
工地管理费	增加管理人员的工资	计划用量、实际用量、报价标准
	增加人员的其他费用,如福利费、工地补贴、劳保费等	实际增加人数×月数、报价中的费率标准
	增加临时设施费	实际增加量、实际费用
	现场日常管理费支出	实际开支数、原报价中的数量
其他	分包商索赔	实际支出
	企业管理费	上述费用之和、报价中的企业管理费率
扣除:工地管理费	工期缩短而使得工地交通费、办公费、设施费用、工器具使用费等减少	实际缩短的月数、报价中的费率标准
扣除:其他附加费	保险、保函、企业管理费等	

5.合同终止

合同终止是指工程在竣工前,由于某种原因被迫停止,并且不再恢复施工。虽然合同终止了,但是当事人的索赔权利还是存在的,即合同中的任何一方对于对方先前造成自己损失的错误或违约都有权索赔。合同终止后,项目处于清查核算阶段,此时要对工程进行全面检查,业主应当按照合同先前规定的费率和价格向承包商支付合同终止前已完成的工作的全部费用,并结清已完工程的工程价款。

合同终止引起的承包商的索赔项目主要有:

(1)人工费,包括工人的赔偿金、遣散工人的费用及进行善后处理工作的人员费用。

(2)机械费,包括已经支付的机械租金、机械作价处理损失(包括未计提的折旧)、为机械运行而做的一切物质准备的费用、已缴纳的保险费等。

(3)材料费,包括已购或已订购材料的费用、材料作价处理损失。

(4)其他附加费用,包括分包商的索赔费用、已缴纳的保险费及银行费用等、损失的工地管理费及总部管理费以及因合同终止导致的任何其他合理费用等。

上述索赔的费用在计算时均以实际损失为计算基础。如果是业主原因导致的合同终止,则承包商也可以向业主索赔未完工程的合同利润,计算时按照报价中的利润率计算。

(二)基本索赔费用的计算方法

1.人工费

人工费的计算方法:将各项引起人工费增加的项目分别计算,然后汇总求和。其中包括工资单价上涨费用;人工工时增加费用;劳动生产率降低引起的人工损失费用;超过法定工作时间的加班费用等。各项人工费用的计算都是比较简单的,例如:

$$加班费率=人工单价 \times 法定加班系数$$

$$劳动生产率降低引起的费用增加值=(该项工作实际支出工时-该项工作计划工时) \times 人工单价$$

各项经过类似的计算后再求和就可以得到人工费的费用索赔值。

2.材料费

材料费索赔项包括材料用量增加,材料价格上涨,材料运输、采购及保管费用增加这三个主要方面。

$$材料用量增加=(实际用量-计划用量) \times 材料单价$$

$$材料价格上涨=(现行价格-合同报价) \times 材料用量$$

$$材料运输、采购及保管费用增加=实际费用-合同报价$$

将上述各项求和即可得到材料费的费用索赔值。

3.施工机械使用费

常见的施工机械使用费的索赔项主要有五个部分,分别为:机械台班费上涨费用、机械闲置损失费、增加的租赁机械费、机械工作台班数增加费用、机械作业效率降低损失费用。

$$机械台班费上涨费用=(现行价格-合同报价) \times 工作时间$$

$$机械闲置损失费=机械折旧费 \times 闲置时间$$

$$增加的租赁机械费=租赁机械实价 \times 持续工作时间+必要的机械进出场费$$

$$机械工作台班数增加费用=增加的台班数 \times 台班费的合同报价$$

$$机械作业效率降低损失费用=机械作业产生的实际费用-报价中的计划费用$$

将上述各项求和即可得到施工机械使用费的费用索赔值。

4. 管理费计算

索赔事件发生后,不仅会影响人工费、材料费、机械费等直接费用,还会影响管理费用。管理费是工程成本的组成部分,包括现场管理费和企业总部管理费,前者属于直接工程费,后者属于间接费,而这两种管理费的费用索赔值计算方法也是不同的。

（1）现场管理费

现场管理费是指某一单个合同发生的、用于现场管理的总费用。主要包括现场管理人员的费用、差旅费、工具用具使用费、办公费、固定资产使用费、保险费、工程排污费等。其计算方法一般有以下两种情况:

①直接成本增加引起的现场管理费索赔。对于这部分索赔值的计算,可以用索赔事件产生的直接费乘以现场管理费费率。

现场管理费费率＝合同中的现场管理费总额/该合同工程直接成本总额

【案例 10-2】 在某承包合同中,合同价款为 2 100 万,其中利润额为 100 万,现场管理费 250 万,总部管理费 150 万。合同履行期间,业主新增加工程量 400 万,试计算承包商应索赔的现场管理费。

解 合同的直接成本总额为:2 100−100−150−250＝1 600（万）

合同中的现场管理费总额为:250（万）

则承包商应索赔的现场管理费为:400×250/1 600＝62.5（万）

②工程延期引起的现场管理费索赔。如果工程延误没有涉及直接费的增加和索赔,或由于延误时间较长,通过直接成本计算的现场管理费索赔值不足以补偿实际现场管理费的支出,则此时的计算方法为:用合同中规定的单位时间现场管理费费率乘以可索赔的延长工期。

单位时间现场管理费费率＝合同规定的现场管理费总额/合同工期

【案例 10-3】 某承包合同中工作量为 1 800 000 美元,合同工期为 12 个月,合同价格中的现场管理费为 264 000 美元,由于业主原因,造成施工现场局部停工 2 个月,这两个月内承包商共完成的工作量为 75 000 美元,试计算可索赔的现场管理费。

解 承包商在这 2 个月内完成的工作量相当于正常情况的施工期:

$$75\ 000÷(1\ 800\ 000÷12)＝0.5（月）$$

则可以索赔的延长的工期为:2−0.5＝1.5（月）

故可以索赔的现场管理费:264 000÷12×1.5＝33 000（美元）

（2）企业总部管理费

企业总部管理费是指承包商企业总部发生的、为整个企业的经营活动提供支持和服务所发生的管理费用。对于总部管理费的计算一般采用分摊法,主要方法如下:

①总直接费分摊法。总直接费分摊法是以工程直接费为基础,来对总部管理费进行分摊。一般先将总部管理费在承包商的所有合同工程之间进行分摊,求出单位直接费的总部管理费费率,然后再在每一个具体合同中的各项目之间分摊。这种方法简单易行,说服力强且运用面较宽。其计算公式为

$$单位直接费的总部管理费费率＝\frac{总部管理费总额}{合同期承包商完成的总直接费}$$

【案例 10-4】 在某工程争议合同中,索赔的直接费为 500 万元,在该合同执行期间,承包商完成其他合同的总直接费为 2 500 万元,承包商在该阶段的总部管理费总额为 300 万

元,则

$$单位直接费的总部管理费费率=\frac{300}{500+2\ 500}\times100\%=10\%$$

$$总部管理费的索赔额=10\%\times500=50(万元)$$

②日费率分摊法。这种方法是按照合同额来分配总部管理费,再用日管理费费率来计算应分摊的总部管理费索赔值。其计算公式为

$$延期的合同应分摊的总部管理费=\frac{被延期的合同额\times同期总部管理费总额}{合同期承包商完成的合同总额}$$

$$日管理费费率=\frac{延期的合同应分摊的管理费}{合同实际履行天数}$$

$$总部管理费的索赔额=日管理费费率\times合同延误天数$$

【案例 10-5】 某工程承包合同,原合同工期为 240 天,合同实施过程中因业主原因拖延了 60 天,在此期间,承包商经营状况见表 10-3。试求该延期的合同的总部管理费索赔额。

表 10-3 承包商经营状况

项 目	争议合同/元	其他合同/元	全部合同/元
合同额	200 000	400 000	600 000
实际直接总成本	180 000	320 000	500 000
当期总部管理费			30 000
总利润			70 000

解 由日费率分摊法可得

$$延期的合同应分摊的总部管理费=\frac{200\ 000}{600\ 000}\times30\ 000=10\ 000(元)$$

$$日管理费费率=\frac{10\ 000}{300}=33.33(元/天)$$

$$总部管理费的索赔额=33.33\times60=2\ 000(元)$$

5. 分包费

分包费是指因业主和工程师的原因导致分包商产生了额外的损失,各分包商向承包商进行索赔,然后承包商再对业主索赔这部分费用。这部分费用按照分包商的实际索赔值确定。

6. 利息

利息是企业取得和使用资金所付出的代价,即资金成本。当业主拖期付款或因业主违约而引起承包商额外贷款或以自有资金先行垫付时,承包商可以向业主索赔额外贷款的利息支出或自有资金的机会利润损失。利息索赔额的计算一般按照复利计算法计算,利率一般按当时的贷款利率或双方协定的利率计算。

7. 利润

当承包商做了额外的与工程有关的工作时,承包商可以进行利润索赔。例如,当出现因设计变更引起工程量增加、施工范围及施工条件变化导致的索赔、合同延期导致机会利润损失、合同终止导致预期利润损失等情况时,承包商可以提出利润索赔。

(三)费用索赔的计算方法

1. 总费用法

(1)基本思路。总费用法的基本思路是将固定总价合同转化为成本加酬金合同,以承包

商的额外增加成本为基础,再加上管理费、利息甚至利润等附加费作为索赔值。

【案例 10-6】　某工程原合同报价如下:实际工程中,由于完全非承包商原因造成实际工地总成本增至 4 200 000 元。试求费用索赔额。

①工程总成本(直接费+间接费)	3 800 000 元
②公司管理费(总成本的 10%)	380 000 元
③利润[(①+②)×7%]	292 600 元
合同价(总计)	4 472 600 元

解　用总费用法计算索赔值如下:

①总成本增加值	400 000 元
②公司管理费(总成本增量的 10%)	40 000 元
③利润(按 7% 计算)	30 800 元
④利息(按实际利率和时间计算)	4 000 元
索赔值	474 800 元

(2)使用条件。总费用法在实际工程中用的不多,也不容易被业主或仲裁人认可,这种方法的使用必须要满足以下四个条件:

①工程实际发生的总费用核算准确,实际总成本与报价总成本内容一致。

②承包商报价合理,符合实际。

③费用损失的责任完全不在承包商。

④合同争执的性质不适宜采用其他方法。

2. 分项法

分项法是指按每个干扰事件所引起的损失的费用项目分别计算索赔值,最终求和的方法。该方法比总费用法复杂,处理起来也比较困难,但是能反映实际情况,而且也更加清晰合理。选择分项法计算也可以为索赔报告的分析、评价、审核及最终的谈判和解决争议提供方便。

分项法的计算步骤:分析每个或每类干扰事件所影响的费用项目;确定各费用项目索赔值的计算基础和计算方法,并算出其索赔值;将各费用项目的索赔值列表汇总,得到总费用索赔值。

【案例 10-7】　某工程因业主交付设计资料拖延引起的各项额外费用索赔值如下,求承包商可索赔的费用额。

①现场管理人员的工资损失 2 510 元;

②工程中不经济地使用劳动力损失 580 元;

③现场管理人员和工人的膳食补贴增加 650 元;

④工地的办公费增加 310 元;

⑤工地的交通费增加 340 元;

⑥工地的机械使用费增加 2 150 元;

⑦保险费增加 1 800 元;

⑧分包商索赔 4 160 元;

⑨总部管理费增加(上述各项之和×10%)1 250元。

解 根据分项法可求得

费用索赔额＝2 510＋580＋650＋310＋340＋2 150＋1 800＋4 160＋1 250＝13 750(元)

即承包商就该干扰事件可以向业主提出费用补偿13 750元。

(四)费用索赔综合案例

【案例10-8】 某小型水坝工程项目的合同内容如下:水坝土方填筑工程量876 156立方米,沙砾石料工程量78 500立方米,合同价款7 369 920美元,工期18个月。报价中,除了工程的直接成本外,还包括12%的现场管理费,两者构成工地总成本,另外还有8%的总部管理费及利润。

合同履行期间,工程师陆续下达了几个指令,其中,土料和沙砾料的工程量及运距均增加,土料增加的工程量为40 250立方米,沙砾料增加的工程量为12 500立方米,所增加的工程量的净直接费分别为3.6美元/立方米、4.53美元/立方米,经工程师同意,可延长工期3个月(包括工程量增加的时间),试问承包商可索赔的费用为多少?(注:不考虑工程结算款的调价)

解 (1)土料增加的索赔额

直接费:3.6(美元/立方米)

管理费:3.6×12%＝0.43(美元/立方米)

工地成本:3.6＋0.43＝4.03(美元/立方米)

总部管理费及利润:4.03×8%＝0.32(美元/立方米)

所增加的工程量的综合单价:4.03＋0.32＝4.35(美元/立方米)

故土料增加的索赔额:4.35×40 250＝175 088(美元)

(2)沙砾料增加的索赔额

直接费:4.53(美元/立方米)

管理费:4.53×12%＝0.54(美元/立方米)

工地成本:4.53＋0.54＝5.07(美元/立方米)

总部管理费及利润:5.07×8%＝0.41(美元/立方米)

所增加的工程量的综合单价:5.07＋0.41＝5.48(美元/立方米)

故沙砾料增加的索赔额:5.48×12 500＝68 500(美元)

(3)工期延长现场管理费索赔额

①新增工程量相当合同工期:

$$18÷7\ 369\ 920×(175\ 088＋68\ 500)＝0.6(月)$$

②其他原因造成的工期延长为3－0.6＝2.4(月)

合同中总部管理费及利润:7 369 920×8%÷(1＋8%)＝545 920(美元)

总现场管理费为 (7 369 920－545 920)×12%÷(1＋12%)＝731 143(美元)

故根据公式可求得现场管理费索赔额为

$$2.4×\frac{731\ 143}{18}＝97\ 486(美元)$$

(4)总的费用索赔额

各项相加,得到总的费用索赔额:175 088＋68 500＋97 486＝341 074(美元)

故承包商可索赔的费用为 341 074 美元。

10.3.2　工期索赔

(一)工期索赔的分析方法

1. 工期索赔的依据

承包商在进行工期索赔分析时,依据的主要工程资料有:

(1)合同规定的工程总进度计划及总工期;

(2)双方均认可的详细的进度计划,如横道图、网络图、月进度计划等;

(3)双方共同认可的对工期进行修改的文件,如来往信件,会议纪要等;

(4)受干扰后的实际工程进度,如施工日志、进度报告等。

在干扰事件发生时,承包商通过分析和比较上述资料,以确定工期是否拖延及拖延原因,进而提出有说服力的索赔要求。

2. 工期索赔的分析思路

承包商在提出工期索赔时,要先确定干扰事件对总工期的影响值,即工期索赔值。工期索赔值可以通过原网络计划与可能状态的网络计划对比得到,分析的一般思路为:假设工程一直按照原网络计划确定的施工次序和时间进行施工,当发生干扰事件后,会使网络中的某些工序因受到干扰而延长持续时间。将这些受干扰的工序的新的持续时间代入网络中,对网络进行重新分析及计算,则会得到一个新的总工期。新工期与原工期之差即为干扰事件对总工期的影响,即为工期索赔值。

(二)工期延误的处理原则

1. 工期延误的一般处理原则

非承包商自身原因造成工程延期的影响因素可以归纳为两大类:第一类是合同双方均无过错的因素引起的延误,如恶劣的气候条件及不可抗力的因素等;第二类是由于业主或工程师的原因引起的延误。

根据工程惯例,对于第一类原因造成的工期延误,承包商只能要求延长工期,很难要求业主赔偿费用损失;对于第二类原因,若影响的是关键线路上的工作,则承包商既可以要求延长工期,又可以要求费用补偿;若影响的是非关键线路上的工作,且延误后的工作仍属于非关键线路,承包商若能证明自己因此而造成了额外的费用支出,则可以要求业主进行费用赔偿,但不能要求延长工期。

2. 共同和交叉延误的处理原则

(1)对于共同延误的处理原则

当两个或两个以上的延误事件从发生到终止的时间完全相同时,这些事件引起的延误称为共同延误,共同延误的处理原则如图 10-2 所示。

图 10-2 中列出了共同延误发生的部分可能性组合及其索赔补偿分析结果。可以看出,

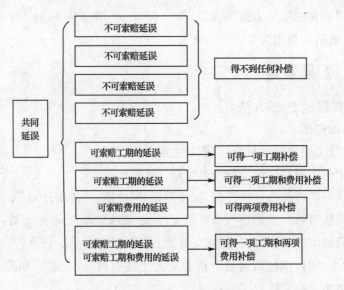

图 10-2　共同延误的处理和补偿分析

当业主引起的或双方不可预料因素引起的延误与承包商原因引起的延误同时发生时，即不可索赔延误与可索赔延误同时发生时，则全部按照不可索赔延误处理，这是工程索赔的一大惯例。

（2）对于交叉延误的处理原则

当两个或两个以上的延误事件从发生到终止只有部分时间重合时，这些事件引起的延误称为交叉延误，交叉延误的处理原则如下：

①初始事件原则

初始事件原则如图 10-3 所示。具体分析如下：

如果初始延误是由承包商本身的原因造成的，则之后产生的任何非承包商原因的延误都不会对最初的延误性质产生影响，直到承包商带来的影响已经不存在为止。也就是说，在承包商带来的延误时间内，业主及不可控因素引起的延误均为不可索赔延误。

当承包商带来的延误影响消失后，而业主及不可控因素引起的延误依然存在，此时，承包商可以对超出的部分进行索赔。

如果初始延误是由业主或不可控因素引起的，则其后承包商造成的延误也不会使业主摆脱其责任，即承包商可以获得从初始延误开始到该延误结束期间的工期补偿和合理的费用补偿。当然，如果由业主或不可控因素引起的延误已经结束，而承包商本身引起的延误还未结束，那么这部分延误为不可索赔延误。

如果初始延误是由双方不可控制的因素引起的，那么在该延误时间内，承包商只能索赔工期，不能索赔费用。当然，如果该延误已经结束，且业主带来的延误先于承包商自身带来的延误，则可以对业主原因造成的延误进行工期和费用的索赔。

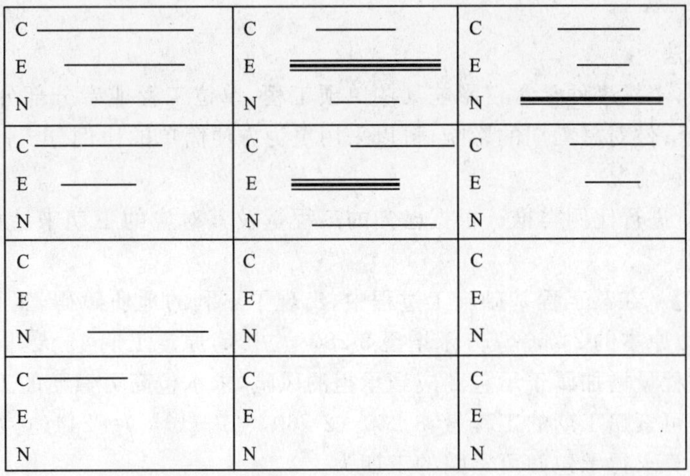

图 10-3　交叉延误的初始事件处理原则

注：C 为承包商原因造成的延误；E 为业主或工程师原因造成的延误；N 为双方不可控因素造成的延误。——表示工期和费用都不用补偿；══表示工期可以顺延，费用不用补偿；≡≡≡表示工期和费用都可以得到补偿。

【案例 10-9】　某工程实施中，其中一关键工作从 1～7 日出现了多事件交叉干扰。具体时间如下：1 日发生不可抗力并影响到 4 日；3～5 日出现了承包人的施工机械故障；4～6 日出现了业主供料迟到；5～7 日检验判定施工质量缺陷并返工。

请按照初始事件原则确定应批准的工期延长天数。

解　根据分析可以得出：事件 1 是不可抗力因素；事件 2 和事件 4 均为承包商责任；事件 3 为业主责任。

1～4 日发生不可抗力因素在先，均按照不可抗力处理，共补偿工期 4 天；3～5 日承包商责任，不可索赔；因为事件 3 先于事件 4 发生，所以 6 日应按业主违约处理，补偿工期 1 天；7 日承包商责任，不予补偿。综上，共补偿工期 5 天，其中 1 天（6 日）可索赔费用。

②责任分摊原则

当交叉时段内的事件由业主和承包商分别承担责任时，业主、承包人按各干扰事件对干扰结果的影响分摊责任，并由干扰事件的责任方承担。

③工期从宽、费用从严原则

当出现交叉事件时，工期索赔业主责任优先，费用索赔则是承包商责任优先。这一原则的含义是在多事件交叉时段内，对于工期索赔，只要存在业主责任或业主风险，就给予承包商工期补偿；而费用索赔则恰好相反，只要在交叉时段内存在承包商责任或风险，则承包商的索赔均不成立。

按照不同原则处理多事件交叉干扰时，工期索赔额和费用索赔额的计算结果也是不同的。

（三）工期索赔的计算方法

工期索赔的计算方法比较多，本书介绍常用的两种方法：网络分析法和比例计算法。

1. 网络分析法

网络分析法是通过计算干扰事件发生后网络计划总工期，再与原网络计划总工期进行对比，从而计算出工期索赔值。这种方法适用于各种干扰事件引起的工期索赔，但对于大型工程项目，其网络计划图往往是非常复杂的，因此手工计算起来是非常困难的，往往需要借助计算机来计算。

2.比例计算法

实际工程中,干扰事件常常仅影响某些单项工程、单位工程或者分部分项工程的工期,此时要分析干扰事件对总工期的影响,可以采用更为方便简单的比例分析计算法,比例计算法可分为以下两种情况。

(1)按工程量进行比例类推。根据已知的工程量及其对应的工期来计算增加的工程量应当延长的工期。

【案例10-10】 在某工程基础施工过程中,出现了不利的地质障碍,工程师指令承包商处理,土方工程由原本的2 760立方米增至3 280立方米,原定工期45天,同时,合同中约定10%范围内的工程量增加属于承包商应当承担的风险,求承包商可索赔的工期。

解 承包商可索赔工期的工程量:3 280−2 760×(1+10%)=244(立方米)

根据比例计算求得承包商可索赔的工期为

$$\frac{244}{2\,760\times(1+10\%)}\times45=3.62\ 天\approx4(天)$$

(2)按照合同造价进行比例类推。两种计算公式为

$$总工期索赔=\frac{受干扰部分的工程合同价}{整个工程合同总价}\times该部分受干扰后的工期拖延量$$

$$总工期索赔=\frac{附加工程或新增工程量价格}{原合同总价}\times原合同总工期$$

【案例10-11】 某工程施工中,业主改变办公楼工程基础设计图纸的标准,使该单项工程延期10周,该单项工程合同价格为80万元,整个工程合同总价为400万元,求总工期索赔。

解 由比例计算法可得

$$总工期索赔=\frac{受干扰部分的工程合同价}{整个工程合同总价}\times该部分受干扰后的工期拖延量$$

$$=\frac{80}{400}\times10=2(周)$$

【案例10-12】 某工程合同总价360万元,总工期15个月。现业主指令增加附加工程的价格为72万元,则承包商应提出的工期索赔额为多少个月?

解 由比例计算法得

$$总工期索赔=\frac{附加工程或新增工程量价格}{原合同总价}\times原合同总工期=\frac{72}{360}\times15=3(月)$$

10.4 反索赔

10.4.1 反索赔的基本概念及原则

(一)反索赔的含义

反索赔是指在一方提出索赔时,另一方对索赔要求提出反驳、反击,不让对方索赔成功或完全成功。在实际工程中,当合同一方提出索赔时,另一方可能做出如下抉择:如果对方

索赔依据充分,证据确凿,索赔值计算合理,则可以认可对方的索赔要求,赔偿或补偿对方的损失;反之,则应根据事实依据、合同及法律条款,反驳、拒绝对方不合理的索赔要求或索赔要求中不合理的部分,这就是反索赔。

反索赔不是不认可、不批准对方的索赔要求,而是有理有据地反驳,拒绝对方索赔要求中不合理的部分,进而维护自身的合法权益。

索赔和反索赔之间的关系就像是矛与盾的关系,是进攻与防守的关系,有索赔,就必然存在反索赔,两者是密不可分,相互影响的。通过索赔可以追索损失,获得合理的经济补偿,而通过反索赔则可以预防损失的发生,维护自身的正当经济利益。因此,完整的索赔管理工作包括索赔和反索赔两部分,即不仅要追索对方为自己带来的损失,还要防止对方向自己索要补偿。在合同实施过程中,企业必须能攻能守,攻守并重,才能立于不败之地。

索赔是双向的,即承包商可以向业主索赔,业主也可以向承包商索赔,同理,反索赔也是双向的。在项目实施过程中,当承包商向业主提出索赔时,业主会进行反索赔;当业主向承包商提出索赔时,则承包商进行反索赔。由于工程建设项目的复杂性,索赔与反索赔之间的关系有时也是错综复杂的,因为对于干扰事件常常双方都负有责任,所以往往是索赔中有反索赔,反索赔中又有索赔。因此,业主和承包商不仅要反驳对方的索赔要求,还要反驳对方对己方的反驳。

（二）反索赔的基本原则

反索赔的目的也是让对方的索赔要求得到合理的解决,索赔方不符合实际损失的超额赔偿要求和反索赔方强词夺理、对合理的索赔要求不承认或赖着不赔的情况,都不是索赔的合理解决办法。因此,反索赔的工作原则是:以事实为依据,以合同和法律为准绳,实事求是,对于合理的索赔要求进行认可,并给予对方相应的补偿,对不合理的索赔要求提出反驳和拒绝,按照合同法的原则,公平合理的解决索赔问题。

10.4.2　反索赔的内容

反索赔的目的是防止损失的发生,内容主要包括以下两个方面:一是防止对方提出索赔;二是反击对方的索赔要求。

（一）防止对方提出索赔

要成功地防止对方提出索赔,就要采取积极的防御措施,主要表现在以下几个方面:

1.自身要严格履行合同中规定的义务,避免自身违约,通过加强合同管理和内部管理,使对方难以找到索赔的理由和依据,让自己处于不能被索赔的地位。

2.一旦发生了干扰事件,应当立即着手研究和分析合同依据,收集证据,为提出索赔和反击对方索赔做好准备。

3.积极防御的常用手段是先发制人。在实际工程中,干扰事件的发生常常是双方均有责任,原因错综复杂,一时难以判断谁是谁非,当出现双方都有责任的干扰事件时,要先发制人,先向对方提出索赔要求,同时也准备反驳对方的索赔。

首先提出索赔,可以避免自己因为超过索赔期限而失去索赔机会,同时也为自己争取到有利地位;由于对方需要花费时间和精力分析己方的索赔要求,因此就打乱了对方的工作计划,争取到主动权;首先提出索赔也可以为索赔问题的最终解决留下余地,因为在索赔处理中,双方都有可能做出让步,而先提出索赔且索赔额较高的一方往往处于有利位置。

（二）反击对方的索赔要求

当对方提出索赔要求时,为了减少自己的损失,必须根据合同及事实依据,找出对方索

赔报告中的漏洞,反驳对方的索赔要求。常见的反索赔措施主要包括:

1.用己方的索赔来平衡对方的索赔要求,使得最终解决双方都做出让步,减少己方的损失。因为在工程实施中,干扰事件的产生往往是双方都有责任,即对方也存在失误和违约行为,这种时候,就需要抓住对方的失误和薄弱环节,提出索赔,以"攻"对"攻",在最终的解决中双方都做出让步。用索赔对抗索赔,是反索赔的常用手段。

2.反驳对方的索赔报告,寻找理由和证据,证明对方索赔报告中存在不符合实际、没有根据、计算不准确的地方,反击对方不合理的索赔要求或索赔要求中不合理的部分,以推卸或减轻自身的赔偿责任,使自己不受或少受损失。

在实际工程项目中,以上两种措施都很重要,常常会同时使用,即索赔和反索赔同时进行,攻守并用的方法会达到更好的索赔效果。

10.4.3 反索赔程序与报告

(一)反索赔程序

反索赔与索赔一样,要想取得反索赔的成功也应坚持一定的工作程序,认真分析对方的索赔报告。反索赔的工作程序具体如下:

1.制订反索赔策略和计划

在合同履行过程中,经常会发生索赔事件,因此提前做好反索赔的准备是有必要的。合同当事人应当加强合同分析与管理,并根据以往的经验,预先判断可能会被对方索赔的事件,并制订相应的应急计划,一旦对方提出索赔要求,就可以结合实际索赔要求和反索赔应急计划来制订此次反索赔的详细计划和方法。

2.合同总体分析

反索赔和索赔都是以合同为基础进行的,因此,在索赔事件发生后,要对索赔事件产生的原因进行合同分析,分析对方的索赔要求和依据是否合理。在合同中找出对对方不利的条款和规定,从而否定对方的索赔要求。

3.事态调查

索赔和反索赔都应当以事实为依据,因此,在进行反索赔时,要整理收集所有与反索赔相关的工程资料,以各种实际工程资料为证据,对照索赔报告中所描述的事件经过和所附证据。只有对干扰事件的起因、经过、持续时间、影响范围等进行了详细的调查,才能反驳不真实、没证据的索赔事件。

4.三种状态的分析

在事态调查和收集整理工程资料的基础上进行合同状态、可能状态、实际状态分析与计算,通过三种状态分析可以达到:

(1)全面详细地评价合同及其实施状况,判断双方责任的完成情况。

(2)概括对方有理由提出索赔要求的部分,并分析对方有理由提出索赔要求的干扰事件有哪些,索赔值的大体数额或最高数额。

(3)具体指认出对方的失误和风险范围,使得自己在谈判中有攻击点。

(4)进一步分析对方的失误,准备向对方提出索赔。

5.索赔报告分析

对对方提交的索赔报告进行全面仔细的分析,对索赔要求和理由进行逐条分析,将其中不合理、不符合实际的部分找出来,进行反驳或反击。

6. 撰写反索赔报告

反索赔报告也是正规的法律文件,在调解或仲裁中,反索赔报告是调解人或仲裁人了解事情经过的重要文件,因此必须认真撰写。

(二)反索赔报告

反索赔报告是对反索赔工作的总结,反索赔报告中展示了己方的分析结果及立场、对索赔要求的处理意见以及反索赔的证据和依据。目前,对于反索赔报告并没有一个统一的格式,但反索赔报告应包括的基本内容大体相同,具体如下:

(1)致索赔方的答复信。在答复信中要表明自己的态度和立场,提出解决索赔问题的意见和安排等。

(2)合同总体分析简述。主要是对合同进行总体分析,分析内容包括合同的法律基础、合同约定的工程范围、合同价格、合同违约责任、争执的解决规定等。

(3)合同实施情况分析简述。主要包括合同状态、可能状态、实际状态的分析及结果,针对对方索赔报告中的问题和干扰事件,叙述实际情况,对双方合同的履行情况和工程实施情况做评价。

(4)索赔报告分析。对对方提交的索赔报告进行总体分析和详细分析,并列出分析结论。在这里,可以按照具体的干扰事件,逐条反驳对方的索赔要求,并详细叙述自己的反索赔理由和证据。

(5)反索赔的意见和结论。

(6)各种附件。主要包括反索赔的各项证明材料等。

本章小结 >>>

本章介绍了建设工程项目索赔的相关内容。建设工程项目的特殊性和复杂性使得其成为索赔事件的多发领域,建筑工程索赔是承包商弥补工程损失、保护自身正当权益、提高经济效益的有效手段,在很多国际工程中,工程项目的索赔额可以达到工程造价的 10%~20%,有些甚至超过了工程合同额,因此,对工程索赔的处理和解决显得尤为重要。通过本章的学习,学生应当掌握索赔的基本工作程序及工期索赔和费用索赔的计算方法,为以后的工作打下坚实的基础。

复习思考题 >>>

1. 简述索赔的概念及特点。

2. 索赔与违约责任的区别是什么?

3. 简述索赔和反索赔的工作程序。

4. 简述索赔报告的基本要求及内容。

5. 简述费用索赔的原则。

6. 索赔费用的组成内容主要有哪些?

7. 对比分析费用索赔的两种计算方法。

8. 简述工期索赔的分类及处理。

9. 分析在共同和交叉延误条件下,工期和费用的补偿原则。

10. 简述反索赔的概念及意义。

第11章

国际工程招标投标与合同管理

学习目标 >>>

本章围绕国际工程采购模式及合同管理展开,内容包括国际工程承发包模式、国际工程招标、国际工程投标、常用的国际工程合同条件、国际工程合同争议解决等。

11.1 国际工程招标投标

国际工程通常是指由多个国家的公司参与,按照国际通用的项目管理理念和方法进行管理的建设工程项目。随着经济全球化和中国"一带一路"建设的深入,我国的建设企业将越来越多地参与国际工程的建设及管理。

11.1.1 国际工程招标投标的主要特征

国际工程招标投标与我国目前实行的招标投标大致相同,即业主通过一定范围的招标,选择一个在技术、造价、业绩和信誉等方面较为理想的承包商;承包商通过公平竞争获得工程任务,并按合同约定进行建设。比较而言,国际工程招标投标具有如下特征:

（一）更加重视资格预审程序

除非招标文件有规定、最低报价者报价不合理或投标文件违反规定等情况,一般地,国际竞争性招标项目业主均把合同授予标价最低者。为此,业主和承包商都十分重视资格预审工作。国际工程招标投标资格预审所需提交的证明材料较国内更为详细,预审时间也更长。国际金融组织、世界银行、亚洲开发银行等金融机构在提供工程贷款时,更是注重考虑项目的经济性和实效性,通常会要求业主参考 FIDIC 合同的习惯做法,以《贷款项目竞争性招标采购指南》和《贷款采购准则》为指导原则,对承包商进行资格预审;资格预审的结果还必须报经这些国际金融组织批准,以确保参与投标的承包商有能力履行合同,提高贷款的使用效益,保证项目的顺利实施。

(二)招标文件的内容和深度往往不够翔实

国际工程招标文件的深度往往不能满足准确报价和施工的要求,不像国内招标文件一般均提供详尽的施工图纸及价格资料等作为投标报价的基础。但国际工程招标文件一般仅提供工程量清单及简要说明,为投标人提供统一的项目划分和工程量确定基础。

(三)高度重视现场考察

按照国际惯例,投标人提出的报价一般被认为是在现场考察的基础上编制的,报价单提交业主后,投标人就无权以"因为不了解现场情况"为由提出修改报价单或退出投标竞争。因此,现场踏勘是国际工程招标投标的必经过程,无论是招标人还是投标人均高度重视。

(四)合同条件和规范标准多采用国际范本

合同条件和技术规范是国际工程招标文件的重要组成部分,其目的是使投标人预先明确中标后的权利、义务和责任,以便其在报价时充分考虑这些因素。国际工程承包合同条件一般采用国际通用的 FIDIC 合同条件、英国 ICE 合同条件或美国 AIA 合同条件。这些合同条件对合同的各个方面都有具体、详尽的规定,在诸如合同解释顺序、各项工作时间期限等与我国现行的《建设工程施工合同(示范文本)》有较大差异。国际上比较通用的技术规范有英国标准(BS)和美国材料试验学会标准(ASTM 标准),这些标准与我国现行标准也有较大差异。

(五)报价多采用综合单价,且灵活性大

国际工程编标报价,在招标文件中有严格要求。项目名称按招标文件清单中的规定,投标人不能随意增删。如果投标人认为清单中的项目不全,只能把未列项目的费用摊入标书规定的相应项目。例如,招标清单中未列临时设施,那么临时设施费用就要摊入相应的主体工程项目中;再如,清单中有混凝土工程,但只给出了混凝土工程量,未列脚手架、模板、钢筋工程量,这些费用应摊入相应的混凝土报价中而不能遗漏。总之,标书中未列入的项目,除非有其他合同条款或国际惯例予以保护,咨询工程师是很难予以支付的。此外,国际投标报价的计价项目都按照工程单项内容进行划分,其主要目的是便于价款结算。承包人完成了某一数量的工程内容后,一般是在每个月月终提出结算单,经咨询工程师审核并报业主批准后,即可按计价项目的单价和数量得到结算款。这样其单价就只能是综合单价,即包含了直接费、间接费和利润在内的单价。而国内做法则是把各项费用项目分别列出,单独报价,不存在费用分摊问题,且各种费用计算都以政府颁布的统一定额及有关规定为依据,难以应用不平衡报价策略,灵活性小。

(六)评标、定标方法不同

国际工程评标一般包括行政性评审、技术评审、商务评审、澄清投标书中的问题、资格后审、编制评审报告、定标与授标,由招标者最后决定中标人。我国评标标准根据《招标投标法》《招标投标法实施条例》和《建设工程招标投标暂行规定》等法规确定,评标步骤相对简单,一般由确定评标标准及指标相对权重、对投标单位进行多指标综合评价、定标与授标几大步骤组成。

（七）无行政监管

国际工程招标投标属市场行为，业主有完全的评标、定标权。而我国招标投标的申请、标底的确定、评标、定标等工作均由行政管理部门负责管理和监督。

11.1.2 国际工程招标方式

国际工程招标方式常见的有四种：国际竞争性招标（又称"国际公开招标"）、国际有限招标、两阶段招标和议标。

（一）国际竞争性招标

国际竞争性招标是指在国际范围内采用公平竞争方式，对所有具备要求资格的投标商一视同仁，根据其投标报价、工期计划、可兑换外汇比例、投标商拟投入该工程的人力、财力和设备等因素，按事先规定的原则进行评标、定标。采用这种方式可以最大限度地挑起竞争，形成买方市场，使招标人有最充分的挑选余地，取得最有利的成交条件。

国际竞争性招标是目前世界上最普遍采用的一种成交方式。采用这种方式，业主可以在国际市场上找到最有利于自己的承包商，无论是在价格和质量方面，还是在工期及施工技术方面都可以尽量满足自己的要求。采用国际竞争性招标方式，招标的条件由业主（或招标人）决定，因此，订立最有利于业主、有时甚至对承包商很苛刻的合同是理所当然的。国际竞争性招标较之其他方式更能使投标商折服。尽管在评标、选标工作中不能排除种种不甚透明的行为，但比起其他方式，国际竞争性招标因其影响力大、涉及面广、当事人不得不有所收敛等原因而显得较为公平合理。

国际竞争性招标的分类如下：

1. 按资金来源划分

（1）由世界银行及其附属组织、国际开发协会和国际金融公司提供优惠贷款的工程项目；

（2）由联合国多边援助机构、国际开发组织、地区性金融机构（如亚洲开发银行）提供援助性贷款的工程项目；

（3）由某些国家的基金会和一些政府提供资助的工程项目；

（4）由国际财团或多家金融机构投资的工程项目；

（5）两国或两国以上合资的工程项目；

（6）需要承包商提供资金，即带资承包或延期付款的工程项目；

（7）以实物偿付（如石油、矿产或其他实物）的工程项目；

（8）发包国拥有足够的自有资金但自己无力实施的工程项目。

2. 按工程性质划分

（1）大型土木工程，如水坝、电站、铁路、高速公路等；

（2）施工难度大，发包国在技术、设备或人力方面均无实施能力的工程，如工业综合设施、海底工程等；

（3）跨越国境的国际工程，如非洲公路、连接欧亚两大洲的陆上贸易通道。

（二）国际有限招标

国际有限招标是一种有限竞争招标，较之国际竞争性招标，它具有局限性，不是任何对发包项目有兴趣的承包商都有资格投标。国际有限招标包括一般限制性招标和特邀招标两种。

1. 一般限制性招标

这种招标方式虽然也是在世界范围内经常采用,但对投标人选有一定的限制。其具体做法与国际竞争性招标颇为相似,只是更强调投标人的资信。采用一般限制性招标方式应在国内外主要报刊上刊登广告,而且必须注明是有限招标和对投标人选的限制范围。

2. 特邀招标

特邀招标即特别邀请性招标。采用这种方式时,一般不在报刊上刊登广告,而是根据招标人自己积累的经验和资料或由咨询公司提供承包商名单,由招标人在征得世界银行或其他项目资助机构的同意后对某些承包商发出邀请,经过对应邀人进行资格预审后,再行通知其提出报价,递交投标书。这种招标方式的优点在于经过选择的投标商在经验、技术和信誉方面比较可靠,基本上能保证招标项目的质量和进度。但这种方式也有其缺点,即由于发包人所了解的承包商数目有限,邀请时很可能漏掉一些在技术上和报价上更有竞争力的承包商。

国际有限招标是国际竞争性招标的修改方式,这种方式通常适用于以下情况:

(1)工程量不大或对工程有特殊要求等,使得投标商数目有限。

(2)某些大而复杂且专业性很强的工程项目(如石油化工项目),可能的投标者很少,准备招标的成本很高。为了节省时间、节省费用,还能取得较好的报价,招标可以限制在少数几家合格企业的范围内,以使每家企业都有争取合同的较好机会。

(3)由于工程性质特殊,要求有专门经验的技术队伍和熟练的技工以及专门技术设备,只有少数承包商能够胜任。

(4)工程规模太大,中小型公司不能胜任,只好邀请若干家大公司投标。

(5)工程项目招标通知发出后无人投标,或投标商数目形不成竞争态势(至少三家),招标人可再邀请少数公司投标。

(三)两阶段招标

两阶段招标方式往往适用于以下三种情况:

(1)招标工程内容属于高新技术,需在第一阶段招标中博采众议,进行评价,选出最新、最优设计方案,然后在第二阶段中邀请选中方案的投标人进行详细的报价。

(2)某些新型的大型项目发包之前,招标人对此项目建造方案尚未最后确定,这时可以在第一阶段招标中向投标人提出基本要求,由其按自己拟订的最佳建造方案进行初步报价,经过评审,选出其中最佳方案的投标人再进行第二阶段具体方案的详细报价。

(3)一次招标不成功,即所有投标报价均超出标底20%以上,只好在现有基础上邀请若干家较低报价者再次报价。

(四)议标

议标亦称邀请协商,属于非竞争性招标,因此,严格说来,这不算一种招标方式,只是一种"谈判合同"。最初,议标的习惯做法是由发包人物色一家承包商直接进行合同谈判。适用于某些工程项目造价过低,不值得组织招标;或由于其专业为某一家或某几家垄断;或因工期紧迫不宜采用竞争性招标;或者招标内容是关于专业咨询、设计和指导性服务;或保密工程;或政府协议工程等情况。随着时代的进步,议标的含义和做法也在不断发展和变化。目前,在国际工程承发包实践中,发包人已不再仅仅是同一家承包商议标,而是同时与多家承包商进行谈判,最后无任何约束地将合同授予其中最满意的一家。

议标给承包商带来较多好处:首先,承包商不用出具投标保函,无须在一定期限内对其报价负责;其次,议标时竞争对手不多,因而缔约的可能性较大。议标对于发包单位的好处在于:发包单位不受任何约束,可以按其要求选择合作对象,尤其是发包单位同时与多家承包商议标时,可以充分利用议标的承包商担心其他对手抢标、成交心切等心理迫使其降价或满足招标人其他要求条件,从而达到理想的成交目的。

当然,议标毕竟不是招标,竞争对手少。有些工程由于专业性过强,议标的承包商往往是"只此一家,别无分号",自然无法获得有竞争力的报价。

综观近年来国际承包市场的成交情况,国际上 225 家大承包商公司每年的成交额约占世界总发包额的 40%,而他们的合同竟有 90% 是通过议标方式取得的,由此可见,议标在国际承发包工程中所占的重要地位。

11.1.3　世界各地区的习惯做法

世界各国的法律和文化不同,建设工程委托的方式也不同,总体而言主要有四种:世界银行推行的做法、英联邦地区的做法、法语地区的做法、独联体成员国的做法。

(一)世界银行推行的做法

世界银行作为一个权威性的国际多边援助机构,具有雄厚的资本和丰富的组织工程承发包的经验,以其处理事务公平合理和组织实施项目强调经济实效而享有良好的信誉和绝对的权威。世界银行已积累了四十多年的投资与工程招标投标经验,制定了一套完整而系统的有关工程承发包的规定,并被众多援助机构、金融机构及政府机构视为模式。世界银行规定的招标方式适用于所有由世界银行参与投资或贷款的项目。

世界银行推行的招标方式主要突出三个基本观点:

第一,项目实施必须强调经济效益;

第二,对所有会员国以及瑞士和中国台湾地区的所有合格企业给予同等的竞争机会;

第三,通过在招标和签署合同时采取优惠措施鼓励借款国发展本国制造商和承包商(评标时,借款国的承包商享有 7.5% 的优惠)。

凡有世界银行参与投资或提供优惠贷款的项目,通常采取以下方式发包:国际竞争性招标;国际有限招标(包括特邀招标);国内竞争性招标;国际或国内选购;直接购买;政府承包或自营方式。

世界银行推行的国际竞争性招标要求业主方面公正表述拟建工程的技术要求,以保证不同国家的合格企业能够广泛参与投标。如引用的设备、材料必须符合业主的国家标准,并在技术说明书中陈述也可以接受其他相等的标准。这样可以消除一些国家的保护主义给招标工程带来的影响。此外,技术说明书必须以实施的要求为依据。世界银行作为招标工程的资助者,从项目的选择直至整个实施过程都有权发表意见,在许多关键问题上如授标条件、采用的招标方式、遵循的工程管理条款等都享有决定性发言权。

凡按世界银行规定的方式进行国际竞争性招标的工程,必须以国际咨询工程师联合会(FIDIC)制定的条款为管理项目的指导原则。此外,承发包双方还要执行由世界银行颁发的三个文件,即世界银行采购指南、国际土木工程建筑合同条款、世界银行监理指南。

除了推行国际竞争性招标方式外,在有充足理由或特殊原因等情况下,世界银行也同意甚至主张受援国政府采用国际有限招标方式委托实施工程。这种招标方式主要适用于工程额度不大、投标商数目有限或其他不采用国际竞争性招标的情况,但要求招标人必须向足够多的承包商索取报价保证竞争的价格。另外,对于某些大而复杂的工业项目如石油化工项目,可能的投标者较少,准备招标的成本较高,为了节省时间,又能取得较好的报价,同样可以采取国际有限招标方式。

除了上述两种国际性招标外,有些不宜或无须进行国际招标的工程,世界银行也同意采用国内招标、国际或国内选购、直接购买、政府承包或自营等方式。

(二)英联邦地区的做法

英联邦地区许多涉外工程项目的承发包方法,基本照搬英国做法。

从经济发展角度来看,大部分英联邦成员国属于发展中国家。这些国家的大型工程通常求援于世界银行或国际多边援助机构,要按世界银行的做法发包工程,但是他们始终保留英联邦地区的传统特色,即以改良的方式实行国际竞争性招标。他们在发行招标文件时,通常将已发给文件的承包商数目通知投标人,使其心里有数,避免盲目投标。英国土木工程师协会(ICE)常设委员会认为:国际竞争性招标浪费时间和资金,效率低下,常常以无结果而告终,导致很多承包商白白浪费钱财和人力。他们不欣赏这种公开的招标方式。相比之下,选择性招标即国际有限招标则在各方面都能产生最高效益。因此英联邦地区所实行的主要招标方式是国际有限招标。

英联邦地区实行国际有限招标的具体做法如下:

(1)对承包商进行资格预审,编制一份有资格接受邀请书的公司名单。被邀请参加预审的公司需提交其拥有该类工程有关经验的详情,以及承包商的财务状况、技术和组织能力、一般经验和履行合同的记录。

(2)招标部门保留一份常备的经批准的承包商名单。这份常备名单并非一成不变,根据实践中对新老承包商的了解加深而不断更新,这样可使业主在拟订委托项目时心中有数。

(3)规定预选投标者的数目。一般情况下,被邀请的投标者数目为4~8家,项目规模越大,邀请的投标者越少,在投标竞争中强调完全公平的原则。

(4)在发出标书之前,先对其保留的名单上的拟邀请的承包商进行初步调查。一旦发现某家承包商无意投标,立即换上名单中的另一家代替,以保证所要求投标者的数目。

英国土木工程师协会认为,承包商谢绝邀请是负责任的表现,这一举动并不会影响其将来参与投标的机会。在初步调查过程中,招标单位应对工程进行详细介绍,使可能的投标人能够估量工程的规模和造价概算。所提供的信息应包括场地位置、工程性质、预期开工日、主要工程量等,并提出所有具体特征的细节。

(三)法语地区的做法

与世界大部分地区的招标做法有所不同,法语地区的招标有两大方式:拍卖式招标和询价式招标。

1. 拍卖式招标

拍卖式招标的最大特点是以报价作为判断的唯一标准,其基本原则是自动判标;即在投标人的报价低于招标人规定的标底价的条件下,报价最低者中标。拍卖式招标一般适用于简单工程或者工程内容已完全确定、不会发生变化,并且技术的高低不会影响对于承包商的选择等情况下的项目。如果工程复杂,选择承包商除根据报价外还必须参照其他标准如技术、投资、工期、外汇支付比例等条件,则不宜采用这种方法。

拍卖式招标必须公开宣布各家投标商的报价。如果至少有一家报价低于标底价,则应宣布受标;若报价全部超过标底价的20%,招标单位有权宣布废标。在废标情况下,招标单位可对原招标条件做某些修改,再重新招标。

鉴于工程承包合同分总价合同和单价合同,因而投标人报价同样也有报总价和报单价之分。这就决定了标底也必须是两种形式,即总价标底和单价标底。总价标底是指招标单位根据工程性质、条件及工程量等各种因素计算的工程总价,即可接受的最高总价(即使在特殊情况下,也不得超过这个标底价的20%)。

单价标底有两种情况:

第一,招标人规定投标人以某一特定的同业价目表或单价表为基准,报出其降低数或降低百分比。这种情况下,标底价为业主要求的最少降价数或最少降低百分比。

第二,招标人不规定任何基础价,但确定工程量,由投标人报出工程的各项单价。这种情况下,标底价即业主可接受的最高单价。不过,由于承包工程的内容极为繁杂,逐项确定标底单价非常麻烦。因此这种情况比较少见。故单价合同的招标项目大都采用减价判断办法,即前一种办法。

2. 询价式招标

询价式招标是法语地区工程承发包的主要方式,一般适用于规模较大且较复杂、不仅要求承包商报价优惠,而且在诸如技术、工期及外汇支付比例等方面也有较严格要求的项目。

询价式招标分为公开询价式招标、有限询价式招标、包括设计竞赛的询价式招标等。招标人有权决定采取哪种方式以及要求投标人报单价或报总价。不管是公开询价式招标还是有限询价式招标,其开标方式都是秘密的。这也是法语地区招标方式与众不同之处。

(1)公开询价式招标

公开询价式招标是指公开邀请世界各地对招标项目感兴趣的承包商参与投标报价。

(2)有限询价式招标

有限询价式招标是指招标人只在一个特定的范围内邀请投标人报价或者采取特邀办法询价,其具体做法同国际有限招标大体相似,通常要求承包商先提出投标资格认可申请并报送资格预审材料。

发起有限询价式招标的招标人,有权根据待发包项目的规模、工程性质、技术要求等因素决定邀请报价人选。被邀请报价的投标人可以是业主已经了解的承包商(或者已同业主签订过合同,或者已参加过业主招标项目的投标),也可以是申请参加本次投标的新承包公司。

有限询价式招标是一种特殊的工程发包形式,只适用于以下几种情况:

①由于工程的性质复杂、施工难度大、需要大量施工机械等因素而决定该工程只能由少数有能力的承包公司实施;

②业主完全了解其特邀的承包公司的实施能力、质量水平及信誉等。

(3)包括设计竞赛的询价式招标

公共工程和有特殊要求的工程项目鉴于其外形、技术及投资条件等方面的特殊要求,招标人会采用竞赛性询价招标授予合同,这也是一种较常见的工程招标方式。具体做法如下:招标人首先制定一份设计任务书,指出待实施项目应满足的各项需求,如该项目的特征、项目的内容、项目投资的最大额度和有关方面的要求等;然后通过广告渠道或官方报纸的公共工程广告栏发出竞赛性询价式招标通知。

设计任务书中一般还包括以下条款：

①规定设计任务书的寄送条件及有关辅助文件（图纸、项目地址、钻探资料、项目所在地区的正常工资标准等）；

②规定设计方案和投标书寄送要求以及投标人应对招标人承担报价责任的期限。

11.1.4　国际工程招标文件

土建工程项目投资金额较大，合同规定复杂，项目易受内外界因素的影响，因而其招标程序和招标文件比一般货物采购复杂得多。国际工程项目的招标文件一般可分为五卷。

（一）第一卷：合同

合同包括招标邀请书、投标须知、合同条件（合同通用条件和专用条件）及合同表格格式。其中合同表格格式是业主与中标人签订的合同中所应用的文件格式，由业主与承包商等有关方面填写并签字，一般有以下七种格式：

(1)合同协议书格式；

(2)银行担保履约保函格式；

(3)履约担保书格式；

(4)动员预付款银行保函格式；

(5)劳务协议书格式；

(6)运输协议书格式；

(7)材料供应协议书格式。

当然，上述七种格式的具体内容会因项目的不同而有所变化，但其主要措辞和格式都类似于国内工程项目招标投标的协议书格式。

（二）第二卷：技术规格书

技术规格书（又称技术规范），详细载明了承包人的施工对象、材料、工艺特点和质量要求，以及在合同的一般条件和专用条件中未规定的承包人的一切特殊责任。同时，技术规格书还对工程各部分的施工程序、应采用的施工方法和向承包人提供的各项设施做出规定。技术规格中书还要求承包人提出工程施工组织计划，对已决定的施工方法和临时工程做出说明。

1. 编写技术规格书时应注意的问题

业主在编写技术规格书时，应做出详细说明和规定，具体应注意以下几个方面内容：

(1)承包人将要施工的工程范围，工程竣工后所应达到的标准；

(2)工程各部分的施工程序、应采用的施工方法和施工要求；

(3)施工中的各种计量方法、计量程序及计量标准，特别是对关键工程的计量方法、计量程序及计量标准更应有详尽的规定和说明；

(4)工程师实验室设备和办公室设备的标准；

(5)承包人自检队伍的素质要求；

(6)现场清理程序及清理后所应达到的标准。

技术规格书是对整个工程施工的具体要求和对程序的详尽描述，它与工程竣工后的质量优劣有直接关系，所以技术规格书一般需要详细和明确。

2. 土建工程技术规格书的组成

一般来说,土建工程技术规格书分为以下八大部分:

(1)工程描述。对整个工程进行详尽说明,包括与工程相关的分部分项工程划分、施工程序、工程师测试设备、施工方法、现场清理等方面的具体描述。

(2)土方工程。包括借土填方、材料的适用性、现场清理等。

(3)混凝土工程。包括混凝土、预应力混凝土结构工程施工方法和程序等。

(4)辅助工程。不同工程对辅助工程的要求不同。以公路项目为例,包括施工便道的施工方法、程序及要求等。

(5)桩基。包括桩基材料、质量要求、钻孔要求、混凝土浇筑要求、桩基的检验、桩基成型情况。

(6)混凝土。包括水泥和其他材料的质量要求,混凝土级别要求,混凝土及混凝土材料的测试计量等。

(7)预应力混凝土。包括材料的质量要求、测试方法等。

(8)建筑钢材。包括钢材的质量要求、连接方式、检验等。

(三)第三卷:投标书格式及其附件、辅助资料表和工程量清单

1. 投标书格式及其附件

投标书格式及其附件是投标必须填好递送的文件,内容主要包括报价、施工方案及投标人对工期、保留金等承包条件的书面承诺。

2. 辅助资料表

辅助资料表的内容包括外汇需求表、合同支付的现金流量表、主要施工机具和设备表、主要人员表和分包人员表,以及临时工程用地需求表和借土填方资料表等。这些表格应按照具体土建工程项目的特殊情况而定,但这些表格的格式对不同的土建工程项目来说区别不大。

3. 工程量清单

(1)工程量清单的编制原则

工程量清单是招标文件的主要组成部分,其分部分项工程的划分和顺序与技术规格书是完全相对应并一致的。

国际上大部分工程项目的划分和计算方法均用《建筑工程量计算原则(国际通用)》或英国《建筑工程标准计量规则》标准,我国的工程量清单是在参照国际做法的基础上并结合我国对土建项目的具体要求编制的,所以,工程量清单中分部分项工程的划分往往十分繁多而细致。一个工程的工程量清单少则几百项,多则上千项。

工程量清单中所写明的工程量一般比较准确,即使发现错误,也不允许轻易改动。在绝大部分土建项目的招标文件中,均附有对工程量及其项目进行补充或调整的项目,以备工程量有出入或遗漏时,可在此项目上补充或调整。

(2)暂定金额

暂定金额是指包含在合同价款中,并在工程量清单中以此名义开列的金额。可作为工程施工或供应货物与材料或提供服务或作为不可预见项目费用等。这些项目将按工程师的指示和决定或全部使用或部分使用或全部不用。在暂定金额项目中,有的列有工程量,有的未列工程量而只有一个总金额。

（3）临时工程量

除暂定金额外，有的工程量清单中还列有临时工程量。在未取得工程师正式书面允许前，承包人不应进行临时工程量所包括的任何工程。

（4）工程量的计量单位

工程量清单中的工程量计量单位应使用公制，如"米""平方米""吨"等。

（5）其他

有的工程量清单只有项目而无工程量，但仍需填报作为以后实际结算时的依据。

（四）第四卷：图纸

图纸和第二卷技术规格书及第三卷工程量清单相关联，承包人应按第二卷技术规格书的要求按图纸进行施工。

（五）第五卷：参考资料

参考资料为工程项目提供了更多的信息，如水文、气象、地质、地理、取土位置等，对投标人编制投标书具有重要的参考价值，但它更主要的是用于以后的施工。值得注意的是，参考资料不构成以后所签合同文件的一部分。

11.2　国际工程投标

11.2.1　国际工程投标工作程序

国际工程投标的工作程序如图 11-1 所示。

图 11-1　国际工程投标工作程序

（一）国际工程投标决策

世界上几乎每天都在进行工程招标投标活动。为了提高中标率，获得较好的经济效益，合理地决定对哪些工程投标、投什么样的标是一项非常重要的工作。影响投标决策的因素较多，但综合起来主要有以下三方面：

1.业主方面的因素

业主方面的因素主要考虑工程项目的背景条件，如业主的信誉和工程项目的资金来源、招标条件的公平合理性、业主所在国的政治和经济形势、对外商的限制条件等。

2.工程方面的因素

工程方面的因素主要有工程性质和规模、施工的复杂性、工程现场的条件、工程准备期和工期、材料和设备的供应条件等。

3.承包商方面的因素

根据自身的经历和施工能力，在技术上能否承担该工程，能否满足业主提出的付款条件和其他条件，自身垫付资金的能力，对投标对手情况的了解和分析等。

（二）国际工程投标准备

当承包商分析研究做出决策对某工程进行投标后，应进行大量的准备工作，主要包括：

组建投标班子,参加资格预审,购买招标文件,施工现场及市场调查,办理招标保函,选择咨询单位和雇佣代理人等。

(三)国际工程投标报价计算

工程报价是投标文件的核心内容。承包商在严格按照招标文件的要求编制投标文件时,应根据招标工程项目的具体内容、范围,结合自身的能力和国际工程承包市场的竞争状况,详细地计算招标工程的各项单价和总价,其中包括考虑一定的利润、税金和风险系数,然后正式提出报价。

(四)投标文件的编制和发送

投标文件应完全按照招标文件的要求编制。目前,国际工程投标中多数采用规定的表格形式填写,这些表格形式在招标文件中已给定,投标单位只需将规定的内容、计算结果按要求填入即可。投标文件中的内容主要有:投标书;投标保证书;工程报价表;施工规划及施工进度;施工组织机构及主要管理人员人选及监理;其他必要的附件及资料等。

投标书的内容全部完成后,即将其装封,按招标文件指定的时间、地点报送。

(五)国际工程投标应注意的事项

1. 参加国际工程投标应办理的手续

(1)经济担保(或保函)

如投标保证书、履约保证书以及预付款保证书。

(2)保险

一般有如下几种保险:

①工程保险:按全部承包价投保,中国人民保险公司按工程造价2‰～4‰的保险费率计取保险费。

②第三方责任险:招标文件中规定有投保额,一般与工程险合并投保。

③施工机械损坏险:按重置价值投保,保险年费率一般为1.5‰～2.5‰。

④人身意外险:中国人民保险公司对工人规定投保额为2万元,技术人员较高,年费率皆为1‰。

⑤货物运输险:分平安险、水渍险、一切险、战争险等。中国人民保险公司规定投保额为110%的利率货价(C.I.F.),一般以一揽子险(即一切险＋战争险)投保,年费率为0.5‰。

(3)代理费(佣金)

在国际上投标后能否中标,除了靠施工企业自身的实力(技术、财力、设备、管理、信誉等)和标价的优势(前三名左右)外,还要物色得力的代理人去争取,一旦中标就得付标价2‰～4‰的代理费。这在国际建筑市场中已经成为惯例了。

2. 不得任意修改投标文件中原有的工程量清单和投标书的格式

修改投标文件中原有的工程量清单和投标书的格式视为无效。

3. 计算数字要正确无误

无论单价、合价、分部合计、总标价及其外文大写数字,均应仔细核对。尤其是实行单价合同工程中的单价,更应该准确无误。否则中标订立合同后,在整个施工期间均须按错误合同单价结算,以至蒙受不应有的损失。

4. 所有投标文件应装帧美观大方,投标人要在每一页上签字

较小工程可装成一册,大、中型工程(或按业主要求)可分下列几部分封装:

(1)有关投标人资历等文件。如投标委任书,证明投标人资历、能力、财力的文件,投标保函,投标人在项目所有国注册证明,投标附加说明等。

(2)与报价有关的技术规范文件。如施工规划,施工机械设备表,施工进度表,劳动力计划表等。

(3)报价表。包括工程量表、单价、总价等。

(4)建议方案的设计图纸及有关说明。

(5)备忘录。

递标不宜太早,一般在招标文件规定的截止日期前1~2天内密封送达指定地点。

总之,要避免因为细节的疏忽和技术上的缺陷而使投标书无效。

11.2.2 国际工程投标报价

(一)投标报价的确定

在国际上没有统一的概预算定额,更没有统一的材料、设备预算价格和取费标准。每个承包商确定投标报价除了严格遵守国际通用或所在国的合同条件、施工技术规范(或标准)、当地政府的有关法令、税收、具体工程招标文件和现场情况等以外,还应根据市场信息、分包询价、自己的技术力量、施工装备、管理经营水平以及投标策略和报价技巧等以全部动态的方法自由定价,从竞争中争取获胜又能赢利。所有报价均需从人工费、材料费、设备价格、施工机械费、管理费率、利润率等基础价格或费率做具体的调研、分析、测算,然后再按工程内容逐项进行单价分析、开办费的估算和盈亏预测,最后还得做出报价的决策,确定有竞争力的正式标价。

(二)国际工程投标报价组成

1. 开办费

开办费又称准备工作费。通常开办费均应分摊于分部工程单价中。开办费的内容因工程类型不同和国家不同而有所不同,一般包括:

(1)施工用水、用电;

(2)施工机械费;

(3)脚手架费;

(4)临时设施费;

(5)业主和工程师办公室及生活设施费;

(6)现场材料试验及设备费;

(7)工人现场福利及安全费;

(8)职工交通费;

(9)防火设施;

(10)保护工程、材料和施工机械免于损毁和失窃费;

(11)现场管理及进出通道修筑及维持费;

(12)恶劣气候下的工程保护措施费;

(13)工程放线费;

(14)告示板费等。

国际上开办费一般多达40余项,占造价的10%~20%,小工程则可超过20%,其比重与造价大小成反比例。每项开办费只需一笔总价,无须明细项目,但在估算时要有一定的经验,应仔细按实考虑。

2. 分项工程单价

分项工程单价(亦称工程量单价)就是工程量清单上所列项目的单价,如基槽开挖、钢筋混凝土工程等。分项工程单价的估算是工程估价中最重要的基础工作。

(1)分项工程单价的组成

分项工程单价包括直接费、间接费(现场综合管理费等)和利润等。

①直接费

直接费是指直接用于工程的人工费、材料费、机械费以及周转材料费等。

②间接费

间接费是指组织和管理施工生产而产生的费用。它与直接费的区别在于:这些费用的消耗并不是为直接施工某一分项工程,不能直接计入分部分项工程中,而只能间接地分摊到所施工的建筑产品中。

③利润

利润是指承包商的预期税前利润。不同的国家对账面利润的多少均有规定。承包商应明确在该工程所收取的利润数目并将其分摊到分项工程单价中。

(2)确定分项工程单价时应注意的问题

①在国外,分项工程单价一定要符合当地市场的实际情况,不能按照国内价格折算成相应外币进行计算。

②国际工程估价中对分项工程单价的计算与国内的计算方法有所不同。国外每个分项工程单价除了包括人工费、材料费、机械费及其他直接费外,还包括工程所需的开办费、管理费及利润的摊销费用。因此,分项工程估算出单价乘以工程量汇总后就是该单项工程的报价。

③分摊在分项工程单价中的费用称为分摊费(亦称待摊费)。分摊费除了包括国内预算报价中的施工费、管理费和利润之外,还包括为该工程施工而需支付的其他全部费用,如投标的开支费用、担保费、保险费、税金、贷款利息、临时设施费及其他杂项费用等。

3. 分包工程估价

(1)分包工程估价的组成

①发包工程合同价

对分包出去的工程项目,同样也要根据工程量清单分别列出分项工程的单价,但这一部分的估价工作可由分包商进行。通常总包的估价师一般对分包单价不作估算或仅作粗略估计。待收到来自各分包商的报价之后,对这些报价进行分析比较选出合适的分包报价。

②总包管理费及利润

对分包的工程应收取总包管理费、其他服务费和利润,再加上分包合同价就构成分包工程的估算价格。

(2)确定分包时应注意的问题

①指定分包的情况

在某些国际承包工程中,业主或业主工程师可以指定分包商,或者要求承包商在指定的一些分包商中选择分包商。一般来说,这些分包商和业主都有较好的关系,因此,在确认其分包工程报价时必须慎重,而且在总承包合同中应明确约定对指定分包商的工程付款必须经由总承包商支付,以加强对分包商的管理。

②总承包合同签订后选择分包的情况

总承包合同签订后,总承包商对自己能够得到的工程款已十分明确,此时,总承包商可以将某些单价偏低或可能亏损的工程分包出去以求降低成本并转嫁风险。但是,在总包合同生效后,开工的时间紧迫,要想在很短时间内找到资信条件好、报价又低的分包商比较困难;而且,某些分包商还有可能趁机抬高报价,与总承包商讨价还价,迫使总承包商做出重大让步。因此,总承包商原来转嫁风险的如意算盘就会落空,而且增加了风险。所以,应尽量避免总承包合同签订后再选择分包商的做法。

4. 暂定金额

暂定金额不仅包括已知的未来必然支出的费用,还包括不可预见费用。不可预见费用是指为了预期材料价格、人工工资或工程数量在施工期间可能增长所准备的全部费用。一般情况下,不可预见费用不再计算利润,但对列入暂定金额项目而用于货物或材料者可计提管理费等。

(三)我国对外投标报价的具体做法简介

1. 工、料、机械台班消耗量的确定

以国内任一省市或地区的预算定额、劳动定额、材料消耗定额作为主要参考资料,再结合国外具体情况进行调整。国外工效一般应酌情降低 10％～30％;混凝土、砂浆配合比应按当地材质调整;机械台班用量也应适当调整;缺项定额应加以实地测算后补充。

2. 薪酬福利的确定

国外工资包括的因素比国内复杂得多,大体分为出国人员工资和当地雇佣工人工资两种。应力争用前者,少雇后者。出国工人的工资一般应包括:国内包干工资(约为基本工资的三倍)、服装费、国内外差旅费、国外零用费、人身保险费、伙食费、护照及签证费、税金、奖金、加班工资、劳保福利费、卧具费、探亲及出国前后所需时间内的调迁工资等。工资因技工和普工而不同。国际工程受当地国家保护主义的规定,一般均要在项目地雇佣一定比例的当地雇工,其薪酬福利一般包括工资、加班费、津贴以及招聘、解雇费用等。国外雇工的工资水平各国不一,相较国内出国工人工资有的稍高、有的则稍低,但工效普遍较低。在国际上,我国的工资水平与西方发达国家相比是偏低的,这对投标有利。

3. 材料费的确定

所有材料必须实际调查,综合确定其费用。工期较长的投标工程还应酌情预先考虑每年涨价的百分比。材料来源有:国内调拨材料、我国外贸材料、当地采购材料和第三国订购材料等。应进行方案比较,择优选用,也可采用招标采购,力求保质和低价。对国际上的运杂费、保险费、关税等均应了解掌握,摊进材料预算价格之内。

4. 机械费的确定

国外机械费往往是单独一笔费用列入"开办费"中,也有的包括在工程单价之内。其计量单位通常为"台时",鉴于国内机械费定得太低,在国外则应大大提高,尤其是折旧费至少可参考"经援"标准,一年为重置价的 40％、两年为 70％、三年为 90％、四年为 100％,经常费另计。工期在 2～3 年以上者,或无后续工程的一般工程,均可以考虑以此摊销,另加经常费用。此外,还应增加机械的保险费。如租用当地机械更为划算者,则采用租赁费计算。

5. 管理费的确定

在国外的管理费费率应按实测算。测算的基数可以按一个企业或一个独立计算单位的年完成产值的能力计算，也可以专门按一个较大规模的投标总承包额计算。有关管理费的项目划分及开支内容，可参考国内现行管理费内容，结合国外当前的一些具体费用情况确定。管理费的内容大致有工作人员费（内容与出国工人工资基本相同）、业务经营费（包括广告宣传、考察联络、交际、业务资料、各项手续费及保证金、佣金、保险费、税金、贷款利息等）、办公费、差旅交通费、行政工具用具使用费、固定资产使用费以及其他费用等。这些管理费包括的内容可以灵活掌握。据中东地区某些国家初步预测，我国的管理费费率约为 15%。这是投标报价中一项不利因素，应采取措施加以降低。

6. 利润的确定

国外投标工程的利润由投标人自己灵活确定，根据投标策略可高可低，但由于我们的管理费费率较高，本着国家对外开展承包工程的"八字方针"（即守约、保质、薄利、重义）的精神，应采取低利政策，一般毛利可定在 5%～10%。

11.2.3　国际工程常用报价方法

国际工程报价时，哪类工程应定高价，哪类工程应定低价；或当一个工程的总价基本确定的情况下，哪些单价宜高，哪些单价宜低，都有一定的技巧。下面介绍几种常用的报价方法。

1. 扩大单价法

对工程中可能变化比较大或没把握的工作，在按正常的已知条件编制价格的基础上，采用扩大单价增加不可预见费的方法来降低风险。这种方法较为常用。但由于提高了总价，从而降低了中标概率。

2. 开口升级报价法

开口升级报价法是将报价看作协商的开始。首先对施工图和说明书进行分析，把工程中的一些难题（如特殊的建筑工程基础等占工程总造价比例高的部分）抛开作为活口，将标价降至其他人无法与之竞争的数额（在报价单中应加以说明）。利用这种"最低标价"吸引业主，从而取得与业主协商的机会，再将预留的活口部分进行升级加价，以达到中标工程并盈利的目的。

3. 多方案报价法

多方案报价法是利用工程说明书或合同条款不够明确之处，以争取修改工程说明书和合同为目的的一种报价方法。当工程说明书或合同条款不够明确时，往往会增加投标人所承担的风险，导致投标人增加不可预见费，使得报价过高，降低中标的概率。多方案报价的具体做法是在标书上报两个单价，一个是按工程说明书合同条款报价；另一个则是在第一个报价的基础上加以注解，"如工程说明书或合同条款可做出某些改变时，则可降低部分费用"，这样使报价降低，以吸引业主修改工程说明书或合同条款。

4. 先亏后赢法

为了占领某一市场或在某一地区打开局面，采用低价的方法先谋取中标，承包的结果也必然是亏本，但通过工程所在的市场或地区的后续其他工程再陆续盈利。采用这种方法报价必须有十分雄厚的实力。同时，这种方法具有很大的冒险性。

5. 突然袭击法

运用这种方法是在投标报价时,突然对外透露对工程中标毫无兴趣(或志在必得)的信息,待投标即将截止时,突然降价(或加价),使竞争对手措手不及。在国际工程投标竞争中,竞争对手间都力求掌握更多对方的信息,投标人的报价很可能被竞争对手所了解,因而丧失主动权,对此可采用突然袭击法报价。

6. 不平衡报价法

不平衡报价法是指在一个工程项目投标报价的总价基本确定后,保持工程总价不变,适当调整各项目的工程单价,在不影响中标的前提下,使得结算时得到更理想的经济效益的一种报价策略。不平衡报价按追求最终的经济效果可分为两类,第一类是"早收钱";第二类是"多收钱"。

第一类不平衡报价法称为"早收钱",是投标人在认真研究报价与支付之间关系的基础上,发挥资金的时间价值的一种报价策略。具体做法是在报价单中适当调高能够早日结账收款的项目报价,如开办费、土方开挖、基础工程等;适当调低后期施工项目的报价,如机电设备安装、装修装饰工程、施工现场清理、零散附属工程等。这样即使后期项目有可能亏损,但由于前期项目已增收了工程价款,因此从整体来看,仍可增加盈利。这种方法的核心是力争减少企业内部流动资金的占用和贷款利息的支出,提高财务应变能力。另外在收入大于支出的"顺差"状态下,工程的主动权就掌握在投标人自己的手中,从而提高索赔的成功率和风险的防范能力。

第二类不平衡报价称为"多收钱",是按工程量变化趋势调整工程单价的一种报价策略。以 FIDIC 施工合同条件为例,由于报价单中给出的工程量是预估工程量,它与实际施工时的工程量之间多少会存在差异,有时甚至差异很大。而 FIDIC 条件下的单价合同是按实际完成的工程量计算工程价款的,因此,投标人可参照各报价项目未来工程量的变化趋势,通过调整各项目的单价来实现"多收钱"。如果投标人在报价过程中判断标书中某些项目的工程量明显不合理或将会发生某些变化,这就是盈利的机会。此时,投标人适当提高今后工程量可能会增加的项目的单价,同时降低今后工程量可能会减少的项目单价,并保持工程总价不变。这样,当工程实际发生的状况与投标人预期相同时,投标人就会在将来结算时增加额外收入。

采用不平衡报价虽然可以带来额外收益,但也要承担一定的风险。如果工程内部条件与外部条件发生的变化与投标人的预期相反,将会导致投标人亏损。因此,投标人采用不平衡报价技术时,要详细分析来自各方面的影响,审慎行事,正确确定施工组织计划中各项目的开始时间与持续工作时间,正确估计各项目未来工程量变化趋势及其可能性,这直接关系到各项目不平衡报价的价格调整方向和大小,最终影响项目的盈亏。

11.2.4　国际工程投标前的风险管理

国际工程投标前,应进行必要的风险识别、评估和控制工作,其中,重要的风险因素可能有:

(1)项目的复杂程度高。很多企业特别是大型企业都喜欢承接高端的复杂项目,但是从商业的角度出发,在刚进入一个新的市场时,从技术比较简单的项目开始无疑是一种明智的选择。

(2)承包商执行此类项目的经验。这一点无论是对国内工程还是国际工程无疑都是要考虑的因素,尤其对于海外项目更要特别谨慎,如果要进入新的专业领域,最好是在熟悉的市场中,而非风险大的国际市场。

(3)业主的财务状况及其信誉。很多承包商急于进入国际市场,往往忽视了国际工程中业主的风险,但实际上国际工程的业主情况更加复杂,国内承包商特别是进入一个新市场时,要特别注意。

(4)业主代表/工程师的业务素质。国际工程项目与国内的项目不同,通常业主代表/工程师会对施工过程严格控制,有一些业主代表/工程师会非常难以相处,这会给承包商的项目实施带来极大的困难。

(5)工程款支付及汇率变化。如是否有预付款,工程的批复条件和实践,业主延误支付时承包商可以采取的行动等。

(6)项目所在地材料、设备供应情况,以及专业分包的情况。如中东地区就以材料、设备等供不应求为特点,使总承包商在与供应商、分包商等的合作中,所处地位往往非常不利。

(7)项目工期要求及延误赔偿。大部分的业主都希望项目能够尽快完成,这造成很多项目的合同工期非常短,承包商往往会注意合同中的其他方面,但是对于工期风险却很容易忽视。

11.3 国际工程通用合同条件

11.3.1 FIDIC 合同条件

FIDIC 是国际咨询工程师联合会的简称,于 1913 年由欧洲四个国家的咨询工程师协会组成。其宗旨是联合各国的咨询工程师行业组织,研究和增进会员的利益,制定并规范咨询工程师行为准则,提高服务质量,促进会员间的交流及合作,增强行业凝聚力。我国于 1996 年成为 FIDIC 正式成员国。

作为国际上权威的机构,FIDIC 集合国际工程界多年的实践经验和各国优秀的咨询工程师智慧编写了标准合同条件,公正地规定了合同各方的权利和义务,具有程序严谨,可操作性强等特点。1999 年出版的新版合同条件共四本,即《施工合同条件》《永久设备和设计-建造合同条件》《EPC 交钥匙项目合同条件》和《简明合同格式》。

（一）《施工合同条件》(Condition of Contract for Condition,简称"新红皮书")

该文本是在旧版《土木工程施工合同条件》(简称"红皮书")的基础上编写的。适用于发包人提供设计(或委托第三方负责设计)的房屋建筑工程和土木建筑工程的项目施工。一般采用单价计价,单价根据合同约定可以调整,某些子项目采用总价包干。发包人委派工程师管理合同,监督工程进度、质量,签发支付证书、接收证书和履约证书,处理合同管理中的其他事项。

1. FIDIC《施工合同条件》对投资的控制

FIDIC《施工合同条件》中涉及投资控制的条款范围很广,有的直接与投资控制有关,有的间接与投资控制有关。概括起来大致包括:有关工程计量的规定,与合同有关的期中结算与支付,竣工结算与支付,最终结算与支付,有关合同价格调整的规定等方面。

(1)工程计量

工程量清单或其他报表中列出的任何工程量仅为估算工程量,并不作为实际工程量。实际工程量通过测量确定,并按照实际核实净值而确定支付价值。

计量过程一般如下:

①工程师在测量前通知承包商。

②承包商参加或派代表协助工程师测量,并提供工程师要求的详细资料。如果承包商未参加或未派代表协助,则以工程师的测量结果为准。

③对需用记录进行测量的永久工程,工程师应做好准备,并通知承包商参加记录审查。如果承包商同意审查结果就签字;如果不同意,需在审查通知发出 14 天内向工程师提出异议,工程师或确定或修改。如果承包商未在 14 天内提出异议,则认为该记录是准确的并被接受;如果承包商未参加审查,则认为记录是准确的并被接受。

(2)期中结算与支付

中期付款如按月进行即为月进度支付。对此,承包商应先提交月报表,交由工程师审核后填写支付证书并报送发包人。

①承包商应在每个月月末按工程师指定的格式向其提交一式六份的报表,每份报表均由经批准的承包商代表签字。

②工程师接到月结算报表后,在 28 天内应向发包人报送他认为应该付给承包商的本月可支付的项目和结算款额。即在审核承包商报表中申报的款项内容的合理性和计算的准确性后,按合同规定扣除应扣款额,所得金额净值即为承包商本月应得付款。应扣款额主要是以前支付的预付款额、按合同规定计算的保留金额以及承包商到期应付给发包人的其他金额。如果最后计算的金额净值少于投标书附件中规定的临时支付证书最少金额时,工程师可不对该月结算做证明,而是留待下月一并付款。工程师在签发每月支付证书时,有权对以前签发的证书进行修正,如果他对某项工作的执行情况不满意时,也有权在证书中删去或减少该项工作的价值。

(3)竣工结算与支付

承包商在收到工程接收证书后的 84 天内,按"申请期中支付证书"程序向工程师提交工程竣工报表,内容包括:

①截至接收证书上指明的日期,按合同已完成的工程的价值。

②承包认为到期应支付的其他金额。

③承包商认为根据合同到期支付给他所有款项的估算总额。

工程师应按签发期中支付证书的程序开具支付证明。

(4)最终结算与支付

在工程全部完成并且缺陷通知期结束后,合同双方需要根据工程款的最终结算进而确定合同的最终价款,并且将合同价格剩余的款额全部支付给承包商。

①承包商在收到履约证书后 56 天内,应向工程师提交最终报表草案及其他证明资料。最终报表草案要详细列明承包商完成的全部工作的价值和承包商认为业主应支付给他的余额。草案经工程师审核并与承包商协商或补充、修改后,形成最终报表。

②《施工合同条件》规定,承包商提交最终报表时,同时还应提交一份结清单,结清单上应确认最终报表中的总额即为业主应支付给承包商的全部和最终的合同结算款额,作为同

意与业主终止合同关系的书面文件。

③工程师在接到最终报表和结清单后的 28 天内签发最终支付证书,业主应在收到证书的 56 天内完成支付。

(5)合同价格的调整

在施工承包合同的履行过程中,除正常的量方计价外,影响合同价格的因素还有工程变更、索赔、物价涨落、法规变化等。其中,物价涨落和法规变化对合同价格的影响如下:

①物价涨落。对劳务、货物以及其他投入工程的费用按照它们各自在合同总价格中的比例和它们的"价格指数"进行调整。

②法规变化。如果在基准日期(投标截止日之前 28 天)之后,工程所在国的法律发生变更(包括对法律解释的变更),则合同价格应做相应调整,并且承包商有权根据变更情况获得费用补偿和工期延长。

2. FIDIC《施工合同条件》对进度的控制

(1)开工、竣工日期

①开工日期,是指在承包商接到中标函后 42 天之内,工程师向承包商发出的通知中注明的日期。

②竣工时间,是指在投标函附录中规定的,从开工日期算起到工程或某一区段完工的日期,包括由于非承包商责任引起的工期的延长。实际竣工时间由工程师在工程或区段的接收证书中注明。

(2)工期延长

出现如下任一情况,承包商有权向工程师提出工期延长的要求:

①工程变更或合同中包括的某项工程数量发生了实质性变化;

②异常不利的气候条件;

③由于业主人员的责任而造成的延误、干扰或阻碍;

④由于传染病或其他政府行为导致人员、货物的短缺;

⑤由于非承包商责任,工程所在国公共当局延误或干扰了承包商的工作;

⑥根据合同规定承包商有权获得工期延长的其他情况。

(8)工程暂停

工程师有权指令承包商暂停工程施工。暂停期间,承包商应保护、保管以及保障该部分或全部工程免遭任何损失。对于由非承包商责任引起的工程暂停,承包商有权根据合同获得工期延长和费用补偿。

当工程已暂停 84 天以上,承包商可向工程师提出复工请求。如果工程师未在 28 天内给予许可,承包商可视情况采取如下措施:

①暂停工程只影响局部,则可将这部分工程作为变更删减;

②暂停工程影响到整个工程,则可向业主提出终止合同。

(4)追赶施工进度

工程师认为整个工程或部分工程的施工进度滞后于合同中竣工要求的时间时,可以下达赶工指示。承包商应立即采取经工程师同意的必要措施加快施工进度。发生这种情况时,也要根据赶工指令的发布原因,决定承包商的赶工措施是否应该给予补偿。在承包商没有合理理由而延长工期的情况下,他不仅无权要求补偿赶工费用,而且在赶工措施中若包含夜间或当地公认的休息日加班工作时,还需承担工程师因增加附加工作而需补偿的监理费用。虽然这笔费用按责任划分应由承包商负担,但不能由他直接支付给工程师,而应由业主支付后从承包商应得款内扣回。

3. FIDIC《施工合同条件》对质量的控制

(1)对材料、工程设备和工艺的检验

①一切材料、工程设备和工艺均应达到合同中所规定的相应品级,并符合工程师的批示要求。承包商应随时按工程师提出的要求,在制造、装配施工现场或准备地点,接受工程师进行的检验。工程师及其任何授权人员有随时进入施工现场的权利。

②承包商在将材料用于工程之前,应向工程师提交有关材料的样品和资料,取得工程师的同意。材料样品包括承包商自费提供厂家的标准样品以及合同中规定的其他样品,如果工程师还要求承包商提供任何附加样品,则工程师应以变更形式发出指令。每种样品上应列明其原产地和在工程中的用途。

③业主人员应有权在一切合理的时间进入现场以及天然料场,业主人员还有权在一切合理的时间进入项目设备和材料的制造生产基地,检验和测量永久设备和材料的用料、制造工艺以及进度。承包商应提供一切机会协助业主人员完成此项工作,并提供所需设施等。此类检查不解除承包商的任何义务和责任。

④当完成的一项工作在隐蔽之前,或者任何产品在包装或运输之前,承包商应及时通知工程师,工程师应前来检验和测量等,不得无故延误。如果工程师不要求检查,应及时通知承包商。如果承包商没有通知工程师,则在工程师要求时,承包商应自费打开已经覆盖的工程,供工程师检查并随后恢复原状。

⑤如果在商定的时间和地点,供检验的材料或工程设备未准备好,或者根据检验结果工程师确认材料或工程设备是不符合合同规定的,那么工程师可以拒收这些材料或工程设备并应立即通知承包商。通知书应写明拒收的原因。承包商应即刻纠正所述缺陷或者保证被拒收的材料或工程设备符合合同规定。

(2)对工程项目施工过程的检查

①对承包商质量自检系统进行检查和监督。承包商应建立质量自检系统,这是最基本的质量管理体系。在施工过程中,工程师应对承包商的质量管理体系进行检查和监督,使其发挥良好的作用。

②对各项工程活动进行检查和监督。工程师应在施工过程中检查和监督承包商的各项工程活动,包括施工中的材料质量、混合料的配比、设备的运行及工艺、人员的组成和操作等情况的每一个环节。

(3)缺陷责任期的质量控制

在缺陷责任期满前的任何时候,承包商都有义务根据工程师的指示调查工程中出现的任何缺陷、收缩或其他不合格之处的原因,将调查报告报送工程师,并抄送业主。调查费用由造成质量缺陷的责任方承担。

①施工期间承包商应自费进行此类调查。若缺陷原因属于业主应承担的风险,如业主采购的材料不合格、其他承包商施工造成的损害等,应由业主负责调查费用。

②缺陷责任期内只要不是由于承包商使用有缺陷的材料或设备、施工工艺不合格以及其他违约行为引起的缺陷责任,调查费用均应由业主承担。

（4）质量补救措施

尽管工程师已经对材料设备及工程施工质量进行了检验或给予了认可,但仍有权做出如下指示:

①承包商换掉不符合合同规定的材料和永久设备。

②不符合合同要求的工作一律返工。

③承包商发生紧急情况,如事故、意外事件等,为了工程安全需要做的任何工作。

（二）《永久设备和设计-建造合同条件》（Conditions of Contract for Plant and Design-Build,简称"新黄皮书"）

新黄皮书是在旧版《电气和机械工程合同条件》（简称"黄皮书"）的基础上改进而成,适用于由承包商做绝大部分设计的大型工程项目。承包商要按照业主的需求进行系统设计、提供设备和建造（如土木、机械、电力等工程的组合）。承包商合同采用总价合同,如果发生法规规定的变化或合同约定之外的物价波动,合同价格可相应调整。其合同管理与《施工合同条件》情形下工程师负责合同管理的模式类似。

（三）《EPC 交钥匙项目合同条件》（Conditions of Contract for EPC Turnkey Project,简称"银皮书"）

EPC 为英文 Engineering-Procurement-Construction 的缩写,译为设计-采购-建造。它与项目总承包模式（Design-Build,简称"D＋B"）的区别在于,Engineering 一词不仅包括具体的设计（Design）工作,而且包含整个建设工程内容的总体策划以及整个建设工程实施组织管理的策划和具体工作,即 EPC 模式将承包（或服务）的范围延伸至项目前期,业主只要大致说明一下投资意图和要求,其余工作均由 EPC 承包单位来完成。同时,在该模式中也更加强调工程材料和设备的采购全由 EPC 承包单位负责。该模式特别适用于工厂、发电厂、石油开发和基础设施等建设工程,自 20 世纪 80 年代兴起于美国后逐渐得到国际工程市场中广大业主的青睐。

《EPC 交钥匙项目合同条件》适用于在交钥匙的基础上进行的工程项目的策划设计和施工,承包商负责策划和所有的设计、采购及建造工作,在向业主交钥匙时,提供一个设施完整、可以投产运行的项目。EPC 合同采用固定总价合同,只有在某些特定风险出现时才能调整价格,因此,承包商要承担较大风险,业主也要支付相应的更多的费用。在该合同条件下,往往由业主或业主代表来管理合同和工程的具体实施。

一般认为,在传统模式条件下,业主与承包商的风险分担大致是对等的。而在 EPC 模式条件下,由于承包商的承包范围包括设计,因而很自然地要承担设计风险。此外,在其他模式中均由业主承担的"一个有经验的承包商不可预见且无法合理防范的自然力的作用"的风险,一旦发生,一般都会引起费用增加和工期延误,在 EPC 模式中也由承包商承担。这是一类较为常见的风险。在其他模式中承包商对此所享有的索赔权在 EPC 模式中不复存在。这无疑大大增加了承包商在工程实施过程中的风险。此外,在 EPC 标准合同条件中还有一些条款也加大了承包商的风险。例如,EPC 合同条件第 4.10 款［现场数据］规定:"承包商应负责检查和解释（业主提供的）此类数据。业主对此类数据的准确性、充分性和完整性不承担任何责任……"而在其他模式中,通常是强调承包商自己对此类资料的解释负责,并不排除业主的责任。又如,EPC 合同条件第 4.12 款［不可预见的困难］规定:"（1）承包商被认为已取得了可能对投标文件或工程产生影响或作用的风险、意外事故和其他情况的全部必要的资料;(2)在签订合同时,承包商应已经预料到了为圆满完成工程今后发生的一切困难和费用;(3)不能因任何没有预见的困难和费用而进行合同价格的调整。"而在其他模式中,通常没有上述(2)和(3)项的规定,意味着如果发生此类情况,承包商可以得到费用和工期方面的补偿。

（四）《简明合同格式》(Short Form of Contract)

该合同条件主要适用于投资额较低的一般不需要分包的工程项目;或尽管投资额较高,但工作内容简单、重复;或建设周期短。合同计价可以采用总价合同、单价合同或成本加酬金合同。

FIDIC系列合同条件具有国际性、权威性和通用性,我国现行的《建设工程施工合同(示范文本)》就是参照其制定的。FIDIC合同条件由协议书、通用条件和专用条件三部分组成。协议书是发包人与承包人权利义务的基本约定,包含了合同的主要实质性内容,双方只要在空格内填入相应的内容并签字盖章后合同即可生效。通用条件详细约定了双方的各项权利和义务以及合同争议的处理,适用于所有的工程,也构成了合同条件的主体部分。专用条件则针对具体的工程项目,在考虑了项目所在国家的法律法规、项目特点和发包人要求等不同因素的基础上,对通用条件的相应条款进行了修改、补充和具体化。

11.3.2 AIA 合同条件

（一）概述

1857年成立的美国建筑师学会(AIA)是建筑师专业组织,致力于提高建筑师的专业水平。AIA出版的系列合同文件在美国建筑业及国际工程承包领域具有较高的权威性。

经过多年的发展,AIA合同文件已经系列化,形成了包括80多个独立文件在内的复杂体系,这些文件适用于不同的工程建设管理模式、合同类型以及项目的不同方面,根据文件的不同性质,AIA文件分为A、B、C、D、F、G、INT系列。其中:

A系列,是关于业主与承包人之间的合同文件;

B系列,是关于业主与建筑师之间的合同文件;

C系列,是关于建筑师与提供专业服务的咨询机构之间的合同文件;

D系列,是建筑师行业所用的相关文件;

F系列,是财务管理报表;

G系列,是合同和办公管理中使用的文件和表格;

INT系列,是用于国际工程项目的合同文件(为B系列的一部分)。

每个系列又有不同的标准合同文件,如A系列有:

A101——业主与承包商协议书格式——总价;

A105——业主与承包商协议书标准格式——用于小型项目;

A205——施工合同一般条件——用于小型项目(与A105配合);

A107——业主与承包商协议书简要格式——总价——用于限定范围项目;

A111——业主与承包商协议书格式——成本补偿;

A121——业主与CM经理协议书格式;

A131——业主与CM经理协议书格式——成本补偿;

A171——业主与承包商协议书格式——总价——用于装饰工程；

A191——业主与设计——建造承包商协议；

A201——施工合同通用条件；

A271——施工合同通用条件——用于装饰工程；

A401——承包商与分包商协议书标准格式；

A491——设计——建造承包商与分包商协议书。

AIA 合同条件主要用于私营的房屋建筑工程，在美洲地区具有较高的权威性，应用广泛。

（二）施工合同通用条件

AIA 系列合同中的文件 A201，即施工合同通用条件，类似于 FIDIC 的土木工程施工合同条件，是 AIA 系列合同中的核心文件。

1. 关于建筑师

AIA 合同中的建筑师类似于 FIDIC 红皮书中的工程师，是业主与承包商联系的纽带，是施工期间业主的代表，在合同规定的范围内有权代表业主管理工程。建筑师的主要权利如下：

（1）检查权：检查工程进度和质量，有权拒绝不符合合同文件的工程；

（2）支付确认权：审查、评价承包商的各种付款申请，检查证实支付数额并签发支付证书；

（3）文件审批权：对施工图、文件资料和样品的审查批准权；

（4）编制变更指令权：负责编制变更指令、施工变更指示，确认竣工日期。

尽管 AIA 合同规定建筑师在做出解释和决定时对业主和承包商要公平对待，但建筑师的"业主代表"身份和"代表业生行事"的职能实际上更强调建筑师维护业主利益的一面，相应淡化了维护承包商权益的一面，这与 FIDIC 红皮书强调工程师"独立性"和"第三方"的特点有所不同。

2. 由于不支付而导致的停工

AIA 合同在承包商申请付款问题上有倾向于承包商的特点。例如，规定在承包商没有过错的情况下，如果建筑师在接到承包商付款申请后 7 天不签发支付证书，或在收到建筑师签发支付证书情况下，业主在合同规定的支付日到期 7 天没有向承包商付款，则承包商可以在下一个 7 天内书面通知业主和建筑师，将停止工作直到收到应得的款项，并要求补偿因停工造成的工期和费用损失。与 FIDIC 相比，AIA 合同从承包商催款到停工的时间间隔更短，操作性更强。三个 7 天的时间限定和停工后果的严重性会促使三方避免长时间扯皮，特别是业主面临停工压力，要迅速解决付款问题，体现了美国工程界的效率，这也是美国建筑市场未造成工程款严重拖欠的原因之一。

3. 关于保险

AIA 合同将保险分为三部分，即承包商责任保险、业主责任保险、财产保险。与 FIDIC 红皮书相比，AIA 合同中业主明显地要承担更多的办理保险、支付保费方面的义务。AIA 合同规定，业主应按照合同总价以及由他人提供材料或安装设备的费用投保并持有财产保险，该保险中包括了业主以及承包商、分包商的权益，并规定业主如果不准备按照合同条款购买财产保险，业主应在开工前通知承包商，这样承包商可以自己投保，以保护承包商、分包商的利益,承包商将以工程变更令的形式向业主收取该保险费用。比较而言,承包商责任保险的种类较少,主要是人身伤亡方面的保险。

4. 业主义务

在 AIA 合同文本中对业主的支付能力做出了明确的规定,AIA2.2.1规定,按照承包商的书面要求,工程正式开工之前,业主必须向承包商提供一份合理的证明文件,说明业主方面已根据合同开始履行义务,做好了用于该项目的资金调配工作。提供这份证明文件是工程开工或继续施工的先决条件。证明文件提供后,在未通知承包商前,业主的资金安排不得再轻易变动。该规定可以对业主资金准备工作起到一定的推动和监督作用,同时也说明 AIA 合同在业主和承包商的权利义务分配方面处理得比较公正合理。

11.4　国际工程承包合同管理

11.4.1　国际工程承发包模式与合同管理

工程项目采用不同的承发包模式对工程项目的影响是重大的。不同的承发包模式决定了工程项目采购及招投标方式不同;决定了项目组织和管理模式不同;决定了项目合同形式及管理方式也不同。综观国内外,当前常用的工程项目承发包模式主要有平行承发包模式、总承包模式、总承包管理模式和私人融资模式等。国际工程较多地采用后三种承发包模式。

(一)平行承发包模式

平行承发包又称分别承发包,是指业主将建设工程的设计、施工、材料和设备采购、咨询服务等任务按照一定的原则进行分解,将其分别发包给不同的平行单位(承包人),并与各方签订合同。

采用平行承发包模式时,业主负责所有合同的招标、谈判和签约,工程项目采购的工作量较大、耗时多、成本支出大;业主负责对所有承包商的管理和组织协调,合同管理工作量大,合同界面多,关系复杂,矛盾集中,风险大;平行承包单位之间能够形成一定的控制和制约机制,符合"他人控制"原则,对业主的质量控制和进度控制有利;采用低价法或合理低价法虽然可以降低每一部分工程任务的造价和总投资,但业主只有在最后一份合同签订后才知道整个工程的总投资,对投资的早期控制不利,且如果不能有效控制工程变更,索赔的风险较大。

平行承发包模式在国际工程中主要应用于工程咨询服务。业主分别和工料测量师(Quantity Surveyor,QS)、工程师(Engineer)、合同管理师(Contract Administrator,CA)签订合同,一般地,工料测量师负责项目的工程量清单的准备及施工合同实施过程中的承包商清款审核和最终的决算等所有涉及造价的工作;工程师则负责项目实施过程中的技术工作,包括质量控制、工程检测、进度控制等;合同管理师代表业主负责合同方面的事宜并协调所有各方的工作。国际工程咨询服务合同结构如图 11-2 所示。

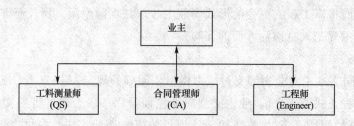

图 11-2　国际工程咨询服务合同结构图

（二）总承包模式

总承包模式的具体种类非常多,常用的有设计总承包、施工总承包(以上两个也合称"设计或施工总分包")、工程总承包(D＋B、EPC 等)。

1. 设计或施工总分包

设计或施工总分包模式的合同结构如图 11-3 所示。

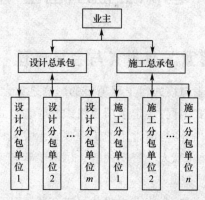

图 11-3　设计或施工总分包模式合同结构图

采用设计或施工总分包模式时,业主只需要少数的几次招标过程就可以将全部建设任务安排下去,招标及合同管理的工作量大大减少;业主对总包单位的依赖性较大,由此给业主带来的风险也较高;采用该模式时,一般要等施工图设计全部结束后,才能进行施工总承包的招标,建设周期势必较长。此时,若为加快建设进度而采取设计一部分就施工一部分的方式(CM 模式),虽可压缩项目总工期、增加项目效益,但却带来了协调难度大、索赔风险高等问题。在工程质量管理方面,该模式既有分包单位的自控,又有总包单位的监督,还有工程咨询单位的检查把关,管理较为有利。

当采用设计或施工总分包模式时,工程咨询服务的采购既可以采用总包也可以采用平行承发包的模式。

设计总包在国际上也称为设计总负责,国际工业与民用建筑普遍采用设计总包模式,通常由某个建筑师事务所承接设计总包任务,而将有关的结构设计、机电设计、景观设计等再委托给其他专业设计事务所配合进行专业设计,建筑师事务所统一组织协调并对业主负责。

2. 工程总承包

业主将建设工程项目的设计任务和施工任务进行综合委托的模式称为工程总承包或建设项目总承包。

建设项目总承包模式起源于欧美,是为了克服由于设计和施工的分离致使投资增加,以及由于设计和施工不协调影响建设进度等弊端而产生的一种集成模式,具体包涵设计和施工总承包(D+B,即 Design ＋ Build)及设计、采购、施工总承包(EPC,即 Engineering Procurement Construction)等。

(1)设计和施工总承包

设计和施工总承包又称设计建造。在该模式中,承包商不仅负责施工,而且负责设计工作,可以从方案设计阶段就开始总承包,也可以从初步设计阶段、技术设计阶段或者施工图设计阶段开始总承包。

设计和施工总承包模式合同管理具有如下特点:

①由于投标者把工程项目的设计和施工作为一个整体来系统考虑,既要满足业主的招标要求,设计具有竞争性,又要充分利用项目总承包企业的管理资源和优势,最大限度地降低工程风险和工程投标价。因此,价值工程和限额设计等科学手段的运用必不可少,使该模式符合市场运行的基本规律。国外实践经验表明,实行 D+B 模式,平均可以降低造价10％左右,效益明显。

②业主只需要与总承包单位签订一个建设项目总承包合同,因而其协调及合同管理的工作量比较小,可以腾出精力做更重要的事情。

③该模式由于采用总价合同(一般是可变总价合同)以及在设计时就考虑了施工企业的能力和水平,因而有利于投资控制和进度控制,并缩短工期。

④采用此模式时,业主在工程项目实施过程中对承包商的监控较少,加之设计和实施方案都是由承包商提供,承包商可能会倾向于选择低成本且质量差的产品,因而质量控制的风险较大。一般地,业主都要委托社会上有经验的项目管理公司协助其完成相关任务。

(2)设计、采购、施工总承包

该模式与 FIDIC《EPC 交钥匙项目合同条件》相同,在此不再赘述。

(三)总承包管理模式

所谓总承包管理模式,是指业主将工程任务发包给专门从事项目组织管理的单位,由其对合同目标全面负责的模式。该模式与项目总承包模式的主要区别在于:前者一般不直接参与项目的设计和施工,而是致力于建设工程的组织协调和目标综合管理。后者有自己的设计、施工实体,是设计、施工、材料和设备采购的主要力量。

随着业主需求的不断演化,工程项目总承包管理模式的具体表现形式也在不断变化,常见的有设计或施工总承包管理、工程总承包管理、开发商、CM 模式、Project Controlling 模式等。

1.设计或施工总承包管理

(1)设计总承包管理

所谓设计总承包管理,就是业主委托一个设计总承包管理单位,由其负责整个工程项目的所有设计的管理任务。在该模式中,业主将各个设计任务发包给不同的设计单位,设计总承包管理单位不承担或仅承担部分设计任务,其主要精力负责对所有设计单位的协调、管理和控制,利用其经验负责整个设计的进度控制、质量控制、限额设计等,并收取相应的总承包管理费。图 11-4 是某地铁项目勘察设计总承包管理合同结构图。

(2)施工总承包管理

施工总承包管理简称 MC(Managing Contractor),意为"管理型承包"。业主与某个具有丰富施工管理经验的单位(或联合体、合作体)签订施工总承包管理协议,由施工总承包管

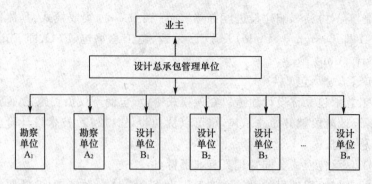

图 11-4　某地铁项目勘察设计总承包管理合同结构图

理方负责整个工程项目的施工组织与管理,具体工程的施工由业主招标选定的各分包商来完成(如果施工总承包管理单位也想承担部分工程的施工,需参加这一部分工程的投标,通过竞争取得任务)。

施工总承包管理的合同结构有两种:一种是业主与各分包单位直接签订合同;另一种是由施工总承包管理单位与各分包单位签订合同。无论采用哪种方式,分包单位的选定均要经过业主和施工总承包管理单位的双方认可,这样才有利于项目管理目标的顺利实现。

采用施工总承包管理模式时,总承包管理单位的招标可以提前到工程项目尚处于设计阶段进行,分包商的选择也可以在相应部分的设计完成后马上开始,从而有效缩短建设周期。

2. 工程总承包管理

所谓工程总承包管理,是指业主将全部工程项目管理任务委托给某个具有丰富工程项目管理经验的单位(或联合体、合作体)承担,由其组建项目管理班子,对工程项目的投资控制、进度控制、质量控制、合同管理、信息管理和组织协调等进行全面管理。业主不参与具体的项目管理工作,主要提供各种条件,进行确认和决策。该模式的组织结构如图 11-5 所示。

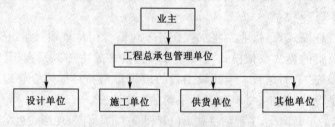

图 11-5　工程总承包管理组织结构图

国际上,特别是工业发达国家,社会分工比较明确和细致,采用工程项目管理委托的情况比较普遍,历史也较长,并已经形成了比较规范和成熟的操作模式。在国内的工程实践中,近年来越来越多的工程项目倾向于按照国际惯例进行管理。例如,在有些工业发达国家,建设工程项目的投资者往往会委托一个开发商对工程项目实施的全过程进行全面管理。投资者和开发商是两个不同的概念,但对项目的其他实施单位如设计单位、施工承包单位、供货单位来说,投资者和开发商都是业主。开发商接受投资者的委托,负责组织设计、组织招标采购、组织施工,对外签订合同并履行合同,控制项目的目标,项目完成后交给投资人或用户。

(四)私人融资模式

私人融资模式(Private Finance Initiative,PFI),这是目前国际上在基础设施、公用事业等项目开发中常用的一种模式。在这种模式下,政府将传统上由政府公共部门开发的项目通过招标投标选定私营(非政府)部门来进行融资、建设和运营,并在特许期(通常为 30 年左右)结束后将所经营的项目完好地、无债务地归还政府。

PFI模式的各方包括政府、PFI承包商、金融机构、咨询单位、施工承包商等,PFI模式合同结构如图11-6所示。

在该模式下,主要涉及以下合同关系:

(1)政府和PFI承包商之间的关系。他们是发包与承包的关系,政府购买服务,而PFI承包商是服务提供商。通常政府会雇佣咨询师对PFI承包商进行监控,但一般不参与具体的项目操作。

(2)银行或其他金融机构与PFI承包商之间的关系。在PFI模式下,一般需要很多金融机构参与项目融资,PFI承包商和金融机构是借贷关系。

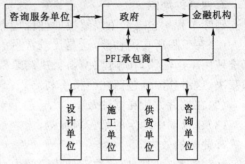

图11-6　PFI模式合同结构图

(3)金融机构与政府之间的关系。在该模式下,金融机构与政府间一般会签订直接协议,以确保政府按照与PFI承包商签订的合同承诺支付相关的费用,金融机构的利益得到保障。如果PFI承包商出现违约造成合同有终止风险,那么,金融机构有权介入PFI合同。

现在常用的PFI模式有BOT、PPP、BOO、DBFO等。

11.4.2　国际工程承包合同争议的解决

国际工程承包合同争议解决的方式一般包括协商、调解、仲裁、争端裁决委员会(DAB)、纠纷审议委员会(DRB)以及诉讼等。

(一)协商

协商解决合同争议是最常见、最有效的方式,也是应该首选的方式。双方依据合同,通过友好磋商和谈判,互相让步,折中解决合同争议,为合同继续履行以及为将来进一步友好合作创造条件。

(二)调解

如果合同双方经过协商谈判达不成一致意见,则可以邀请中间人进行调解。调解人通过调查分析,了解有关情况,根据争议双方的有关合同做出自己的判断,并对双方进行协调和劝说,该方法仍以和平的方式解决合同争议。

通过调解解决合同争议具有如下优点:

(1)提出调解能较好地表达双方对争取和平友好解决争议的意愿和决心。

(2)由于调解人的介入,增加了解决争议的公正性,双方都会顾及声誉和影响,容易接受调解人的劝说和意见。

(3)程序简单,灵活性较大。即使调解不成,也不影响采取其他解决途径。

(4)节约时间、精力和费用。

(5)双方关系仍比较友好,不伤感情。

(三)仲裁

1.仲裁的概念

仲裁亦称"公断",是指合同当事人之间的争议由仲裁机构居中审理并裁决的活动。由于诉讼在解决工程承包合同争议方面存在明显的缺陷,国际工程承包合同的争议,尤其是较大规模项目的施工承包合同争议,双方即使协商和调解不成功,也很少采用诉讼的方式解决,仲裁是国际工程承包合同争议解决的常用方式。

2. 仲裁的地点

国际工程承包合同争议解决的仲裁地点,通常有以下三种选择:

(1)在工程所在国仲裁,这是比较常见的选择。有些国家规定,承包合同在本国实施,则只准使用本国法律,在本国仲裁,裁决结果要符合本国法律,拒绝其他第三国或国际仲裁机构裁决,这对外国承包商往往很不利。

(2)在被诉方所在国仲裁。

(3)在合同中约定的第三国仲裁。

3. 仲裁的效力

在双方的合同中应该约定仲裁的效力,即仲裁决定是否为终局性的。如果合同一方或双方对裁决不服,是否可以提起诉讼,是否可以强制执行等。在我国,仲裁实行一裁终局制。

4. 仲裁的特点

与诉讼方式相比,采用仲裁方式解决合同争议具有以下特点:

(1)仲裁程序效率高、周期短、费用少。

(2)保密性。仲裁程序一般都是保密的,从开始到终结的全过程中,双方当事人和仲裁员及仲裁机构都负有保密的责任。

(3)专业化。建设工程承包合同争议的双方往往会指定那些具有建设工程技术、管理和法规等知识的专业人士担任仲裁员,从而可以更加快捷、更加公正地审理和解决合同争议。

(四)DAB、DRB 方式

在许多国际工程承包合同中,合同双方往往愿意采用 DAB(Dispute Adjudication Board,争端裁决委员会)或 DRB(Dispute Review Board,纠纷审议委员会)方式解决争议,这不同于调解,也不同于仲裁或诉讼,以下着重介绍 DAB 方式。在 FIDIC 合同中采用的就是 DAB 方式。

1. DAB 方式的概念

合同双方经过协商,选定一个独立公正的争端裁决委员会(DAB),当发生合同争议时,由该委员会对其争议做出决定。合同双方在收到委员会决定后 28 天内均未提出异议,则该决定即是最终的,对双方均具有约束力。

2. DAB 的任命

根据工程项目的规模和复杂程度,争端裁决委员会可以由一人、三人或者五人组成,其任命通常有以下三种方式:

(1)常任争端裁决委员会。在施工前任命一个委员会,通常在施工过程中定期视察现场。在视察期间,DAB 也可以协助双方避免发生争议。

(2)特聘争端裁决委员会。由只在发生争端时任命的一名或三名成员组成。他们的任期通常在 DAB 对该争端发出最终决定时期满。

(3)由工程师兼任。工程师应是具有必要经验和资源的独立专业咨询工程师。

DAB 的成员一般为工程技术和管理方面的专家,他们不应是合同任何一方的代表,与业主、承包商没有任何经济利益及业务联系,与本工程所裁决的争端没有任何联系。DAB 成员必须公正行事,遵守合同。

3. DAB 的报酬

对争端裁决委员会及其每位成员的报酬以及支付的条件应由业主、承包商及争端裁决委员会的每位成员协商确定。业主和承包商应该按照支付条件各自支付其中的一半。

4. DAB 的优点

采用 DAB 方式解决争端的优点在于以下几个方面：

(1)DAB 委员可以在项目开始时就介入项目,了解项目管理情况及其存在的问题。

(2)DAB 委员公正性、中立性的规定通常情况下可以保证他们的决定不带有任何主观倾向或偏见。DAB 委员具有较高的业务素质和实践经验,特别是具有项目施工方面的丰富经验。

(3)周期短,可以及时解决争议。

(4)DAB 的费用较低。

(5)DAB 委员是发包人和承包人自己选择的,其裁决意见容易为他们所接受。

(6)由于 DAB 提出的裁决不是强制性的,不具有终局性,合同双方或一方对裁决不满意,仍然可以提请仲裁或诉讼。

本章小结 >>>

国际工程是由多个国家的公司按照国际通用的项目管理理念和方法进行管理的建设工程项目。由于受国际建设市场大环境的影响,国际工程招标投标有其独有的特点,反映在招标方式、投标报价、风险管理、通用合同条件和争议解决等多个方面。总体而言,我国现行的建设工程招标投标机制与国际惯例是基本吻合的,并将随着改革的深入与时俱进,有利于我国建设企业更顺畅地融入国际工程建设的大潮。

复习思考题 >>>

1.什么是国际工程?

2.与我国招标投标相比,国际工程招标投标有哪些特征?

3.国际工程招标方式主要有哪些?

4.国际竞争性招标有何特点?

5.国际工程招标文件包括哪些部分?

6.国际工程投标风险有哪些?

7.FIDIC 合同条件由几部分组成?

8.简述 FIDIC《施工合同条件》的主要内容。

9.简述 FIDIC《EPC 交钥匙项目合同条件》的主要内容。

10.AIA 合同条件有什么特点?

11.国际工程合同争议解决方式有哪些?

12.简述国际工程争议解决中的 DAB、DRB 方式。

参考文献

[1] 王平. 工程招投标与合同管理. 北京:清华大学出版社,2015.

[2] 代春泉. 工程合同管理. 北京:清华大学出版社,2016.

[3] 李明顺. 工程招投标与合同管理. 长沙:中南大学出版社,2013.

[4] 邵晓双,李东. 工程项目招投标与合同管理. 武汉:武汉大学出版社,2014.

[5] 苟伯让. 建设工程招投标与合同管理. 武汉:武汉理工大学出版社,2014.

[6] 刘黎虹. 工程招投标与合同管理. 3 版. 北京:机械工业出版社,2015.

[7] 董巍. 建设工程合同管理. 北京:中国电力出版社,2014.

[8] 丁晓欣,宿辉. 建设工程合同管理. 北京:清华大学出版社,2015.

[9] 刘芳,付盛忠,金鹏涛. 建筑工程合同管理. 2 版. 北京:北京理工大学出版社,2015.

[10] 魏道升. 工程合同管理. 北京:人民交通大学出版社,2015.

[11] 王秀燕. 工程招投标与合同管理. 北京:机械工业出版社,2014.

[12] 金国辉. 工程招投标与合同管理. 北京:清华大学出版社,北京交通大学出版社,2012.

[13] 黄琨. 工程项目招投标与合同管理. 上海:华东理工大学出版社,2015.

[14] 崔武文,孙维丰. 土木工程造价管理. 北京:中国建材工业出版社,2006.

[15] 苟伯让. 建设工程合同管理与索赔. 北京:机械工业出版社,2003.

[16] 盛丽华. 工程项目中的索赔研究. 华南理工大学土木与交通学院,2012.

[17] 全国一级建造师执业资格考试用书编写委员会. 建设工程法规及相关知识. 北京:中国建筑工业出版社,2014.

[18] 丁士昭. 工程项目管理. 2 版. 北京:中国建筑工业出版社,2014.

[19] 牛永宏,于东温. 国际工程合同管理程序指南. 北京:中国建筑工业出版社,2010.

[20] 杨庆丰. 工程项目招投标与合同管理. 北京:北京大学出版社,2010.

[21] 何佰洲. 工程建设法规. 北京:中国建筑工业出版社,2011.

[22] 刘伊生. 建设工程招投标与合同管理. 2 版. 北京:机械工业出版社,2013.

[23] 崔东红,肖萌. 建设工程招投标与合同管理实务. 2 版. 北京:北京大学出版社,2016.

[24] 王春宁. 建设工程招标投标与合同管理实务. 北京:中国建筑工业出版社,2012.

[25] 林密. 工程项目招投标与合同管理. 北京:中国建筑工业出版社,2013.

[26] 戴勤友,刘新安,张国富. 招投标与合同管理. 天津:天津科学技术出版社,2013.

[27] 董巧婷. 施工招投标与合同管理. 北京:中国铁道出版社,2015.

[28] 任志涛. 工程项目招投标与合同管理. 北京:中国工信出版集团,2016.

[29] 闫晶,李云,李国文. 建设工程招投标理论与实务. 北京:北京交通大学出版社,2016.

[30] 严玲. 招投标与合同管理工作坊——案例教学教程. 北京:机械工业出版社,2015.

[31] 王兆锋. 建设工程监理招标投标指南. 北京:中国建筑工业出版社,2014.

附　录

附录 1　《标准施工招标文件》范本（部分）

《标准施工招标文件》第一卷

招标公告（未进行资格预审）
_____（项目名称）_____标段施工招标公告

1.招标条件

本招标项目_____（项目名称）已由_____（项目审批、核准或备案机关名称）以_____（批文名称及编号）批准建设，项目业主为_____，建设资金来自_____（资金来源），项目出资比例为_____，招标人为_____。项目已具备招标条件，现对该项目的施工进行公开招标。

2.项目概况与招标范围

_____（说明本次招标项目的建设地点、规模、计划工期、招标范围、标段划分等）。

3.投标人资格要求

3.1　本次招标要求投标人须具备_____资质，_____业绩，并在人员、设备、资金等方面具有相应的施工能力。

3.2　本次招标_____（接受或不接受）联合体投标。联合体投标的，应满足下列要求：_____。

3.3　各投标人均可就上述标段中的_____（具体数量）个标段投标。

4.招标文件的获取

4.1　凡有意参加投标者，请于____年____月____日至____年____月____日（法定公休日、法定节假日除外）每日上午____时至____时，下午____时至____时（北京时间，下同），在_____（详细地址）持单位介绍信购买招标文件。

4.2　招标文件每套售价_____元，售后不退。图纸押金_____元，在退还图纸时退还（不计利息）。

4.3　邮购招标文件的，需另加手续费（含邮费）____元。招标人在收到单位介绍信和邮购款（含手续费）后____日内寄送。

5.投标文件的递交

5.1　投标文件递交的截止时间（投标截止时间，下同）为____年____月____日____时____分，地点为_____。

5.2　逾期送达的或者未送达指定地点的投标文件，招标人不予受理。

6. 发布公告的媒介

本次招标公告同时在＿＿＿＿＿＿＿＿＿＿（发布公告媒介的名称）上发布。

7. 联系方式

招　标　人：＿＿＿＿＿＿＿＿＿	招标代理机构：＿＿＿＿＿＿＿＿＿
地　　　址：＿＿＿＿＿＿＿＿＿	地　　　　址：＿＿＿＿＿＿＿＿＿
邮　　　编：＿＿＿＿＿＿＿＿＿	邮　　　　编：＿＿＿＿＿＿＿＿＿
联　系　人：＿＿＿＿＿＿＿＿＿	联　系　　人：＿＿＿＿＿＿＿＿＿
电　　　话：＿＿＿＿＿＿＿＿＿	电　　　　话：＿＿＿＿＿＿＿＿＿
传　　　真：＿＿＿＿＿＿＿＿＿	传　　　　真：＿＿＿＿＿＿＿＿＿
电子邮件：＿＿＿＿＿＿＿＿＿	电　子　邮　件：＿＿＿＿＿＿＿＿＿
网　　　址：＿＿＿＿＿＿＿＿＿	网　　　　址：＿＿＿＿＿＿＿＿＿
开户银行：＿＿＿＿＿＿＿＿＿	开　户　银　行：＿＿＿＿＿＿＿＿＿
账　　　号：＿＿＿＿＿＿＿＿＿	账　　　　号：＿＿＿＿＿＿＿＿＿

＿＿＿年＿＿月＿＿日

第一章　投标邀请书（适用于邀请招标）

＿＿＿＿＿＿＿（项目名称）＿＿＿＿＿＿＿标段施工投标邀请书

＿＿＿＿＿＿＿＿＿（被邀请单位名称）

1. 招标条件

本招标项目＿＿＿＿＿＿＿（项目名称）已由＿＿＿＿＿＿＿（项目审批、核准或备案机关名称）以＿＿＿＿＿＿（批文名称及编号）批准建设，项目业主为＿＿＿＿＿＿＿，建设资金来自＿＿＿＿＿＿（资金来源），项目出资比例为＿＿＿＿＿＿＿＿＿，招标人为＿＿＿＿＿＿＿＿＿＿。项目已具备招标条件，现邀请你单位参加＿＿＿＿＿＿＿＿＿（项目名称）＿＿＿＿＿＿标段施工投标。

2. 项目概况与招标范围

＿＿＿＿＿＿＿＿＿＿＿＿＿＿＿＿＿＿（说明本次招标项目的建设地点、规模、计划工期、招标范围、标段划分等）。

3. 投标人资格要求

3.1　本次招标要求投标人须具备＿＿＿＿＿＿资质，＿＿＿＿＿＿业绩，并在人员、设备、资金等方面具有相应的施工能力。

3.2　本次招标＿＿＿＿＿＿＿（接受或不接受）联合体投标。联合体投标的，应满足下列要求：＿＿＿＿＿＿＿＿＿＿＿＿＿＿＿＿＿＿＿。

4. 招标文件的获取

4.1　请于＿＿＿年＿＿月＿＿日至＿＿＿年＿＿月＿＿日（法定公休日、法定节假日除外）每日上午＿＿＿时至＿＿＿时，下午＿＿＿时至＿＿＿时（北京时间，下同），在＿＿＿＿＿＿（详细地址）持本投标邀请书购买招标文件。

4.2　招标文件每套售价＿＿＿＿＿＿＿元，售后不退。图纸押金＿＿＿＿＿＿＿元，在退还图纸时退还（不计利息）。

4.3　邮购招标文件的，需另加手续费（含邮费）＿＿＿＿＿＿元。招标人在收到单位介绍信和邮购款（含手续费）后＿＿＿＿＿＿日内寄送。

5. 投标文件的递交

5.1　投标文件递交的截止时间（投标截止时间，下同）为____年____月____日____时____分，地点为_____。

5.2　逾期送达的或者未送达指定地点的投标文件，招标人不予受理。

6. 确认

你单位收到本投标邀请书后，请于_____（具体时间）前以传真或快递方式予以确认。

7. 联系方式

招　标　人：_____	招标代理机构：_____
地　　　址：_____	地　　　址：_____
邮　　　编：_____	邮　　　编：_____
联　系　人：_____	联　系　人：_____
电　　　话：_____	电　　　话：_____
传　　　真：_____	传　　　真：_____
电子邮件：_____	电子邮件：_____
网　　　址：_____	网　　　址：_____
开户银行：_____	开户银行：_____
账　　　号：_____	账　　　号：_____

____年____月____日

第二章　投标人须知

投标人须知前附表见附表1-1。

附表1-1　　　　　　　　　投标人须知前附表

条款号	条款名称	编列内容
1.1.2	招标人	名称： 地址： 联系人： 电话：
1.1.3	招标代理机构	名称： 地址： 联系人： 电话：
1.1.4	项目名称	
1.1.5	建设地点	
1.2.1	资金来源	
1.2.2	出资比例	
1.2.3	资金落实情况	
1.3.1	招标范围	
1.3.2	计划工期	计划工期：____日 计划开工日期：____年____月____日 计划竣工日期：____年____月____日
1.3.3	质量要求	
1.4.1	投标人资质条件、能力和信誉	资质条件： 财务要求： 业绩要求： 信誉要求： 项目经理（建造师，下同）资格： 其他要求：

（续表）

条款号	条款名称	编列内容
1.4.2	是否接受联合体投标	☐ 不接受 ☐ 接受,应满足下列要求:
1.9.1	踏勘现场	☐ 不组织 ☐ 组织,踏勘时间: 　　　　踏勘地点:
1.10.1	投标预备会	☐ 不召开 ☐ 召开,召开时间: 　　　　召开地点:
1.10.2	投标人提出问题的截止时间	
1.10.3	招标人书面澄清的时间	
1.11	分包	☐ 不允许 ☐ 允许,分包内容要求: 　　　　分包金额要求: 　　　　接受分包的第三人资质要求:
1.12	偏离	☐ 不允许 ☐ 允许
2.1	构成招标文件的其他材料	
2.2.1	投标人要求澄清招标文件的截止时间	
2.2.2	投标截止时间	___年___月___日___时___分
2.2.3	投标人确认收到招标文件澄清的时间	
2.3.2	投标人确认收到招标文件修改的时间	
3.1.1	构成投标文件的其他材料	
3.3.1	投标有效期	
3.4.1	投标保证金	投标保证金的形式: 投标保证金的金额:
3.5.2	近年财务状况的年份要求	___年
3.5.3	近年完成的类似项目的年份要求	___年
3.5.5	近年发生的诉讼及仲裁情况的年份要求	___年
3.6	是否允许递交备选投标方案	☐ 不允许 ☐ 允许
3.7.3	签字或盖章要求	
3.7.4	投标文件副本份数	___份
4.1.2	封套上写明	招标人的地址: 招标人的名称: _____(项目名称)___标段投标文件在 ___年___月___日___时___分前不得开启
4.2.2	递交投标文件地点	
4.2.3	是否退还投标文件	☐ 否 ☐ 是
5.1	开标时间和地点	开标时间:同投标截止时间 开标地点:
5.2	开标程序	密封情况检查: 开标顺序:

（续表）

条款号	条款名称	编列内容
7.1	是否授权评标委员会确定中标人	□　是 □　否,推荐的中标候选人数:
7.3.1	履约担保	履约担保的形式: 履约担保的金额:
……	……	
10		需要补充的其他内容

1.总则

1.1　项目概况

1.1.1　根据《中华人民共和国招标投标法》等有关法律、法规和规章的规定,本招标项目已具备招标条件,现对本标段施工进行招标。

1.1.2　本招标项目招标人:见投标人须知前附表。

1.1.3　本标段招标代理机构:见投标人须知前附表。

1.1.4　本招标项目名称:见投标人须知前附表。

1.1.5　本标段建设地点:见投标人须知前附表。

1.2　资金来源和落实情况

1.2.1　本招标项目的资金来源:见投标人须知前附表。

1.2.2　本招标项目的出资比例:见投标人须知前附表。

1.2.3　本招标项目的资金落实情况:见投标人须知前附表。

1.3　招标范围、计划工期和质量要求

1.3.1　本次招标范围:见投标人须知前附表。

1.3.2　本标段的计划工期:见投标人须知前附表。

1.3.3　本标段的质量要求:见投标人须知前附表。

1.4　投标人资格要求(适用于已进行资格预审的)

投标人应是收到招标人发出投标邀请书的单位。

1.4.1　投标人应具备承担本标段施工的资质条件、能力和信誉。

(1)资质条件:见投标人须知前附表。

(2)财务要求:见投标人须知前附表。

(3)业绩要求:见投标人须知前附表。

(4)信誉要求:见投标人须知前附表。

(5)项目经理资格:见投标人须知前附表。

(6)其他要求:见投标人须知前附表。

1.4.2　投标人须知前附表规定接受联合体投标的,除应符合本章第 1.4.1 项和投标人须知前附表的要求外,还应遵守以下规定:

(1)联合体各方应按招标文件提供的格式签订联合体协议书,明确联合体牵头人和各方权利和义务。

(2)由同一专业的单位组成的联合体,按照资质等级较低的单位确定资质等级。

(3)联合体各方不得再以自己名义单独或参加其他联合体在同一标段中投标。

1.4.3　投标人不得存在下列情形之一：

(1)为招标人不具有独立法人资格的附属机构(单位)。

(2)为本标段前期准备提供设计或咨询服务的,但设计施工总承包的除外。

(3)为本标段的监理人。

(4)为本标段的代建人。

(5)为本标段提供招标代理服务的。

(6)为本标段的监理人或代建人或招标代理机构同为一个法定代表人的。

(7)与本标段的监理人或代建人或招标代理机构相互控股或参股的。

(8)与本标段的监理人或代建人或招标代理机构相互任职或工作的。

(9)被责令停业的。

(10)被暂停或取消投标资格的。

(11)财产被接管或冻结的。

(12)在最近 3 年内有骗取中标或严重违约或重大工程质量问题的。

1.5　费用承担

投标人准备和参加投标活动发生的费用自理。

1.6　保密

参与招标投标活动的各方应对招标文件和投标文件中的商业和技术等秘密保密,违者应对由此造成的后果承担法律责任。

1.7　语言文字

除专用术语外,与招标投标有关的语言均使用中文。必要时专用术语应附有中文注释。

1.8　计量单位

所有计量均采用中华人民共和国法定计量单位。

1.9　踏勘现场

1.9.1　投标人须知前附表规定组织踏勘现场的,招标人按投标人须知前附表规定的时间、地点组织投标人踏勘项目现场。

1.9.2　招标人踏勘现场发生的费用自理。

1.9.3　除招标人的原因外,投标人自行负责在踏勘现场中所发生的人员伤亡和财产损失。

1.9.4　招标人在踏勘现场中介绍的工程场地和相关的周边环境情况,供投标人在编制投标文件时参考,招标人不对投标人据此做出的判断和决策负责。

1.10　投标预备会

1.10.1　投标人须知前附表规定召开投标预备会的,招标人按投标人须知前附表规定的时间和地点召开投标预备会,澄清投标人提出的问题。

1.10.2　投标人应在投标人须知前附表规定的时间前,以书面形式将提出的问题送达招标人,以便招标人在会议期间澄清。

1.10.3　投标预备会后,招标人在投标人须知前附表规定的时间内,将对投标人所提问题的澄清,以书面方式通知所有购买招标文件的投标人。该澄清内容为招标文件的组成部分。

1.11　分包

投标人拟在中标后将中标项目的部分非主体、非关键性工作进行分包的,应符合投标人须知前附表规定的分包内容、分包金额和接受分包的第三人资质要求等限制性条件。

1.12　偏离

投标人须知前附表允许投标文件偏离招标文件某些要求的,偏离应当符合招标文件规定的偏离范围和幅度。

2. 招标文件

本招标文件包括:招标公告(或投标邀请书);投标人须知;评标办法;合同条款及格式;工程量清单;图纸;技术标准和要求;投标文件格式;投标人须知前附表规定的其他材料。

根据本章第1.10款、第2.2款和第2.3款对招标文件所做的澄清、修改,构成招标文件的组成部分。

2.2　招标文件的澄清

2.2.1　投标人应仔细阅读和检查招标文件的全部内容,如发现缺页或附件不全,应及时向招标人提出,以便补齐。如有疑问,应在投标人须知前附表规定的时间以前以书面形式(包括信函、电报、传真等可以有形地表现所载内容的形式,下同)要求招标人对招标文件予以澄清。

2.2.2　招标文件的澄清将在投标人须知前附表规定的投标截止时间15天前以书面形式发给所有购买招标文件的投标人,但不指明澄清问题的来源。如果澄清发出的事件距投标截止时间不足15天,相应延长投标截止时间。

2.2.3　投标人在收到澄清后,应在投标人须知前附表规定的时间内以书面形式通知招标人,确认已收到该澄清。

2.3　招标文件的修改

2.3.1　在投标截止时间15天前,招标人可以书面形式修改招标文件,并通知所有已购买招标文件的投标人,如果修改招标文件的时间距投标截止时间不足15天,相应延长投标截止时间。

2.3.2　投标人收到修改内容后,应在投标人须知前附表规定的时间内以书面形式通知招标人,确认已收到该修改。

3. 投标文件

3.1　投标文件的组成

3.1.1　投标文件应包括下列内容:

(1)投标函及投标函附录;

(2)法定代表人身份证明或附有法定代表人身份证明的授权委托书;

(3)联合体协议书;

(4)投标保证金;

(5)已标价工程量清单;

(6)施工组织设计;

(7)项目管理机构;

(8)拟分包项目情况表;

(9)资格审查资料;

(10)投标人须知前附表规定的其他材料。

3.1.2　投标人须知前附表规定不接受联合体投标的,或投标人没有组成联合体的,投标文件不包括本章第3.1.1(3)目所指的联合体协议书。

3.2　投标报价

3.2.1　投标人应按第五章"工程量清单"的要求填写相应表格。

3.2.2 投标人在投标截止时间前修改投标函中的投标总报价,应同时修改第五章"工程量清单"中的相应报价。此修改须符合本章第4.3款的有关要求。

3.3 投标有效期

3.3.1 在投标人须知前附表规定的投标有效期内,投标人不得要求撤销或修改其投标文件。

3.3.2 出现特殊情况需要延长投标有效期的,招标人以书面形式通知所有投标人延长投标有效期。投标人同意延长的,应相应延长其投标保证金的有效期,但不得要求或被允许修改或撤销其投标文件;投标人拒绝延长的,其投标失效,但投标人有权收回其投标保证金。

3.4 投标保证金

3.4.1 投标人在递交投标文件的同时,应按投标人须知前附表规定的金额、担保形式和第八章"投标文件格式"规定的投标保证金格式递交投标保证金,并作为其投标文件的组成部分。联合体投标的,其投标保证金由牵头人递交,并应符合投标人须知前附表的规定。

3.4.2 投标人不按本章第3.4.1项要求提交投标保证金的,其投标文件做废标处理。

3.4.3 投标人与招标人签订合同后5个工作日内,向未中标的投标人和中标人退还投标保证金。

3.4.4 有下列情形之一的,投标保证金将不予退还:

(1)投标人在规定的投标有效期内撤销或修改其投标文件。

(2)中标人在收到中标通知书后,无正当理由拒签合同协议书或未按招标文件规定提交履约担保。

3.5 资格审查资料(适用于已进行资格预审的)

投标人在编制投标文件时,应按新情况更新或补充其在申请资格预审时提供的资料,以证实其各项资格条件仍能继续满足资格预审文件的要求,具备承担本标段施工的资质条件、能力和信誉。

3.5 资格审查资料(适用于未进行资格预审的)

3.5.1 "投标人基本情况表"应附投标人营业执照副本及其年检合格的证明材料、资质证书副本和安全生产许可证等材料的复印件。

3.5.2 "近年财务状况表"应附经会计师事务所或审计机构审计的财务会计报表,包括资产负债表、现金流量表、利润表和财务情况说明书的复印件,具体年份要求见投标人须知前附表。

3.5.3 "近年完成的类似项目情况表"应附中标通知书和(或)合同协议书、工程接收证书(工程竣工验收证书)的复印件,具体年份要求见投标人须知前附表。每张表格只填写一个项目,并标明序号。

3.5.4 "正在施工和新承接的项目情况表"应附中标通知书和(或)合同协议书复印件。每张表格只填写一个项目,并标明序号。

3.5.5 "近年发生的诉讼及仲裁情况"应说明相关情况,并附法院或仲裁机构做出的判决、裁决等有关法律文书复印件,具体年份要求见投标人须知前附表。

3.5.6 投标人须知前附表规定接受联合体投标的,本章第3.5.1项至第3.5.5项规定的表格和资料应包括联合体各方相关情况。

3.6 备选投标方案

除投标人须知前附表另有规定外,投标人不得提交备选投标方案。允许投标人递交备选投标方案的,只有中标人所递交的备选投标方案方可予以考虑。评标委员会认为中标人的备选投标方案优于其按照招标文件要求编制的投标方案的,招标人可以接受该备选投标方案。

3.7 投标文件的编制

3.7.1 投标文件应按第八章"投标文件格式"进行编写,如有必要,可以增加附页,作为投标文件的组成部分,其中,投标函附录在满足招标文件实质性要求的基础上,可以提出比招标文件要求更有利于招标人的承诺。

3.7.2 投标文件应当对招标文件的有关工期、投标有效期、质量要求、技术标准和要求、招标范围等实质性内容做出响应。

3.7.3 投标文件应用不褪色的材料书写或打印,并由投标人的法定代表人或其委托代理人签字或盖章。委托代理人签字的,投标文件应附法定代表人签署的授权委托书。投标文件应尽量避免涂改、行间插字或删除。如果出现上述情况,改动之处应加盖章或由投标人的法定代表人或其授权的代理人签字确认。签字或盖章的具体要求见投标人须知前附表。

3.7.4 投标文件正本一份,副本份数见投标人须知前附表。正本和副本的封面上应清楚地标记"正本"或"副本"的字样。当副本和正本不一致时,以正本为准。

3.7.5 投标文件的正本和副本应分别装订成册,并编制目录,具体装订要求见投标人须知前附表规定。

4. 投标

4.1 投标文件的密封和标记

4.1.1 投标文件的正本与副本应分开包装,加贴封条,并在封套的封口处加盖投标人单位章。

4.1.2 投标文件的封套上应清楚地标记"正本"或"副本"字样,封套上应写明的其他内容见投标人须知前附表。

4.1.3 未按本章第4.1.1项或第4.1.2项要求密封和加写标记的投标文件,招标人不予受理。

4.2 投标文件的递交

4.2.1 投标人应在本章第2.2.2项规定的投标截止时间前递交投标文件。

4.2.2 投标人递交投标文件的地点:见投标人须知前附表。

4.2.3 除投标人须知前附表另有规定外,投标人所递交的投标文件不予退还。

4.2.4 招标人收到投标文件后,向投标人出具签收凭证。

4.2.5 预期送达的或者未送达指定地点的投标文件,招标人不予受理。

4.3 投标文件的修改与撤回

4.3.1 在本章第2.2.2项规定的投标截止时间前,投标人可以修改或撤回已递交的投标文件,但应以书面形式通知招标人。

4.3.2 投标人修改或撤回已递交投标文件的书面通知应按照本章第3.7.3项的要求签字或盖章,招标人收到书面通知后,向投标人出具签收凭证。

4.3.3 修改的内容为投标文件的组成部分。修改的投标文件应按照本章第3条、第4条规定进行编制、密封、标记和递交,并标明"修改"字样。

5. 开标

5.1 开标时间和地点

招标人在本章第2.2.2项规定的投标截止时间(开标时间)和投标人须知前附表规定的地点公开开标,并邀请所有投标人的法定代表人或其授权委托代理人准时参加。

5.2 开标程序

主持人按下列程序进行开标：

(1)宣布开标纪律。

(2)公布在投标截止时间前递交投标文件的投标人名称,并点名确认投标人是否派人到场。

(3)宣布开标人、唱标人、记录人、监标人等有关人员姓名。

(4)按照投标人须知前附表规定检查投标文件的密封情况。

(5)按照投标人须知前附表的规定确定并宣布投标文件开标顺序。

(6)设有标底的,公布标底。

(7)按照宣布的开标顺序当众开标,公布投标人名称、标段名称、投标保证金的递交情况、投标报价、质量目标、工期及其他内容,并记录在案。

(8)投标人代表、招标人代表、监标人、记录人等有关人员在开标记录上签字确认。

(9)开标结束。

6. 评标

6.1 评标委员会

6.1.1 评标由招标人依法组建的评标委员会负责。评标委员会由招标人或其委托的招标代理机构熟悉相关业务的代表,以及有关技术、经济等方面的专家组成。评标委员会成员人数以及技术、经济等方面专家的确定方式见投标人须知前附表。

6.1.2 评标委员会成员有下列情形之一的,应当回避:

(1)招标人或投标人的主要负责人的近亲属。

(2)项目主管部门或者行政监督部门的人员。

(3)与投标人有经济利益关系,可能影响对投标公正评审的人员。

(4)曾因在招标、评标以及其他与招标投标活动有关活动中从事违法行为且受过行政处罚或刑事处罚的人员。

6.2 评标原则

评标活动遵循公平、公正、科学和择优的原则。

6.3 评标

评标委员会按照第三章"评标办法"规定的方法、评审因素、标准和程序对投标文件进行评审。第三章"评标办法"没有规定的方法、评审因素和标准,不作为评标依据。

7. 合同授予

7.1 定标方式

除投标人须知前附表规定评标委员会直接确定中标人外,招标人依据评标委员会推荐的中标候选人确定中标人,评标委员会推荐中标候选人的人数见投标人须知前附表。

7.2 中标通知

在本章第3.3款规定的投标有效期内,招标人以书面形式向中标人发出中标通知书,同时将中标结果通知未中标的投标人。

7.3 履约担保

7.3.1 在签订合同前,中标人应按投标人须知前附表规定的金额、担保形式和招标文件第四章"合同条款及格式"规定的履约担保格式向招标人提交履约担保。联合体中标的,其履约担保由牵头人递交,并应符合投标人须知前附表规定的金额、担保形式和招标文件第四章"合同条款及格式"规定的履约担保格式要求。

7.3.2　中标人不能按本章第7.3.1项要求提交履约担保的,视为放弃中标,其投标保证金不予退还,给招标人造成的损失超过投标保证金数额的,中标人还应当对超过部分予以赔偿。

7.4　签订合同

7.4.1　招标人和中标人应当自中标通知书发出之日起30天内,根据招标文件和中标人的投标文件订立书面合同。中标人无正当理由拒签合同的,招标人取消其中标资格,其投标保证金不予退还;给招标人造成的损失超过投标保证金数额的,中标人还应当对超过部分予以赔偿。

7.4.2　发出中标通知书后,招标人无正当理由拒签合同的,招标人向中标人退还投标保证金;给中标人造成损失的,还应当赔偿损失。

8. 重新招标和不再招标

8.1　重新招标

有下列情形之一的,招标人将重新招标:

投标截止时间止,投标人少于3个的;

经评标委员会评审后否决所有投标的。

8.2　不再招标

重新招标后投标人仍少于3个或者所有投标被否决的,属于必须审批或核准的工程建设项目,经原审批或核准部门批准后不再进行招标。

9. 纪律和监督

9.1　对招标人的纪律要求

招标人不得泄露招标投标活动中应当保密的情况和资料,不得与投标人串通损害国家利益、社会公共利益或者他人合法权益。

9.2　对投标人的纪律要求

投标人不得相互串通投标或者与招标人串通投标,不得向招标人或者评标委员会成员行贿谋取中标,不得以他人名义投标或者以其他方式弄虚作假骗取中标;投标人不得以任何方式干扰、影响评标工作。

9.3　对评标委员会成员的纪律要求

评标委员会成员不得收受他人的财务或者其他好处,不得向他人透漏对投标文件的评审和比较、中标候选人的推荐情况以及评标有关的其他情况。在评标活动中,评标委员会成员不得擅离职守,影响评标程序正常进行,不得使用第三章“评标办法”没有规定的评审因素和标准进行评标。

9.4　对与评标活动有关的工作人员的纪律要求

与评标活动有关的工作人员不得收受他人的财务或者其他好处,不得向他人透漏对投标文件的评审和比较、中标候选人的推荐情况以及评标有关的其他情况。在评标活动中,与评标活动有关的工作人员不得擅离职守,影响评标程序正常进行。

9.5　投诉

投标人和其他利害关系人认为本次招标活动违反法律、法规和规章规定的,有权向有关行政监督部门投诉。

10. 需要补充的其他内容

需要补充的其他内容:见投标人须知前附表。

问题澄清通知

编号：

_____（投标人名称）：

_____（项目名称）_____标段施工招标的评标委员会，对你方的投标文件进行了仔细的审查，现需你方对下列问题以书面形式予以澄清：

1.

2.

……

请将上述问题的澄清于____年____月____日____时前递交至_____（详细地址）或传真至_____（传真号码）。采用传真方式的，应在____年____月____日时前将原件递交至_____（详细地址）。

评标工作组负责人：_____（签字）

____年____月____日

问题的澄清

编号：

_____（项目名称）_____标段施工招标的评标委员会：

问题澄清通知（编号：_____）已收悉，现澄清如下：

1.

2.

……

投标人：_____（盖单位章）

法定代表人或其委托代理人：_____（签字）

____年____月____日

中标通知书

_____（建设单位名称）_____（建设地点）_____工程，结构类型为_____，建设规模为_____，经____年____月____日公开开标后，经评标小组评定并报招标管理机构核准，确定_____为中标单位，中标标价人民币_____元，中标工期自____年____月____日开工，____年____月____日竣工，工期____天（日历日），工程质量达到国家施工验收规范_____标准。

中标单位收到中标通知书后，在____年____月____日时前到_____（地点）与建设单位签订合同，并按规定提供履约担保。

建设单位：_____（盖章）　　招标单位：_____（盖章）　　招标管理机构单位：_____（盖章）

法定代表人：_____（签字、盖章）　法定代表人：____（签字、盖章）　审核人：_____（签字、盖章）

年　　月　　日　　　　　　年　　月　　日　　　　　　年　　月　　日

中标结果通知书

_____（未中标人名称）：

我方已接受_____（中标人名称）于____年____月____日（投标日期）所递交的_____（项目名称）_____标段施工投标文件，确定_____(中标人名称)为中标人。

感谢你单位对我们工作的大力致辞！

招标单位：_____(盖章)

法定代表人：_____(签字、盖章)

年　　　月　　　日

确认通知

_____(招标人名称)：

我方已接到你方于____年____月____日发出的_____(项目名称)_____标段施工招标关于_____的通知,我方已于____年____月____日收到。

特此确认。

投标人：_____(盖单位章)

____年____月____日

第三章　评标办法

(一)经评审的最低投标价法

评标办法前附表见附表 1-2。

附表 1-2　　　　　　　　　　　评标办法前附表

条款号	评审因素	评审标准	编列内容
2.1.1	形式评审标准	投标人名称	与营业执照、资质证书、安全生产许可证一致
		投标函签字、盖章	有法定代表人或其委托代理人签字或加盖单位章
		投标文件格式	符合"投标文件格式"的要求
		联合体投标人	提交联合体协议书,并明确联合体牵头人(如有)
		报价唯一	只能有一个有效报价
2.1.2	资格评审标准	营业执照	具备有效的营业执照
		安全生产许可证	具备有效的安全生产许可证
		资质等级	符合第二章"投标人须知"第 1.4.1 项规定
		财务状况	符合第二章"投标人须知"第 1.4.1 项规定
		类似项目业绩	符合第二章"投标人须知"第 1.4.1 项规定
		信誉	符合第二章"投标人须知"第 1.4.1 项规定
		项目经理	符合第二章"投标人须知"第 1.4.1 项规定
		其他要求	符合第二章"投标人须知"第 1.4.1 项规定
		联合体投标人	符合第二章"投标人须知"第 1.4.2 项规定(如有)
2.1.3	响应性评审标准	投标内容	符合第二章"投标人须知"第 1.3.1 项规定
		工期	符合第二章"投标人须知"第 1.3.2 项规定
		工程质量	符合第二章"投标人须知"第 1.3.3 项规定
		投标有效期	符合第二章"投标人须知"第 3.3.1 项规定
		投标保证金	符合第二章"投标人须知"第 3.4.1 项规定
		权利、义务	符合第四章"合同条款及格式"规定
		已标价工程量清单	符合第五章"工程量清单"给出的范围及数量
		技术标准和要求	符合"技术标准和要求"规定

(续表)

条款号	评审因素	评审标准		
2.1.4	施工组织设计和项目管理机构评审标准	施工方案与技术措施	……	
		质量管理体系与措施	……	
		安全管理体系与措施	……	
		环境管理体系与措施	……	
		工程进度计划与措施	……	
		资源配备计划	……	
		技术负责人	……	
		其他主要人员	……	
		施工设备	……	
		试验、检测仪器设备	……	
条款号	量化因素	量化标准		
2.2	详细评审标准	单价遗漏	……	
		付款条件	……	
		……	……	

1. 评标方法

本次评标采用经评审的最低投标价法,评标委员会对满足招标文件实质性要求的投标文件,根据本章第2.2款规定的量化因素及量化标准进行价格折算,按照经评审的投标价由低到高的顺序推荐中标候选人,或根据投标人授权直接确定中标人,但投标报价低于其成本的除外。经评审的投标价相等时,投标报价低的优先;投标报价也相等的,由招标人自行确定。

2. 评审标准

2.1 初步评审标准

2.1.1 形式评审标准:见评标办法前附表。

2.1.2 资格评审标准:见评标办法前附表(适用于未进行资格预审的)。

2.1.2 资格评审标准:见资格预审文件第三章"资格审查办法"详细审查标准(适用于已进行资格预审的)。

2.1.3 响应性评审标准:见评标办法前附表。

2.1.4 施工组织设计和项目管理机构评审标准:见评标办法前附表。

2.2 详细评审标准

详细评审标准:见评标办法前附表。

3. 评标程序

3.1 初步评审

3.1.1 评标委员会可以要求投标人提交第二章"投标人须知"第3.5.1项至第3.5.5项规定的有关证明和证件的原件,以便核验。评标委员会根据本章第2.1款规定的标准对投标文件进行初步评审,有一项不符合评选标准的,做废标处理(适用于已进行资格预审的)。

3.1.1 评标委员会根据本章第2.1.1项、第2.1.3项、第2.1.4项规定的标准对投标文件进行初步评审,有一项不符合评审标准,做废标处理。当投标人资格预审申请文件的内容发生重大变化时,评标委员会依据本章第2.1.2项规定的标准对其更新资料进行评审(适用于已进行资格预审的)。

3.1.2 投标人有下列情形之一的,其投标做废标处理:

(1)第二章"投标人须知"第1.4.3项规定的任何一种情形的。

(2)串通投标或弄虚作假或有其他违法行为的。

(3)不按评标委员会要求澄清、说明或补正的。

3.1.3 投标报价有算术错误的,评标委员会按以下原则对投标报价进行修正,修正的价格经投标人书面确认后具有约束力。投标人不接受修正价格,其投标做废标处理。

(1)投标文件中的大写金额与小写金额不一致的,以大写金额为准。

(2)总价金额与依据单价计算出的结果不一致的,以单价金额为准修正总价,但单价金额小数点有明显错误的除外。

3.2 详细评审

3.2.1 评标委员会按本章第2.2款规定的量化因素和标准进行价格折算,计算出评标价,并编制价格比较一览表。

3.2.2 评标委员会发现投标人的报价明显低于其他投标报价,或者在设有标底时明显低于标底,使得其投标报价可能低于其成本的,应当要求该投标人做出书面说明并提供相应的证明材料。投标人不能合理说明或者不能提供相应证明材料的,由评标委员会认定该投标人以低于成本报价竞标,其投标做废标处理。

3.3 投标文件的澄清和补正

3.3.1 在投标过程中,评标委员会可以书面形式要求投标人对所提交的投标文件中不明确的内容进行书面澄清或说明,或者对细微偏差进行补正。评标委员会不接受投标人主动提出的澄清、说明或补正。

3.3.2 澄清、说明和补正不得改变投标文件的实质性内容(算术性错误修正的除外)。投标人的书面澄清、说明和补正属于投标文件的组成部分。

3.3.3 评标委员会对投标人提交的澄清、说明或补正有疑问的,可以要求投标人进一步澄清、说明或补正,直至满足评标委员会的要求。

3.4 评标结果

3.4.1 除第二章"投标人须知"前附表授权直接确定中标人外,评标委员会按照经评审的价格由低到高的顺序推荐中标候选人。

3.4.2 评标委员会完成评标后,应当向招标人提交书面评标报告。

(二)评标办法(综合评估法)

评标办法前附表见附表1-3。

附表 1-3   **评标办法前附表**

条款号	评审因素		评审标准
2.1.1	形式评审标准	投标人名称	与营业执照、资质证书、安全生产许可证一致
		投标函签字、盖章	有法定代表人或其委托代理人签字或加盖单位章
		投标文件格式	符合第八章"投标文件格式"的要求
		联合体投标人	提交联合体协议书，并明确联合体牵头人
		报价唯一	只能有一个有效报价
2.1.2	资格评审标准	营业执照	具备有效的营业执照
		安全生产许可证	具备有效的安全生产许可证
		资质等级	符合第二章"投标人须知"第1.4.1项规定
		财务状况	符合第二章"投标人须知"第1.4.1项规定
		类似项目业绩	符合第二章"投标人须知"第1.4.1项规定
		信誉	符合第二章"投标人须知"第1.4.1项规定
		项目经理	符合第二章"投标人须知"第1.4.1项规定
		其他要求	符合第二章"投标人须知"第1.4.1项规定
		联合体投标人	符合第二章"投标人须知"第1.4.2项规定
2.1.3	响应性评审标准	投标内容	符合第二章"投标人须知"第1.3.1项规定
		工期	符合第二章"投标人须知"第1.3.2项规定
		工程质量	符合第二章"投标人须知"第1.3.3项规定
		投标有效期	符合第二章"投标人须知"第3.3.1项规定
		投标保证金	符合第二章"投标人须知"第3.4.1项规定
		权利、义务	符合第四章"合同条款及格式"规定
		已标价工程量清单	符合第五章"工程量清单"给出的范围及数量
		技术标准和要求	符合第七章"技术标准和要求"规定
2.2.1	分值构成 （总分100分）		施工组织设计：_____分 项目管理机构：_____分 投 标 报 价：_____分 其他评分因素：_____分
2.2.2	评标基准价计算方法		
2.2.3	投标报价的偏差率计算公式		偏差率＝100％（投标人报价－评标基准价）/评标基准价
2.2.4 (1)	施工组织设计评分标准	内容完整性和编制水平	……
		施工方案与技术措施	……
		质量管理体系与措施	……
		安全管理体系与措施	……
		环境保护管理体系与措施	……
		工程进度计划与措施	……
		资源配备计划	……

（续表）

条款号	评审因素		评审标准
2.2.4 (2)	项目管理机构评分标准	项目经理就职资格与业绩	……
		技术负责人任职资格与业绩	……
		其他主要人员	……
2.2.4 (3)	投标报价评分标准	偏差率	……
2.2.4(4)	其他评分因素标准	……	……

1. 评标方法

本次评标采用综合评估法。评标委员会对满足招标文件实质性要求的投标文件，按照本章第 2.2 款规定的评分标准进行打分，并按得分由高到低的顺序推荐中标候选人，或根据招标人授权直接确定中标人，但投标报价低于其成本的除外。综合评分相等时，以投标报价低的优先；投标报价也相等的，由招标人自行确定。

2. 评审标准

2.1　初步评审标准

2.1.1　形式评审标准：见评标办法前附表。

2.1.2　资格评审标准：见评标办法前附表（适用于未进行资格预审的）。

资格评审标准：见资格预审文件第三章"资格审查办法"详细审查标准（适用于已进行资格预审）。

2.1.3　响应性评审标准：见评标办法前附表。

2.2　分值构成与评分标准

2.2.1　分值构成

(1)施工组织设计：见评标办法前附表。

(2)项目管理机构：见评标办法前附表。

(3)投标报价：见评标办法前附表。

(4)其他评分因素：见评标办法前附表。

2.2.2　评标基准计算

评标基准价计算方法：见评标办法前附表。

2.2.3　投标报价的偏差率计算

投标报价的偏差率计算公式：见评标办法前附表。

2.2.4　评分标准

(1)施工组织设计评分标准：见评标办法前附表。

(2)项目管理机构评分标准：见评标办法前附表。

(3)投标报价评分标准：见评标办法前附表。

(4)其他评分因素标准：见评标办法前附表。

3. 评标程序

3.1 初步评审

3.1.1 评标委员会可以要求要求投标人提交第二章"投标人须知"第3.5.1项～第3.5.5项规定的有关证明和证件的原件,以便核验。评标委员会依据本章第2.1款规定的标准对投标文件进行初步评审。有一项不符合评审标准的,做废标处理(适用于未进行资格预审的)。

评标委员会依据本章第2.1.1项、第2.2.3项规定的评审标准对投标文件进行初步评审。有一项不符合评审标准的,做废标处理。当投标人资格预审申请文件的内容发生重大变化时,评标委员会依据本章第2.1.2项规定的标准对其更新资料进行评审(适用于已进行资格预审的)。

3.1.2 投标人有以下情形之一的,其投标做废标处理:

(1)第二章"投标人须知"第1.4.3项规定的任何一种情形的。

(2)串通投标或弄虚作假或有其他违法行为的。

(3)不按评标委员会要求澄清、说明或补正的。

3.1.3 投标报价有算术错误的,评标委员会按以下原则对投标报价进行修正,修正的价格经投标人书面确认后具有约束力。投标人不接受修正价格的,其投标做废标处理。

(1)投标文件中的大写金额与小写金额不一致的,以大写金额为准。

(2)总价金额与依据单价计算出的结果不一致的,以单价金额为准修正总价,但单价金额小数点有明显错误的除外。

3.2 详细评审

3.2.1 评标委员会按本章第2.2款规定的量化因素和分值进行打分,并计算出综合评估得分。

(1)按本章第2.2.4(1)目规定的评审因素和分值对施工组织设计计算出得分A。

(2)按本章第2.2.4(2)目规定的评审因素和分值对项目管理机构计算出得分B。

(3)按本章第2.2.4(3)目规定的评审因素和分值对投标报价计算出得分C。

(4)按本章第2.2.4(4)目规定的评审因素和分值对其他因素计算出得分D。

3.2.2 评分分值计算保留小数点后两位,小数点后第三位"四舍五入"。

3.2.3 投标人得分＝A＋B＋C＋D。

3.2.4 评标委员会发现投标人的报价明显低于其他投标报价,或者在设有标底时明显低于标底,使得其投标报价可能低于其个别成本的,应当要求该投标人做出书面说明并提供相应的证明材料。投标人不能合理说明或者不能提供相应证明材料的,由评标委员会认定该投标人以低于成本报价竞标,其投标做废标处理。

3.3 投标文件的澄清和补正

3.3.1 在评标过程中,评标委员会可以书面形式要求投标人对所提交投标文件中不明确的内容进行书面澄清或说明,或者对细微偏差进行补正。评标委员会不接受投标人主动提出的澄清、说明或补正。

3.3.2　澄清、说明或补正不得改变投标文件的实质性内容(算术性错误修正的除外)。投标人的书面澄清、说明和补正属于投标文件的组成部分。

3.3.3　评标委员会对投标人提交的澄清、说明或补正有疑问的,可以要求投标人进一步澄清、说明或补正,直至满足评标委员会的要求。

3.4　评标结果

3.4.1　除第二章"投标人须知"前附表授权直接确定中标人外,评标委员会按照得分由高到低的顺序推荐中标候选人。

3.4.2　评标委员会完成评标后,应当向招标人提交书面评标报告。

第四章　合同条款及格式

详见本书第七至第十章中相关内容。

第五章　工程量清单

1. 工程量清单说明

1.1　本工程量清单是根据招标文件中包括的、有合同约束力的图纸以及有关工程量清单的国家标准、行业标准、合同条款中约定的工程量计算规则编制的。约定计量规则中没有的子目,其工程量按照有合同约束力的图纸所标示尺寸的理论净量计算。计量采用中华人民共和国法定计量单位。

1.2　本工程量清单应与招标文件中的投标人须知、通用合同条款、专用合同条款、技术标准和要求及图纸等一起阅读和理解。

1.3　本工程量清单仅是投标报价的共同基础,实际工程计量和工程价款的支付应遵循合同条款的约定和第六章"技术标准和要求"的有关规定。

1.4　补充子目工程量计算规则及子目工作内容说明:＿＿＿＿＿＿＿＿＿＿＿＿＿＿＿。

2. 投标报价说明

2.1　工程量清单中的每一子目须填入单价或价格,且只允许有一个报价。

2.2　工程量清单中标价的单价或金额,应包括所需人工费、施工机械使用费、材料费、其他(运杂费、质检费、安装费、缺陷修复费、保险费,以及合同明示或暗示的风险、责任和义务等),以及管理费、利润等。

2.3　工程量清单中投标人没有填入单价或价格的子目,其费用视为已分摊在工程量清单中其他相关子目的单价或价格之中。

2.4　暂列金额的数量及拟用子目的说明:

2.5　暂估价的数量及拟用子目的说明:

3. 其他说明

4. 工程量清单

4.1　工程量清单表

工程量清单表见附表 1-4。

_____（项目名称）_____标段

附表 1-4　　　　　　　　　　　**工程量清单表**

序号	编码	子目名称	内容描述	单位	数量	单价	合价

本页报表合计：_____

4.2　计日工表

4.2.1　劳务（附表 1-5）

附表 1-5　　　　　　　　　　**劳务**

编号	子目名称	单位	暂定数量	单价	合价

劳务小计金额：_____

（计入"计日工汇总表"）

4.2.2　材料（附表 1-6）

附表 1-6　　　　　　　　　　**材料**

编号	子目名称	单位	暂定数量	单价	合价

材料小计金额：_____

（计入"计日工汇总表"）

4.2.3　施工机械（附表 1-7）

附表 1-7　　　　　　　　　　**施工机械**

编号	子目名称	单位	暂定数量	单价	合价

施工机械小计金额：_____

（计入"计日工汇总表"）

4.2.4　计日工汇总表(附表 1-8)

附表 1-8　　　　　　　　　　　　　　**计日工汇总表**

名称	金额	备注
劳务		
材料		
施工机械		

计日工总价：_____

(计入"投标报价汇总表")

4.3　暂估价表

4.3.1　材料暂估价表(附表 1-9)

附表 1-9　　　　　　　　　　　　　　**材料暂估价表**

序号	名称	单位	数量	单价	合价	备注

4.3.2　工程设备暂估价表(附表 1-10)

附表 1-10　　　　　　　　　　　　　　**工程设备暂估价表**

序号	名称	单位	数量	单价	合价	备注

4.3.3　专业工程暂估价表(附表 1-11)

附表 1-11　　　　　　　　　　　　　　**专业工程暂估价表**

序号	专业工程名称	工程内容	金额

小计：

4.4　投标报价汇总表(附表 1-12)

　　　　_____(项目名称)_____标段

附表 1-12　　　　　　　　　　　　　　**投标报价汇总表**

汇总内容	金额	备　注
……		
……		
……		
清单小计 A		
包含在清单小计中的材料、工程设备暂估价 B 专业工程暂估价 C 暂列金额 E 包含在暂列金额中的计日工 D 暂估价 F＝B＋C 规费 G 税金 H 投标报价 P＝A＋C＋E＋G＋H		

4.5　工程量清单单价分析表(附表 1-13)

附表 1-13　　工程量清单单价分析表

序号	编码	子目名称	人工费			材料费						机械使用费	其他	管理费	利润	单价
			工日	单价	金额	主材				辅材费	金额					
						主材耗量	单位	单价	主材费							

附录 2　投标文件格式

______________(项目名称)__________标段施工招标

投标文件

投标人：______________________(盖单位章)

法定代表人或其委托代理人：____________(签字)

______年______月______日

一、投标函及投标函附录

(一)投标函

__________(招标人名称)：

1.我方已仔细研究了__________(项目名称)__________标段施工招标文件的全部内容，愿意以人民币(大写)__________元(￥______)的投标总价，工期______日历天，按合同约定实施和完成承包合同，修补工程中的任何缺陷，工程质量达到______________。

2.我方承诺在投标有效期内不修改、撤销投标文件。

3.随同本投标函提交投标保证金一份，金额为人民币(大写)________元(￥________)。

4.如我方中标：

(1)我方承诺在收到中标通知书后，在中标通知书规定的期限内与你方签订合同。

(2)随同本投标函递交的投标函附录属于合同文件的组成部分。

(3)我方承诺按照招标文件规定向你方递交履约担保。

(4)我方承诺在合同约定的期限内完成并移交全部合同工程。

5.我方在此声明，所递交的投标文件及有关资料内容完整、真实和准确。

6.____________________(其他补充说明)。

投标人：______________________(盖单位章)

法定代表人或其委托代理人：____________(签字)

地址：______________________________

网址：_____

电话：_____

传真：_____

邮政编码：_____

_____年_____月_____日

（二）投标函附录

投标函附录和价格指数权重表见附表2-1和附表2-2。

附表2-1　　　　　　　　　　　　　投标函附录

序号	条款名称	合同条款号	约定内容	备注
1	项目经理	1.1.2.4	姓名：	
2	工期	1.1.4.3	天数：_____日历天	
3	缺陷责任期	1.1.4.5		
4	分包	4.3.4		
5	价格调整的差额计算	16.1.1	见价格指数权重表	
……	……	……		
……	……	……		

附表2-2　　　　　　　　　　　　价格指数权重表

名称		基本价格指数		权重			价格指数来源
		代号	指数值	代号	允许范围	投标人建议值	
定值部分							
变值部分	人工费	F01		B1	_____至_____		
	钢材	F02		B2	_____至_____		
	水泥	F03		B3	_____至_____		
	……	……		……	……		
合　计						1.00	

二、法定代表人身份证明或附有法定代表人身份证明的授权委托书

授权委托书

本人_____（姓名）系_____（投标人名称）的法定代表人,现委托_____（姓名）为我方代理人。代理人根据授权,以我方名义签署、澄清、说明、补正、递交、撤回、修改_____（项目名称）_____标段施工投标文件、签订合同和处理有关事宜,其法律后果由我方承担。

委托期限：_____

代理人无转委托权。

附:法定代表人身份证明

投标人：_____（盖单位章）

法定代表人：＿＿＿＿＿＿＿＿＿＿＿＿＿＿＿＿＿＿（签字）

身份证号码：＿＿＿＿＿＿＿＿＿＿＿＿＿＿＿＿＿＿

委托代理人：＿＿＿＿＿＿＿＿＿＿＿＿＿＿＿＿＿＿（签字）

身份证号码：＿＿＿＿＿＿＿＿＿＿＿＿＿＿＿＿＿＿

＿＿＿＿＿年＿＿＿＿月＿＿＿＿日

三、联合体协议书（略）

四、投标保证金

＿＿＿＿＿＿＿＿＿＿＿＿＿（招标人名称）：

鉴于＿＿＿＿＿＿＿＿＿（投标人名称）（以下称"投标人"）于＿＿＿＿年＿＿＿＿月＿＿＿＿日参加＿＿＿＿＿＿＿＿＿（项目名称）＿＿＿＿＿＿＿标段施工的投标，＿＿＿＿＿＿＿（担保人名称，以下简称"我方"）无条件地、不可撤销地保证：投标人在规定的投标文件有效期内撤销或修改其投标文件的，或者投标人在收到中标通知书后无正当理由拒签合同或拒交规定履约担保的，我方承担保证责任。收到你方书面通知后，在 7 日内无条件向你方支付人民币（大写）＿＿＿＿＿＿＿＿元。

本保函在投标有效期内保持有效。要求我方承担保证责任的通知应在投标有效期内送达我方。

担保人名称：＿＿＿＿＿＿＿＿＿＿＿＿＿＿＿＿＿（盖单位章）

法定代表人或其委托代理人：＿＿＿＿＿＿＿＿＿（签字）

地址：＿＿＿＿＿＿＿＿＿＿＿＿＿＿＿＿＿＿＿＿＿

邮政编码：＿＿＿＿＿＿＿＿＿＿＿＿＿＿＿＿＿＿＿

电话：＿＿＿＿＿＿＿＿＿＿＿＿＿＿＿＿＿＿＿＿＿

传真：＿＿＿＿＿＿＿＿＿＿＿＿＿＿＿＿＿＿＿＿＿

＿＿＿＿＿年＿＿＿＿月＿＿＿＿日

五、已标价工程量清单（略）

六、施工规划

1.投标人编制施工规划的要求：编制时应采用文字并结合图表形式说明施工方法；拟投入本标段的主要施工设备情况、拟配备本标段的试验和检测仪器设备情况、劳动力计划等；结合工程特点提出切实可行的工程质量、安全生产、文明施工、工程进度、技术组织措施，同时应对关键工序、复杂环节重点提出相应技术措施，如冬雨期施工技术、减少噪声、降低环境污染、地下管线及其他地上地下设施的保护加固措施等。

2.施工规划除采用文字表述外可附下列图表，图表及格式要求附后。

附表一　拟投入本标段的主要施工设备表

附表二　拟配备本标段的试验和检测仪器设备表

附表三　劳动力计划表

附表四　计划开、竣工日期和施工进度网络图

附表五　施工总平面图

附表六　临时用地表

附表一：拟投入本标段的主要施工设备表（附表 2-3）

附表 2-3   **拟投入本标段的主要施工设备表**

序号	设备名称	型号规格	数量	国别产地	制造年份	额定功率/kW	生产能力	用于施工部位	备注

附表二:拟配备本标段的试验和检测仪器设备表(附表 2-4)

附表 2-4   **拟配备本标段的试验和检测仪器设备表**

序号	仪器设备名称	型号规格	数量	国别产地	制造年份	已使用台时数	用途	备注

附表三:劳动力计划表(附表 2-5)

附表 2-5   **劳动力计划表**   (单位:人)

工种	按工程施工阶段投入劳动力情况					

附表四:计划开、竣工日期和施工进度网络图

1.投标人应递交施工进度网络图或施工进度表,说明按招标文件要求的计划工期进行施工的各个关键日期。

2.施工进度表可采用网络图(或横道图)表示。

附表五:施工总平面图

投标人应递交施工总平面图,绘出现场临时设施布置图表并附文字说明,说明临时设施、加工车间、现场办公、设备及仓储、供电、供水、卫生、生活、道路、消防等设施的情况和布置。

附表六:临时用地表(附表 2-6)

附表 2-6   **临时用地表**

用途	面积/m²	位置	需用时间

七、项目管理机构

(一)项目管理机构组成表(附表 2-7)

附表 2-7   **项目管理机构组成表**

职务	姓名	职称	执业或职业资格证明					备注
			证书名称	级别	证号	专业	养老保险	

(二)主要人员简历表(附表 2-8)

主要人员简历表中的项目经理应附项目经理证、身份证、职称证、学历证、养老保险复印件,项目业绩须附合同协议书复印件;技术负责人应附身份证、职称证、学历证、养老保险复印件,项目业绩须附证明其所任技术职务的企业文件或用户证明;其他主要人员应附职称证(执业证或上岗证书)、养老保险复印件。

附表 2-8   **主要人员简历表**

姓名		年龄		学历	
职称		职务		拟在本合同任职	
毕业学校	_____年毕业于_____学校_____专业				
主要工作经历					
时间	参加过的类似项目		担任职务	发包人及联系电话	

八、拟分包项目情况表(附表 2-9)

附表 2-9　　　　　　　　　　**拟分包项目情况表**

分包人名称		地址	
法定代表人		电话	
营业执照号		资质等级	
拟分包的工程项目	主要内容	预计造价/万元	已做过的类似工程

九、资格审查资料
(一)投标人基本情况表(附表 2-10)

附表 2-10　　　　　　　　　　**投标人基本情况表**

投标人名称				
注册地址			邮政编码	
联系方式	联系人		电话	
	传真		网址	
组织结构				
法定代表人	姓名	技术职称		电话
技术负责人	姓名	技术职称		电话
成立时间		员工总人数		
企业资质等级		其中	项目经理	
营业执照号			高级职称人员	
注册资金			中级职称人员	
开户银行			初级职称人员	
账号			技工	
经营范围备注				

(二)近年财务状况表(略)
(三)近年完成的类似项目情况表(附表 2-11)

附表 2-11　　　　　　　　　　**近年完成的类似项目情况表**

项目名称	
项目所在地	
发包人名称	
发包人地址	
发包人电话	
合同价格	
开工日期	
竣工日期	
承担的工作	
工程质量	
项目经理	
技术负责人	
总监理工程师及电话	
项目描述	
备注	

（四）正在施工的和新承接的项目情况表（附表2-12）

附表 2-12	正在施工的和新承接的项目情况表
项目名称	
项目所在地	
发包人名称	
发包人地址	
发包人电话	
签约合同价格	
开工日期	
计划竣工日期	
承担的工作	
工程质量	
项目经理	
技术负责人	
总监理工程师及电话	
项目描述	
备注	

（五）近年发生的诉讼及仲裁情况

十、其他资料（略）

附录3 技术标书、信用评价、业绩信誉标书及经济标书内容及评审细则

1.技术标书内容及评审细则（满分40分）见附表2-13。

附表 2-13		技术标书内容及评审细则
1.1	工程重点、难点、风险及措施,提出合理有价值的建议(满分10分)	分值:优良[7~10]分,中等[4~7]分,一般[1~4]分。 优良:对监理重点、难点、风险认识深刻,表述全面准确,解决方案科学、系统、安全、经济,可操作性强,监理措施得力,提出合理有价值建议。 中等:对监理重点、难点、风险认识基本深刻,表述基本全面准确,解决方案做到基本科学、系统、安全、经济,具有可操作性,监理措施基本正确,提出较合理建议。 一般:对监理重点、难点、风险认识不深刻,表述不全面、不准确,解决方案不科学、不系统、不安全、不经济,或可操作性不强,或保障措施不具体,或对施工关键技术、工艺把握不准确、阐述不清。 □其他事项:[ ]
1.2	进度控制的方法及措施(满分4分)	分值:优良[3~4]分,中等[1~3]分,一般[0~1]分。 优良:各阶段控制目标明确,方法正确,措施得力。 中等:各阶段控制目标基本明确,方法基本正确,措施基本得力。 一般:各阶段控制目标不明确,方法不正确,措施不得力。 □其他事项:[ ]
1.3	质量控制的方法及措施(满分4分)	分值:优良[3~4]分,中等[1~3]分,一般[0~1]分。 优良:各阶段控制目标明确,方法正确,措施得力。 中等:各阶段控制目标基本明确,方法基本正确,措施基本得力。 一般:各阶段控制目标不明确,方法不正确,措施不得力。 □其他事项:[ ]

1.4	安全文明施工的方法及措施(满分 4 分)	分值:优良[3~4]分,中等[1~3]分,一般[0~1]分。 优良:控制目标明确,方法正确,措施得力。 中等:控制目标基本明确,方法基本正确,措施基本得力。 一般:控制目标不明确,方法不正确,措施不得力。 □其他事项:[ ]
1.5	投资控制的方法及措施(满分 4 分)	分值:优良[3~4]分,中等[1~3]分,一般[0~1]分。 优良:各阶段控制目标明确,方法正确,措施得力。 中等:各阶段控制目标基本明确,方法基本正确,措施基本得力。 一般:各阶段控制目标不明确,方法不正确,措施不得力。 □其他事项:[ ]
1.6	合同管理信息管理(满分 4 分)	分值:优良[3~4]分,中等[1~3]分,一般[0~1]分。 优良:满足合同管理、信息管理结构需要。 中等:基本满足合同管理、信息管理结构需要。 一般:不满足合同管理、信息管理结构需要。 □其他事项:[ ]
1.7	组织协调方法(满分 4 分)	分值:优良[3~4]分,中等[1~3]分,一般[0~1]分。 优良:结合项目的特点协调方法有针对性,协调计划严谨,协调方式简单易行。 中等:结合项目的特点协调方法有一定针对性,协调计划比较严谨,协调方式可行。 一般:结合项目的特点协调方法没有针对性,或协调计划不严谨,协调方式不可行。 □其他事项:[ ]
1.8	旁站监理(满分 3 分)	分值:优良[2~3]分,中等[1~2]分,一般[0~1]分。 优良:旁站监理方案和措施具体可行,满足项目的要求。 中等:旁站监理方案和措施具体可行,基本满足项目的要求。 一般:旁站监理方案和措施具体不可行,不能满足项目的要求。 □其他事项:[ ]
1.9	检测设备、办公设备及交通工具(满分 3 分)	分值:优良[2~3]分,中等[1~2]分,一般[0~1]分。 优良:全面满足项目检测、办公及交通要求。 中等:基本满足项目检测、办公及交通要求。 一般:不能满足项目检测、办公及交通要求。 □其他事项:[ ]
说 明		1.技术标书封面颜色统一为白色。技术标书要求装订为 A4 开本(图标可使用 A3),双面打印。 2.页码控制在[200]页内(封面、封底、扉页以及目录等非正文内容部分不计算在[200]页内),如页码超过[200]页,扣[3]分。

2.信用评价得分评审细则(满分 20 分)见附表 2-14。

附表 2-14　　　　　　　　信用评价得分评审细则

2.1	评分细则	按照投标截止时间××市建筑业企业信用评价发布平台公布的信息,投标人综合信用评价 A 级满分,B 级得满分的 80%,C 级得满分的 60%,D 级或无信用评价信息得 0 分。
说明		1.投标文件中无须提供关于信用评价的证明文件,各投标人信用评级由招标人在开标时查询并计算出各投标人信用评价得分提交评标委员会。 2.具体评分细则与流程见招标文件第六章

3.业绩信誉标书内容及评审细则(满分 10 分)见附表 2-15。

附表 2-15　　　　　　　　　　　业绩信誉标书内容及评审细则

3.1	类似工程业绩评审细则（满分 3 分）	近 3 年之内具有已竣工的单项监理合同建筑面积 7 万平方米以上(含)的房屋建筑工程项目的,得[3]分; 近 3 年之内具有已竣工的单项监理合同建筑面积 3 万平方米(含)~7 万平方米的房屋建筑工程项目的,得[2]分; 其他事项:1.本项只计 1 项业绩;2.提供监理合同及竣工验收报告,规模及业绩时间以工程竣工验收报告所载为准
3.2	企业工程质量业绩评审细则（满分 2 分）	近 3 年之内监理的房屋建筑工程项目获省级或以上质量奖的,每项得[2]分; 近 3 年之内监理的房屋建筑工程项目获市级质量奖项的,每项得[1]分。 其他事项:1.本项只计 1 项业绩;2.提供监理合同及获奖证书,时间以获奖证书所载颁发日期为准。3.质量奖项指市级或以上建筑业协会或建设行政主管部门颁发的工程质量奖项
3.3	企业信誉评价评审细则（满分 2 分）	近 3 年连续获得省级或以上诚信示范企业的得[2]分。 近 3 年内,任意 2 年获得省级或以上诚信示范企业的得[1]分。 任意 1 年获得省级或以上诚信示范企业的得[0.5]分。 近 3 年连续获得市级诚信示范企业的得[1]分。 近 3 年内,任意 2 年获得市级诚信示范企业的得[0.5]分。 任意 1 年获得市级诚信示范企业的得[0.25]分。 其他事项:1.本项计 1 项得分。2.提供获奖证书,时间以获奖证书颁发日期为准。3.诚信示范企业以企业联合会和企业家协会联合颁发为准,其他协会颁发的证书不予得分
3.4	社会贡献评价评审细则（满分 3 分）	投标人近 3 年度在×××每年纳税[120](不含本数)万元以上,得[3]分; 投标人近 3 年度在×××每年纳税[120](含本数)万元以下,110 万元(不含本数)以上的,得[1]分; 投标人近 3 年度在×××每年纳税[110](含本数)万元以下,100 万元(不含本数)以上的,得[0.5]分; 其他事项:提供×××地方税务机关开具的年度纳税证明
3.5	说明	1."近×年"按照招标公告发布之日起的当月开始计算。 2.工程业绩的时间以工程竣工验收报告所载为准;奖项或信誉的认定以证书或证明颁发日期为准。 3.同一业绩按照得分较高的计算,不予重复计分。 4.以上资料需提交加盖投标人公章的复印件,提交原件核查,否则相应得分项不予计分

4.经济标书内容及评审细则(满分 30 分)见附表 2-16。

附表 2-16　　　　　　　　　　　经济标书内容及评审细则

4.1	内容	投标报价函、投标承诺书
4.2	经济标书评审细则	1.本次投标的有效投标报价进入计算范围;投标报价上限为 90% 2.当投标报价费率等于投标费率上限时得 0 分。 3.投标报价以投标费率上限为基准每下浮 1%加 3 分(如报 90%得 0 分,报 89%得 3 分,报 88%得 6 分,报 87%得 9 分,报 86%得 12 分,报 85%得 15 分,报 84%得 18 分,报 83%得 21 分,报 82%得 24 分,报 81%得 27 分,报 80%或以下得 30 分),满分 30 分。不足 1%时按内插法计算得分
4.3	其他事项	有效投标文件:投标报价符合招标文件专用条款规定,内容、格式符合附件要求。 无效投标文件:投标报价不符合招标文件专用条款规定,或内容、格式不符合附件要求